Le Stelle
Collana a cura di Corrado Lamberti

Le costellazioni al binocolo

Trecento oggetti celesti da riconoscere ed esplorare

Bojan Kambič

Tradotto dall'edizione inglese:
Viewing the Constellations with Binoculars di Bojan Kambič
© 2010, Springer US. Springer US is a part of Springer Science+Business Media
All Rights Reserved

Traduzione di: Corrado Lamberti

ISBN 978-88-470-2708-4   ISBN 978-88-470-2709-1 (eBook)
DOI 10.1007/978-88-470-2709-1

© Springer-Verlag Italia 2013

Questo libro è stampato su carta FSC amica delle foreste. Il logo FSC identifica prodotti che contengono carta proveniente da foreste gestite secondo i rigorosi standard ambientali, economici e sociali definiti dal Forest Stewardship Council

Foto nel logo: rotazione della volta celeste; l'autore è il romano Danilo Pivato, astrofotografo italiano di grande tecnica ed esperienza
In copertina: M45, l'ammasso aperto delle Pleiadi
Layout copertina: Simona Colombo, Milano

Impaginazione: Erminio Consonni, Lenno (CO)
Stampa: GECA Industrie Grafiche, Cesano Boscone (MI)

Springer-Verlag Italia S.r.l., Via Decembrio 28, I-20137 Milano
Springer fa parte di Springer Science+Business Media (www.springer.com)

Quali straordinarie scoperte
avrebbe realizzato Galileo
se avesse potuto avere i miei binocoli?

Prefazione all'edizione inglese

Questo libro è un *tour* guidato attraverso le costellazioni visibili dalle medie latitudini settentrionali. Volendo trovare una determinata via in una città che non si conosce, si deve disporre di una buona mappa, altrimenti ci si perde. Questo libro è una vera e propria mappa del cielo. In esso troverete tutte le vie e gli edifici principali che dovreste visitare, nonché tutti i percorsi e le scorciatoie che vi porteranno ad essi. Nel testo il lettore troverà informazioni particolareggiate relative a poco meno di trecento oggetti celesti: stelle doppie e variabili, ammassi stellari, nebulose fino alle galassie più distanti e ai quasar.

Nella prima parte vengono illustrate alcune nozioni basilari riguardanti l'osservazione astronomica: come scegliere e usare gli strumenti, qualche concetto di astronomia classica, un po' di astrofisica e di cosmologia. Gli argomenti trattati sono solamente quelli che ogni astrofilo dovrebbe conoscere prima di iniziare a esplorare il cielo notturno. Se non si sa nulla dell'oggetto che si sta osservando, ben presto ci si annoia dietro il binocolo o il telescopio. La conoscenza è alimento per l'immaginazione!

Nella seconda parte del libro sono riportate le descrizioni di tutte le costellazioni visibili dalle medie latitudini settentrionali. Si inizia con una semplice cartina celeste per ogni costellazione e con una breve presentazione delle stelle più brillanti; si continua con la descrizione dettagliata delle stelle doppie e variabili e degli oggetti del cielo profondo che sono visibili con un binocolo 10×50. Oltre alla descrizione, una mappa celeste indicherà le stelle-guida per individuare la posizione degli oggetti sulla volta celeste. Il libro sembrerebbe indirizzato agli amanti del cielo che solo ora si stanno avvicinando a questa disciplina, ma in realtà c'è materiale interessante e utile anche per gli osservatori esperti.

In queste pagine si è scelto di non creare eccessive aspettative nell'astrofilo principiante, che infatti resta spesso deluso quando vede per la prima volta gli oggetti celesti con i propri occhi, trovandoli così diversi dalle magnifiche fotografie colorate scattate dai telescopi professionali. In realtà, molti degli oggetti più belli riusciremo a vederli per davvero, con tutti i dettagli, solo quando avremo accumulato molto esperienza osservativa. Ed è curioso che ciascun osservatore avrà una reazione del tutto personale a ciò che sta ammirando. Alcuni provano stupore nell'essere in grado di scorgere galassie lontane milioni e milioni di anni luce, anche se l'occhio non rivela altro che un debole batuffolo luminoso, privo di strutture, esteso solo pochi primi d'arco. Per altri è eccitante riuscire a separare le componenti di una stella doppia, che l'occhio nudo vede sovrapposte. Per altri ancora è affascinante osservare nella direzione del centro della nostra Galassia sapendo cosa sta avvenendo laggiù, benché le nubi di gas e polveri ci oscurino completamente la vista di quelle regioni lontane. Ciascun osservatore sceglierà da sé la propria strada.

Non c'è nulla di sconvolgentemente nuovo in questo libro, nulla che non si possa trovare in altri libri o in Internet. Quel che si spera è che il tutto sia scritto e organizzato in modo divertente e utile.

Per concludere, mi piace ringraziare il dr. Andreja Gomboc e il dr. Tomaž Zwitter dell'Università di Lubiana, facoltà di matematica e fisica, per avere esaminato il manoscritto e avermi segnalato alcuni errori.

L'astronomia è davvero una splendida scienza e l'osservazione celeste è un *hobby* fantastico. Basti pensare a quante cose miracolose abbiamo scoperto sull'Universo da questo piccolo mondo relegato alla periferia di un'immensa galassia che ruota nello spazio come una trottola.

Quando sfogliamo le pagine di questo libro ci rendiamo conto di quanti, e quanto affascinanti, siano gli oggetti presenti in cielo. Per osservarli ci basta davvero poco: un binocolo, un po' di pazienza e il nostro entusiasmo.

Bojan Kambič

Bojan Kambič è un astrofilo molto impegnato e conosciuto nel suo Paese, la Slovenia. Al pari di altri eminenti astrofili, ha ricevuto l'onore della dedica di un asteroide (66667 Kambič). In Slovenia è noto per la sua attività di divulgatore dell'astronomia e come autore di diversi libri: prima di questo, tradotto in inglese con l'aiuto di Sunčan Stone, ha pubblicato *Zvezdni Atlas za Epoho 2000* (*Atlante Stellare per l'Epoca 2000*). Kambič è anche autore e traduttore di oltre 150 articoli pubblicati sulla rivista astronomica slovena *SPIKA*, da lui fondata nel 1993.

Sommario

1 Tutto sui binocoli

La scoperta del telescopio, un tubo ottico dotato di lenti che ingrandiscono l'immagine degli oggetti osservati, viene attribuita all'ottico olandese Hans Lippershey (Fig. 1.1), che si pensa abbia realizzato il primo esemplare nel 1605.

È dell'ottobre 1608 un libro di ottica che descrive per la prima volta il funzionamento di un telescopio. In quello stesso anno Galileo Galilei costruì il suo primo telescopio con un ingrandimento di quattro volte (4×) (Fig. 1.2). Con il suo "occhiale" Galileo guardò la Luna, il Sole, i pianeti e le stelle, restando sorpreso dal fatto di scoprire oggetti invisibili all'occhio nudo.

Figura 1.1. Hans Lippershey (1570-1619).

Gli storici dell'astronomia ancora dibattono se fu davvero Galileo il primo a decidere di rivolgere il telescopio al cielo notturno. Di sicuro fu il primo a rendere note le sue scoperte astronomiche attraverso un libro, il *Sidereus Nuncius*, pubblicato nel marzo 1610. Quell'anno costituì il punto di svolta decisivo per le osservazioni astronomiche.

Tutti i più importanti astronomi del tempo, da Keplero a Newton a Huygens (solo per citare i più illustri) cercarono di migliorare il telescopio o di costruirne di tipi diversi, ma questa è un'altra storia, alla quale si potrebbe dedicare un intero volume.

Figura 1.2. Galileo Galilei (1564-1642).

Già nel 1608, ottici olandesi provarono ad affiancare due tubi ottici identici, realizzando così il primo binocolo. Essi notarono che guardando con entrambi gli occhi era molto meno faticoso e assai più naturale che guardare con uno solo. Oltretutto, il binocolo poteva essere venduto a un prezzo doppio!

I primi telescopi costavano una fortuna e potevano essere acquistati solo da persone molto facoltose. Divennero poi disponibili per un pubblico più vasto solo con lo sviluppo dell'industria ottica.

Perché il binocolo?

Il binocolo è un rifrattore. L'obbiettivo consiste di una lente adibita alla raccolta di luce, o meglio di un certo numero di lenti se il binocolo è di qualità elevata. Su ogni binocolo troviamo riportata un'informazione del tipo 8×30, 7×40, 10×50, 15×70 ecc. Il primo numero indica gli ingrandimenti, mentre il secondo ci dice qual è il diametro dell'obbiettivo, in millimetri. Tanto maggiore è l'ingrandimento, tanto più vicini sembrano gli oggetti osservati. Quanto più grande è l'obbiettivo, tanta più è la luce che da esso viene raccolta e tanto più è luminosa l'immagine; in parole po-

Figura 1.2A. Frontespizio del *Sidereus Nuncius*.

1

Le costellazioni al binocolo

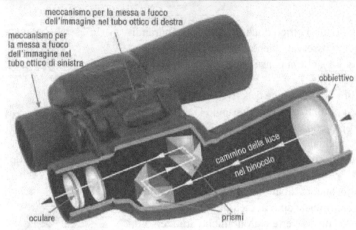

meccanismo per la messa a fuoco dell'immagine nel tubo ottico di destra

meccanismo per la messa a fuoco dell'immagine nel tubo ottico di sinistra

obbiettivo

cammino della luce nel binocolo

oculare

prismi

vere, un grosso obbiettivo ci fa vedere oggetti celesti anche molto deboli.

Da tutto ciò possiamo dedurre che i migliori binocoli sono quelli con il più forte ingrandimento e il diametro più generoso. Tutto vero, ma il prezzo sale vertiginosamente al crescere delle dimensioni dell'obbiettivo.

Indicativamente, un binocolo con un diametro di 80 mm costa circa dieci volte più di un binocolo di 50 mm (a parità di qualità ottica e di costruttore). L'ingrandimento viene di fatto limitato dal tremolio dell'immagine quando il binocolo viene sorretto dalle nostre mani. Gli strumenti con più di dieci ingrandimenti devono essere necessariamente posati su un solido treppiede.

Normalmente, l'immagine che vediamo al binocolo è dritta: è proprio ciò che vedremmo a occhio nudo, ma con un forte ingrandimento. L'immagine viene raddrizzata grazie a due prismi collocati tra l'obbiettivo e l'oculare la cui funzione, oltre che di contenere la lunghezza dei tubi ottici, è anche quella di migliorare la sensazione di tridimensionalità dell'immagine, ciò che è apprezzabile nelle osservazioni terrestri (a cui i binocoli sono prioritariamente dedicati), ma molto meno in quelle astronomiche.

Campo di vista

Una caratteristica importante che alcuni costruttori stampigliano sul telaio dello strumento è il campo di vista, ossia la dimensione angolare della parte di cielo inquadrata dal binocolo. La sua estensione dipende dall'ingrandimento e dal tipo di oculare. Indicativamente, a 7× il campo è di 7°, a 10× è di 5° e a 20× è di 3°. Se il binocolo è dotato di un oculare migliore, di quelli a grande campo, l'angolo inquadrato può essere maggiore del 25-30%. Il grande campo di vista rende il binocolo lo strumento ideale per il principiante; ma anche l'astrofilo navigato si aspetta dallo strumento esattamente questo: quel largo campo visuale che è precluso al telescopio.

L'ampio campo di vista consente al principiante di orientarsi più agevolmente in cielo e di trovare gli oggetti con maggiore facilità, ma offre anche la possibilità di un'osservazione panoramica di oggetti estesi come gruppi stellari e ammassi, oltre che visioni eccitanti delle regioni più affollate della Via Lattea, ciò che di fatto non si può ottenere guardando con il telescopio. Non è perciò sorprendente che osservatori navigati abbiano sempre un binocolo affiancato al loro telescopio di 20 o 30 cm. Telescopi e binocoli si integrano fra loro e certamente non si escludono.

Pupilla d'uscita

Una caratteristica importante dei binocoli è la pupilla d'uscita. Vediamo in dettaglio di che si tratta.

Ogni sistema ottico comprende un obbiettivo e un oculare (oltre che i nostri occhi). Per ogni strumento si devono considerare due pupille: quella d'ingresso e quella d'uscita. La pupilla d'ingresso è l'apertura dello strumento attraverso la quale entra la luce. Per la gran parte dei binocoli ciò coincide con il diametro dell'obbiettivo. La pupilla d'uscita riguarda invece l'oculare: da lì emerge la luce raccolta dall'obbiettivo. Possiamo vedere tale pupilla sotto forma di un cerchietto luminoso se puntiamo il binocolo verso una parete luminosa o verso il cielo diurno e se guardiamo l'oculare da una trentina di centimetri di distanza. Questo cerchietto costituisce l'immagine virtuale dell'apertura del binocolo; se ne può avere la dimensione se dividiamo il diametro della pupilla d'entrata per l'ingrandimento. Per esempio, in un binocolo 10×50 è di 2 mm (50 : 10 = 2 mm). La pupilla d'uscita non può essere misurata con un righello; può solo essere calcolata (Fig. 1.3).

È regola non scritta il fatto che la dimensione della pupilla d'uscita dovrebbe essere la stessa o minore di quella del nostro occhio. Dobbiamo tenere presente questo fatto quando acquistiamo un binocolo o un oculare.

La pupilla umana non ha però sempre le stesse dimensioni. Essa si riduce se la luce è intensa e si dilata nell'oscurità (Fig. 1.4). Per molti anni, si assunse che la pupilla umana dilatata al massimo misurasse 7 mm e tale informazione guidò tutti i costruttori di strumenti ottici che si convinsero che la pupilla d'uscita ideale per ogni binocolo o telescopio dovesse essere di 7 mm. Ora però le idee sono cambiate, anche per il fatto che ciascuno di noi ha pupille di dimensioni differenti: c'è chi ha una vista d'aquila, con la pupilla che può raggiungere addirittura i 9 mm di diametro, mentre altri non riescono a dilatarla per più di 4 mm anche in luce diurna. In generale, si può dire che quando si è giovani si ha una pupilla più grande, con il diametro che si riduce con il passare degli anni. E tuttavia capita di imbattersi in settantenni con una pupilla più larga di quella di un ragazzo. Ma allora, perché stiamo discutendo questo punto con tanta insistenza?

In pratica, per osservazioni astronomiche, conviene acquistare binocoli che non abbiano pupille d'uscita particolarmente grandi. Il nostro occhio non è un dispositivo perfetto e la visione è relativamente povera ai bordi. Chiunque abbia già un briciolo d'esperienza nell'osservazione telescopica delle stelle ai più bassi ingrandimenti sa bene che, pure con ottiche lavorate perfettamente, le stelle non appaiono mai come puntini (come dovrebbe

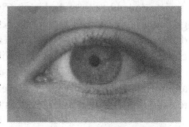

Figura 1.3. La pupilla d'uscita è il piccolo disco luminoso che si può vedere dietro l'oculare. Le sue dimensioni dipendono dall'ingrandimento e dal diametro della pupilla d'ingresso.

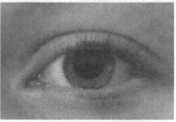

Figura 1.4. Nella luce diurna la pupilla umana è piccola; quando è buio si dilata, in modo che una maggiore quantità di luce possa essere raccolta e convogliata sulla retina.

essere), ma come macchioline più o meno diffuse. La causa è l'imperfezione dei nostri occhi, non delle lenti. Possiamo dimostrarlo in questo modo: se collochiamo una stella mediamente luminosa ai bordi del campo di vista, essa ci apparirà come un puntino sbavato, con una protuberanza su un lato. Se proviamo a ruotare la testa, la protuberanza ruota con noi: è la prova che l'aberrazione dipende dai nostri occhi. Se invece ruotasse quando ruotiamo l'oculare, allora la colpa sarebbe dell'oculare scadente.

Se vogliamo ottenere il massimo da un binocolo o da un telescopio, è preferibile che la pupilla d'uscita dello strumento sia compresa fra 2 e 5 mm. Non a caso, questi sono anche i valori ai quali noi vediamo più chiaramente (senza ausili ottici) nella vita di tutti i giorni.

Dalla pupilla d'uscita del binocolo possiamo stimare le vere dimensioni dell'obbiettivo. La gran parte degli errori riscontrabili sulle lenti riguardano i bordi e sono causati da una lavorazione scadente del vetro. Per far sì che queste imperfezioni non influenzino la qualità delle immagini, i costruttori collocano un diaframma tra l'obbiettivo e l'oculare grazie al quale limitano la quantità di luce proveniente dai bordi che giunge all'oculare. Naturalmente, ciò comporta che un obbiettivo di 50 mm nominali si riduca ad essere solo di 40 o anche di 30 mm effettivi. Perciò, la semplice conoscenza del diametro nominale dell'obbiettivo non ci dice tutto; l'informazione completa viene solo combinandola con il dato sulla pupilla d'uscita.

La scelta del binocolo per osservazioni astronomiche

Siccome in astronomia vogliamo osservare i più deboli oggetti celesti, il diametro dell'obbiettivo deve essere il più grande possibile. A conti fatti, tenendo conto anche dei prezzi degli strumenti, è preferibile orientarsi su un obbiettivo di 50 mm: quelli più piccoli non sono sostanzialmente più a buon mercato, mentre quelli più grandi sono parecchio più costosi. L'ingrandimento dovrebbe essere di 10×, il che significa che la pupilla d'uscita si aggira intorno a 5 mm, mentre l'ingrandimento non è così elevato da costringerci a usare necessariamente un cavalletto. Il campo di vista dovrebbe essere di almeno 6° (non 5°): se così è, vuol dire che il costruttore ha utilizzato gli oculari migliori, più appropriati per osservazioni astronomiche. Molti astrofili esperti concordano su questa scelta ed è proprio con un oculare di questo tipo (10×50; 6°) che sono stati osservati gli oggetti celesti descritti in questo libro.

C'è un'altra ragione importante dietro la scelta di questo binocolo. Ogni buon telescopio amatoriale è dotato di un cercatore, un piccolo strumento ausiliario che serve a puntare il telescopio nella direzione desiderata. Negli strumenti migliori, il cercatore è un piccolo rifrattore 8×50 o 10×50. Così, se ci abitueremo a perlustrare il cielo notturno con il nostro binocolo, in seguito ci risulterà più agevole passare all'osservazione e alla ricerca di certi oggetti celesti con il telescopio.

In questo libro useremo il termine generico "binocolo" per riferirci proprio a un binocolo 10×50, che ha un ingrandimento fisso. Nel caso di ingrandimenti diversi lo segnaleremo. Il termine "telescopio" sarà usato per riferirci a uno strumento che può essere dotato di oculari differenti e quindi che può dare ingrandimenti diversi.

Alcuni consigli utili per l'acquisto di un binocolo

- Verificare mentre ancora si è nel negozio se è possibile mettere a fuoco l'immagine in entrambi i tubi e se la messa a fuoco è buona sull'intero campo di vista.
- Per avere un'immagine di qualità, i due tubi ottici del binocolo dovrebbero essere perfettamente paralleli. Se è stata correttamente aggiustata la distanza tra gli occhi, l'immagine proveniente dai due tubi si fonderà in un unico campo visuale di forma circolare. Se si vedono due campi di vista sovrapposti, c'è un problema, e le osservazioni non saranno mai ottimali.
- Soggetti scuri su un fondo chiaro, o sorgenti luminose su un fondo scuro, non devono presentare aloni ai bordi. La comparsa di frange colorate denuncia ottiche mediocri.
- Stimare le dimensioni della pupilla d'uscita. Se sono troppo piccole, il binocolo probabilmente ha obbiettivi di scarsa qualità e il costruttore ha usato un diaframma per ridurre le dimensioni della pupilla d'ingresso.
- Un'aberrazione assai diffusa in tutti gli obbiettivi è il *coma*. È presente quando le immagini stellari risultano sempre più distorte quanto più ci si avvicina al bordo del campo. Invece di puntini luminosi, le stelle si presentano come macchioline elongate. Un binocolo affetto dal coma può andare bene per osservazioni diurne, ma non per perlustrare il cielo. Il test più stringente sulla qualità di un obbiettivo è proprio l'aspetto puntiforme delle stelle su tutto il campo.
- Se l'oculare è di qualità, si può ritrarre l'occhio dall'oculare per un centimetro o anche più e si continuerà a osservare praticamente lo stesso campo visuale. Oculari siffatti sono i migliori e dobbiamo aspettarci che il binocolo sia abbastanza costoso. Al contrario, se si deve appoggiare l'occhio all'oculare al fine di abbracciare l'intero campo di vista, dobbiamo mettere in conto continui problemi di appannamento della lente, oltre che il fastidio per il contatto con le ciglia.
- Per le osservazioni astronomiche non si usi mai un binocolo dotato di ottiche cosiddette rosse, verdi o blu. Benché l'immagine fornita da tali binocoli sia estremamente nitida, essa è anche leggermente colorata: così appariranno anche le stelle nel campo visuale.
- Ci sono binocoli espressamente dedicati alle osservazioni astronomiche. Tali strumenti hanno prismi zenitali davanti agli oculari, in modo da poter osservare comodamente oggetti celesti anche molto alti in cielo senza dover piegare in modo innaturale il collo. Naturalmente, saranno strumenti un po' più costosi degli altri.

In definitiva, volendo rispondere alla domanda da cui siamo partiti (perché il binocolo?), potremmo dire:

- Perché potreste averne già uno in casa.
- Perché è uno strumento poco costoso, in confronto al telescopio, e facile da usare.
- Perché con un binocolo e con questo libro si può iniziare immediatamente a esplorare la volta celeste senza bisogno di ulteriore attrezzatura.
- Perché anche se in seguito acquisteremo un telescopio, continueremo a usare il binocolo per certi tipi di osservazione, oppure per il *bird-watching*, o a teatro.

Cavalletti

È proprio necessario un cavalletto per eseguire osservazioni astronomiche con il binocolo? Vero è che, se si opera a bassi ingrandimenti, si può guardare il cielo tenendo il binocolo in mano, ma bisogna dire chiaramente che così facendo si perde gran parte del piacere che l'osservazione astronomica offre.

Le costellazioni al binocolo

Quando infatti si va alla ricerca di un debole oggetto celeste, e quindi si sposta il binocolo poco per volta, a partire da qualche stella brillante assunta come riferimento, si ha verosimilmente la necessità di consultare più e più volte una cartina celeste. Se il binocolo è appoggiato su un treppiede, lo si lascia puntato sull'ultima stella di riferimento, si esamina la cartina e si prosegue nella ricerca. Senza cavalletto, però, non è chiaro come si possa fare tutto questo; anzi è fin troppo evidente che l'osservatore senza treppiede probabilmente finirà per arrendersi sconsolato.

Quand'anche l'oggetto che cerchiamo venisse trovato facilmente – supponiamo che sia un grosso e luminoso ammasso stellare – riusciremo a scorgere i più fini dettagli soltanto dopo averlo osservato attentamente per almeno cinque o dieci minuti, e talvolta anche più a lungo ancora. Sono poche le persone che possono mantenere il braccio fermo per così tanto tempo e sono scarse le probabilità che noi siamo tra queste.

Figura 1.5. Un cavalletto eccellente, massiccio, solido e stabile, che va bene per binocoli d'ogni tipo.

Gli oggetti deboli al limite della visibilità al binocolo generalmente non vengono visti senza l'uso di un cavalletto. In altre parole, se non usate un treppiede d'appoggio non vedrete oggetti che sono grosso modo una magnitudine più debole di quella limite del binocolo.

Questi oggetti difficilissimi vengono segnalati nel corso del libro con una stella (✪) nei capitoli ove vengono descritte le costellazioni. Sappiate che ce ne sono molti!

Per le osservazioni astronomiche, una sistemazione stabile del binocolo è altrettanto importante della sua qualità ottica. Sfortunatamente, un buon cavalletto costa quasi quanto un buon binocolo. Ci sono però

Figura 1.6. Esiste un accessorio (visibile nella foto) che consente di montare il binocolo su un qualunque treppiede fotografico.

anche alternative a buon mercato. Un treppiede per fotocamera, per esempio, può essere adattato allo scopo. Chi ha qualche abilità manuale potrebbe autocostruire un treppiede in legno, o in metallo, che gli consenta di osservare il cielo notturno confortevolmente. Le fotografie che qui pubblichiamo (Figg. 1.5, 1.6 e 1.7) possono fornire qualche idea al riguardo.

Il cavalletto ideale deve soddisfare alle seguenti condizioni:

- Deve avere il giusto peso per non essere rovesciato dal primo soffio di vento, o per non oscillare ogni volta che lo si sfiora. D'altra parte, è buona norma che sia anche facilmente trasportabile, per esempio in cima a quella tal collina dove l'orizzonte è più sgombro. A questo proposito, l'ideale sarebbe che il treppiede fosse facilmente smontabile in poche parti.

- Deve essere possibile stabilizzare il binocolo con un contrappeso. Questo è il solo modo per assicurarci che lo strumento non si ribalti durante l'uso e per evitare che ci sia una deriva verso il basso per via del peso: se fossimo obbligati a intervenire in continuazione per ristabilire il puntamento, l'inevitabile tremolio delle mani si trasferirebbe sul binocolo.

Figura 1.7. Questo treppiede, realizzato con tubi idraulici, può essere facilmente autocostruito. Su Internet si possono trovare molti progetti diversi per la costruzione di un treppiede.

- Il cavalletto, o qualsiasi altro tipo di montatura, deve consentirci di regolare l'altezza del binocolo in modo da poter osservare comodamente il cielo sia a pochi gradi dall'orizzonte, sia in alto, nei pressi dello zenit.

- Quando si osserva attorno allo zenit, si deve stare in piedi sotto il binocolo. Un buon cavalletto è costruito in modo tale da lasciare il dovuto spazio all'osservatore. Ecco perché le gambe di sostegno di un treppiede per binocolo sono sempre tanto lunghe.

Avere cura delle ottiche

Binocoli e telescopi sono strumenti ottici che richiedono una certa cura. Anche se sono di piccole dimensioni, vanno trattati al meglio, specie se vogliamo usarli al limite delle loro possibilità per vedere oggetti deboli o dettagli fini.

Ogni strumento ottico si sporca. La sporcizia sulle lenti e sugli specchi diffonde la luce e riduce il contrasto dell'immagine. Conseguenza di ciò è che il cielo notturno non appare buio come dovrebbe, mentre gli oggetti luminosi non sono ben definiti. Prendere cura in modo appropriato delle parti ottiche dello strumento non significa stare a ripulirlo in continuazione. Invece è più importante cercare di evitare che polveri e altro vadano a finire sulle ottiche (Fig. 1.8).

Figura 1.8. Si rimane scioccati a esaminare con una lente d'ingrandimento le lenti del binocolo dopo qualche anno che lo si usa. In ogni caso, non si prenda l'abitudine di pulire troppo spesso lo strumento perché quasi certamente si producono graffi irreparabili che rovinano la qualità delle immagini molto più di quanto facciano le particelle di polvere.

Prevenzione. Non strofinate mai le ottiche impolverate! La normale polvere casalinga è decisamente abrasiva, contenendo granuli solidi che il vento diffonde per ogni dove. Strofinando una lente o uno specchio impolverati, queste particelle vengono sfregate sulla superficie e generano microscopici graffi che non potremo mai più rimuovere. Ecco perché è estremamente importante in primo luogo impedire alla polvere di depositarsi sulle ottiche.

La tattica migliore è perciò di tipo difensivo. Ogniqualvolta si ripone il binocolo, le lenti siano protette dai rispettivi cappucci. Se non se ne dispone, o se li abbiamo persi, sarà opportuno autocostruirseli. Si può usare ogni tipo di scatola o di coperchio di plastica, purché le dimensioni siano all'incirca le stesse del tubo. Anche un sacchetto di plastica e un elastico sono meglio di niente. L'importante è che le lenti siano sempre coperte.

Non si tocchino mai le superfici delle lenti con le dita, perché le sostanze acide della pelle a lungo andare possono danneggiare i rivestimenti ottici. Se per caso si lascia un'impronta sulle ottiche, la si ripulisca immediatamente. Più avanti descriveremo come fare.

Evitare del tutto la polvere è praticamente impossibile. Tuttavia, in piccole quantità gli effetti sulla qualità dell'immagine sono più che sopportabili.

Pulire le ottiche. Come detto, si può anche accettare un po' di polvere sulle ottiche: dopotutto, lenti e specchi sporchi possono essere ripuliti in ogni momento, ma un'ottica rigata rimane rovinata per sempre. Se non si esegue nel modo migliore la pulizia, l'operazione causerà piccoli o grossi graffi. Purtroppo, può succedere che si righi la superficie anche a seguito di una pulitura fatta a regola d'arte: sfortunatamente, i graffi determinano uno scadimento della qualità dell'immagine ben peggiore di quello riferibile a un po' di polvere. Ecco il motivo per cui le ottiche andrebbero pulite solo raramente (diciamo una volta ogni qualche anno). Se si fa lo sforzo di prevenire la deposizione di polveri sulle ottiche, questo tempo è più che accettabile. Quando infine si decide che è il momento di pulire le lenti, si deve far di tutto per essere delicati e attenti, seguendo meticolosamente queste indicazioni.

In primo luogo, si deve capire che la superficie che si sta pulendo non è vetro ma è uno strato ottico generalmente assai sottile, e perciò molto più vulnerabile del vetro. Il principale strato antiriflesso è costituito di fluoruro di magnesio e può essere facilmente danneggiabile se il costruttore lo ha applicato a bassa temperatura. Anche i rivestimenti multistrato più moderni sono piuttosto delicati, benché i costruttori facciano ogni sforzo per fissarli e rafforzarli. Sfortunatamente, non si può mai sapere se il rivestimento delle nostre ottiche è tenue, fragile, oppure resistente.

Oculari e binocoli sono costruiti in modo tale che polveri e sporcizie non possono penetrare all'interno. Ciò significa che non si deve mai provare a smontarli. Dunque, semmai c'è da tenere pulite solo le superfici ottiche esterne.

Innanzitutto, si deve rimuovere la polvere e solo in seguito si pulisce semmai anche la superficie con un detergente liquido. Il metodo tradizionale per rimuovere la polvere consiste nello spazzolare con grande delicatezza la lente con gli appositi pennellini per obbiettivi fotografici che si trovano in commercio. Si tratta di pennelli con peli molto morbidi che rimuovono delicatamente le particelle di polveri.

La superficie sarà ripulita lentamente, col pennello trascinato sempre nella stessa direzione (Fig. 1.9). Il pennello verrà appena appoggiato sulla superficie e verrà ruotato delicatamente. La rotazione fa sì che le particelle di polvere rimosse andranno semmai a cadere sulle parti della superficie ancora sporche e non su quelle che sono già state ri-

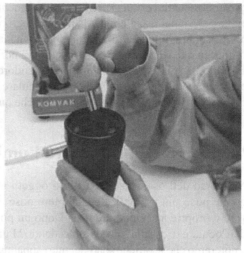

Figura 1.9. Ripulendo con un pennello, è importante che le particelle di polvere restino il meno possibile a contatto con la superficie del vetro. Si sfiori lievemente la superficie col pennello e lo si ruoti. Si richiede mano ferma e un po' di pratica.

pulite. Dopo ogni passaggio del pennellino, si abbia cura di scrollare la polvere raccolta. Vi sembrerà che non succeda proprio niente e vi sentirete anche un po' sciocchi in questa operazione, ma fatela comunque e fatela bene. Finito di usarlo, il pennellino andrà risposto al sicuro in un sacchetto di plastica. Prima di operare sulla lente, è una buona idea fare un po' di pratica con il pennello ripulendo una superficie di vetro sulla quale sia stato sparso un velo di farina.

Anche dopo aver rimosso la polvere, potrebbe esserci un po' di sporcizia. Per asportarla, occorre usare un liquido detergente. Ce ne sono di vari tipi utilizzabili per la pulizia delle lenti. La soluzione più semplice ed efficace fa uso di alcol isopropilico puro o di metanolo: li si trova in drogheria, o in farmacia. Non si usino mai sostanze alcoliche con qualche additivo (per esempio anti-appannamento), perché questi lasciano delle macchie. Volendo diluire il detergente, si usi unicamente acqua distillata. I negozi di strumentazione fotografica generalmente vendono anche questi prodotti per la pulizia delle lenti.

Avremo anche bisogno di batuffoli di cotone sterile o di fazzolettini speciali per la pulizia delle ottiche. Intridiamo il *cotton fioc* con qualche goccia di liquido e con un lieve moto circolare stendiamolo su tutta la superficie. Se necessario, passiamo un altro *cotton fioc* per asciugare.

Non si deve mai fare pressione contro la lente. Riserveremo la massima cura ai bordi della lente, onde evitare che si generi umidità, e che ristagni nell'interstizio tra la lente e il telaio: da lì potrebbe insinuarsi tra le lenti. Potrebbe anche capitare che la sporcizia, diluita dal liquido, tenda a infiltrarsi nell'interno, macchiando le superfici ottiche. Per lo stesso motivo, non si deponga il liquido direttamente sulla lente, ma sempre e solo sul cotone o sul fazzolettino.

Ci sono fazzoletti speciali, inumiditi con metanolo, che non lasciano tracce. Anche questi possono essere acquistati. Si strofini con delicatezza il vetro sempre con parti diverse di questi fazzolettini e non si prema eccessivamente: il peso del fazzoletto è sufficiente. Meglio evitare l'uso dei fazzoletti per la pulizia degli occhiali da vista, che generalmente sono inumiditi con un liquido anti-appannamento: ne lascerebbero uno strato sulle lenti.

Per quanto riguarda gli oculari, si dovrà normalmente pulire solo la lente a contatto con l'occhio, la sola esposta alla polvere, al sudore e alle impronte digitali. Le altre lenti sono ben protette all'interno del telaio dell'oculare e normalmente non devono essere ripulite. In ogni caso, se proprio si deve pulire anche quelle, ci si limiti a rimuovere solo la polvere.

La guerra infinita contro l'umidità

Nel corso dell'osservazione, i primi oggetti a sparire saranno le stelle deboli, seguite da quelle poco più brillanti. Le stelle luminose appaiono come dischetti sempre più grandi, vere e proprie macchie luminose. Dopo un po' scenderà il buio nell'intero campo visuale dell'oculare. Cosa diavolo sta succedendo? Puntiamo una torcia elettrica verso l'obbiettivo e noteremo che le ottiche sono del tutto appannate. A questo punto si ha solo voglia di riporre nella custodia il binocolo e di andare a dormire. Magari abbiamo programmato di trascorrere l'intera notte a fare osservazioni o fotografie, ma l'umidità ce lo impedisce. Gli astrofili navigati (e anche qualche manuale per telescopi) consigliano di combattere la condensa con un *phon*. Misura certamente efficace, ma che può rivelarsi pericolosa. Le particelle di polvere che stanno sull'obbiettivo e che vengono soffiate via dall'asciugacapelli possono graffiare la lente. Il modo migliore per proteggere le lenti dall'appannamento è di affrontare il problema alla radice.

Cos'è la condensa. Quando la lente di uno strumento ottico è più fredda del punto di condensa dell'aria circostante, ecco che sul vetro si deposita l'umidità. Il fenomeno si produce più facilmente su una superficie sporca, perché le particelle di polveri agiscono come nuclei di condensazione. Non serve passare un fazzoletto asciutto sulle lenti appannate, in primo luogo perché potremmo danneggiarle e poi perché comunque la condensa si riforma immediatamente dopo.

Figura 1.10. Se varia la temperatura nella stanza in cui è riposto il binocolo, è facile che si appannino le ottiche sotto il tappo protettivo. Per evitare che questo succeda, si possono ricavare alcuni fori nel tappo, ricoprendoli poi con un tessuto plastificato che sia permeabile all'aria, ma che non lasci passare la polvere.

I binocoli si appannano ogni volta che dall'esterno li portate in una stanza riscaldata. Per evitare che l'umidità si raccolga sullo strumento, bisogna coprire le lenti con i cappucci protettivi quando il binocolo è ancora fuori all'aperto. Solo quando lo strumento si sarà portato alla temperatura ambiente della camera, si potrà rimuovere il cappuccio per consentire all'umidità intrappolata di evaporare. Lasciate che le ottiche si asciughino completamente e poi copritele di nuovo. Non consentite mai che l'umidità resti intrappolata sotto il tappo di protezione perché sulle superfici ottiche potrebbero comparire macchie o anche qualcosa di peggio.

Alcuni esperti raccomandano addirittura di non usare mai i cappucci. Se cambia la temperatura nella stanza dove sono riposti i binocoli, l'umidità dell'aria a contatto con le ottiche si condensa sulla lente. Si può ovviare consentendo al cappucci di "respirare", in modo che l'umidità possa evaporare mentre cambia la temperatura. Per esempio, si possono ricavare alcuni forellini nel tappo, ricoprendoli poi con un tessuto plastificato che sia permeabile all'aria, ma che non lasci passare la polvere. La cosa migliore è riporre il binocolo in un ambiente secco e non riscaldato: in un garage o su una terrazza riparata. L'importante è evitare luoghi umidi.

I costruttori di binocoli includono nelle custodie dello strumento i sacchettini di silica gel che assorbono l'umidità dell'aria. Lasciateli sempre lì dove li avete trovati. Ricordate però che il silica gel ha una capacità limitata di assorbimento dell'umidità, di modo che, di quando in quando, si dovrà asciugarli ponendoli nel forno di cucina riscaldato a circa 50 °C.

Il punto di rugiada. Immaginiamo un contenitore di vetro chiuso, dentro il quale ci siano acqua e aria secca. Sappiamo che l'acqua tenderà a evaporare e che l'aria si umidificherà. L'aria, tuttavia, non è in grado di assorbire vapor d'acqua all'infinito: a un certo punto l'evaporazione si bloccherà. È quando si dice che l'aria è satura di umidità. La quantità di vapor d'acqua che l'aria può ricevere prima di saturarsi dipende dalla temperatura ambiente. Tanto più la temperatura è elevata, tanto maggiore è il vapor d'acqua presente nell'aria al momento della saturazione.

Se ora raffreddiamo il recipiente (per esempio, riponendolo per qualche tempo nel frigorifero), il vapor d'acqua nell'aria condensa e sulle pareti del contenitore compariranno varie goccioline. Ciò succede quando l'aria umida raggiunge il suo *punto di rugiada*, o *punto di condensazione*: si tratta della temperatura alla quale l'umidità dell'aria si condensa in nebbia o in rugiada.

L'umidità dell'aria può essere misurata con precisione. Si definisce *umidità assoluta* la quantità di vapor d'acqua, in grammi, presente in un metro cubo d'aria. Invece, l'*umidità relativa* è definita come il rapporto tra quella assoluta e l'umidità di saturazione a una data temperatura. Questa quantità viene espressa con un valore percentuale.

Supponiamo di avere una vaschetta di vetro a temperatura ambiente (20 °C). In un primo tempo l'aria sopra l'acqua sia del tutto secca; quindi, l'umidità assoluta sarà di 0 g/m³, e l'umidità relativa dello 0%. Sappiamo che un metro cubo d'aria a 20 °C può accettare alla saturazione 18 g di vapor d'acqua. Se, per esempio, dopo due ore di evaporazione ci fossero 14 g d'acqua in un metro cubo d'aria, l'umidità relativa sarebbe del 78%. L'acqua continua a evaporare fino ai fatidici 18 g: a quel punto l'evaporazione termina, mentre l'umidità relativa sale al 100%. Se vogliamo che l'acqua continui a evaporare dovremo riscaldare ulteriormente la vaschetta. Supponiamo di fare un esperimento raffreddando il contenitore nel frigorifero fino a 0 °C. A questa temperatura un metro cubo d'aria può accogliere solo 5 g di acqua. Ciò significa che, nel corso del processo di raffreddamento, sulle pareti del recipiente (ammesso che sia di un metro cubo...) si condenseranno 13 g di acqua.

Qualcosa del genere succede anche in natura. Nell'aria è sempre presente un po' di vapor d'acqua. Nel corso del giorno, quando è caldo, l'acqua evapora e l'aria diventa umida. Verso sera, quando l'aria inizia a raffreddarsi, si satura di umidità e, con l'ulteriore diminuzione della temperatura, l'acqua inizia a condensarsi in goccioline di nebbia o di rugiada. La condensazione può tuttavia verificarsi sulla superficie di oggetti che abbiano una temperatura più bassa del punto di condensazione anche prima che l'aria sia satura di umidità. Possiamo verificare questa situazione con un altro semplice esperimento: basta estrarre una bottiglia d'acqua fresca dal frigorifero per vedere le sue pareti esterne appannarsi quasi subito. Con i binocoli succede lo stesso, ed è molto raro che nel corso della notte non si appannino.

Le costellazioni al binocolo

Figura 1.11. Il tubo protettivo per l'obbiettivo del binocolo autocostruito a partire da un foglio di gommapiuma.

Com'è possibile, ci si può chiedere, che i binocoli siano più freddi dell'aria circostante? Quando portiamo gli strumenti all'esterno, dalla camera calda nella quale sono riposti, essi si raffreddano lentamente fino quando si mettono in equilibrio con l'aria dell'ambiente. Questo però varrebbe se il calore si trasferisse solo per il processo di convezione. In realtà, poiché i binocoli scambiano calore anche per radiazione, succede che possano raffreddarsi al di sotto della temperatura dell'aria circostante. Se la cosa ci suona strana, ricordiamo cosa succede al mattino quando avvertiamo con piacere il tepore del Sole che ci riscalda (con la sua radiazione) anche se l'aria tutto intorno è ancora fresca. Nel corso del giorno, la Terra e tutti gli oggetti vengono riscaldati essendo investiti dalla radiazione del Sole, mentre nel corso di una notte serena il calore viene irraggiato per radiazione nello spazio.

Tubo protettivo. Il modo più semplice per proteggere le ottiche dall'umidità è quello di rivestire con un tubo protettivo l'armatura del binocolo sul davanti dell'obbiettivo. Il tubo svolgerà sempre meglio la sua funzione quanto più sarà lungo: il suo compito è di ridurre il raffreddamento delle ottiche per irraggiamento. Ma non solo questo: esso rallenta anche il raffreddamento per convezione e inoltre agisce da paraluce, impedendo che rechi disturbo all'osservazione la luce che entra lateralmente nell'obbiettivo. Non prendiamo però troppo alla lettera quello che si è detto più sopra riguardo alla sua lunghezza. Generalmente, basta che il tubo sia tra 1,5 e 2 volte più lungo del diametro dell'obbiettivo.

Autocostruire un tubo protettivo è quantomai facile. Basta procurarsi un foglio di gommapiuma di dimensioni opportune. Si arrotola il foglio all'interno di un tubo cilindrico, lo si estrae arrotolato e si incollano le estremità in modo tale che le dimensioni aderiscano bene all'armatura del binocolo (Figg. 1.11 e 1.12). Un tubo siffatto è efficace, leggero e costa poco. Si deve solo fare attenzione che la colla usata resista all'umidità.

Possono appannarsi anche gli oculari. Vero è che il calore che emana dal viso dell'osservatore allunga il tempo di raffreddamento, ma si deve tener conto dell'umidità del respiro e della traspirazione corporea. Il metodo più efficace per prevenire l'appannamento dell'oculare è proteggere la lente a contatto con l'occhio con una guarnizione di gommapiuma con le stesse funzioni del tubo all'estremità dell'obbiettivo: l'una e l'altro allungano i tempi del raffreddamento. I migliori binocoli prevedono già questa protezione dell'oculare. Se non c'è, la si può autocostruire. Tutto quanto si è detto a proposito del binocoli va bene pure per telescopi, cercatori, obiettivi fotografici e telescopi di guida.

Circuito di riscaldamento. Il tubo di fronte all'obbiettivo esercita una protezione passiva nei confronti dell'umidità: si limita infatti a rallentare il processo di raffreddamento del binocolo. Se potessimo mantenere sempre caldo l'obbiettivo, esso si appannerebbe soltanto in rarissime occasioni. Un dispositivo di riscaldamento di questo tipo può essere acquistato, ma è anche meglio autocostruirselo, poiché in tal modo lo si può adattare alle proprie necessità e alle particolari condizioni osservative.

Il calore viene fornito da una corrente elettrica che scorre in un resistore. È il cosiddetto calore rilasciato per effetto Joule, dal nome del fisico inglese del XIX secolo Prescott Joule. Il dispositivo può essere costruito con alcune resistenze standard quali si trovano, a buon mercato, in ogni negozio di materiale elettrico.

Prima di iniziare l'autocostruzione bisogna sapere di quanto calore si ha bisogno. Un dispositivo che emetta una potenza di 3 W può riscaldare la lente di un telescopio Schmidt-Cassegrain di 20 cm, ma basterà un circuito capace di 1,5 W per un binocolo, un piccolo telescopio, per il classico cercatore e per gli oculari.

La formula dell'effetto Joule è la seguente:

$$P = R \cdot i^2 = \Delta V^2 / R = \Delta V \cdot i.$$

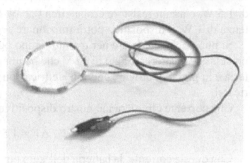

dove P è la potenza dissipata (misurata in watt, simbolo W), R è la resistenza elettrica del resistore (misurata in ohm, simbolo Ω), i è la corrente elettrica (misurata in ampere, simbolo A) e ΔV è la differenza di potenziale del generatore (misurata in volt, simbolo V). La potenza che vogliamo ottenere la sappiamo (3 W, oppure 1,5 W). La differenza di potenziale dipende dalla sorgente d'energia che utilizziamo. Per tutta una serie di motivi (per l'umidità dell'aria, per la lontananza dalle abitazioni quando si compiono le osservazioni, e anche per misure di sicurezza) è meglio non utilizzare dispositivi di riscaldamento che richiedano una normale presa di corrente come quella delle nostre case (220 V / 110 V). Opteremo invece per un dispositivo alimentato da una batteria di 12 V.

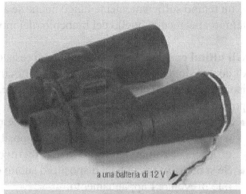

a una batteria di 12 V

Il calcolo della resistenza che ci serve è molto semplice:

$$R = \Delta V^2 / P = 144 / 1,5 = 96\ \Omega.$$

Dunque, a parità di ΔV del generatore, per il nostro dispositivo da 1,5 W occorrerà un resistore da 96 Ω; per uno da 3 W necessiterà un resistore da 48 Ω.

Costruiremo il dispositivo collegando in serie un certo numero di resistori: la loro resistenza totale sappiamo che è la somma di

Figura 1.12. In alto: il circuito di riscaldamento è costruito con un certo numero di resistori connessi in serie. Tutte le parti conduttrici devono essere ben isolate in modo da evitare cortocircuiti. In mezzo: il dispositivo applicato al tubo del binocolo il più vicino possibile alle ottiche. In basso: la soluzione più efficace è combinare il dispositivo di riscaldamento con il tubo protettivo.

quella dei singoli componenti (Fig. 1.12). Siccome vogliamo distribuire il calore in modo uniforme tutto attorno alle ottiche, congiungeremo in serie 8 resistori da 12 Ω ciascuno per un totale di 96 Ω. In base alla circonferenza del tubo del binocolo, si potranno anche usare 12 resistenze da 8 Ω e così via. Se non troveremo esattamente queste resistenze, acquisteremo componenti con valori il più possibile prossimi a quelli calcolati.

Bisognerà anche sapere, prima dell'acquisto, qual è la massima potenza che i resistori possono sopportare prima di fondere. Con 8 resistori in serie e una potenza erogata totale di 1,5 W, ciascun resistore eroga circa 0,2 W. Acquistando resistori che sopportano la potenza di 1 W, il dispositivo potrà funzionare senza problemi per lungo tempo.

Si può anche calcolare per quanto tempo potremo tenere in funzione il dispositivo con una classica batteria d'auto di 12 V che ha una capacità di 36 A·h. Ciò significa che la batteria è in grado di erogare energia elettrica con una corrente di 1 A per 36 ore prima di scaricarsi.

Che corrente circolerà nel nostro dispositivo da 1,5 W?

$$i = P / \Delta V = 1,5 / 12 = 0,125 \text{ A}.$$

Con questa corrente, la batteria dell'auto potrà durare 288 ore prima di doverla ricaricare. È un tempo sufficientemente lungo anche se a essa dovessimo affidare più dispositivi contemporaneamente: quello del binocolo, del motore di guida del telescopio ecc.

Gli ultimi consigli. Quando si saldano i resistori, bisogna essere sicuri di aver isolato i fili di connessione per evitare accidentali cortocircuiti. I telai dei binocoli normalmente sono isolanti, ma non guasta un'ulteriore attenzione. Nel negozio dove si acquistano i resistori si potranno anche trovare guaine isolanti, adatte allo scopo.

- Verificate che siano bene a contatto i resistori e il tubo del binocolo, in modo da trasferire a questo la gran parte del calore. Il dispositivo di riscaldamento lavorerà con maggiore efficacia se combinato con il tubo protettivo.
- Se si mette in funzione il dispositivo subito dopo aver piazzato all'esterno il binocolo, si può prevenire l'appannamento.
- La regola aurea è che da una batteria si devono ottenere almeno 12 ore di osservazioni ininterrotte. Sarebbe un guaio se vi trovaste con le batterie scariche nel bel mezzo della nottata osservativa.
- Compiere le osservazioni in luoghi che sono molto umidi o molto secchi farà capire qual è la potenza del dispositivo adatta per il nostro binocolo. Se poi potremo regolare la differenza di potenziale erogata (a questo proposito, si può utilizzare un reostato), aggiusteremo la potenza a seconda della necessità del momento.
- Una volta che avremo imparato la tecnica di costruzione del dispositivo di riscaldamento, ci sarà facile costruirne per tutte le nostre necessità: per il binocolo, per i vari obbiettivi della macchina fotografica, gli oculari, il telescopio di guida e il cercatore, o l'obbiettivo del telescopio. L'esperienza ci insegnerà a costruire dispositivi che non siano così potenti da creare turbolenza d'aria attorno all'obbiettivo, né così deboli da non riuscire a impedire l'appannamento.

2 Un po' di meccanica celeste

Le costellazioni

Ce la ricordiamo la notte in cui per la prima volta siamo rimasti ad ammirare la volta celeste sotto un cielo buio, sereno, incantati da tanta bellezza? Probabilmente abbiamo pensato qualcosa del genere: "Quante stelle! Come fare ordine e dare un senso a tutto questo?"

Un osservatore attento noterà che ci sono gruppi di stelle relativamente brillanti e abbastanza vicine tra loro che sembrano disegnare in cielo semplici forme geometriche, come quadrati, rombi, croci, cerchi, archi. Se daremo un nome a queste figure, ciò ce le renderà più famigliari, più facili da riconoscere e da localizzare nelle notti che verranno. Probabilmente così nacquero e vennero battezzate le prime *costellazioni*. Difficilmente conosceremo il nome della prima persona che raggruppò le stelle nelle costellazioni: ciò di sicuro avvenne molti millenni fa, addirittura già poco dopo che gli esseri umani, cominciando a camminare eretti, alzarono gli occhi al cielo e rimasero incantati dalla sua bellezza.

Aggiungendo alle strutture geometriche di base anche un certo numero di stelle più deboli circostanti, le costellazioni si tramutarono da semplici forme geometriche in rappresentazioni di divinità, eroi, animali o anche oggetti della vita di tutti i giorni. Tutti i popoli del mondo hanno proiettato le loro fedi e le loro credenze in cielo. Gli astronomi moderni utilizzano le costellazioni tramandate dagli antichi Greci, che annoverano non solo oggetti comuni e animali, ma anche antichi eroi mitologici. Ci sono costellazioni che ci raccontano miti e leggende dell'antica Grecia (Fig. 2.2).

Intorno agli anni Trenta del secolo scorso, il caos in cielo era totale. Oltre alle costellazioni classiche, gli atlanti celesti riportavano tutta una serie di nuovi asterismi che erano stati introdotti nel corso della storia secolare dell'astronomia. Soprattutto nei secoli XVII e XVIII gli astronomi avevano fatto a gara per inventare nuove costellazioni (Fig. 2.5).

Navigando negli oceani dell'emisfero meridionale, gli astronomi si erano imbattuti in stelle del tutto sconosciute, invisibili alle latitudini dell'Europa o del Nord Africa: da qui la necessità di introdurre nuove costellazioni per l'emisfero sud celeste. I nativi delle terre che si andavano scoprendo già fornivano suggerimenti per i nomi di queste costellazioni: alcuni vennero accolti, altri no.

La gran parte delle costellazioni era disegnata solo dalle stelle più brillanti; quelle più deboli restavano senza patria. Con il grandioso progresso dell'astronomia osservativa moderna, all'inizio del secolo XIX, ci si rese conto che in cielo il caos era totale e non più sopportabile. Tuttavia, fu solo nel 1934 che l'Unione Astronomica Internazionale suddivise una

Figura 2.1. Orione, ben visibile in inverno, è una delle costellazioni più ricche del cielo. Tra le sue stelle troviamo la settima (la bianca Rigel) e la nona in ordine di brillantezza dell'intera volta celeste (Betelgeuse, di colore arancione). Tra di esse si celano tesori nascosti che si rendono visibili al binocolo: ammassi stellari e nebulosità, fra le quali la grande e lucente Nebulosa in Orione.

Figura 2.2. Carta celeste di Orione com'è rappresentata nell'*Uranographia* di Hevelius, pubblicata nel 1690.

15

Le costellazioni al binocolo

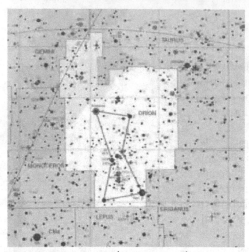

Figura 2.3. Una moderna cartina di Orione segnala con precisione i confini della costellazione.

volta per tutte l'intera volta celeste in 88 costellazioni ufficiali, i cui confini vennero definiti con assoluta precisione. Oggi possiamo dire a quale costellazione appartiene anche la più debole delle stelle. Per gli astronomi moderni una costellazione è una regione ben definita del cielo e non semplicemente una manciata di stelle luminose che disegnano una particolare forma (Fig. 2.3).

Una costellazione delimita quindi una porzione di cielo comprendente stelle e oggetti non stellari che hanno in comune una sola cosa: sono tra loro vicini prospetticamente (ossia, visti dalla Terra giacciono grosso modo nella stessa direzione). In realtà, alcune stelle stanno a breve distanza da noi, mentre altre sono lontanissime e, in ogni caso, non hanno fra loro alcuna connessione fisica. Se di colpo ci trasferissimo su un altro pianeta distante centinaia di anni luce dal Sole, la volta celeste ci apparirebbe completamente diversa.

Le costellazioni hanno le più varie dimensioni (Tabella 2.1) poiché, fissandone i confini, gli astronomi vollero rispettare, almeno in parte, le suddivisioni tradizionali. La costellazione più estesa del cielo è Hydra, mentre la più piccola è la famosa Crux, che si trova nell'emisfero celeste meridionale e fu introdotta nel 1679.

Potremmo chiederci come mai facciamo ancora uso delle costellazioni introdotte dagli antichi Greci circa 2500 anni fa. Forse che da allora non è cambiato nulla? Sappiamo che tutto nell'Universo è in movimento. Il nostro Sistema Solare e tutti gli altri sistemi stellari ruotano intorno al centro della Galassia, e ciascuna stella è animata da un moto proprio con direzioni e velocità diverse. Tuttavia, sono enormi le distanze che ci dividono dalle stelle. Vero è che una stella può muoversi nell'Universo alla fantastica velocità di 50 km/s, ma se noi osserviamo questa stella, per esempio, da 100 anni luce di distanza (circa 1 milione di miliardi di chilometri), siamo in grado di rilevare il suo movimento solo grazie a strumenti di altissima precisione. Dovranno passare molti secoli prima di poter notare coi nostri occhi che una stella ha cambiato la sua posizione in cielo. E dire che, per questo nostro esempio, abbiamo scelto una stella piuttosto veloce e relativamente vicina a noi!

Tabella 2.1 Le 88 costellazioni ufficiali

Nome	Sigla	Genitivo	Nome italiano	Estensione	Emisfero
Andromeda	And	Andromedae	Andromeda	722	N
Antlia	Ant	Antliae	Macchina Pneumatica	239	S
Apus	Aps	Apodis	Uccello del Paradiso	206	S
Aquarius	Aqr	Aquarii	Acquario	980	S
Aquila	Aql	Aquilae	Aquila	652	NS
Ara	Ara	Arae	Altare	237	S
Aries	Ari	Arietis	Ariete	441	N
Auriga	Aur	Aurigae	Auriga	657	N
Boötes	Boo	Boötis	Bovaro	906	N
Caelum	Cae	Caeli	Bulino	125	S
Camelopardalis	Cam	Camelopardalis	Giraffa	757	N
Cancer	Cnc	Cancri	Cancro	506	N
Canes Venatici	CVn	Canum Venaticorum	Cani da Caccia	465	N
Canis Major	CMa	Canis Majoris	Cane Maggiore	380	S

Nome	Sigla	Genitivo	Nome italiano	Estensione	Emisfero
Canis Minor	CMi	Canis Minoris	Cane Minore	183	N
Capricornus	Cap	Capricorni	Capricorno	414	S
Carina	Car	Carinae	Carena	494	S
Cassiopeia	Cas	Cassiopeiae	Cassiopea	598	N
Centaurus	Cen	Centauri	Centauro	1060	S
Cepheus	Cep	Cephei	Cefeo	558	N
Cetus	Cet	Ceti	Balena	1231	NS
Chamaeleon	Cha	Chamaeleontis	Camaleonte	132	S
Circinus	Cir	Circini	Compasso	93	S
Columba	Col	Columbae	Colomba	270	S
Coma Berenices	Com	Comae Berenices	Chioma di Berenice	386	N
Corona Australis	CrA	Coronae Australis	Corona Australe	128	S
Corona Borealis	CrB	Coronae Borealis	Corona Boreale	179	N
Corvus	Crv	Corvi	Corvo	184	S
Crater	Crt	Crateris	Coppa	282	S
Crux	Cru	Crucis	Croce	68	S
Cygnus	Cyg	Cygni	Cigno	804	N
Delphinus	Del	Delphini	Delfino	189	N
Dorado	Dor	Doradus	Dorado	179	S
Draco	Dra	Draconis	Dragone	1083	N
Equuleus	Equ	Equulei	Cavallino	72	N
Eridanus	Eri	Eridani	Eridano	1138	S
Fornax	For	Fornacis	Fornace	398	S
Gemini	Gem	Geminorum	Gemelli	514	N
Grux	Gru	Gruis	Gru	366	S
Hercules	Her	Herculis	Ercole	1225	N
Horologium	Hor	Horologii	Orologio	249	S
Hydra	Hya	Hydrae	Idra	1303	NS
Hydrus	Hyi	Hydri	Idra Maschio	243	S
Indus	Ind	Indi	Indiano	294	S
Lacerta	Lac	Lacertae	Lucertola	201	N
Leo	Leo	Leonis	Leone	947	N
Leo Minor	LMi	Leonis Minoris	Leone Minore	232	N
Lepus	Lep	Leporis	Lepre	290	S
Libra	Lib	Librae	Bilancia	538	S
Lupus	Lup	Lupi	Lupo	334	S
Lynx	Lyn	Lyncis	Lince	545	N
Lyra	Lyr	Lyrae	Lira	286	N
Mensa	Men	Mensae	Tavola	153	S
Microscopium	Mic	Microscopii	Microscopio	210	S
Monoceros	Mon	Monocerotis	Unicorno	482	NS
Musca	Mus	Muscae	Mosca	138	S
Norma	Nor	Normae	Squadra	165	S
Octans	Oct	Octantis	Ottante	291	S
Ophiuchus	Oph	Ophiuchi	Serpentario	948	NS
Orion	Ori	Orionis	Orione	594	NS
Pavo	Pav	Pavonis	Pavone	378	S
Pegasus	Peg	Pegasi	Pegaso	1121	N
Perseus	Per	Persei	Perseo	615	N
Phoenix	Phe	Phoenicis	Fenice	469	S
Pictor	Pic	Pictoris	Pittore	247	S
Pisces	Psc	Piscium	Pesci	889	NS
Piscis Austrinus	PsA	Piscis Austrini	Pesce Australe	245	S
Puppis	Pup	Puppis	Poppa	673	S

Le costellazioni al binocolo

Nome	Sigla	Genitivo	Nome italiano	Estensione	Emisfero
Pyxis	Pyx	Pyxidis	Bussola	221	S
Reticulum	Ret	Reticuli	Reticolo	114	S
Sagitta	Sge	Sagittae	Freccia	80	N
Sagittarius	Sgr	Sagittarii	Sagittario	867	S
Scorpius	Sco	Scorpii	Scorpione	497	S
Sculptor	Scl	Sculptoris	Scultore	475	S
Scutum	Sct	Scuti	Scudo	109	S
Serpens	Ser	Serpentis	Serpente	636	NS
Sextans	Sex	Sextantis	Sestante	314	NS
Taurus	Tau	Tauri	Toro	797	N
Telescopium	Tel	Telescopii	Telescopio	252	S
Triangulum	Tri	Trianguli	Triangolo	132	N
Triangulum Australe	TrA	Trianguli Australis	Triangolo Australe	110	S
Tucana	Tuc	Tucanae	Tucano	295	S
Ursa Major	UMa	Ursae Majoris	Orsa Maggiore	1280	N
Ursa Minor	UMi	Ursae Minoris	Orsa Minore	256	N
Vela	Vel	Velorum	Vele	500	S
Virgo	Vir	Virginis	Vergine	1294	NS
Volans	Vol	Volantis	Pesce Volante	141	S
Vulpecula	Vul	Vulpeculae	Volpetta	268	N

Sigla. Le stelle vengono generalmente indicate con una lettera dell'alfabeto greco seguita dal genitivo del nome della costellazione. Spesso il genitivo viene abbreviato con la sigla. Invece di *alfa* Orionis, *delta* Scuti... si scrive *alfa* Ori, *delta* Sct...

Estensione. Viene data l'estensione della costellazione in gradi quadrati.

Emisfero. La N sta a indicare una costellazione dell'emisfero celeste settentrionale; la S dell'emisfero meridionale. Se la costellazione taglia l'equatore celeste, estendendosi un po' al nord e un po' al sud, viene indicata come NS.

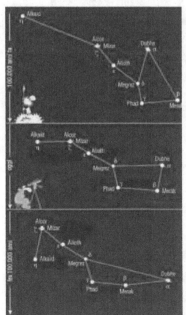

Asterismi

Spesso gli antichi astronomi suddividevano le costellazioni in parti più piccole, a ciascuna delle quali attribuivano un nome specifico. Chiamiamo *asterismi* tali porzioni di costellazione, dotate di nome proprio. Tra gli asterismi più conosciuti, considerati erroneamente da molti come costellazioni, ci sono il Piccolo e il Grande Carro. In realtà, il Grande Carro è solo un parte della costellazione dell'Orsa Maggiore, mentre il Piccolo Carro è una parte dell'Orsa Minore (Fig. 2.4). Altro famoso asterismo è la Cintura del Cacciatore, costituito da tre stelle vicine e brillanti della costellazione di Orione.

Figura 2.4. Il Gran Carro di centomila anni fa, com'è oggi, e come sarà fra altri centomila anni. La forma delle costellazioni muta nel corso dei millenni; tuttavia, devono trascorrere centinaia di secoli prima che l'occhio umano possa essere in grado di notare questi cambiamenti.

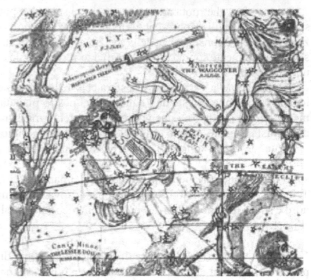

Figura 2.5. Parte di un atlante stellare del 1835 (di Elijah H. Burritt) nel quale sono rappresentate alcune costellazioni classiche e, in aggiunta a queste, il Telescopio di Herschel. La costellazione venne introdotta dall'astronomo austriaco M. Hell alla fine del secolo XVIII raccogliendo alcune stelle deboli tra i Gemelli, la Lince e l'Auriga. Oggi questa costellazione è stata abrogata.

La sfera celeste

Quando alziamo gli occhi in una notte serena, il cielo sembra che abbia la forma di una sfera, con la Terra al suo centro. In ogni momento, dal nostro punto d'osservazione, possiamo vedere metà della sfera; l'altra metà giace sotto l'orizzonte. Le stelle sembrano stare tutte alla stessa distanza da noi come se fossero appiccicate all'interno della sfera celeste. Tuttavia, questa sfera non è immobile. Se memorizziamo la posizione di una certa stella brillante rispetto a una casa vicina, un albero o un particolare dell'orizzonte e poi guardiamo la stessa stella dallo stesso punto un'ora o due più tardi, noteremo che essa si è spostata verso ovest. Il cielo ruota infatti da est a ovest (Fig. 2.6). Naturalmente, la rotazione è solo apparente, perché in effetti è la Terra che sta ruotando attorno al proprio asse e noi ruotiamo con essa.

Figura 2.6. Ecco come si può dimostrare che il cielo ruota. Poniamo una fotocamera su un cavalletto e puntiamola verso il cielo. Se esponiamo la foto per lungo tempo, per esempio per un paio d'ore, le stelle disegneranno un arco a segnalare l'avvenuta rotazione. In questo caso, vediamo stelle dell'emisfero celeste settentrionale: la stella al centro è la Polare.

Le costellazioni al binocolo

Su una sfera che ruota attorno a un asse ci sono due punti che non cambiano mai di posizione. Sono i poli, rappresentati in questo caso dai poli celesti nord e sud. Poiché la rotazione del cielo è conseguenza della rotazione della Terra attorno al proprio asse, i poli celesti stanno esattamente sopra i poli geografici terrestri: il polo celeste nord sopra il polo terrestre nord e così per l'altro polo.

Proprio come la Terra, anche la sfera celeste ha un suo equatore, che rappresenta la proiezione sulla volta celeste dell'equatore del nostro pianeta; l'equatore celeste corre esattamente a metà strada tra i due poli ed è un cerchio massimo che divide la sfera del cielo in due emisferi uguali, quello settentrionale e quello meridionale.

Ovunque ci troviamo nell'emisfero nord della Terra a osservare il cielo, il polo celeste nord e l'equatore celeste sono sempre sopra l'orizzonte, mentre il polo celeste sud sta sempre sotto l'orizzonte. La medesima situazione, a parti invertite, vale per l'emisfero sud della Terra. Se il nostro punto d'osservazione si trova esattamente sull'equatore, i poli celesti nord e sud si trovano sull'orizzonte (matematico), mentre l'equatore celeste corre allo zenit (Fig. 2.7).

Coordinate celesti. La necessità di stabilire un sistema di coordinate sorse subito dopo le prime osservazioni celesti. Venne così adottato un sistema che semplificava la descrizione della posizione di una stella o di ogni altro corpo celeste utilizzando solo due coordinate.

Il sistema di coordinate celesti è del tutto simile a quello che usiamo qui sulla Terra. La latitudine geografica ha il suo corrispettivo in cielo nella *declinazione*, mentre la longitudine geografica è rappresentata da quella che è detta *ascensione retta*. La scelta dell'origine delle declinazioni sembrò piuttosto ovvia: la declinazione si misura in gradi a partire dall'equatore celeste andando verso il polo celeste nord (+) oppure sud (–). La declinazione delle stelle che stanno sull'equatore celeste è 0°, sul polo nord celeste è di +90° e sul polo sud celeste di –90°. Per esprimere la misura della declinazione in un modo più circostanziato, i gradi ven-

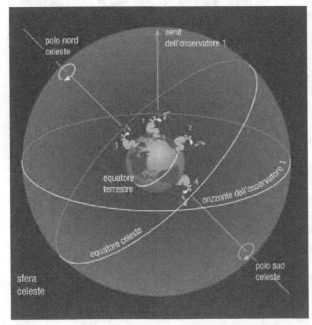

Figura 2.7. Per l'osservatore terrestre la volta celeste è una sfera con la Terra al centro. In ogni momento, possiamo vedere metà della sfera (se l'orizzonte è sgombro da ostacoli); l'altra metà sta sotto l'orizzonte. Nel disegno è rappresentato l'orizzonte dell'osservatore 1, che si trova a latitudini geografiche medie settentrionali. Con un po' d'immaginazione possiamo capire come osservatori in altri parti della Terra possano vedere il cielo. L'osservatore 3 sta al polo nord. Al suo zenit si trova il polo nord celeste, mentre l'equatore celeste coincide con il suo orizzonte (matematico). L'osservatore 4 si trova al polo sud. Anch'egli ha l'equatore celeste al proprio orizzonte (matematico), ma al suo zenit si trova il polo celeste meridionale. L'osservatore 2 è all'equatore. Egli ha l'equatore celeste allo zenit, mentre i due poli celesti nord e sud stanno sul suo orizzonte da parti opposte.

gono suddivisi in 60 primi d'arco (') e il primo d'arco in 60 secondi d'arco (") (Fig. 2.8).

La scelta del punto zero dell'ascensione retta è, come sulla Terra, del tutto convenzionale. Proprio come tutti i meridiani geografici sono tra loro uguali (sono tutti cerchi massimi sulla sfera), così lo sono i meridiani celesti. Per ragioni storiche, sulla Terra abbiamo convenuto di iniziare a misurare la longitudine geografica dal meridiano che passa per l'Osservatorio di Greenwich, a Londra; perciò il punto 0° delle longitudini terrestri è il punto nel quale il meridiano di Greenwich attraversa l'equatore. Lì latitudine e longitudine geografiche sono entrambe pari a 0°. In modo analogo, gli astronomi dovevano scegliere un punto sull'equatore celeste che rappresentasse l'origine del sistema delle coordinate celesti e trovarono un accordo per stabilirlo nel punto in cui l'eclittica interseca l'equatore celeste, nel quale si

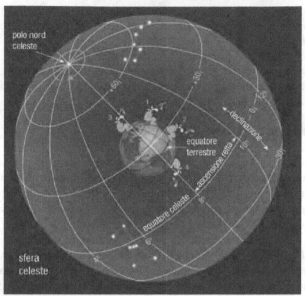

Figura 2.8. Il sistema delle coordinate celesti può essere meglio compreso se visualizziamo l'analogo sistema delle coordinate terrestri, le latitudini e le longitudini, e lo proiettiamo in cielo. Anche in questo disegno ci sono quattro osservatori. Il primo (1), alle medie latitudini settentrionali, può vedere il complesso reticolo del sistema di coordinate celesti in maniera diversa a seconda della direzione in cui egli guarda in cielo (si vedano anche le figure di pag. 24 e 25). Gli altri tre sono più fortunati: il cielo a loro appare assai più semplice (si veda la Fig. 2.10).

trova a passare il Sole all'equinozio di primavera. È quello che viene chiamato *Primo Punto d'Ariete* o *Punto Gamma*: si trova nella costellazione dei Pesci[1].

L'ascensione retta viene misurata in ore, da 0h a 24h, e aumenta andando verso est. Il suo punto 0 è il Punto Gamma. Il vantaggio di misurare questa coordinata in ore invece che in gradi sta nel fatto che in un'ora il cielo ruota all'incirca proprio di un'ora in ascensione retta. Ciò facilita la verifica su una cartina celeste di quando una certa stella o una certa costellazione si troverà sopra l'orizzonte. Se, per esempio, Orione sta alla massima altezza sull'orizzonte (a sud) e noi siamo interessati a sapere quando (fra quante ore) potremo vedere la costellazione del Cancro, ci basta leggere quali sono le ascensioni rette centrali di Orione (5,5h) e del Cancro (8,5h), per concludere che il Cancro passerà in meridiano 3h dopo Orione. In questo modo, il cielo si trasforma in un gigantesco orologio.

Sull'equatore, un arco esteso 1h di ascensione retta misura 15°, ma quanto più ci avviciniamo ai poli, poiché le linee del sistema di coordinate tendono a convergere, la distanza angolare tra due meridiani separati di 1h si riduce progressivamente (Fig. 2.8). Un'ora di ascensione retta si divide in 60 minuti (m) e ciascun minuto in 60 secondi (s). I primi d'arco e quelli di tempo, così come i secondi d'arco e i secondi di tempo, che utilizziamo per definire la declinazione e l'ascensione retta sono grandezze differenti, e altrettanto lo sono i

---

[1] L'eclittica rappresenta il cammino annuale apparente sulla volta celeste che il Sole percorre in un anno. L'eclittica è inclinata di 23° 26' rispetto all'equatore celeste e lo interseca in due punti: il primo lo abbiamo già menzionato, ed è il Punto Gamma, il secondo è detto *Punto Libra*: è la posizione in cui si trova il Sole all'equinozio d'autunno.

simboli che li rappresentano: gli uni misurano angoli, gli altri misurano tempi. Se 1h di ascensione retta all'equatore equivale a un arco di 15°, 1m equivale a un arco di 15' e 1s a un arco di 15".

Il sistema delle coordinate celesti ruota con la sfera celeste. La posizione di qualunque oggetto sulla volta celeste può essere compiutamente descritta da due coordinate: viceversa, se conosciamo le due coordinate possiamo trovare in modo univoco la posizione in cielo di quell'oggetto.

Il cielo ruota

Si è detto più sopra che il cielo ruota sopra le nostre teste. In effetti, tale rotazione è solo apparente, perché in realtà è la Terra che ruota attorno al proprio asse. Poiché sappiamo che la Terra impiega 24h a completare una rotazione, ci aspetteremmo che la stella che sta sorgendo in questo momento all'orizzonte vi sorgerà di nuovo esattamente tra 24h. Invece, le osservazioni ci dicono che non è esattamente così.

Se scegliamo una stella brillante e annotiamo l'istante preciso in cui essa scompare dietro il tetto della casa vicina (o dietro qualche altro oggetto chiaramente identificabile e fisso), scopriremo che, trovandoci noi esattamente nella stessa posizione d'osservazione, il giorno successivo la stella scomparirà non alla stessa ora, ma 4m prima. Questo fenomeno è ancora più evidente se trascorre un lasso di tempo maggiore tra le due osservazioni. Per esempio, una stella che sparisce dietro il tetto alle 22h agli inizi di gennaio, si nasconderà dietro lo stesso tetto alle 20h agli inizi di febbraio e alle 18h agli inizi di marzo. Nel corso dell'anno, le costellazioni scivolano lentamente verso ovest, mentre a est ne compaiono di nuove. Questi cambiamenti in cielo sono conseguenza della rivoluzione della Terra intorno al Sole. Ecco il motivo per cui nel cielo primaverile sono presenti costellazioni diverse da quelle dell'estate, dell'autunno o dell'inverno.

Immaginiamo la sfera celeste con segnato il punto dov'è la Stella Polare (o comunque la posizione del polo nord celeste). Sappiamo che il cielo sembra ruotare intorno alla Polare. Le stelle prossime al polo compiranno la rotazione su piccoli cerchi, quelle più lontane su cerchi di diametro maggiore. Siccome la Polare sta a circa 45° sull'orizzonte (stiamo ipotizzando che l'osservatore si trovi alle medie

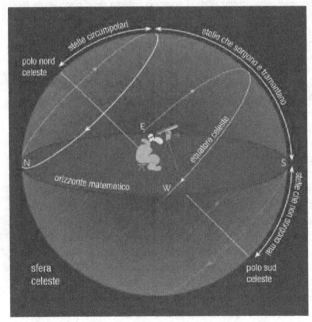

Figura 2.9. Quali stelle sono circumpolari, quali sorgono e tramontano e quali sono sempre invisibili, dipende solo dalla latitudine geografica del punto d'osservazione. Se ci spostiamo verso l'equatore, il polo nord celeste scende sempre più verso l'orizzonte: in tal modo, si riduce sempre di più l'area di cielo attorno al polo entro la quale le stelle sono circumpolari. Al contrario, se ci spostiamo verso il polo nord geografico, il polo nord celeste si sposta verso lo zenit e l'area attorno al polo, che ospita le stelle circumpolari, cresce sempre di più.

latitudini settentrionali), le stelle che le sono vicine si rendono visibili per tutta la notte e nel corso dell'intero anno, poiché il cerchio che percorrono attorno al polo è così piccolo che non scende mai sotto l'orizzonte. Queste sono dette *stelle circumpolari*. Le stelle più discoste dal polo nord celeste, invece, nel loro moto diurno in cielo, sorgono e tramontano.

Naturalmente, ci sono anche stelle molto prossime al polo sud celeste (polo che, dalle medie latitudini settentrionali, si trova 45° sotto l'orizzonte). Queste non sorgeranno mai sopra il nostro orizzonte, in nessun giorno e in nessun mese dell'anno: dalle medie latitudini settentrionali non saranno perciò mai visibili. Se una stella è circumpolare, se sorge e tramonta, oppure se non sale mai sopra l'orizzonte dipende solo dalla latitudine geografica dell'osservatore e dalla declinazione della stella stessa. Al polo nord geografico, dove abbiamo la Polare allo zenit, e l'equatore celeste all'orizzonte, tutte le stelle con declinazione positiva sono stelle circumpolari, mentre quelle con declinazione negativa stanno sempre sotto l'orizzonte e non saranno mai visibili. Al polo sud geografico la situazione è l'esatto contrario.

Se osserviamo dall'equatore terrestre, abbiamo l'equatore celeste allo zenit, mentre i poli stanno in due punti opposti adagiati sull'orizzonte. In questo caso, non c'è alcuna stella circumpolare e, nel corso dell'anno, è possibile vedere in cielo tutte le stelle e tutte le costellazioni. Se il nostro punto d'osservazione è intermedio tra questi due, lo ripetiamo, certe stelle saranno sempre presenti sopra l'orizzonte, altre sorgeranno e tramonteranno, altre ancora saranno perennemente invisibili. Le stelle che sorgono e tramontano a una certa latitudine geografica φ, che supponiamo positiva, sono quelle che hanno la declinazione δ compresa tra i seguenti estremi:

$$-90° + \varphi < \delta < 90° - \varphi.$$

Se la latitudine φ è negativa, gli estremi della declinazione sono:

$$-90° - \varphi < \delta < 90° + \varphi.$$

Per esempio, se la latitudine geografica è $\varphi = 35°$, tutte le stelle con declinazione compresa tra −55° e +55° sorgono e tramontano, e possono essere visibili solo in certi periodi dell'anno. Quelle con declinazione maggiore di 55° sono circumpolari e possono essere viste in ogni nottata serena, in ogni stagione dell'anno; quelle con declinazione minore di −55° non sorgono mai e risultano sempre invisibili (Fig. 2.10).

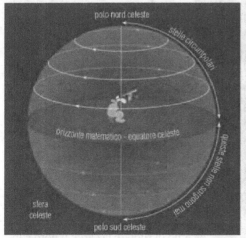 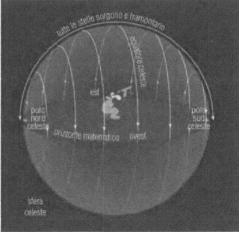

Figura 2.10. Come appare il cielo a un osservatore al polo nord (a sinistra) e all'equatore. Per l'osservatore al polo, le stelle ruotano attorno all'asse verticale e perciò non tramontano mai. L'osservatore può vedere solo le stelle a declinazione positiva e mai quelle dell'emisfero sud. Al polo sud terrestre, l'osservatore vedrebbe le stelle muoversi in modo analogo, con la differenza di avere allo zenit il polo sud celeste e di poter vedere solo le stelle con declinazione negativa. L'osservatore che sta all'equatore è in una posizione più favorevole. Egli può vedere tutte le stelle che punteggiano la volta celeste.

Direzioni in cielo

Figura 1 - verso est

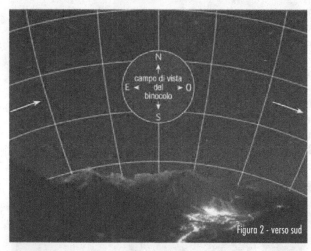

Figura 2 - verso sud

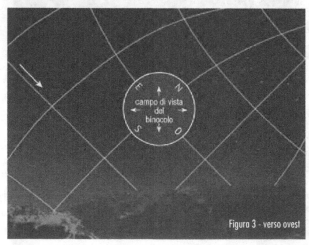

Figura 3 - verso ovest

Dove sono il nord, il sud, l'est e l'ovest sulla volta celeste? Le direzioni dei punti cardinali vengono definite da un sistema di coordinate celesti. Il nord è sempre nella direzione della Polare, indipendentemente dalla direzione in cui punta il binocolo o da come lo si orienta. Facciamo un esempio.

Tutte le cartine che si trovano nella seconda parte di questo libro sono pubblicate in modo che il nord stia in alto, l'est a sinistra, il sud in basso e l'ovest a destra. Per cercare, ad esempio, l'ammasso globulare M13 in Ercole, possiamo far uso della cartina nella Fig. 9.4 e se la costellazione si trova in quel momento sopra l'orizzonte orientale abbiamo la necessità di conoscere l'orientazione del sistema delle coordinate celesti in quella parte del cielo. Se nella cartina l'ammasso appare al di sopra la stella *zeta*, invano lo cercheremo nella medesima posizione anche in questa parte del cielo. Invece, per farla aderire al sistema delle coordinate celesti, dovremo ruotare la cartina di circa 45° in senso antiorario, come si vede nella Fig. 1 in queste pagine. L'ammasso risulterà perciò a sinistra della *zeta*. E che dire per le altre parti del cielo?

La rete delle coordinate celesti, quale può essere osservata nelle varie direzioni dalla latitudine geografica di 45°, è mostrata schematicamente nelle figure di queste pagine. Se ci volgiamo verso sud (Fig. 2), non c'è bisogno di ruotare la carta: il nord è in alto, il sud in basso, l'est a sinistra e l'ovest a destra. Per le altri parti del cielo la situazione è un po' più complessa, come si vede nelle figure 1, 3 e 4.

Se osserviamo le stelle sopra l'orizzonte orientale, dobbiamo ruotare la cartina di 45° in senso antiorario. Sopra l'orizzonte occidentale, dobbiamo invece ruotarla di 45° in senso orario. Solo quando le carte vengono ruotate nella direzione corretta possiamo dire che l'oggetto che cerchiamo è, per esempio, sopra la tal stella, o sotto, o a sinistra, o a destra di essa. Per questo motivo, per tutto il libro eviteremo di descrivere la posizione di un oggetto con frasi del tipo "sta sopra la tal stella", o

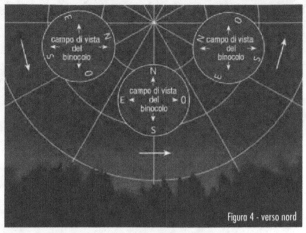

Figura 4 - verso nord

sotto, a sinistra ecc., ma diremo sempre e solo "ad est di...", "a nord-ovest di..." ecc.

Se stiamo osservando le stelle volgendo lo sguardo verso nord, dipende solo dalla posizione dell'oggetto osservato in quale direzione e di quanti gradi dobbiamo ruotare la cartina in modo che essa ci mostri ciò che vediamo effettivamente in cielo. Gli osservatori esperti, che conoscono bene le costellazioni, guardano che orientazione ha la costellazione nella parte di cielo che stanno osservando e ruotano poi la cartina in modo da riprodurre al meglio quell'orientazione. In ogni caso, si deve sempre sapere dov'è il polo nord celeste: nota la direzione del nord, le altre ne conseguono. Aggiungiamo che l'operazione apparentemente complicata di orientare il campo di vista diventerà molto facile e familiare quanto più crescerà la nostra esperienza di osservatori. Un astrofilo di lunga data sa sempre com'è orientato il campo del suo binocolo e la cosa non lo angustia più di tanto.

Cartine mensili

Nelle cartine mensili, numerate dall'1 (gennaio) al 12 (dicembre), possiamo vedere come mutano, durante l'anno, le costellazioni visibili dalle medie latitudini settentrionali. Ogni cartina copre una striscia di cielo centrata attorno al meridiano[*2], ampia 90°, che va da sud-est a sud-ovest e dall'orizzonte settentrionale a quello meridionale. Le cartine rappresentano il cielo come appare attorno alla mezzanotte di tempo locale (del fuso) del giorno 15 di ciascun mese. Qualora sia vigente l'ora estiva bisognerà tenerne conto aggiungendo un'ora a quella indicata nella cartina. Il cerchio disegnato con la mano aperta ha un diametro angolare di circa 25°: viene mostrato per fornire una rozza stima delle dimensioni delle costellazioni. Queste carte vogliono essere d'aiuto a chi per la prima volta si affaccia allo studio delle costellazioni.

[*2] Il meridiano è un cerchio massimo sulla sfera celeste che passa dal punto cardinale nord sull'orizzonte, dal polo celeste, dallo zenit, dal punto cardinale sud e dal nadir; è perpendicolare all'orizzonte locale.

mezzanotte a metà gennaio

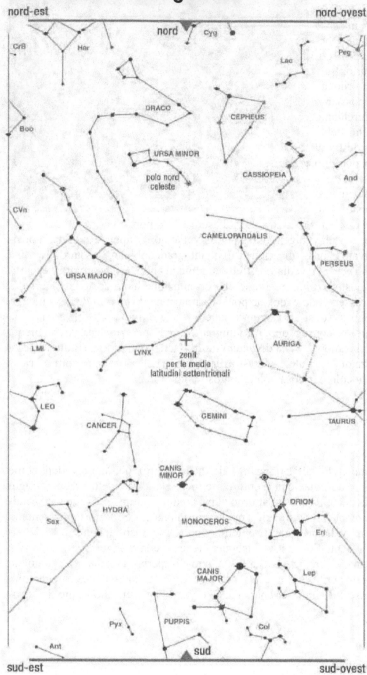

Queste costellazioni si vedono in meridiano anche: a metà febbraio alle 22h
a metà marzo alle 20h
a metà dicembre alle 2h
a metà novembre alle 4h

mezzanotte a metà febbraio

25°

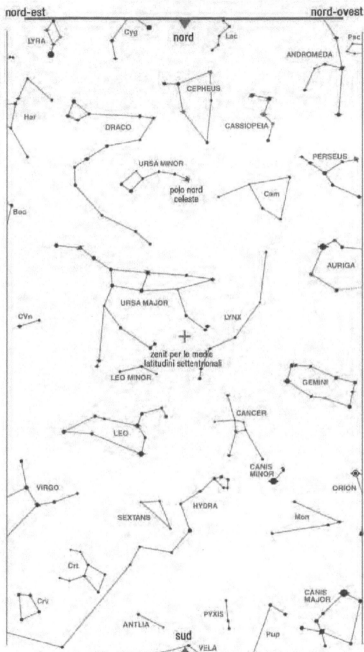

Queste costellazioni si vedono in meridiano anche: a metà marzo alle 22h
a metà gennaio alle 2h
a metà dicembre alle 4h
a metà novembre alle 6h

mezzanotte a metà marzo

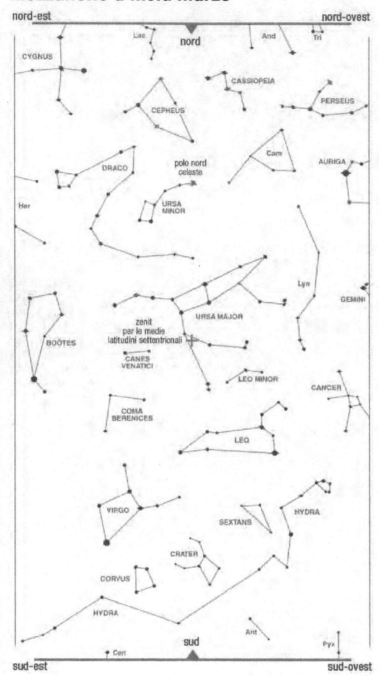

25°

Queste costellazioni si vedono in meridiano anche:

a metà febbraio alle 22h
a metà marzo alle 20h
a metà dicembre alle 2h
a metà novembre alle 4h

mezzanotte a metà aprile

25°

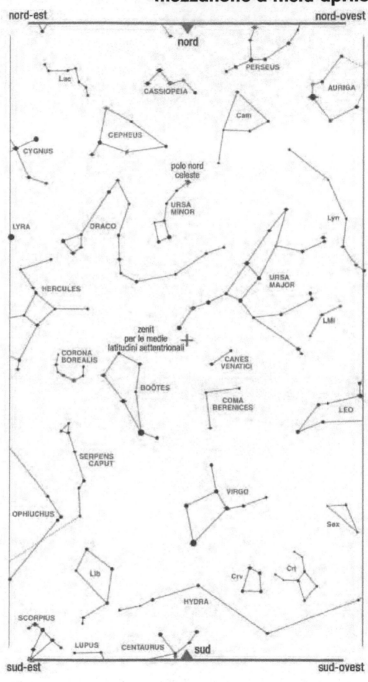

Queste costellazioni si vedono in meridiano anche: a metà marzo alle 22h
a metà gennaio alle 2h
a metà dicembre alle 4h
a metà novembre alle 6h

mezzanotte a metà maggio

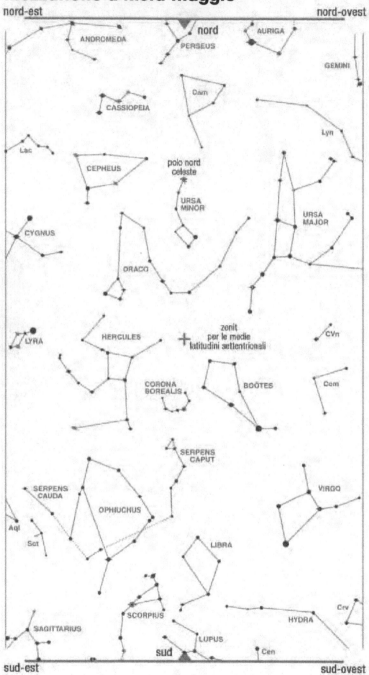

nord-est   nord-ovest

25°

Queste costellazioni si vedono in meridiano anche: a metà febbraio alle 22h
                                                    a metà marzo alle 20h
                                                    a metà dicembre alle 2h
                                                    a metà novembre alle 4h

mezzanotte a metà giugno

25°

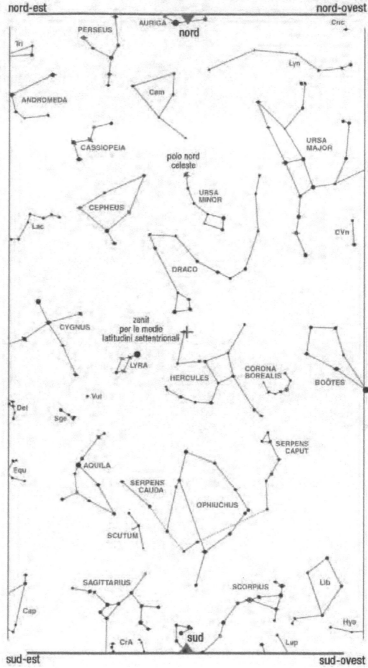

Queste costellazioni si vedono in meridiano anche: a metà marzo alle 22h
a metà gennaio alle 2h
a metà dicembre alle 4h
a metà novembre alle 6h

Le costellazioni al binocolo

mezzanotte a metà luglio

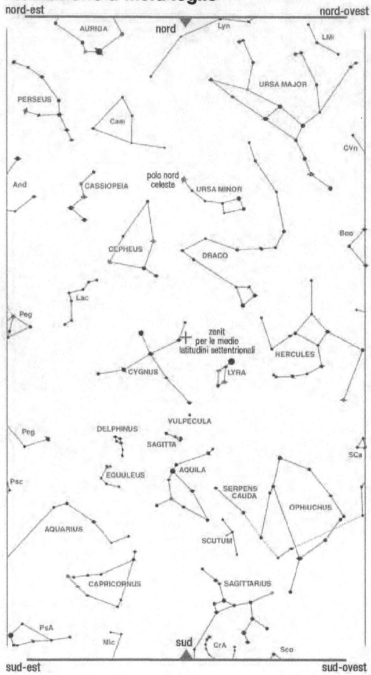

Queste costellazioni si vedono in meridiano anche: a metà febbraio alle 22h
a metà marzo alle 20h
a metà dicembre alle 2h
a metà novembre alle 4h

mezzanotte a metà agosto

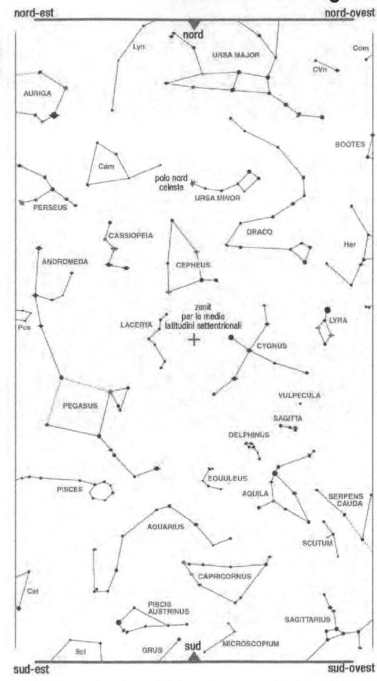

Queste costellazioni si vedono in meridiano anche: a metà marzo alle 22h
a metà gennaio alle 2h
a metà dicembre alle 4h
a metà novembre alle 6h

mezzanotte a metà settembre

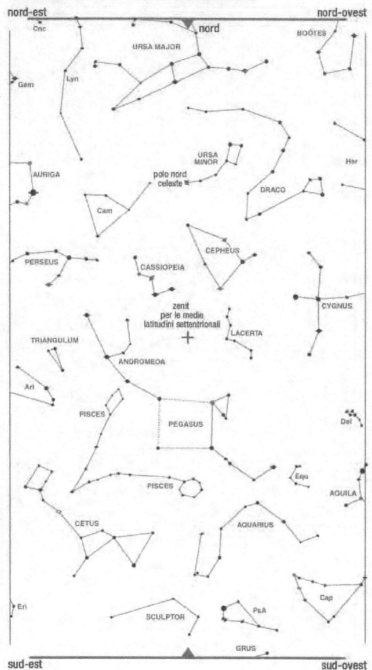

25°

Queste costellazioni si vedono in meridiano anche: a metà febbraio alle 22h
a metà marzo alle 20h
a metà dicembre alle 2h
a metà novembre alle 4h

mezzanotte a metà ottobre

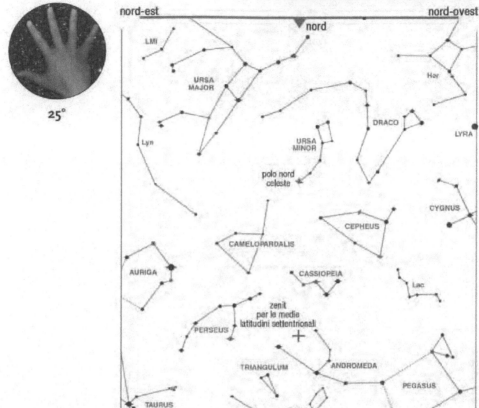

Queste costellazioni si vedono in meridiano anche: a metà marzo alle 22h
a metà gennaio alle 2h
a metà dicembre alle 4h
a metà novembre alle 6h

Le costellazioni al binocolo

mezzanotte a metà novembre

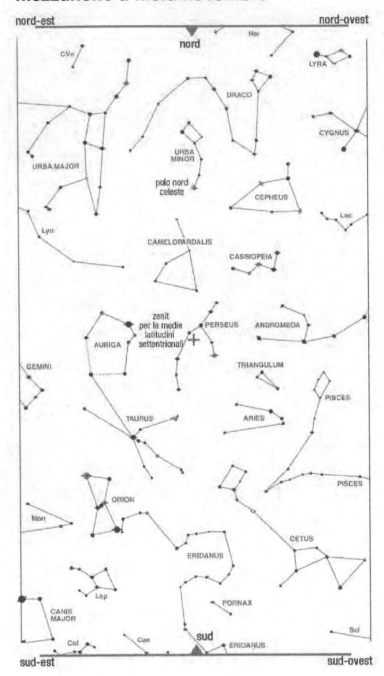

25°

Queste costellazioni si vedono in meridiano anche: a metà febbraio alle 22h
a metà marzo alle 20h
a metà dicembre alle 2h
a metà novembre alle 4h

mezzanotte a metà dicembre

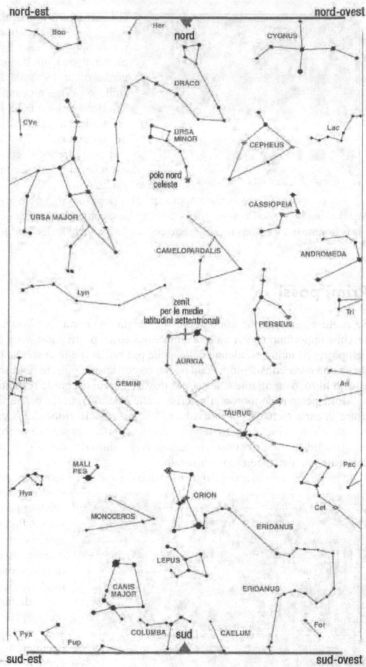

Queste costellazioni si vedono in meridiano anche:

a metà marzo alle 22h
a metà gennaio alle 2h
a metà dicembre alle 4h
a metà novembre alle 6h

Come misurare gli angoli in cielo

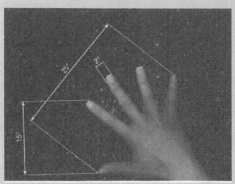

Gli astronomi misurano le distanze apparenti tra le stelle in gradi. (Diciamo "apparenti" perché queste non sono le distanze effettive, ma quelle prospettiche.) Betelgeuse dista 18°,5 da Rigel (entrambe le stelle sono nella costellazione di Orione). Tra Betelgeuse e i Gemelli c'è una trentina di gradi di distanza. Il diametro apparente della Luna e del Sole è di circa 0°,5. Una cometa potrebbe avere una coda lunga 90° e anche più. Una certa stella è 15° sopra l'orizzonte.

Per compiere misure angolari approssimative possiamo utilizzare uno strumento che portiamo sempre con noi, la nostra mano. Se la apriamo completamente e distendiamo bene le dita, la possiamo usare come un goniometro con il quale stimare le distanze angolari tra le stelle.

Primi passi

Se avete un amico o un conoscente che ha già una certa familiarità con le costellazioni, sarebbe opportuno che vi faceste aiutare nei vostri primi passi nella conoscenza del cielo: egli potrebbe indicarvi alcune delle stelle più brillanti e le costellazioni ad esse associate. Presa una certa consuetudine con poche costellazioni, potrete poi usare le carte mensili di questo libro, o un atlante celeste, per trovare e riconoscere le restanti costellazioni.

Molte persone conoscono l'asterismo che è detto Gran Carro. Se siete tra queste, potete usare la carta mensile per individuare l'intera costellazione dell'Orsa Maggiore e poi le costellazioni vicine. Se però non conoscete neppure una stella e neppure una costellazione e volete imparare a riconoscerle da soli con l'aiuto di questo solo libro, allora leggete il seguente paragrafo con molta attenzione.

In generale, riconoscere gli oggetti celesti è abbastanza semplice. Anzitutto dovete sapere

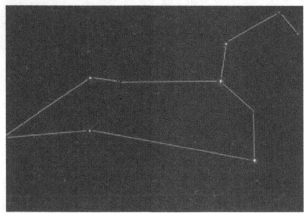

qual è grosso modo la direzione nord-sud dal vostro punto osservativo. Potete stabilire questa direzione con una bussola, oppure osservando dove si trova il Sole a mezzogiorno, posizione che grosso modo indica il sud. A una certa data, diciamo a mezzanotte di metà aprile, se si guarda verso sud, le costellazioni primaverili occuperanno il cielo dall'orizzonte meridionale a quello settentrionale, passando per lo zenit. Il cielo è dominato da tre stelle brillanti (cartina P1): Arturo, nel Bovaro, Spica, nella Vergine, e

Figura 2.11. Fotografia della costellazione del Leone in cui si rendono visibili stelle fino alla magnitudine 7-8.

Regolo, nel Leone. È sufficiente riconoscere una costellazione, generalmente quella con il maggior numero di stelle brillanti. Si parte da quella e poi si identificano le costellazioni vicine, poi le vicine delle vicine e così via per tutta la sfera celeste. Ma attenzione! Quando pensate di aver trovato, per esempio, Regolo e il Leone, date un'occhiata alla cartina che riporta le stelle fino alla magnitudine 5 (parleremo della luminosità delle stelle e delle magnitudini nel prossimo capitolo), che si trova nella descrizione della costellazione nella seconda parte del libro (Fig. 2.11A). Oltre alle stelle più

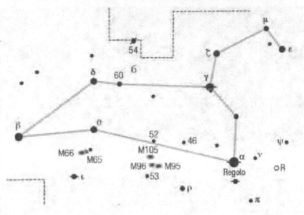

Figura 2.11A. Mappa della costellazione del Leone con stelle fino alla magnitudine 5.

brillanti che conferiscono una forma alla costellazione, dovreste provare a riconoscere anche tutte le stelle più deboli. Solo a questo punto potete essere certi che state esplorando proprio il Leone. (Capita abbastanza spesso che l'astrofilo alle prime armi si faccia ingannare da due gruppi stellari di forma simile e confonda un asterismo con un altro.)

Una volta stabilita la posizione del Leone, dovreste guardare la carta mensile n. 3 (una porzione di questa carta è riportata nella Fig. 2.11B), e soffermarvi sulle costellazioni che le stanno intorno: a ovest il Cancro, a nord il Leone Minore, a nord-est la Chioma di Berenice, a sud-est la Vergine, a sud il Sestante e a sud-ovest la testa dell'Idra. Riconosciute queste costellazioni, aiutati in ciò dalla descrizione presente nella seconda parte di questo libro, già ne conoscerete sette. E adesso potete procedere oltre, sempre seguendo questo metodo.

Le cartine P1-P4 mostrano rispettivamente il cielo primaverile, estivo, autunnale e invernale per l'emisfero nord, indicando solo le stelle più brillanti e quindi solo le costellazioni o gli asterismi più cospicui. Attorno alle cartine sono riportate le date e gli orari di visibilità. L'astrofilo alle prime armi dovrebbe innanzitutto individuare una di queste costellazioni. Sarà il punto di partenza. Per facilitare l'orientazione, abbiamo anche disegnato in alcune le più significative distanze angolari e una mano completamente aperta che rappresenta all'incirca una distanza angolare di 25°. Anche l'indicazione dello zenit è molto utile.

I siti senza inquinamento luminoso o atmosferico sono i migliori per osservare il cielo con il

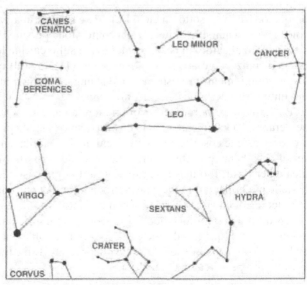

Figura 2.11B. Il Leone e le costellazioni vicine.

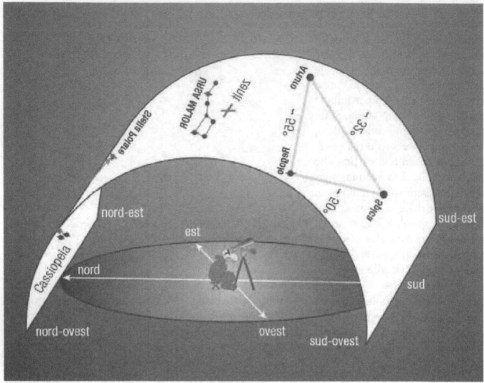

Figura 2.12. Le cartine che qui vengono proposte per imparare a riconoscere le costellazioni (da P1 a P4, così come le cartine mensili) riportano la striscia di cielo che corre attorno al meridiano del sito osservativo dall'orizzonte sud a quello nord, passando per lo zenit. Se si ha qualche problema di lettura, conviene fotocopiare la cartina e piegarla nel modo indicato in questa figura quando la si usa per le osservazioni.

binocolo. Tuttavia, sotto un cielo limpido e senza Luna, le stelle che compaiono nel binocolo sono così numerose che talvolta confondono persino l'astrofilo esperto. Allora, quando siete ancora al caldo, in casa, memorizzate sulle cartine le stelle più brillanti e le loro relative distanze angolari. Solo a quel punto portatevi all'esterno, rivolgetevi a sud e per i primi minuti, mentre i vostri occhi si stanno adattando all'oscurità, vedrete solo le stelle più luminose e certamente le riconoscerete.

Potreste anche portare con voi una torcia elettrica. Quando l'accendete, i vostri occhi perderanno l'adattamento al buio e vedrete solo le stelle più brillanti. Potete anche allenarvi a riconoscere le costellazioni osservandole da località con inquinamento luminoso, dove, se tutto va bene, potrete vedere solo le stelle fino alla magnitudine 3: situazione quasi ideale per l'astrofilo di scarsa esperienza. In ogni caso, dopo aver imparato a riconoscere le stelle più brillanti, se volete prendere familiarità con l'intera costellazione dovrete andare alla ricerca di un sito osservativo con un cielo limpido e buio.

Un'ultima possibilità è quella di incominciare a riconoscere le costellazioni nella luce del crepuscolo, quando il Sole è già calato, ma non è ancora notte fonda, di modo che in cielo si rendono visibili solo le stelle più brillanti. Tali condizioni si verificano tutti i giorni al tramonto per circa una mezz'ora.

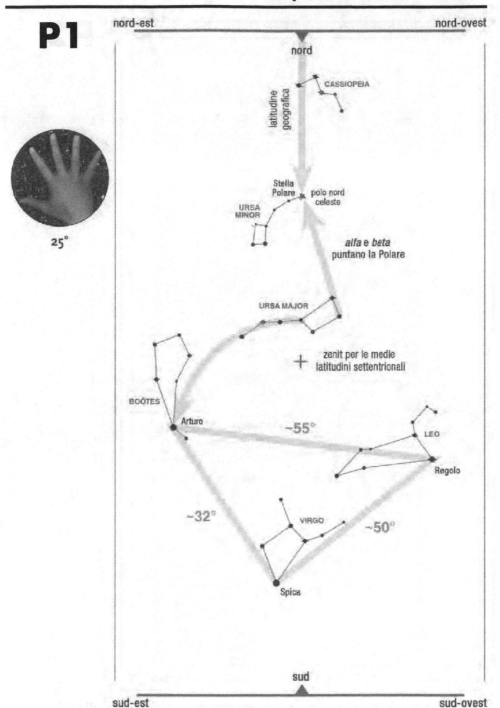

Il cielo nei pressi del meridiano a: metà gennaio alle 5h   metà marzo alle 1h
fine gennaio alle 4h   fine marzo alle 24h
metà febbraio alle 3h   metà aprile alle 23h
fine febbraio alle 2h   fine aprile alle 22h

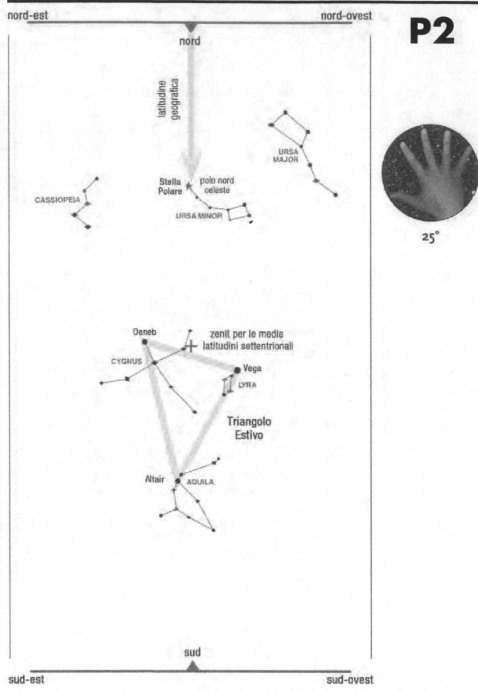

nord-est · nord · nord-ovest

P2

latitudine geografica

URSA MAJOR

CASSIOPEIA

Stella Polare · polo nord celeste

URSA MINOR

25°

Deneb · zenit per le medie latitudini settentrionali

CYGNUS

Vega

LYRA

Triangolo Estivo

Altair · AQUILA

sud-est · sud · sud-ovest

Il cielo nei pressi del meridiano a:

fine maggio alle 3h	fine luglio alle 23h
metà giugno alle 2h	metà agosto alle 22h
fine giugno alle 1h	fine agosto alle 21h
metà luglio alla 24h	

P3

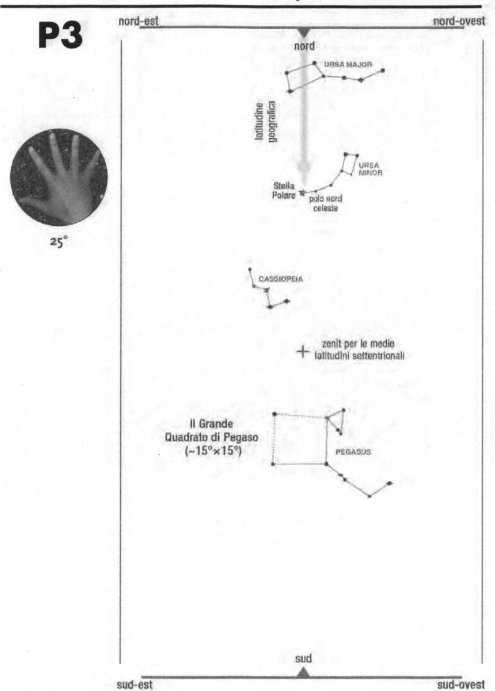

25°

nord-est   nord-ovest

nord

URSA MAJOR

latitudine geografica

URSA MINOR

Stella Polare — polo nord celeste

CASSIOPEIA

+ zenit per le medie latitudini settentrionali

Il Grande Quadrato di Pegaso (~15°×15°)

PEGASUS

sud

sud-est   sud-ovest

Il cielo nei pressi del meridiano a:

inizio agosto alle 3h	metà ottobre alle 22h
metà agosto alle 2h	fine ottobre alle 21h
fine agosto alla 1h	metà novembre alle 20h
metà settembre alle 24h	fine novembre alle 19h
fine settembre alle 23h	

Le costellazioni al binocolo

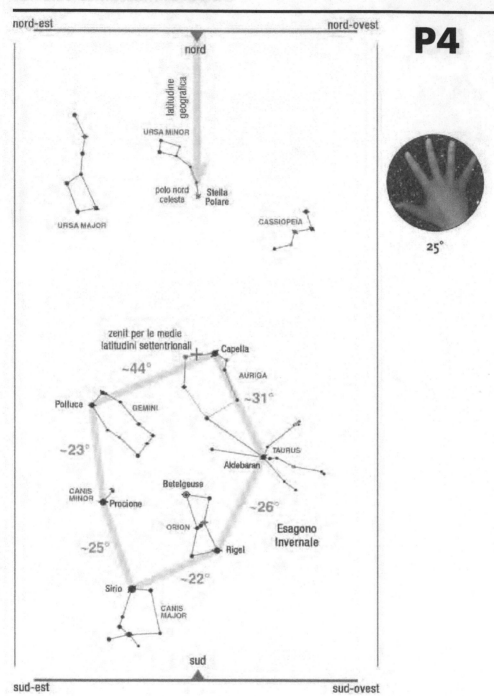

nord-est

nord-ovest

nord

latitudine geografica

URSA MINOR

polo nord celeste — Stella Polare

URSA MAJOR

CASSIOPEIA

25°

zenit per le medie latitudini settentrionali

~44°

Capella

AURIGA

~31°

Polluce — GEMINI

~23°

TAURUS

Aldebaran

CANIS MINOR — Procione

Betelgeuse

~26°

ORION

Esagono Invernale

~25°

Rigel

~22°

Sirio

CANIS MAJOR

sud

sud-est

sud-ovest

Il cielo nei pressi del meridiano a:

metà settembre alle 6h	fine novembre alla 1h
fine settembre alle 5h	metà dicembre alle 24h
metà ottobre alle 4h	fine dicembre alle 23h
fine ottobre alle 3h	metà gennaio alle 22h
metà novembre alle 2h	fine gennaio alle 21h

3 Tanti Soli lontani

La luminosità delle stelle

Ci sono stelle brillanti in cielo, e stelle deboli. Gli astronomi dicono che sono di differente magnitudine. Ipparco, che visse intorno al 150. a.C., classificò tutte le stelle visibili a occhio nudo in sei classi, in ordine di luminosità apparente. Purtroppo, sono andati perduti gli scritti di questo antico astronomo greco nei quali veniva descritto per la prima volta il sistema delle magnitudini.

Claudio Tolomeo, vissuto tre secoli dopo, conosceva il lavoro di Ipparco e probabilmente lo utilizzò come base per i due cataloghi stellari pubblicati nei *Libri VII* e *VIII* del suo famoso *Almagesto*. Nei cataloghi, Tolomeo classificò 1022 stelle, quasi tutte dell'emisfero celeste nord, in sei classi di luminosità che egli denominò *magnitudini* (in latino, *magnitudo* significa "grandezza").

La scala utilizzata nell'*Almagesto* era sostanzialmente uno strumento di identificazione che classificava le stelle sulla base dell'impressione visiva che di esse aveva l'osservatore. Le stelle più brillanti costituivano la prima classe: Tolomeo le chiamò stelle di prima magnitudine. Quelle al limite della visibilità dell'occhio nudo si trovavano invece nella sesta e ultima classe: egli le denominò stelle di sesta magnitudine. Questo sistema di classificazione restò immutato fino all'introduzione del telescopio in astronomia, nei primi anni del secolo XVII. I telescopi ci rivelano anche stelle che sono troppo deboli per essere percepite dall'occhio nudo. Perciò, sorse la necessità di espandere la scala di Tolomeo. Gli oggetti celesti che sono più deboli della sesta magnitudine sono di magnitudine 7, 8, 9 ecc. Quelli più brillanti della prima magnitudine sono catalogati di magnitudine 0, −1, −2 ecc.

Con il progresso nel campo della fotometria e della strumentazione per la misura della luminosità apparente degli astri, alla fine del secolo XIX gli astronomi erano in grado di misurare con precisione quanta luce ci provenisse dagli oggetti celesti. Così, le tradizionali classi di brillantezza resistettero, ma le magnitudini vennero precisate arricchendole dei decimali. In questo contesto, stiamo parlando della *magnitudine visuale* (m_V), quella che si misura nella banda spettrale gialloverde, attorno alla lunghezza d'onda di 500 nm, dove si ha la massima sensibilità dell'occhio umano.

Ai nostri giorni, gli astronomi considerano la scala delle magnitudini abbastanza anacronistica, ma ormai è tardi per cambiare. Essa ha diverse peculiarità. In primo luogo, è una sorta di scala inversa, nella quale più alto è il numero, più debole è la stella. In secondo luogo, è una scala logaritmica, ove la base del logaritmo non è 10, né il numero di Nepero *e*, come nei logaritmi naturali, ma 2,5, un numero che non ha un particolare significato matematico-fisico. Facile dirlo col senno di poi, ma certamente non fu un'idea felice quella degli astronomi di conservare questo sistema macchinoso e mal costruito. Per gli osservatori moderni che incontrano le magnitudini per la prima volta e sono interessati semplicemente a conoscere qual è la luminosità di una stella, la scala delle magnitudini è a dir poco scomoda, poco maneggevole. Tuttavia, gli astronomi sono ormai abituati a essa e non hanno alcuna intenzione di modificarla.

In questo libro, le cartine delle costellazioni includono stelle brillanti fino alla magnitudine 5. Le diverse magnitudini stellari vengono indicate dalle diverse dimensioni del pallino nero che sulle cartine simboleggia le stelle. Questo il significato dei simboli:

- ● stelle di magnitudine −1 (dalla magnitudine −1,6 alla −0,5)
- ● stelle di magnitudine 0 (dalla magnitudine −0,4 alla 0,5)
- ● stelle di magnitudine 1 (dalla magnitudine 0,6 alla 1,5)
- ● stelle di magnitudine 2 (dalla magnitudine 1,6 alla 2,5)
- • stelle di magnitudine 3 (dalla magnitudine 2,6 alla 3,5)
- • stelle di magnitudine 4 (dalla magnitudine 3,6 alla 4,5)
- · stelle di magnitudine 5 (dalla magnitudine 4,6 alla 5,5)

Le costellazioni al binocolo

La classificazione è necessaria affinché le cartine siano chiare e comprensibili; naturalmente, ha pure qualche lato negativo. Quando le si osserva sulla volta celeste, le stelle di magnitudine 3,5 e 3,6 appaiono praticamente della stessa luminosità, poiché la differenza di un decimo di magnitudine può essere apprezzata solo dall'occhio di un astrofilo esperto. Invece, sulle cartine, le due stelle sono rappresentate da simboli di diversa dimensione, poiché la prima appartiene alla classe di magnitudine 3 e la seconda alla classe 4. Al contrario, nel caso di due stelle, per esempio di magnitudini 2,6 e 3,5 (che perciò differiscono di 0,9 magnitudini), possiamo facilmente rilevare la differenza di brillantezza a occhio nudo quando le guardiamo in cielo, ma nelle cartine vengono rappresentate dallo stesso simbolo grafico poiché cadono entrambe nella classe di magnitudine 3.

Nelle cartine di dettaglio di questo libro, proposte per aiutare a localizzare gli oggetti più deboli, sono mostrate le stelle fino alla magnitudine 9,5, ossia tutte le stelle visibili al binocolo in condizioni osservative ideali. Solo nel caso degli ammassi aperti, che tra gli oggetti non stellari sono i più adatti ad essere osservati al binocolo, sono rappresentate stelle fino alla magnitudine 11.

La magnitudine limite. Come si è già detto, in una notte serena e senza Luna, l'occhio nudo dovrebbe consentirci di vedere stelle deboli fino alla magnitudine 6,5. Al binocolo, possiamo vedere stelle ancora più deboli, poiché le lenti dello strumento hanno un diametro maggiore delle "lenti" del nostro occhio, ossia le pupille, e quindi possono raccogliere più luce. Tuttavia, anche i binocoli hanno una loro magnitudine limite che dipende dalle dimensioni dell'obbiettivo: maggiore il diametro, più deboli sono gli oggetti che è possibile osservare. Il valore approssimativo della magnitudine limite raggiungibile può essere espresso da questa semplice relazione:

$$m_{lim} = 6,5 + 5\log D.$$

dove D è il diametro dell'obbiettivo espresso in centimetri. Con un binocolo del diametro di 5 cm possiamo vedere stelle deboli fino alla magnitudine 10. Con un obbiettivo di 10 cm, vediamo stelle fino alla magnitudine 11,5; con il più diffuso dei telescopi amatoriali (diametro dell'obbiettivo di 20 cm), la magnitudine limite delle stelle è la 13.

Il valore della magnitudine limite delle stelle visibili a occhio nudo (6,5) dipende da numerosi fattori. Probabilmente il lettore avrà già notato che normalmente, sotto cieli cittadini, si possono vedere stelle solo fino alla magnitudine 3, o forse 4. Per colpa dell'inquinamento luminoso, che ormai interessa anche le piccole cittadine e i borghi di campagna, la magnitudine limite quasi mai va oltre la 5. Solo in poche notti all'anno, fra le più serene e secche, generalmente in inverno, la magnitudine limite raggiunge la 6,5 o addirittura la 7. Esistono tuttavia regioni sulla Terra nelle quali il cielo è davvero buio: qui, nelle notti migliori, senza Luna e con bassa umidità dell'aria (nei deserti), la magnitudine limite può toccare la 8. Si può ben immaginare come appare la volta celeste da queste località. Il cielo è gremito di stelle ed è possibile vedere anche la *luce zodiacale* e il *gegenschein*: si tratta di fenomeni che la gran parte di noi conosce solo per averne letto sui libri. Un esperimento condotto in laboratorio con stelle artificiali, al netto dei disturbi causati dall'umidità e dai veli atmosferici, ha dimostrato che la magnitudine limite dell'occhio umano è intorno alla 8.

Oltre che dalle condizioni osservative, in particolare dalla trasparenza dell'aria e dalla stabilità atmosferica, la magnitudine limite dipende anche dall'altezza sull'orizzonte dell'oggetto osservato. Quando la magnitudine limite del binocolo tocca la 11 nei dintorni dello zenit, vuol dire che le condizioni osservative sono eccellenti; ma capita di rado: in generale, si raggiunge più o meno solo la magnitudine 10.

Parlando di magnitudine limite, non si può non denunciare il problema dell'inquinamento luminoso, così diffuso in ogni parte del globo. In effetti, le condizioni generali vanno peggiorando di anno in anno e ormai in talune regioni sono assolutamente catastrofiche. Fino a poco tempo fa, libri e riviste consigliavano di salire in auto e di portarsi lontano dalle città, sulla cima di qualche collina nei dintorni, per osservare il cielo notturno. Oggidì, neppure questo ormai basta più. L'inquinamento luminoso e la scarsa trasparenza atmosferica, conseguenza dell'inquinamento dell'aria, hanno effetti negativi su tutte le regioni densamente popolate del mondo. Sono pochissimi ormai i siti che godono ancora di un cielo notturno veramente buio e che non devono fare i conti con un orizzonte di colore arancione, o di un chiarore notturno diffuso, di fronte ai quali ci si chiede sbalorditi se il Sole sia davvero già tramontato.

Ancora sulle magnitudini

Trattando di brillantezza dei corpi celesti in libri come questo, rivolti agli astrofili, generalmente si parla di magnitudini visuali, ossia delle magnitudini che possiamo misurare con i nostri occhi, normalizzate al valore che avrebbero in assenza dell'atmosfera. In realtà, i corpi celesti emettono luce su tutte le lunghezze d'onda dello spettro elettromagnetico. Sappiamo che le stelle calde irraggiano soprattutto nell'ultravioletto e quelle fredde principalmente nell'infrarosso. Ecco perché gli astronomi usano definire tipi differenti di magnitudini.

Oltre alla magnitudine visuale (m_v), si definisce la *magnitudine bolometrica* (m_{bol}), la quale misura l'emissione totale d'energia del corpo celeste su tutte le bande spettrali. In lavori di qualche decennio fa è possibile trovare accenno anche alla *magnitudine fotografica* (m_{fot}), che dipende dalla sensibilità delle emulsioni fotografiche su pellicola o su lastra. Le magnitudini fotografiche non vengono ormai più utilizzate a seguito dello sviluppo dei moderni rivelatori CCD, che si sono affermati negli ultimi decenni.

L'estinzione atmosferica. Prima che raggiunga l'occhio, la luce di una stella deve attraversare l'atmosfera. Ciò determina l'*estinzione*, ossia l'indebolimento della luce a causa dell'assorbimento e della dispersione dovute alle particelle sospese in atmosfera. Ogni volta che parliamo di magnitudine limite, oppure che usiamo formule per calcolarla, dobbiamo tenere presente che il risultato vale solo per lo zenit, ossia per la direzione che sta sulla perpendicolare del sito osservativo. In queste condizioni, stiamo traguardando le stelle attraverso lo strato atmosferico il più sottile possibile. Se ci allontaniamo dallo zenit, lo strato da attraversare diventa sempre più spesso, il che aumenta l'effetto dell'assorbimento e della dispersione della luce, con la conseguenza che la magnitudine limite si abbassa. L'estinzione atmosferica diventa particolarmente importante quando osserviamo oggetti celesti alti sull'orizzonte meno di 20° (si veda la tabella).

Consideriamo ora un dato che viene generalmente trascurato. Il campo visuale del binocolo è di 6°. Ciò significa che tra una stella inquadrata nella parte alta e una nella parte bassa del campo di vista l'altezza varia di 6°; tra questi due estremi l'estinzione atmosferica può variare di molto. Due stelle che altrimenti sarebbero ugualmente brillanti, appariranno di magnitudini diverse se le altezze sull'orizzonte sono basse e differenti: entrambe appariranno più deboli di quello che sono in realtà, ma quella più in basso sarà ulteriormente penalizzata. L'estinzione atmosferica dipende anche dalla quota sul livello del mare del

distanza zenitale (°)	0	10	20	30	40	50	60	70	75	80	85	87
estinzione (mag.)	0,00	0,00	0,01	0,03	0,06	0,12	0,23	0,45	0,65	0,99	1,77	2,61

sito osservativo, dall'umidità e dalla presenza di aerosol nell'aria. Dopo che è passato un fronte d'aria fredda, quando il cielo è trasparente come un cristallo (specialmente se siamo in montagna), i valori dell'estinzione sono più bassi di quelli riportati nella tabella, mentre nelle notti estive umide, i valori possono essere ben maggiori. Negli atlanti celesti, e nelle cartine di questo libro, naturalmente, l'estinzione non viene presa in considerazione.

Magnitudine integrata e superficiale. Parlando dello splendore degli astri dobbiamo spiegare il significato di due parametri che si riferiscono non tanto alle stelle quanto agli altri oggetti celesti.

Le stelle appaiono sempre ai nostri occhi come puntini luminosi, senza dimensioni (si veda il riquadro a pag. 50). La situazione è del tutto diversa se consideriamo le nebulose diffuse, gli ammassi e le galassie, poiché in questo caso la luce viene emessa da varie parti delle loro superfici estese. Quando si dà una stima di magnitudine per questi oggetti, si intende dire quanto sarebbe brillante l'oggetto se tutta la sua luce venisse emessa da un singolo punto. Questa è la *magnitudine integrata*. Naturalmente, la realtà è diversa: dobbiamo pensare che la magnitudine integrata riportata nei cataloghi dev'essere "spalmata" sull'intera superficie dell'oggetto. Ora si può ben capire perché, mentre è abbastanza facile vedere una stella di magnitudine 10 al binocolo, risulta estremamente più complicato rendersi conto della presenza di una galassia o di un ammasso globulare che i cataloghi riportano essere di magnitudine 10. Per la stessa ragione, inquadrando le galassie, normalmente vediamo solo il nucleo centrale puntiforme e non anche le parti più deboli che lo circondano, per esempio i bracci di spirale nelle galassie di magnitudine 8, benché i nostri binocoli siano in

grado di rivelare oggetti (puntiformi) fino alla magnitudine 10. Questo paradosso è ancora più evidente nelle nebulose, che generalmente hanno dimensioni angolari ancora maggiori delle galassie. Un buon esempio è la Nebulosa Nord America, nel Cigno, che è circa di magnitudine 4 e che quindi, sulla carta, dovremmo essere in grado di osservare facilmente a occhio nudo. In realtà, la nebulosa misura 2°×1°,7 (quindi si estende su una superficie una dozzina di volte maggiore di quella della Luna Piena). Tenendo conto di questi due dati – la magnitudine della nebulosa e le sue dimensioni –, ci rendiamo subito conto che è relativamente scarsa la luce emessa per unità di superficie. Per questo diciamo che la Nord America è una nebulosa di bassa *magnitudine superficiale*. A dire il vero, questa nebulosa potrebbe anche essere avvertita dall'occhio nudo, ma solo in condizioni osservative as-

Figura 3.1. La Galassia di Andromeda (M31) e l'ammasso globulare Omega Centauri hanno all'incirca la stessa luminosità integrata. Per la prima il valore è 3,5, per il secondo è 3,7. Ma poiché le dimensioni apparenti di M31 (3°×1°) sono molto maggiori di quelle dell'ammasso (il cui diametro è di 0°,6), possiamo vedere la galassia solo nelle notti serene e trasparenti, quando in cielo non c'è la Luna, come una debole nubecola luminosa, mentre la parte centrale dell'ammasso è così brillante che, secoli fa, fu confusa per una stella di magnitudine 4: da qui il suo nome.

solutamente perfette. Quando ci chiediamo se saremo in grado di vedere col nostro binocolo un oggetto celeste esteso, dobbiamo dunque sempre prendere in considerazione due dati: la luminosità e le dimensioni apparenti. Maggiore è la luminosità e minori le dimensioni apparenti, tanto maggiore sarà la probabilità di riuscire a vedere l'oggetto. Questa è la ragione per la quale, vicino al nome di una sorgente non stellare, nel libro diamo anche l'informazione della magnitudine integrata e delle dimensioni apparenti. Per capire quanto facile o difficile sarà riuscire a vederla, come sempre ci aiuterà l'esperienza osservativa.

Luminosità e magnitudine assoluta. Si è già detto che la magnitudine di una stella (simbolo m) ci dice quanto appare brillante la stella in cielo. Le magnitudini misurano l'intensità del flusso luminoso che ci raggiunge dalla stella, ma non ci dicono nulla riguardo alla luminosità intrinseca della stella stessa, se si tratti di una gigante luminosissima e lontana, oppure di una nana debole e vicina, o forse di una stella media a metà strada. Per sottolineare questo aspetto, gli astronomi parlano di *magnitudine apparente* o di luminosità apparente. Se noi vivessimo in un'altra parte della Galassia, la brillantezza di queste stelle sarebbe totalmente diversa, essendo del tutto diverse le loro distanze.

La *luminosità* ci dice invece quant'è la potenza totale di una stella, ossia quanta energia essa emette nell'unità di tempo. La luminosità è perciò una grandezza propria della stella, legata alla sua massa, alle dimensioni, alla temperatura fotosferica ecc. Viene espressa in watt (W). La luminosità del Sole è di $3{,}9 \times 10^{26}$ W. Le stelle più grandi e più calde surclassano il Sole in luminosità anche per diverse centinaia di migliaia di volte! La luminosità di una stella può essere ricavata dalla sua luminosità apparente a patto che se ne conosca anche la distanza.

C'è un altro parametro connesso con la luminosità delle stelle: è detto *magnitudine assoluta* (simbolo M) e ci dice quanto apparirebbero brillanti in cielo le stelle (ovvero, quale sarebbe la loro magnitudine apparente) se si trovassero tutte alla distanza standard di 10 parsec (32,6 anni luce). In questo senso, la magnitudine assoluta dà una misura della luminosità intrinseca delle stelle.

I concetti che abbiamo appena introdotto sono riferibili non solo alle stelle, ma a ogni tipo di corpo celeste. Vediamo qualche esempio. La stella più brillante del cielo, Sirio, ha magnitudine apparente –1,44. La sua luminosità è di 10^{28} W e la sua magnitudine assoluta è 1,4. Il suo vicino celeste Rigel, in Orione, ha una magnitudine apparente di 0,1, una magnitudine assoluta di –6,7, e quindi una luminosità di $2{,}6 \times 10^{31}$ W (2600 volte maggiore di quella di Sirio). Quando mettiamo a confronto questi dati, vediamo che Sirio, benché in cielo appaia molto più brillante di Rigel, lo fa solo perché è molto più vicina a noi. Se ponessimo entrambe queste stelle a 10 parsec di distanza, Rigel apparirebbe molto più brillante di Sirio, in virtù della sua maggiore luminosità intrinseca. Per confronto, la magnitudine apparente del Sole è –26,8, mentre la magnitudine assoluta è solo 4,8. Se lo portassimo a 10 parsec di distanza, il Sole ci apparirebbe come una stellina di quinta magnitudine.

I nomi delle stelle

Soltanto le stelle più brillanti hanno nomi propri (Sirio, Aldebaran, Betelgeuse…) e il più delle volte vennero loro attribuiti in tempi antichi. È naturalmente impossibile memorizzare i nomi di tutte le 9100 stelle che sono visibili a occhio nudo, per non dire di quelli dei miliardi di stelle visibili al telescopio o su riprese fotografiche di lunga posa.

Nel 1603, l'astronomo tedesco Johann Bayer (1572-1625) propose un sistema molto pratico per denominare le stelle. Per ciascuna costellazione, egli indicò le stelle con una lettera dell'alfabeto greco secondo l'ordine per cui la più brillante si chiamava *alfa*, la seconda *beta*, la terza *gamma* e così via. Per differenziare poi le stelle delle diverse costellazioni, Bayer propose di far seguire alla lettera greca il genitivo del nome della costellazione. Così abbiamo *alfa* Lyrae, *beta* Ursae Majoris, *gamma* Orionis o *iota* Crucis, *delta* Centauri, *zeta* Hydrae.

Le costellazioni hanno molte più stelle di quante siano le lettere dell'alfabeto greco. Per questo, una volta raggiunta la lettera *omega*, si prosegue denominando le stelle con numeri arabi. Questo sistema fu introdotto dall'astronomo inglese John Flamsteed (1646-1719) e perciò porta il suo nome. In tal modo, sulle cartine si può trovare, per esempio, la 29 Orionis (in realtà, sulle cartine abbiamo evitato di indicare la sigla della costellazione per ragioni pratiche: vicino alla stella compare solo il numero 29), la 61 Cygni, la 89 Virginis, la 52 Leonis, la 139 Tauri ecc.

La figura di diffrazione

C'è un dato interessante che l'astrofilo deve conoscere relativamente all'immagine stellare vista al telescopio. Quel che vediamo non è infatti l'immagine della superficie o del disco della stella. Le stelle sono così lontane che non possono rivelare le loro dimensioni e non compaiono mai come dischi, indipendentemente da quanto grande sia l'obbiettivo, o da quanto elevati siano gli ingrandimenti. In realtà, l'immagine che raccogliamo all'oculare è la figura di diffrazione della luce stellare, prodotta dentro lo strumento ottico con il quale osserviamo a causa della natura ondulatoria della luce. La figura di diffrazione è costituita da una regione brillante

e circolare al centro, circondata da anelli concentrici alternativamente bui e luminosi. Si può vedere questa figura nell'oculare se si sfoca leggermente l'immagine di una stella. Se l'ottica è perfetta, il picco centrale della figura contiene l'84% del totale della luce. Se la qualità delle ottiche è scarsa, il primo anello di diffrazione sarà così intenso da confondersi con il picco centrale.

La figura di diffrazione è detta *modello di Airy* e la regione centrale *disco di Airy*, dal nome dell'Astronomo Reale inglese George Biddell Airy (1801-1892), che per primo descrisse il fenomeno.

Stelle doppie

Perlustrando il cielo, l'osservatore attento troverà un gran numero di stelle che sembrano appaiate ed estremamente vicine. Tali coppie sono dette *stelle doppie*; se le stelle sono tre o più, parleremo di sistema triplo, o multiplo, di stelle. Al binocolo il numero di stelle doppie visibili è molto maggiore che non a occhio nudo.

I primi astronomi che osservarono le stelle doppie al telescopio erano convinti che la vicinanza fosse solo apparente. Dopo lunghe e attente osservazioni, fu William Herschel (1738-1822) a rivelare nel 1793 che tra quelle coppie di stelle ce n'erano molte effettivamente vicine fra loro. Quando le stelle che compongono una stella doppia sono gravitazionalmente legate e ruotano attorno a un centro di massa comune allora si parla di *stelle binarie*.

In questo caso, osservandole da Terra ci rendiamo conto che la distanza angolare tra le due stelle va cambiando periodicamente. Le variazioni generalmente sono piccole e lente, e possono essere misurate solo da astronomi dotati di strumentazione professionale. Quella di Herschel fu una scoperta davvero grandiosa, potremmo dire epocale, poiché dimostrava che la legge gravitazionale di Newton era universale e valeva anche in altre parti dell'Universo, oltre che nel Sistema Solare. Utilizzando la legge di Keplero, possiamo ricavare la massa totale del sistema binario misurando il periodo orbitale e il raggio dell'orbita; in taluni casi è anche possibile determinare le masse delle singole componenti (Fig. 3.2).

Nelle stelle doppie apparenti (*binarie ottiche*), le due componenti non sono gravitazionalmente legate; anzi, generalmente, sono molto distanti tra loro loro. Solo guardandole dalla Terra esse appaiono vicine, perché casualmente si trovano nella stessa direzione. Anche nelle stelle doppie apparenti la distanza reciproca tra le stelle più cambiare, ma solo per effetto dei moti propri delle due stelle.

Nel corso del libro, menzioneremo spesso anche le binarie astrometriche e spettroscopiche. Una *binaria astrometrica* è una coppia fisica di stelle nella quale non siamo in grado di vedere la componente più debole: siamo però sicuri che esista perché si osserva una periodica oscillazione del moto proprio della componente più brillante. Non vediamo la stella che la accompagna solo perché è troppo debole o troppo vicina alla primaria. Tuttavia, le misure di oscillazione del moto proprio ci consentono di stimare il periodo orbitale e la massa totale del sistema binario. Nel passato, quando gli astronomi professionisti disponevano di strumentazione meno precisa di quella a cui ormai anche gli astrofili moderni possono accedere, i cataloghi riportavano un gran numero di binarie astrometriche. In seguito, grazie a telescopi sempre più potenti e di migliore qualità, queste poterono essere risolte, con la rivelazione delle stelline compagne. Il migliore esempio è probabilmente la stella più brillante del cielo, Sirio, che è accompagnata da una nana bianca. Per capire meglio cos'è una binaria astrometrica si guardi l'illustrazione nella Fig. 3.3.

Nelle *binarie spettroscopiche* le stelle sono così vicine tra loro da non poter essere risolte nemmeno con i più grandi telescopi. Gli astronomi possono rendersi conto che le stelle sono due, e non una sola, studiando le righe spettrali della luce emessa da elementi come l'idrogeno e l'elio. A causa dell'effetto Doppler, le righe si spostano periodicamente dalle loro posizioni di riposo, per il fatto che le due stelle, girando l'una attorno all'altra, si trovano periodicamente ad avvicinarsi e ad allontanarsi da noi.

I periodi orbitali nelle binarie spettroscopiche sono generalmente molto brevi, per esempio, sono dell'ordine dei giorni. Se le due stelle viste dall'osservatore terrestre ruotano in modo tale che non vengono mai a coprirsi l'una con l'altra, la magnitudine del sistema resta costante. Ci sono però casi in cui, dalla prospettiva terrestre, l'orbita è tale che avvengono occultazioni parziali o totali delle due componenti. Per l'osservatore terrestre la magnitudine di un tale sistema binario varia e allora si parla di *binaria a eclisse*, o anche di stella variabile a eclisse.

Spesso troviamo queste binarie catalogate come stelle variabili perché nel passato gli astronomi avevano notato le variazioni di luminosità della stella senza tuttavia conoscere le ragioni fisiche del fenomeno.

Dagli anni Novanta del secolo scorso in poi, gli astronomi utilizzano una tecnica osservativa potente che è detta *interferometria ottica*. Essi osservano un sistema binario con due o più telescopi posti a grande distanza tra loro e combinano la luce raccolta in un'immagine interferometrica. Con questa tecnica, si ottiene una risoluzione delle immagini equivalente a quella che si avrebbe da un unico specchio, grande come la maggiore distanza esistente tra i vari telescopi, che può essere anche di 100 m

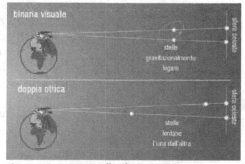

Figura 3.2. Una stella doppia vera e una apparente. Nel primo caso, le stelle sono vicine tra loro, gravitazionalmente legate, e orbitano attorno a un comune centro di massa. In una doppia apparente, le stelle sembrano vicine per il fatto che, viste dalla Terra, si proiettano suppergiù nella stessa direzione.

Le costellazioni al binocolo

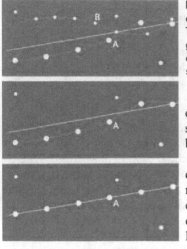

Figura 3.3. In alto: le stelle A e B ruotano l'una attorno all'altra e al tempo stesso sono animate da un moto proprio comune. Dalla Terra vediamo le stelle procedere in modo ondulato, come nel primo grafico. Al centro: anche se non vediamo la stella B, possiamo dedurre la sua presenza dal moto ondulato della stella A. In basso: se una stella è singola, il suo moto avviene lungo una linea retta.

o più. In questo modo, gli astronomi sono già riusciti a risolvere (cioè a vedere le due componenti separate) alcune binarie spettroscopiche come Capella, nell'Auriga.

In molte stelle doppie le componenti hanno il medesimo colore, ma ce ne sono alcune famose per il contrasto cromatico tra le due stelle. Una delle più belle binarie del cielo è Albireo (*beta* Cygni), nella quale la primaria è una stella di color giallo-oro, mentre la compagna è azzurra. Dei colori delle stelle parleremo più avanti.

La risoluzione limite. La capacità di risolvere una stella doppia, in modo da visualizzare entrambe le componenti, dipende dal diametro (*D*) dell'obbiettivo del telescopio e dalla lunghezza d'onda (λ) della luce che viene osservata. Tanto maggiore è il diametro, tanto migliore sarà la risoluzione. La *risoluzione limite* ci dice qual è la separazione minima tra due stelle che possono essere viste individualmente in un certo telescopio:

$$\text{risoluzione (in radianti)} = 1{,}22 \times \lambda/D.$$

Gli astrofili spesso usano una formula semplificata che fornisce la risoluzione limite in secondi d'arco, assumendo che le osservazioni siano compiute alla lunghezza d'onda di 550 nm, quella per la quale l'occhio umano è più sensibile:

$$\text{risoluzione (in secondi d'arco)} = 12/D$$

dove il diametro dell'obbiettivo viene espresso in centimetri.

Il risultato che si ottiene con le due formule si riferisce a una risoluzione limite teorica assumendo di disporre di ottiche ideali (sia l'obbiettivo sia l'oculare), in condizioni osservative eccellenti che consentano di lavorare a ingrandimenti molto elevati. Nella pratica, tuttavia, ci si potrà soltanto avvicinare a questa risoluzione, che è di 2",4 per un obbiettivo di 5 cm, di 1",2 per un obbiettivo di 10 cm, di 0",6 per uno di 20 cm ecc. Per confronto, la risoluzione limite dell'occhio umano è circa un primo d'arco (60") (Fig. 3.4).

Nel caso del binocolo, per il quale abbiamo un ingrandimento definito e fisso (per esempio, in un 7×50, o in un 10×50), assumendo che non

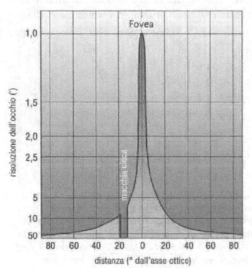

Figura 3.4. La risoluzione angolare dell'occhio umano è di circa un primo d'arco, solo vicino alla fovea o vicino all'asse del cristallino. Sulle ascisse è riportata la distanza dall'asse ottico in cui si forma l'immagine sulla retina.

sia possibile cambiare l'oculare, non possiamo avvicinarci più di tanto alla risoluzione limite dell'obbiettivo. Nelle migliori condizioni osservative possibili, con un binocolo 10×50 possiamo avvicinarci alla risoluzione di 20", anche se la risoluzione limite teorica dell'obbiettivo è di 2",4. Se volessimo sfruttare l'obbiettivo fino al suo limite estremo avremmo bisogno di lavorare almeno a 150 ingrandimenti!

In questo libro, ci soffermeremo dunque soltanto sulla *crème de la crème* delle stelle doppie. Si farà una menzione speciale solo per quelle più famose in ciascuna costellazione, per esempio per il loro contrasto cromatico, per quelle che si rivelano utili per testare la qualità delle ottiche del binocolo, infine per quelle che hanno avuto un qualche ruolo importante nella storia dell'astronomia.

Denominazione delle stelle doppie. Quando le stelle doppie potevano essere risolte a occhio nudo, gli astronomi del passato denominarono le due componenti con lo stesso criterio usato per le stelle simili: con una lettera greca e in base alla loro luminosità, semmai aggiungendo i numeri 1 e 2; per esempio si parla della stella *alfa*-1 e *alfa*-2 del Capricorno (anche scritto α^1 e α^2), della *mu*-1 e *mu*-2 del Bovaro ecc. Nei sistemi tripli (3) o multipli (*n*) i numeri vanno fino a 3 o *n*.

Se una coppia può essere risolta soltanto con un ausilio ottico, è più facile che la stella abbia ricevuto una lettera maiuscola A, B, C ecc. in ordine di luminosità decrescente. Uno dei più bei sistemi multipli nel cielo (sfortunatamente non separabile al binocolo) è quello di *iota* Cas, composto dalla *iota* Cas A, *iota* Cas B e *iota* Cas C.

Osservare le stelle doppie. Abbiamo già detto che gli astrofili sono perlopiù interessati a quelle stelle doppie che possono ammirare per i loro contrasti di colori e a quelle che sono utili per compiere test strumentali. Incontreremo in questo libro, nelle descrizioni delle stelle doppie, alcune coppie, che possono essere facilmente risolte in ogni binocolo, insieme con altre più difficili. Di queste ultime esistono due tipi. Nel primo caso, sono stelle doppie strette, difficili per il fatto che le due stelle sono al limite del potere risolutivo del binocolo. Nel secondo caso, le stelle sono piuttosto vicine (benché comunque separabili), ma con una differenza di luminosità maggiore di due magnitudini. In questo caso, la stella più debole viene "cancellata" dalla luce della componente più brillante. Il risultato osservativo sarà tanto migliore quanto migliori sono le ottiche.

V'è comunque un elemento che disturba sempre le osservazioni, indipendentemente dalla bontà ottica dello strumento, ed è l'atmosfera. Poiché l'atmosfera è sempre un po' agitata, le stelle nel campo di vista sono sempre più o meno disturbate e sembrano saltellare qua e là, il che rende complicata l'osservazione. Tuttavia, talvolta per qualche frazione

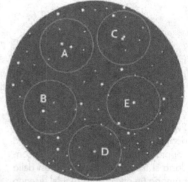

Figura 3.5. Nel binocolo che stiamo utilizzando le stelle ci appariranno ben distaccate, molto vicine fra loro, oppure non saremo in grado di risolverle e le vedremo fuse in un singolo puntino? Nel disegno si vedono alcuni esempi per queste situazioni. In A vediamo una stella doppia con le componenti ben separate e di magnitudini simili; in B le due stelle sono separate e di magnitudine diversa; in C abbiamo un sistema stretto con stelle di magnitudine simile; in D un sistema stretto con stelle di magnitudine diversa (in questo caso potremmo non riuscire a vedere la stella più debole, se non in condizioni osservative eccellenti); in E la situazione è quella di una stella doppia che non può essere risolta.

di secondo la visione è come congelata, e in quel momento noi potremmo essere in grado di vedere le due stelle che in precedenza apparivano fuse in una. Bisogna avere la pazienza di attendere questi rari momenti quando si osservano le stelle doppie strette, o quando si testa l'ottica del binocolo (Fig. 3.5).

Le costellazioni al binocolo

L'angolo di posizione. Talvolta la componente debole della coppia è molto vicina a quella brillante e si nasconde nel suo bagliore. Oppure, potrebbe essere così debole che non si riesce a vederla. Ecco perché dobbiamo sapere in anticipo dove guardare per cercare la stella secondaria. Fra le informazioni che si danno di una stella doppia, oltre che la magnitudine delle due componenti e la separazione, viene sempre riportato anche l'*angolo di posizione* (a. p.). Questo parametro ci dice di quanti gradi – misurati a partire dal nord andando verso l'est – è ruotata la congiungente tra le due stelle rispetto alla direzione del nord. L'angolo di posizione ha un valore compreso tra 0° e 360°. Nel libro, dopo l'angolo di posizione viene riportato anche l'anno al quale si riferisce l'osservazione. Il dato temporale si riferisce tanto alle misure della separazione quanto agli angoli di posizione (Fig. 3.6).

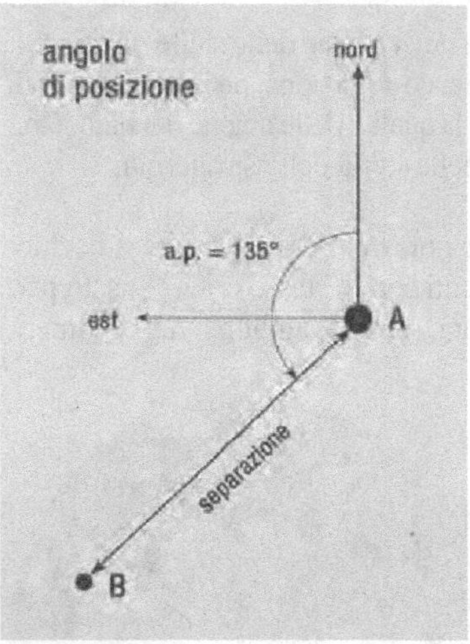

Figura 3.6. L'angolo di posizione ci dice qual è la posizione della stella secondaria (B) rispetto alla componente più brillante (A). L'angolo viene misurato da 0° a 360° a partire dalla direzione nord andando verso est.

Figura 3.6A. Due esempi di stelle doppie. Se l'angolo di posizione della coppia è, per esempio, 90°, la secondaria si trova esattamente ad est della primaria (in alto a sinistra). Nel disegno in alto a destra, l'angolo di posizione è di 295°. I disegni in alto sono rappresentazioni grafiche, quelli in basso mostrano ciò che si osserva nell'oculare. È importante che si conosca in anticipo come è orientato il campo inquadrato, ossia le direzioni del nord, dell'est, del sud e dell'ovest sulla volta celeste.

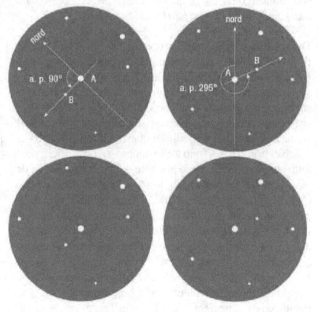

Le stelle variabili

La magnitudine di certe stelle non è costante, ma varia nel tempo. Tali stelle sono dette *stelle variabili*. Esistono due grandi famiglie di variabili: quelle apparenti e quelle vere, o variabili fisiche.

Le variabili apparenti sono quelle nelle quali si notano variazioni di magnitudine anche se in realtà nulla cambia. Come è possibile? Immaginiamo una binaria stretta, nella quale le stelle sono così vicine da non riuscire a risolverle al telescopio. Se il piano orbitale di questo sistema è visto di taglio dall'osservatore terrestre, allora, nel corso dell'orbita, una stella va a pararsi di fronte all'altra e periodicamente si verificherà un'occultazione: sono quelle che abbiamo chiamato binarie a eclisse. Le variazioni di luminosità sono dovute a un puro effetto prospettico. Quando possiamo vederle entrambe, viene considerata *variabile a eclisse* la più brillante delle due: essa tocca il minimo quando una stella passa di fronte all'altra. Il migliore esempio di variabile di questo tipo è Algol (*beta* Persei), che ogni tre giorni, per poche ore, cala di 1,3 magnitudini (Fig. 3.7).

Nella seconda famiglia troviamo le stelle nelle quali si verificano variazioni effettive di luminosità. Si divide ulteriormente la famiglia tra variabili regolari e irregolari.

Nelle *variabili regolari* la luminosità cambia periodicamente a causa di qualche ragione fisica. Per queste stelle possiamo prevedere in anticipo ogni variazione di luce. I periodi delle variabili regolari possono andare da qualche ora fino a qualche anno. La ragione dei cambiamenti di luminosità sta nella periodica espansione e contrazione della stella, la quale determina una crescita e una diminuzione periodica della temperatura fotosferica e quindi della luminosità. Oggetti rappresentativi di questa classe sono le variabili Cefeidi, il cui nome deriva dalla prima stella di questo tipo scoperta, la *delta* Cephei.

I periodi delle Cefeidi vanno generalmente da 1 giorno a qualche mese. Le variabili del tipo

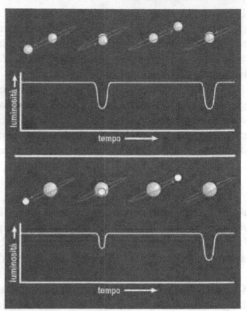

Figura 3.7. Le variabili a eclisse sono stelle binarie per le quali il piano orbitale è allineato con la linea visuale dell'osservatore terrestre. Il disegno mostra due tipici esempi. In alto: un sistema binario composto da stelle simili (per esempio, quello della *beta* Lyrae); sotto: un sistema binario composto da una gigante fredda e da una stella bianca calda (come è il caso di Algol).

RR Lyrae sono molto simili alle Cefeidi, con la differenza che il periodo dell'oscillazione è molto più breve, generalmente meno di un giorno. Le Cefeidi e le RR Lyrae vengono anche collettivamente chiamate stelle variabili di corto periodo.

In cielo possiamo però trovare stelle la cui luminosità varia periodicamente su tempi molto più lunghi, per esempio un anno o anche diversi anni. Si tratta delle variabili di lungo periodo del *tipo Mira*, che prendono il nome dal prototipo Mira Ceti (*omicron* Ceti). Tutte le stelle di questo tipo sono giganti rosse di varie dimensioni e luminosità. La luminosità varia perché questi astri hanno dato fondo a tutte le loro riserve di combustibile nucleare (l'idrogeno) e sono divenute instabili. Le loro variazioni non sono così regolari come quelle delle Cefeidi e possono essere leggermente diverse da ciclo a ciclo. Questo è il motivo per cui alcune di esse vengono poste nella classe delle *variabili semi-regolari*. Un esempio di tali stelle è Betelgeuse, in Orione.

Per le stelle *variabili irregolari*, come ci dice il nome, né il periodo né la luminosità al massimo o al minimo si mantengono gli stessi da ciclo a ciclo. Questo tipo di variabili si suddivide in un certo numero di sottotipi. Ne descriveremo solo alcuni.

Le variabili del *tipo R Coronae Borealis* generalmente sono brillanti, ma talvolta la loro luminosità si riduce notevolmente e all'improvviso, senza alcun preavviso. Le stelle del *tipo U Geminorum*, che sono anche dette *novae nane*, si comportano in maniera opposta: esse normalmente sono molto deboli e all'improvviso episodicamente diventano estremamente brillanti. Nelle stelle del *tipo RV Tauri* si hanno notevoli variazioni anche del picco del massimo e della magnitudine al minimo; il periodo della variazione è imprevedibile.

Le costellazioni al binocolo

Le novae. Le *novae* sono un tipo speciale di stelle variabili: sono stelle che conoscono una sorta di eruzione (*outburst*) improvvisa che le rende estremamente brillanti. Molto velocemente si portano al massimo di luce, poi la loro luminosità cala fino a che, dopo un certo tempo, tornano al livello di partenza. Una nova non è dunque, come farebbe pensare il nome, una stella "nuova", che nasce da quel fenomeno esplosivo.

In realtà, le novae sono binarie nelle quali le componenti sono molto vicine tra loro e una di esse ha già concluso la sua evoluzione diventando una nana bianca. Questa stella, con il suo forte campo gravitazionale, agisce sugli strati atmosferici esterni della sua vicina ricchi di idrogeno. Il materiale risucchiato si raccoglie sulla superficie della nana bianca e viene compresso fortemente dalla gravità. Quando si accumula abbastanza materiale, sulla superficie avviene un'esplosione termonucleare di cui noi ci rendiamo conto osservando il rapido e notevole aumento di luminosità.

Le eruzioni delle novae si ripetono nel tempo, benché il periodo tra due *outburst* è diverso da stella a stella. Quelle novae per le quali sono già stati osservate due o più eruzioni sono dette *novae ricorrenti*. Un esempio tipico di questo tipo è la T Coronae Borealis, che normalmente brilla di magnitudine 9, ma che in due occasioni ha conosciuto *outburst* che l'hanno portata fino alla magnitudine 2, nel 1866, e fino alla magnitudine 3, nel 1946.

Curve di luce. Gli astronomi misurano la luminosità di numerose variabili e seguono i loro cicli. In questo sono coadiuvati dagli astrofili, poiché le stelle variabili sono numerosissime in cielo e le misure da fare sono relativamente semplici. Poiché viene considerato uno spreco di prezioso tempo osservativo utilizzare i grandi telescopi professionali per compiere questo tipo di osservazioni, ecco uno dei campi in cui gli astrofili possono davvero lavorare fianco a fianco con i professionisti.

I risultati delle misure vengono visualizzati su un grafico (*curva di luce*) che mostra come la luminosità cambia nel corso del tempo (Fig. 3.8). Dal grafico si può ricavare il periodo, rilevare la magnitudine al massimo e al minimo e verificare se l'andamento della variazione luminosa resta lo stesso oppure cambia da un ciclo all'altro: tra l'altro, in questo modo possiamo capire se sulla stella sta succedendo qualcosa di inusuale, magari qualcosa che richiede osservazioni più di dettaglio.

Da questi dati gli astronomi deducono modelli di stelle variabili e ipotizzano quale siano le cause delle variazioni di luminosità. Così, per esempio, venne scoperto il legame esistente tra il periodo di variazione delle Cefeidi e la loro luminosità media: questa relazione è stata poi utilizzata per misurare la distanza di queste stelle e anche quella delle galassie relativamente vicine nelle quali le Cefeidi venivano osservate.

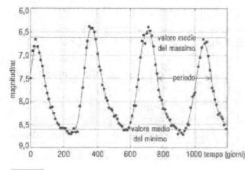

Figura 3.8. Esempio di curva di luce di una variabile irregolare di lungo periodo. Dal grafico possiamo valutare la luminosità (media) che la stella raggiunge al massimo e al minimo di luce, oltre che il periodo. In questo libro tutte le curve di luce sono state fornite dall'American Association of Variable Star Observers (AAVSO), ottenute da osservazioni visuali. Questo grafico copre un arco temporale di 1200 giorni precedenti il 30 giugno 2008. I dati sono la media su 10 giorni delle stime della magnitudine visuale.

La denominazione delle stelle variabili. Se la stella variabile è abbastanza brillante da avere già una sigla con lettera dell'alfabeto greco, allora non ha una denominazione ulteriore. Così abbiamo stelle variabili come la *alfa* Herculis, la *delta* Capricorni, l'*omega* Virginis e così via.

Si è già detto che le stelle più deboli di una costellazione hanno una sigla numerica (denominazione di Flamsteed), mentre alle stelle variabili – dal che ne comprendiamo immediatamente la natura – viene data una designazione differente: normalmente si usa una lettera maiuscola o una doppia lettera maiuscola del nostro alfabeto (partendo dalla lettera R): S Virginis, RR Lyrae ecc. Questo sistema consente di attribuire 334 diverse designazioni. Se in una costellazione c'è un numero maggiore di variabili, si prosegue indicandole come V335, V336 e così via.

Ogni costellazione contiene un elevato numero di variabili. In questo libro abbiamo descritto soltanto alcune delle più brillanti, le più tipiche, oppure quelle che hanno avuto uno ruolo importante nella storia dell'astronomia.

I colori delle stelle

La scienza che studia la natura dei colori e il modo in cui le persone li percepiscono è la colorimetria.

I suoi risultati sono fondamentali per la produzione di pellicole fotografiche e rivelatori di luce, per gli schermi televisivi e dei computer, per le stampe a colori ecc. In questo libro tratteremo solo del modo in cui percepiamo il colore delle stelle.

Con l'occhio nudo possiamo vedere circa 9100 stelle in cielo, delle quali solo 150 non ci appaiono di colore bianco. Tra le stelle più brillanti i colori più comuni sono il giallo-arancio, il giallo e l'azzurro. Solo raramente le stelle sono rossastre, e anche queste ci appaiono tali soprattutto se osservate con uno strumento ottico. Tra le stelle bianche possiamo distinguere tre tonalità: "bianco freddo", che ha una sfumatura azzurrina, "bianco normale", che non ha sfumature particolari, e "bianco caldo", che propende verso il giallo. È decisamente arduo cogliere le sfumature di colore quando si guardano stelle deboli: per esempio, è difficile riconoscere la colorazione azzurra già in stelle di magnitudine 2. Attorno alla magnitudine 3 si perde anche l'arancione e semmai queste stelle vengono colte come di colore giallo sporco. Dalla magnitudine 4 in poi tutte le stelle sono praticamente bianche. Se si osserva con un binocolo, la percezione dei colori si estende circa fino alla magnitudine 7; da lì in poi tutte le stelline ci appaiono bianche. Per capire perché questo succeda, è necessario comprendere in che modo percepiamo i colori.

Nella normale luce diurna vediamo nel mondo una moltitudine di colori. Sono tre le caratteristiche importanti per ogni colore: la tonalità, la saturazione e la luminosità. La tonalità è il termine che si usa per indicare la lunghezza d'onda dominante nello spettro. La saturazione ci dice quanto "limpida" sia la tonalità; tanto meno c'è contaminazione di altri colori, tanto più limpida e saturata è la tonalità. La luminosità dipende dall'intensità della luce che cade sulla retina del nostro occhio, ove abbiamo due tipi di cellule (fotoricettori) pronti ad accoglierla: i *coni*, specializzati nell'osservazione diurna, e i *bastoncelli*, per la visione notturna.

Abbiamo tre tipi di coni, rispettivamente sensibili alla luce rossa, verde e blu. I coni che hanno la massima sensibilità attorno a 450 nm restituiscono la sensazione del blu; quelli sensibili a 550 nm forniscono la sensazione del verde; infine, quelli sensibili a 600 nm danno la sensazione del rosso (Fig. 3.9). I colori con tutte le loro sfumature emergono come combinazioni di coni variamente eccitati, con il nostro cervello che gioca un ruolo fondamentale. È la proporzione dei segnali in arrivo da questi tre tipi di recettori che determina

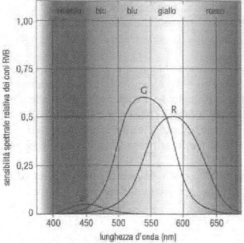

Figura 3.9. La risposta alla luce dei tre tipi di coni. Da notare che le tre aree spettrali si sovrappongono parzialmente. I coni del rosso rispondono anche al verde e persino al blu, benché in queste parti siano molto meno sensibili. Il cervello interpreta le varie combinazioni di risposte come differenti colori. Il grafico ci fa capire che l'occhio è diversamente sensibile ai vari colori. Per esempio, a parità di flusso, la luce gialla produce nell'occhio una reazione più forte che la luce rossa o blu. Quando confrontiamo colori differenti, l'occhio in un certo senso ci inganna, poiché non ha la medesima sensibilità a tutti i colori. Per definire il colore di una stella (e con esso anche la temperatura fotosferica, come vedremo più avanti), gli astronomi utilizzano strumenti che non presentano questo difetto.

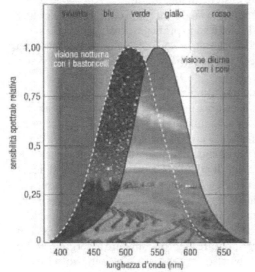

Figura 3.10. La sensibilità spettrale dei coni (visione diurna) ha il suo picco nella banda del giallo-verde a 550 nm, che rappresenta anche il picco nello spettro del Sole. La sensibilità spettrale dei bastoncelli (visione notturna) ha il massimo nel verde-blu, alla lunghezza d'onda di 505 nm, che è anche il picco della radiazione del cielo notturno.

le migliaia di sensazioni di colore che siamo in grado di percepire ai normali livelli di luminosità. Possiamo anche creare su una stampa a colori o su uno schermo televisivo qualche milione di colori diversi semplicemente mischiando i tre colori base. I quali possono essere colori puri, ben differenziati, ma generalmente vengono scelti in modo che si adattino al picco di sensibilità al rosso, al verde e al blu dei recettori nei nostri occhi.

Di bastoncelli, che non vedono i colori, e che sono adatti alla visione notturna, ce n'è un solo tipo: così, possiamo vedere solo in bianco e nero. Occorre circa una mezz'ora perché il nostro sistema visivo raggiunga un adattamento completo per la visione notturna (Fig. 3.10).

I fisici e gli astronomi si rapportano ai colori in maniera scientifica e quantitativa: essi descrivono la luce in arrivo da una sorgente utilizzando uno *spettro*, che è un grafico ove si rappresenta l'intensità luminosa in funzione della lunghezza d'onda. Gli astronomi moderni sanno come misurare con precisione gli spettri delle stelle e di altri oggetti celesti.

Più di un secolo fa, ci si rese conto che i colori delle stelle sono molto simili a quelli emessi da un corpo nero a varie temperature. Un corpo nero è un "emettitore perfetto", il che significa che l'intensità luminosa irraggiata a ciascuna lunghezza d'onda dipende unicamente dalla temperatura a cui esso si trova. Lo spettro di una sorgente rappresenta in un certo senso il colore che noi avvertiremmo se avessimo migliaia di tipi diversi di coni – migliaia di colori di base, uno per ciascuna lunghezza d'onda. I nostri coni per il rosso, il verde e il blu sono sensibili ciascuno per la loro parte a un ampio intervallo di lunghezze d'onda: grosso modo ciascuno copre quasi la metà dello spettro visibile (Fig. 3.9).

Le persone affette da daltonismo hanno soltanto due tipi di coni (come la maggior parte delle specie animali): vedono un minor numero di colori poiché percepiscono solo la combinazione di due colori di base. Se avessimo quattro tipi di coni, vedremmo altri colori ancora e potremmo distinguere tra colori che adesso consideriamo identici.

Influenza della luminosità sul colore. Se la luce è molto intensa, più del normale, una tonalità di colore sembra più brillante e meno satura. A livelli di luminosità estremamente elevati, vediamo ogni cosa come se fosse bianca. Con l'aumento della luminosità, il primo colore per il quale cambia la percezione è il giallo, che appare bianco; per ultimi vengono il rosso e il violetto. Questo succede per la sovrassaturazione dei recettori, che si trovano ad operare – per così dire – a un'efficienza superiore al 100%. È una situazione che il nostro cervello interpreta come un colore bianco. Se invece la luminosità è a bassi livelli, il bianco diventa grigiastro, mentre i colori più brillanti appaiono più puri, e quelli normalmente puri si "sporcano", scurendosi. Le tonalità gialle e arancioni tendono al marrone.

Illusioni. Il termine "illusione" suona strano in questo contesto, ma, come vedremo più avanti, è abbastanza appropriato. L'illusione più comune si ha quando le stelle sono troppo deboli per la normale visione colorata. A quel punto i bastoncelli, che sono ciechi al colore, e che non erano attivati nella retina, cominciano a dare il loro contributo alla creazione dell'immagine. Ma facciamo un passo per volta.

Le stelle di magnitudine 0 e 1 sono ancora abbastanza brillanti da consentire un normale riconoscimento dei colori. Dunque, vediamo queste stelle nei loro colori naturali. La situazione cambia a partire dalla magnitudine tra 2 e 3. Alla magnitudine 2, una stella bianca incomincia ad apparire leggermente verdastra, mentre alla magnitudine 3-3,5 acquista una leggera tonalità azzurro-verde.

Tra le magnitudini 3 e 4 i bastoncelli hanno un ruolo sempre più importante nella creazione dell'immagine. Stelle che in realtà sono azzurre appaiono senza colori, o al più assumono una tonalità fra il giallo e il marrone. Le stelle più deboli che si possono vedere a occhio nudo non mostrano alcuna colorazione, poiché l'immagine è creata soprattutto dai bastoncelli che rispondono al meglio alle lunghezze d'onda verdi, blu e violette. Tuttavia, i coni continuano in qualche misura a rispondere alla luce e danno il loro contributo alla formazione dell'immagine, ma non abbastanza da restituire l'impressione del colore. Conseguenza di ciò è che la nostra magnitudine limite visuale differisce per le stelle blu, arancioni e gialle. Se la più alta magnitudine raggiungibile è la 6,5 nel giallo, possiamo ancora vedere stelle azzurre di magnitudine 6,7, mentre con le arancioni giungiamo al massimo alla magnitudine 6,1.

Per gli oggetti celesti troppo brillanti da consentire una normale visione del colore, come si è detto, tutti i colori tendono a spostarsi verso il bianco. Lo spettroscopio ci dice che Sirio, con la sua magnitudine –1,44, è blu anche se noi la vediamo bianca. Venere in realtà è dello stesso colore giallo del Sole, poiché si limita a rifletterne la luce, ma anche in questo caso noi vediamo il pianeta bianco per via della sua notevole brillantezza (magnitudine circa –4).

Figura 3.11. Tra questi osservatori qual è quello di dimensioni maggiori? Il nostro cervello ci inganna un po' sempre, anche quando effettuiamo osservazioni astronomiche.

Le costellazioni al binocolo

Il nostro cervello ci inganna quando cerchiamo di cogliere le differenze di colore delle stelle doppie strette. Se la componente più brillante di una stella doppia è decisamente gialla o arancione, la sua compagna, che vista da sola sarebbe bianca, si ritrova ad essere caratterizzata da una tonalità verde, azzurra o anche violetta. Il contrasto di colore è meglio apprezzabile quando l'immagine delle stelle non è perfettamente a fuoco; in generale, è consigliabile osservare la binaria a un ingrandimento così elevato da portare le due stelle il più vicino possibile tra loro. Più avanti nel libro il lettore troverà un certo numero di stelle doppie che varrà la pena di osservare in questo modo.

Possiamo accorgerci di come il cervello ci inganni anche nella vita di tutti i giorni. Quando guidiamo l'auto di notte su una strada illuminata da lampioni brillanti di colore arancione, le luci di una macchina che ci viene incontro, che normalmente sono gialle, ci sembrano piuttosto tendenti al blu. Provare per credere.

Si può toccare con mano un'altra illusione ottica anche in questo preciso momento se state leggendo il libro alla luce di una lampada a incandescenza. Non è vero che la carta ci sembra bianca? In realtà, la luce emessa dalla lampadina è giallo-arancione, come è facile verificare prendendo una fotografia della stanza con una pellicola adatta a fotografie di esterni. Il fatto è che il nostro cervello interpreta sempre il colore dominante come se fosse bianco.

Osservare i colori delle stelle. Ci sono molte notti serene nelle quali le condizioni del cielo non sono particolarmente adatte per compiere serie osservazioni. Sarà proprio nel corso di queste notti che si potrà prendere pratica nell'osservazione del colore delle stelle. Nella descrizione delle costellazioni che faremo più avanti vengono menzionate praticamente tutte le stelle che non sono bianche. Provate a verificare se potete vederle proprio dei colori e delle tonalità descritte. È molto interessante confrontare le stelle che hanno colorazioni simili. Sfortunatamente, ci sono limiti oggettivi a un'attività di questo tipo, poiché le stelle da confrontare devono anzitutto essere presenti in cielo nello stesso tempo e, in secondo luogo, sarebbe meglio che si trovassero all'incirca alla stessa altezza, poiché altrimenti l'atmosfera ne influenzerebbe il colore. Quando comincerete a padroneggiare l'osservazione delle stelle brillanti, potreste tentare di osservare anche quelle più deboli. Si scelgano stelle che siano simili per colore a quelle brillanti: non è vero che ci appaiono un poco più scure, più marroni del colore suggerito dal loro spettro?

Nel seguito, ecco alcuni consigli di cui dovreste tener conto osservando i colori delle stelle:

- I coni sono più densamente disseminati sulla fovea, quell'area ampia circa 2° della retina che si trova sull'asse ottico del cristallino. Per avere una buona percezione dei colori dovrete guardare direttamente alla stella e non con visione distolta.

- Quando l'occhio è perfettamente adattato alla visione notturna, non percepiamo i colori come nelle altre situazioni. Se c'è un leggero inquinamento luminoso, che inibisce un perfetto adattamento al buio, questo contribuisce a ridurre l'attività dei bastoncelli, che vi farebbero vedere solo toni di grigio.

- Osservate le stelle quando sono almeno 30° sopra l'orizzonte e, se possibile, ancora più alte. Spessi strati atmosferici da attraversare tendono a spostare le loro tonalità di colore verso la parte rossa dello spettro, come è dimostrato chiaramente quando si osserva il Sole che tramonta. Anche allo zenit le stelle sono un po' meno blu di come noi le vedremmo se potessimo portarci sopra l'atmosfera. Una notte umida tende ad arrossare i colori molto più di quando l'aria è secca.

- Per osservare i veri colori delle stelle bisogna che ci sia un adattamento cromatico neutrale. Significa che prima di osservare dobbiamo curare di non esporre i nostri occhi a una forte sorgente luminosa di un determinato colore. La nostra percezione dei colori dipende da qual è la combinazione che il nostro cervello avverte come "bianco". Dovreste evitare di leggere sotto la luce artificiale prima delle vostre osservazioni, poiché questo inganna il cervello e gli fa assumere come bianco il colore giallo-arancione del filamento incandescente della lampadina. Le stelle gialle e giallo-arancio perderebbero molto delle loro vere tonalità, mentre l'occhio darebbe maggior risalto alle stelle blu.

- Per consultare le cartine celesti quando siete all'esterno, non dovreste mai usare lampade rosse, benché ciò sia normalmente raccomandato da numerosi autori. Le stelle arancioni e rosse perderebbero buona parte della loro tonalità, mentre di nuovo sarebbero evidenziate le stelle blu. È più saggio utilizzare una lampada bianca normale, ma ai livelli più bassi possibili.

- Le persone che hanno una vista normale vedono le stelle sotto un angolo di 1',5. Una sorgente così poco estesa attiva solo pochi coni sulla fovea, grosso modo solamente il doppio di quanti sono necessari per avere una minima percezione del colore. Quindi, quando si vogliono identificare i colori delle stelle, essere un po' miopi non è uno svantaggio. Provate a verificare se i colori delle stelle più brillanti si mostrano più evidenti quando togliete gli occhiali. Osservando con il binocolo, potete ottenere lo stesso effetto se sfocate leggermente l'immagine.

Ancora sul colore delle stelle

Gli illustratori di fantascienza sono bravissimi nel disegnare lontani mondi illuminati da Soli azzurri, gialli o rossi, o anche da tutti e tre contemporaneamente. Queste opere eccitano la nostra immaginazione e ci portano con la mente su pianeti alieni che probabilmente non saremo mai in grado di visitare. Discutendo però dei colori delle stelle dobbiamo porci la domanda: sono realistici quei Soli di colore blu, arancione o rosso nei cieli di tali ipotetici pianeti? Li vedremmo proprio così se abitassimo su uno di quei mondi? La risposta è no.

Tutte le stelle sono Soli, anche le giganti rosse più fredde come Betelgeuse. I loro livelli di luminosità superficiale sono così elevati che, guardandole da vicino, esse saturerebbero i nostri coni al punto che ci apparirebbero bianche. Chi ha qualche dubbio al riguardo, pensi semplicemente al fatto che la temperatura di un filamento incandescente di una lampadina è di circa 2500 °C, che è grosso modo la temperatura fotosferica delle giganti rosse più fredde. Ebbene, vediamo la lampadina bianca, non rossa! Allo stesso modo in cui se guardiamo la lampadina restiamo abbagliati dalla sua luce e la vediamo bianca, così anche la superficie di una gigante rossa ci apparirebbe bianca. Il vero colore arancio-rossastro di Betelgeuse si farebbe forse più evidente se ammirassimo un panorama di un suo ipotetico pianeta. Ma anche in tal caso sarebbe difficile per il nostro occhio notare qualche differenza tra la luce del Sole sulla Terra e quella di Betelgeuse sul suo pianeta: la differenza sarebbe suppergiù la stessa che si ha tra l'esterno (di giorno) e l'interno di un'abitazione rischiarata da luce artificiale. In ogni caso, il pianeta ai nostri occhi non apparirebbe di certo immerso in una luce di color rosso rubino.

La vita delle stelle

L'osservazione dei colori delle stelle è una specie di piacevole *bonus* per l'osservatore amatoriale. L'astronomo professionista utilizza la luce che riceve dalle stelle per ottenere, al di là del colore, una quantità di utili informazioni.

Tutto ciò che sappiamo delle stelle e degli altri oggetti che popolano l'Universo l'abbiamo imparato dalla radiazione elettromagnetica che essi emettono. Possiamo vedere com'è lo spettro elettromagnetico facendo passare la luce attraverso un prisma o un reticolo di diffrazione. Ai giorni nostri, gli astronomi usano spettrografi al fuoco di grandi telescopi per registrare e studiare gli spettri degli oggetti celesti. In effetti, non si costruiscono telescopi potenti per osservare direttamente le sorgenti celesti, come si potrebbe credere, ma principalmente per ottenere i loro spettri.

Colore e temperatura. Cominciamo con poche e brevi note di fisica. I corpi caldi emettono radiazione elettromagnetica, compresa la luce visibile. Un pezzo di ferro, per esempio, a temperatura ambiente emette solamente radiazione infrarossa, ma se viene scaldato a 600 °C diventa incandescente ed emette nel rosso. Aumentando ancora la temperatura, il colore si muta in giallo e poi in bianco. I fisici hanno introdotto il concetto di corpo nero, un oggetto ideale che assorbe tutta la luce che lo investe, senza rifletterne alcuna parte, e che irraggia luce in funzione solamente della temperatura a cui si trova.

Nello spettro di un corpo nero sono presenti tutte le singole componenti cromatiche della luce visibile, dal violetto, caratterizzato da lunghezze d'onda più brevi, fino al rosso, che ha le lunghezze d'onda più lunghe (Fig. 3.12). Lo spettro è continuo: ossia, i colori sono tutti presenti, ad ogni lunghezza d'onda. Dallo spettro possiamo dedurre qual è la temperatura superficiale del corpo emittente. Il corpo nero rilascia il massimo della sua emissione a una certa lunghezza d'onda, in accordo con la cosiddetta *legge di Wien*, a valori che sono inversamente proporzionali alla temperatura. Se guardiamo un pezzo di ferro incandescente con uno spettroscopio vedremo uno spettro simile a un arcobaleno; ci sarà però un colore che brilla più forte di tutti gli altri: quale sia il colore dipende dalla temperatura (Fig. 3.13).

Invece, gli atomi di un gas caldo rarefatto non emettono luce in uno *spettro continuo*. Come

si ricorderà dalla fisica studiata alle scuole superiori, gli elettroni sono presenti nell'atomo a livelli energetici discreti. Nel corso di una transizione di un elettrone da un livello a un altro di più bassa energia, viene emesso un fotone, una particella di luce, che porta un'energia esattamente pari alla differenza energetica tra i due livelli dell'elettrone. Lo stato di più bassa energia in assoluto per l'elettrone è detto stato fondamentale; quello immediatamente più sopra, a un'energia appena maggiore, si dice primo stato eccitato; più sopra ancora si ha il secondo stato eccitato e così via. La luce emessa dall'atomo in una transizione si mostra nello spettro come una sottile riga luminosa in corrispondenza di una ben precisa lunghezza d'onda. Se con lo spettroscopio guardiamo un determinato gas, vedremo diverse righe spettrali che sono tutte specifiche e caratteristiche di quel gas. Questo è uno *spettro di emissione* (Fig. 3.14). Se poi luce caratterizzata da uno spettro continuo viene fatta passare attraverso un gas freddo, non eccitato, gli atomi di quel gas la assorbiranno selettivamente solo a particolari lunghezze d'onda, le stesse che apparirebbero nello spettro di emissione se quel gas venisse surriscaldato.

Figura 3.12. Con un po' di fantasia, possiamo immaginare di vedere in questa foto tutti i colori dell'arcobaleno. Si tratta infatti della ripresa di uno spettro continuo, che va dal rosso, sulla destra, al giallo, al verde, al blu fino al violetto, sulla sinistra.

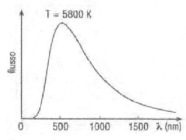

Figura 3.13. Un tipico spettro di corpo nero alla temperatura di 5800 K (quella del Sole).

Come abbiamo visto più sopra, il fotone viene emesso quando un atomo passa da uno stato eccitato a uno stato di più bassa energia, per esempio lo stato fondamentale. L'assorbimento è il fenomeno inverso. Un fotone viene assorbito e l'atomo passa dallo stato fondamentale, o da uno stato eccitato, a uno stato eccitato di più alta energia. Gli atomi che assorbono determinate lunghezze d'onda da uno spettro continuo emettono poi luce alle medesime lunghezze d'onda, con la sola differenza, ma fondamentale, che la emettono isotropicamente, ossia in tutte le direzioni. All'osservatore ne arriverà una frazione così minuta che non riuscirà a percepirla: così, nello spettro continuo egli rileverà la mancanza di tali lunghezze d'onda, sotto forma di sottili righe scure. Questo è uno *spettro di assorbimento*. Gli atomi di un determinato elemento chimico hanno ciascuno un insieme caratteristico di righe spettrali che consente il loro riconoscimento. In astronomia, possiamo incontrare ogni tipo di spettro: continuo, d'emissione e d'assorbimento (Figg. 3.15 e 3.16).

Le stelle sono sfere di gas caldo i cui atomi emettono la luce che vediamo. Come si è già detto, lo spettro di una stella è molto simile a quello di un corpo nero: ciò significa che, usando la legge di Wien, dalla misura della lunghezza d'onda a cui si registra il massimo del flusso, possiamo determinare la temperatura efficace della fotosfera stellare. Il massimo dell'emissione del Sole avviene alla lunghezza d'onda di 500 nm e la sua temperatura superficiale è di 5800 K. Antares emette principalmente alla lunghezza d'onda di 830 nm (1,7 volte maggiore) e perciò ha una temperatura efficace di circa 3500 K (1,7 volte minore).

La superficie di una stella non assomiglia a quella di un pianeta solido. Le stelle sono gassose, di modo che la loro superficie è uno strato di gas, spesso centinaia di chilometri, che diventa sempre più rarefatto man mano che si va verso l'alto. È proprio da questo strato superficiale, la *fotosfera*, che viene emessa la luce che ci raggiunge. Gli strati sottostanti emettono uno spettro continuo. Gli atomi nelle parti più esterne dell'atmosfera, e più rarefatte, assorbono certe lunghezze d'onda dello spettro continuo, di modo che nello spettro stellare compaiono scure righe d'assorbimento. Dall'analisi di queste righe gli astronomi determinano la composizione chimica e perfino le abbondanze dei vari elementi presenti nell'atmosfera stellare. E non è tutto!

Possiamo ricavare un sacco di informazioni sul gas emittente anche dalla forma che vengono ad assumere le righe spettrali. Per esempio, se la riga è sottile, si capisce che il gas è piuttosto rarefatto e di temperatura relativamente bassa. Se invece la temperatura è elevata, le righe sono allargate, perché gli atomi si muovono molto velocemente in direzione dell'osservatore e nella direzione opposta: così, per effetto Doppler le lunghezze d'onda vengono osservate anche a valori sia un po' più bassi, sia un po' più elevati. Le righe si allargano anche per effetto della rotazione della stella attorno al proprio asse, oppure a causa delle collisioni tra atomi nel gas denso, infine anche per l'eventuale presenza di un forte campo magnetico.

L'ampiezza e la forma delle righe spettrali vengono perciò utilizzate per ricavare la densità del gas in un'atmosfera stellare o nelle nebulose interstellari; vengono anche sfrut-

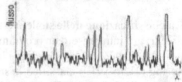

Figura 3.14. Uno spettro d'emissione dovuto a un gas caldo rarefatto; il grafico sotto mostra la distribuzione della densità d'energia alle diverse lunghezze d'onda.

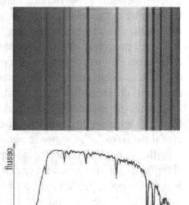

Figura 3.15. Uno spettro d'assorbimento con il relativo grafico della distribuzione della densità d'energia alle varie lunghezze d'onda.

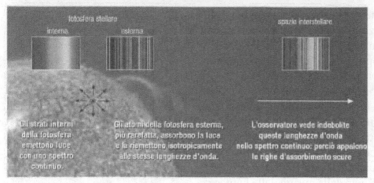

Figura 3.16. Le righe d'assorbimento di uno spettro stellare appaiono esattamente alle stesse lunghezze d'onda alle quali il gas caldo della fotosfera produrrebbe righe d'emissione.

tate per determinare la velocità di rotazione della stella e l'intensità del campo magnetico. L'osservazione continuativa delle righe spettrali e della loro eventuale oscillazione periodica attribuibile all'effetto Doppler, generata dal moto della stella nei due versi lungo la direzione dell'osservatore terrestre, può rivelare l'esistenza di un sistema binario spettroscopico, così come la presenza di compagni freddi e massicci come nane brune e pianeti.

La classificazione delle stelle. Verso la fine del secolo XIX, gli astronomi dell'Osservatorio di Harvard intrapresero un programma sistematico di rilevamento fotografico di spettri stellari. Prendendo in considerazione le caratteristiche di dettaglio degli spettri, Edward C. Pickering (1846-1919) classificò le stelle in classi che contrassegnò con lettere dell'alfabeto, dalla A alla Q. La base per questo sistema di classificazione stava nelle righe d'assorbimento dell'idrogeno e dell'elio, con l'aggiunta di qualche altro elemento, per esempio il ferro, nel caso delle stelle più fredde. La sua collega Annie Cannon, che procedette a una classificazione spettrale di circa 250mila stelle, si accorse che talune classi non avevano senso d'esistere. Questo è il motivo per cui oggi sono rimaste soltanto i fondamentali *tipi spettrali* indicati dalle lettere O, B, A, F, G, K e M. Il tipo spettrale O corrisponde a stelle con la più alta temperatura superficiale, mentre il tipo M è relativo alle stelle più fredde. Per ricordare facilmente la successione dei tipi, gli astrofili ricorrono alla frase: "*Oh, Be a Fine Girl, Kiss Me*" (Oh, sii una gentile ragazza, baciami!).

Con il progresso della spettroscopia, che divenne ben presto uno dei campi più importanti e fruttuosi dell'astronomia, si scoprì che esistevano differenze anche in stelle caratterizzate dallo stesso tipo spettrale. Di conseguenza, i tipi principali vennero suddivisi in sottotipi, designati da un numero, per esempio G2 per il nostro Sole.

Infine, per una definizione ancora più precisa, vennero aggiunti prefissi e suffissi, sotto forma di lettere minuscole o maiuscole. Per esempio, le stelle nane normali vengono indicate con il prefisso "d", mentre le nane bianche con il prefisso "D".

Allo scopo di denotare gruppi speciali di stelle, è stato introdotto poi un nuovo e ampliato sistema di classificazione. Vennero aggiunti nuovi tipi come il tipo W, per le stelle di Wolf-Rayet, il tipo L, per le nane rosse e brune, il tipo T, per le nane fredde con atmosfera di metano, il tipo Y, per le nane molto fredde, il tipo C, per le stelle al carbonio (questo tipo risulta dalla fusione dei vecchi tipi R e N), il tipo P, per le nebulose planetarie, il tipo Q, per le novae e così via.

Come se non bastasse, si comprese ben presto che le stelle appartenenti allo stesso tipo spettrale possono essere assai diverse per luminosità. Così vennero introdotte le *classi di luminosità*, designate da un numero romano: Ia sono le supergiganti, Ib sono le supergiganti con luminosità un po' meno elevate (della Ia), II sono le giganti brillanti, III le giganti, IV le subgiganti, V le stelle sulla Sequenza Principale del diagramma H-R (che discuteremo tra poco) e VI le subnane.

La classificazione spettroscopica completa per il nostro Sole è perciò G2V: ci dice che, quanto a temperatura, il Sole appartiene al tipo spettrale G2, e che si tratta di una stella di Sequenza Principale. La classificazione completa di Deneb è A2Ia: vuol dire che è una stella bianca del tipo A2 e una supergigante di elevata luminosità.

Il diagramma di Hertzsprung-Russell. Agli inizi del secolo scorso, gli astronomi progredirono di molto verso la comprensione dell'evoluzione di una stella grazie all'introduzione di un diagramma che riporta sull'asse orizzontale il tipo spettrale delle stelle, ovvero la loro temperatura superficiale, e sull'asse verticale la luminosità, talvolta espressa in rapporto con quella del Sole. Si tratta del famoso *diagramma di Hertzsprung-Russell* o diagramma H-R (Fig. 3.17).

Nei primi anni del secolo XX, l'astronomo danese Ejnar Hertzsprung (1873-1967), studiando gli spettri stellari scoprì che alcune stelle arancioni, per esempio Betelgeuse e Antares, avevano righe d'assorbimento sottili, mentre altre stelle dello stesso tipo spettrale esibivano righe più larghe. Egli concluse che ciò era dovuto al fatto che le prime avevano luminosità più intense delle seconde. Stelle che hanno temperature fotosferiche comparabili, ma differenti luminosità, devono differire solo per le loro dimensioni. Le prime sono perciò giganti e le seconde sono nane. Fino ad allora si pensava che stelle appartenenti allo stesso tipo spettrale, ossia con la stessa temperatura superficiale, condividevano anche tutti gli altri parametri. Hertzsprung iniziò ad investigare gli ammassi aperti, tutti i membri dei quali hanno la stessa distanza da noi, di modo che ci basta determinare le loro magnitudini apparenti per avere una misura

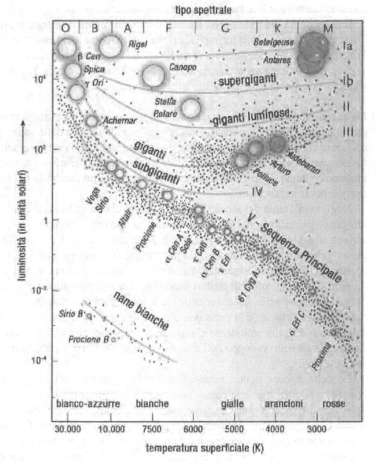

Figura 3.17. Il diagramma di Hertzsprung-Russell con indicati i tipi spettrali e le classi di luminosità di alcune delle stelle più note.

65

(quanto meno relativa) delle loro luminosità. Su un diagramma dispose sull'asse orizzontale i tipi spettrali di queste stelle e le magnitudini, o le luminosità, sull'asse verticale.

Circa in quegli stessi anni, l'astronomo americano Henry Norris Russell (1877-1957) stava studiando l'origine e l'evoluzione delle stelle e, per le sue ricerche, utilizzava diagrammi simili a quelli di Hertzsprung. Anch'egli scoprì, nel 1909, che le stelle di colore arancione possono essere o molto grosse, o piccole. Dopo molti anni di lavoro e di collaborazione con Hertzsprung, Russell si convinse che il modo migliore per comprendere le caratteristiche delle stelle è di lavorare con diagrammi come questi. Nel 1914, pubblicò sulla rivista *Nature* il primo dei diagrammi che ora chiamiamo di Hertzsprung-Russell.

Sulle prime, gli astronomi restarono sorpresi del fatto che le stelle non si distribuiscono più o meno a caso su tutta la superficie del diagramma, ma che invece per il 90% circa si raggruppano su una fascia diagonale (che oggi chiamiamo *Sequenza Principale*), la quale si estende dal vertice superiore sinistro del diagramma fino al vertice inferiore destro. Nella parte in alto a sinistra troviamo stelle di grande luminosità e di elevata temperatura. Man mano che scendiamo lungo la Sequenza Principale verso le temperature più basse anche le luminosità diminuiscono. Al di sotto della striscia della Sequenza Principale troviamo le nane bianche, stelle di bassa luminosità e altissima temperatura; al di sopra, troviamo invece le giganti rosse, caratterizzate da intense luminosità nonostante le loro basse temperature fotosferiche.

Il diagramma di Hertzsprung-Russell è uno strumento di grande utilità anche per stimare la distanza delle stelle. Dalla forma dalle righe spettrali possiamo capire se una stella è di Sequenza Principale, se è una gigante o una nana. Poi, possiamo ricavare la sua luminosità dalla temperatura e, dalla magnitudine apparente, possiamo calcolarne la distanza. Tuttavia, il diagramma H-R è soprattutto importante nello studio della vita delle stelle.

La nascita delle stelle. Agli inizi del secolo scorso, quando l'astrofisica muoveva ancora i primi passi, si conosceva ben poco di ciò che succede all'interno delle stelle. Solo dopo il 1928, gli scienziati cominciarono a sospettare che le stelle producono energia grazie ai processi nucleari di fusione dei nuclei leggeri. Prima di allora, si pensava che le stelle andassero soggette a una contrazione continua e che usassero l'energia potenziale gravitazionale per compensare la perdita di energia per irraggiamento.

Negli anni Trenta del secolo scorso, si scoprì che le stelle sono composte principalmente di idrogeno. Nei primi anni Quaranta, le nuove scoperte compiute nel campo della fisica nucleare si riversarono negli studi astrofisici. Nel 1938, Hans Bethe e Carl-Friedrich von Weizsäcker compresero che le stelle liberano energia per fusione dei nuclei di idrogeno. I primi modelli stellari apparvero negli anni Cinquanta, inizialmente calcolati a mano, successivamente dai computer. Al giorno d'oggi, i modelli stellari sono diventati assai sofisticati e ci raccontano cosa succede nel centro di una stella, quanta energia viene trasportata in superficie, come cambiano con la profondità la temperatura e la pressione e come tutto ciò influisce sulla temperatura superficiale e sulla luminosità, due grandezze che possiamo misurare. Così, il diagramma H-R ha assunto un ruolo centrale nello sviluppo dell'astrofisica, essendo il terreno ideale per mettere alla prova i risultati teorici.

Le stelle nascono in nubi interstellari fredde di gas e di polveri. Il diametro tipico di tali nubi è fra 30 e 60 anni luce e la massa contenuta è compresa fra 10mila e 100mila volte quella del Sole. Benché, osservate al telescopio, queste nubi ci appaiano statiche e immutabili, in realtà sappiamo che sono sistemi dinamici nei quali avvengono cambiamenti relativamente repentini (in senso astronomico). Ci sono due forze che agiscono in queste nubi. La gravità è la forza attrattiva che tende a raccogliere il gas e le polveri, di modo che la nube si contrae e la temperatura sale. Come risultato, si produce una forza di tipo repulsivo (una pressione), che spinge verso l'esterno e tende ad espandere la nube. Se la nube è isolata, non succede nulla per via dell'equilibrio che si instaura tra la gravità e la pressione.

Differenti influenze esterne, come l'esplosione di una supernova vicina, generano però disturbi simili a onde sonore: così, la materia della nube diventa più densa in alcune parti e più rarefatta in altre. Se la densità cresce in una certa parte, allora anche l'attrazione gravitazionale cresce e, quando essa prevale sulla forza repulsiva, la nube inizia a contrarsi e a collassare localmente. Le piccole parti più dense diventano embrioni stellari e la nube si prepara a trasformarsi in un ammasso aperto (Figg. 3.18, 3.19 e 3.20).

Quando nella nube compaiono le prime condensazioni, la materia circostante tende a collassare su di esse e si raccoglie via via sempre più velocemente. Nel centro di ciascuna condensazione si forma un nucleo massiccio (*nocciolo*), la cui densità cresce incessantemente sviluppando perciò una forza attrattiva sempre più intensa. La condensazione diventa sempre più densa e più calda e, quando nel nocciolo la

Figura 3.18. La più famosa regione di formazione stellare della nostra Galassia è la Grande Nebulosa d'Orione.

densità raggiunge un certo valore critico, la materia inizia ad essere opaca alla luce.

Un ulteriore aumento della densità fa salire di molto la temperatura del nocciolo, poiché ora la nube ha difficoltà a disperdere l'energia per irraggiamento. Si produce così un nocciolo centrale sempre più denso e caldo, circondato da un inviluppo più rarefatto e freddo nel quale la materia continua a cadere verso il centro. A questo punto, la nube è già una *protostella*. La massa tipica è circa 10^{30} kg, il diametro è dell'ordine di 10^{10} km e la temperatura superficiale è di circa 170 K. Il diametro di una protostella è comparabile con quello dell'intero Sistema Solare.

La protostella irraggia nell'infrarosso e compensa la perdita d'energia con la continua contrazione. Liberando energia gravitazionale, essa si riscalda, la pressione al centro aumenta e la stella irraggia sempre di più. Nel giro di poche decine di milioni di anni, a partire dal primo embrione, si forma un oggetto con una temperatura superficiale di circa 1500 K, che emette la gran parte della luce nell'infrarosso. Occorreranno altri venti milioni di anni prima che la contrazione, che prosegue senza sosta, riscaldi la protostella al punto in cui nel nocciolo si innescano le reazioni nucleari: a quel punto, l'oggetto entra nella Sequenza Principale del diagramma H-R.

Con l'aumento di temperatura in fotosfera e nell'atmosfera della stella, aumenta anche l'intensità del vento stellare[1]. L'effetto del vento è di soffiare via lontano la materia della nebulosa circostante e di renderla più rarefatta, di modo che a un certo punto ha termine l'accumulo di materia sulla protostella e la sua crescita si interrompe. La materia che resta nelle strette vicinanze della stella va

[1] Il vento stellare è un flusso di particelle cariche che vengono emesse dall'atmosfera esterna di una stella. Consiste principalmente di protoni e di elettroni d'alta velocità, che hanno sufficiente energia per liberarsi dalla gravità della stella.

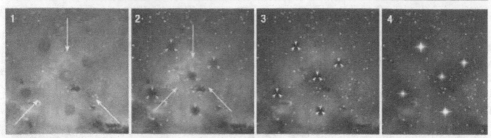

Figura 3.19. Frammentazione di una nube, dalla formazione delle prime condensazioni (1) fino alla nascita di un ammasso aperto (4).

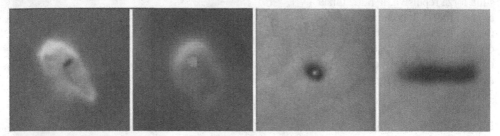

Figura 3.20. Quattro piccole nubi di gas e polveri nel cuore della Nebulosa di Orione, dentro le quali si è già formata una protostella.

a formare un disco di accrescimento ed è da questo che possono iniziare a formarsi i pianeti.

Quale sia la temperatura al centro della protostella dipende solo dalla sua massa: tanto più questa è elevata, tanto maggiori saranno la temperatura e la pressione centrali. La temperatura richiesta per l'innesco delle fusioni dell'idrogeno è dell'ordine di 10 milioni di gradi. Le protostelle con una massa inferiore a 0,08 masse solari non potranno mai raggiungere la temperatura necessaria per il mantenimento delle reazioni nucleari. Questi oggetti sono detti *nane brune*.

La vita della stella in Sequenza Principale. Quando nel nocciolo della stella si accendono le reazioni nucleari, la contrazione si interrompe e si instaura l'equilibrio: la pressione del gas diretta verso l'esterno eguaglia l'attrazione gravitazionale esercitata sugli strati atmosferici. È il momento in cui si può dire che la stella sia nata (Fig. 3.21). Se dovessimo collocare la stella sul diagramma H-R, il suo punto rappresentativo andrebbe a cadere sulla Sequenza Principale. È l'inizio di un periodo lungo e tranquillo nel quale la stella probabilmente trascorrerà il 90% della sua vita. In quale punto della Sequenza comparirà, quali reazioni nucleari avranno luogo nel nocciolo, quanto sarà luminosa, per quanto tempo vivrà e come evolverà fino a morire, dipende principalmente dalla massa e dalla composizione chimica ereditati alla nascita.

La temperatura nel nocciolo del Sole tocca i 15 milioni di gradi, la pressione i 3 miliardi di atmosfere e la densità è di 150 kg/dm^3 (150 volte la densità dell'acqua). In queste condizioni, la materia perde alcune delle caratteristiche che ha normalmente. Gli atomi sono completamente ionizzati, il che significa che perdono tutti i loro elettroni. Nei noccioli delle stelle, perciò, troviamo una miscela, calda e densa, di nuclei atomici e di elettroni liberi. Un gas ionizzato di questo tipo, fatto di particelle cariche, è un *plasma*. Per via della temperatura elevatissima, i nuclei si muovono molto velocemente e collidono fra loro pure se agiscono le intense forze elettriche repulsive dovute alle loro cariche positive.

Nei noccioli di stelle di massa non troppo elevata, gli atomi di idrogeno fondono attra-

verso la cosiddetta *catena p-p*,
che si divide in tre rami. La catena prende il nome dai protoni
(*p*), che ne sono i principali pro-
tagonisti. A temperature più
basse (tutto è relativo!) domi-
nano le reazioni del ramo p-p I.
A temperature più elevate domi-
nano quelle del ramo p-p II e ancora più su quelle del ramo p-p
III. Al termine di ogni ciclo p-p,
a partire da quattro protoni si for-
meranno: un nucleo di elio (He),
due positroni (*e*⁺) e due neutrini
(v). L'energia viene rilasciata ri-
partendola fra quella dei fotoni
(γ), delle particelle prodotte e dei
neutrini. L'energia dei fotoni e
delle particelle si trasferisce, tra-
mite collisioni, alla materia circostante, la riscalda e mantiene
alta la temperatura nel nocciolo
stellare. Invece, i neutrini possono sfuggire indisturbati e la
loro energia viene persa del tutto
dalla stella (Fig. 3.22).

A temperature ancora più elevate, quali si raggiungono nei

Figura 3.21. È nata una stella. La foto riprende i famosi "Pilastri della Creazione", dense nubi di gas e polveri nel cuore della nebu-losa M16 nel Serpente. Al loro interno stanno nascendo stelle calde. Solo quando le più grosse e massicce ripuliranno di materia i din-torni, soffiandola via con intensi venti stellari, la loro luce potrà at-traversare la nebulosa e giungere fino a noi.

noccioli delle stelle massicce, hanno luogo le reazioni del cosiddetto *ciclo CNO*, al termine
del quale vengono creati nuclei ancora più pesanti. Queste reazioni si producono a un ritmo
molto maggiore di quelle precedenti.

Ogni secondo, nel nocciolo del Sole, oltre 600 milioni di tonnellate di idrogeno fondono
in nuclei di elio. Una quantità imponente, eppure anche un rozzo calcolo ci consente di
tranquillizzarci: il Sole avrebbe massa sufficiente (2×10^{30} kg) per sopravvivere 100 miliardi
di anni. In realtà, questa stima è sbagliata per eccesso, almeno di un fattore 10, per due
motivi: perché il Sole è costituito di idrogeno solo per il 75% e perché le reazioni nucleari
non avvengono in tutto il corpo stellare, ma solo nella regione nucleare.

I neutrini sono le uniche particelle in grado di sfuggire indisturbate dal nocciolo del
Sole ed esse ci raccontano ciò che sta avvenendo là dentro, che sorta di reazioni nucleari
vi hanno luogo e quanto efficiente è il processo di fusione dell'idrogeno. Ecco il motivo
per cui gli astrofisici compiono ogni sforzo per catturarli e conteggiarli con particolari rivelatori[*2]. Al momento possiamo solo dire che i rivelatori registrano molti meno neutrini
di quelli previsti dai modelli teorici del Sole. Soltanto il tempo ci dirà se è perché i rivelatori
non sono sufficientemente sensibili o perché succede qualcosa di strano ai neutrini nel
cammino dal Sole a noi (oggi si ha motivo di ritenere che sia questa la soluzione più probabile dell'annoso problema dei "neutrini mancanti"). Una terza possibilità, naturalmente,

---

[*2] I neutrini interagiscono solo debolmente con la materia. Perciò sono particelle che possono facilmente sfuggire
dal nocciolo denso e caldo del Sole. Attraverso questo libro ogni secondo passano indisturbati circa 16mila miliardi
di neutrini solari.

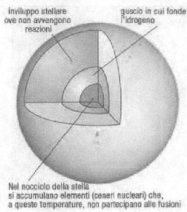

inviluppo stellare ove non avvengono reazioni

guscio in cui fonde l'idrogeno

Nel nocciolo della stella si accumulano elementi (ceneri nucleari) che, a queste temperature, non partecipano alle fusioni

Figura 3.22. Quanto più sale la temperatura, tanto più accelerano le reazioni nucleari che avvengono al centro delle stelle. Il primo elemento a fondere è l'idrogeno. Gli elementi che a queste temperature non possono fondere, sintetizzati dalle reazioni avvenute in precedenza, formano le cosiddette "ceneri nucleari".

è che non si sappia ancora abbastanza delle condizioni vigenti nel nocciolo del Sole.

Fintantoché ha abbastanza idrogeno nel nocciolo, una stella rimane stabile e trascorre gran parte della sua vita in tale stato. È interessante sapere che le stelle di più piccola massa vivono più a lungo di quelle massicce, benché forse ci saremmo aspettati che valesse il contrario. Nelle stelle di massa più elevata la pressione nel nocciolo è maggiore, la temperatura è più elevata e le reazioni nucleari sono più frequenti, ragione per cui la luminosità è più intensa e le riserve di combustibile nucleare vengono consumate prima. Una stima approssimativa della relazione tra la durata di vita di una stella (T) sulla Sequenza Principale e la sua massa (M) è la seguente:

$$T \sim 1/M^{2,5}.$$

Così, una stella dieci volte più massiccia del Sole ha una luminosità circa 3000 volte superiore, ma trascorrerà sulla Sequenza Principale un tempo 300 volte più breve. Al contrario, una stella con massa un decimo quella del Sole, avrà una luminosità 3000 volte minore, ma vivrà 300 volte più a lungo.

Come invecchiano le stelle. Si è già detto che le stelle sono stabili durante il periodo trascorso sulla Sequenza Principale. Non dobbiamo però prendere questa affermazione in senso troppo letterale. Nel corso della sua vita, mentre nel nocciolo accumula ceneri nucleari, la stella continua a contrarsi, ad aumentare la temperatura e la densità centrali, e quindi anche la luminosità. In ogni caso, questi cambiamenti avvengono molto lentamente in confronto con quelli che si producono in altri momenti della vita di una stella.

Per quanto riguarda il Sole, i modelli teorici sono molto precisi e ci garantiscono che le variazioni hanno luogo su tempi lunghi, oltre 11 miliardi di anni. Quando il Sole emerse dalla nube di gas e polveri e si innescarono le prime reazioni nucleari nel suo nocciolo, la temperatura al centro era di circa 12 milioni di gradi, la densità di 80 kg/dm^3 e la luminosità era circa il 70% del valore attuale. Oggi il Sole è vecchio 4,6 miliardi di anni e si trova all'incirca nel bel mezzo del periodo che è destinato a trascorrere sulla Sequenza Principale. Attualmente ha consumato quasi la metà delle sue riserve di idrogeno del nocciolo. Quando avrà un'età di 7,7 miliardi di anni, il Sole toccherà la temperatura fotosferica più elevata (6000 K) mai raggiunta nel corso dell'intera sua esistenza sulla Sequenza Principale e avrà una luminosità del 30% maggiore di quella odierna. All'età di 10,9 miliardi di anni la luminosità sarà 2,2 volte quella attuale e l'idrogeno del nocciolo si esaurirà. Il Sole abbandonerà la Sequenza Principale e incomincerà ad evolvere. Per le stelle di massa più elevata, le variazioni di struttura che abbiamo descritto avverranno in tempi più brevi; al contrario, saranno più lente per le stelle di piccola massa. Dipende principalmente dalla massa il modo in cui una stella invecchia, cosa succede nelle ultime fasi evolutive e come finirà la propria esistenza.

Stelle molto più massicce del Sole. I modelli mostrano che quando la fusione dell'idrogeno si interrompe nel nocciolo, una stella massiccia presenta all'incirca la seguente composizione: per la gran parte è ancora fatta di idrogeno (60% in massa); segue l'elio (35%), mentre tutti gli altri elementi insieme costituiscono solo il restante 5%. In questa fase, il nocciolo della stella è composto principalmente da elio, ma è circondato da uno strato ricco di idrogeno.

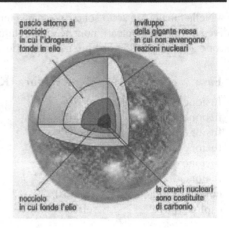

Benché nel nocciolo non venga più prodotta energia, la stella continua a irraggiare e tende a raffreddarsi. Inizia a calare la pressione centrale e la stella avvia una fase di collasso per effetto della gravità esercitata dai suoi strati più esterni, diminuendo nelle dimensioni e riscaldandosi. Ma anche prima che la temperatura nel nocciolo raggiunga il valore al quale si innescano le reazioni di fusione dell'elio, le fusioni nucleari dell'idrogeno proseguono negli strati più interni dell'inviluppo. Quando ciò succede, la radiazione dei fotoni che vengono rilasciati preme sul nocciolo sottostante e contemporaneamente sugli strati superiori, che vengono sospinti via. Il nocciolo diventa più piccolo e caldo, mentre le dimensioni della stella aumentano, di pari passo con la sua luminosità. La temperatura superficiale cala e la stella diviene una gigante rossa.

Quando la temperatura nel nocciolo tocca i 100 milioni di gradi, si innescano le fusioni dell'elio. La compressione del nocciolo si interrompe e la stella trova di nuovo un suo equilibrio. Questa fase può durare da poche centinaia di migliaia fino a pochi milioni di anni.

Le reazioni termonucleari dell'elio sintetizzano grandi quantitativi di carbonio (carbonio-12) e ossigeno (ossigeno-16). Il primo si origina da 3 nuclei di elio che collidono tra loro nello stesso istante. Quando ci sono abbastanza nuclei di carbonio, si avvia la successiva reazione, che dà luogo all'ossigeno dalla combinazione del carbonio e dell'elio. Ma, alla fine, anche l'elio si esaurisce e la stella viene ancora a perdere la sorgente interna di energia. Di nuovo comincia a contrarsi e a riscaldarsi, finché nel nocciolo si innesca il carbonio (alla temperatura di 500 milioni di gradi) e successivamente l'ossigeno (a 1 miliardo di gradi), mentre in contemporanea l'elio continua a bruciare negli strati profondi circostanti. Il nocciolo diventa più piccolo e caldo, ma gli strati esterni si espandono e la stella si trasforma in una supergigante rossa. In questa fase, l'energia viene prodotta in molti strati diversi: l'idrogeno continua a bruciare nelle parti più esterne del nocciolo, là dove esso è sufficientemente caldo e denso per consentirlo, mentre, scendendo più in profondità nel nocciolo, troviamo elementi pesanti che vengono convertiti in elementi ancora più pesanti.

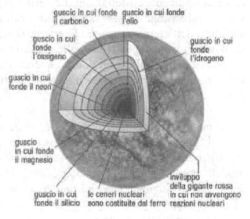

Quando tutto il combustibile viene bruciato, la stella si contrae e si riscalda, e le reazioni si spostano negli strati superiori, dove il combustibile nucleare non manca. Ma, nel nocciolo, ora più denso e caldo, anche le ceneri nucleari iniziano a reagire. In questa fase, la supergigante rossa assomiglia a una cipolla, organizzata com'è in strati concentrici.

Le costellazioni al binocolo

Nella tabella qui sotto sono riportate la temperatura media e la densità a cui si innescano le diverse reazioni nucleari, nonché che la durata temporale di ogni singola fase. I dati si riferiscono a una stella 25 volte più massiccia del Sole. Una tale stella vive solo 8 milioni di anni.

Fase	Temperatura (K)	Densità (kg/dm³)	Durata
fusione dell'idrogeno	4×10^7	5	7 milioni di anni
fusione dell'elio	2×10^8	700	700mila anni
fusione del carbonio	6×10^8	2×10^5	600 anni
fusione del neon	$1,2\times10^9$	4×10^6	1 anno
fusione dell'ossigeno	$1,5\times10^9$	10^7	6 mesi
fusione del silicio	$2,7\times10^9$	3×10^7	1 giorno
collasso del nocciolo	$5,4\times10^9$	3×10^9	0,35 secondi
esplosione	circa 10^9	–	10 secondi

Quanto sono grandi le supergiganti rosse? Le più gigantesche che conosciamo sono la VY Canis Majoris (1950 volte più grande del Sole), la VV Cephei (1750 volte il Sole) e la V354 Cephei (1520 volte il Sole). Tutte e tre sono imponenti: se le collocassimo al centro del Sistema Solare, si estenderebbero ben oltre l'orbita di Giove, giungendo quasi a Saturno! Tra le stelle più brillanti visibili a occhio nudo, la *mu* Cephei (1420 volte più grande del Sole) è la sesta stella conosciuta nella classifica delle dimensioni, mentre Antares (700 volte più grande del Sole) e Betelgeuse (650 volte) sono rispettivamente decima e undicesima. La temperatura fotosferica delle supergiganti rosse è di circa 3500 K e quindi hanno tutte un colore arancione. (Delle densità medie di queste stelle parleremo più avanti trattando della Mira Ceti.)

Le giganti e le supergiganti rosse sono per la gran parte variabili pulsanti di lungo periodo. Sono stelle che non presentano un periodo di variazione costante; a ogni ciclo, cambia anche la luminosità raggiunta al massimo e al minimo di luce. Gli oggetti più brillanti e più interessanti di questa famiglia vengono presentati più avanti nel libro, nella descrizione delle singole costellazioni. Le variazioni di luminosità di queste stelle sembrano dovute all'espansione e alla contrazione dei loro strati esterni rarefatti. Il fenomeno si produce a seguito dell'eterna guerra tra la gravitazione e la pressione. In effetti, tutte le stelle pulsano continuamente: solo che nelle giganti rosse l'effetto è molto maggiore di quello che si osserva nelle stelle normali di Sequenza Principale. Gli astrofisici dicono che se avessimo strumenti sufficientemente sensibili potremmo rilevare che ogni stella è una variabile pulsante.

Le reazioni nucleari nelle stelle non possono proseguire all'infinito. Quando il nocciolo è composto di carbonio e idrogeno, le reazioni si innescano solo se esso è massiccio 1,4 volte il Sole: solo così si può raggiungere la temperatura richiesta. Naturalmente, questo significa che la massa iniziale della stella doveva essere ben maggiore di quel valore. I modelli non ci sanno dire con certezza quant'è la materia stellare che viene perduta nel corso dell'evoluzione: i calcoli suggeriscono che la massa iniziale potrebbe essere di circa 11 masse solari.

Perché una stella perde massa? Quando inizia la trasformazione in gigante rossa e si espande, la gravitazione in superficie si indebolisce fino al punto che gli strati più esterni non sono più fortemente legati al corpo stellare. Qualunque eruzione avvenga nella fotosfera, o qualche altro disturbo, e persino le maree sollevate da eventuali pianeti vicini, possono determinare una perdita di materia verso lo spazio interstellare.

Anche se la massa di una stella è molto grande, a un certo punto le reazioni termonucleari avranno fine. L'elemento più pesante che si può produrre nel nocciolo stellare è il ferro (Fe). La reazione successiva, quella in cui dal ferro si formerebbe il cobalto, è infatti endotermica: significa che, invece di produrre energia, essa semmai la richiede dall'ambiente esterno. Dunque, dopo la sintesi del ferro, si avvicina la morte della gigante rossa.

Stelle poco più massicce del Sole. Analizzeremo ora il destino che attende le stelle di piccola massa (fino a 2 volte quella del Sole) dopo che hanno trascorso un'esistenza tranquilla sulla Sequenza Principale. I primi segni del processo di invecchiamento sono simili a quelli esibiti dalle stelle di grande massa, ma in questo caso nel nocciolo non si raggiunge mai la temperatura alla quale iniziano a fondere il carbonio e l'ossigeno. Come esempio di stella di piccola massa prenderemo il nostro Sole, se non altro perché è la stella del cui futuro abbiamo ragione di preoccuparci.

Come già detto, all'età di 10,9 miliardi di anni, il Sole uscirà dalla Sequenza Principale del diagramma H-R. A quel tempo, l'idrogeno del nocciolo si sarà esaurito. Nel corso del processo di raffreddamento, il peso degli strati esterni comincerà a contrarre il Sole e di conseguenza la temperatura interna aumenterà e il bruciamento dell'idrogeno negli strati appena all'esterno del nocciolo si farà sempre più efficiente. Ciò sarà causa di un'ulteriore contrazione del nocciolo e, allo stesso tempo, solleciterà gli strati esterni a sollevarsi e a raffreddarsi. La temperatura fotosferica scenderà fino a 4500 K, ma la luminosità aumenterà perché nel contempo cresce il diametro e la superficie emittente. La nostra stella diventerà una gigante rossa con un diametro 9,5 volte più grande di oggi e una luminosità 34 volte maggiore.

A causa dell'espansione, si assisterà a un calo dell'accelerazione di gravità alla superficie e a quel punto il Sole non sarà più in grado di trattenere a sé la gran parte dei suoi strati più esterni. Così, gradualmente, perderà una frazione importante della sua materia, che verrà espulsa nello spazio interstellare. La sua massa si ridurrà al 72% di quella attuale. Quando la temperatura del nocciolo si avvicinerà a 100 milioni di gradi, si innescheranno le reazioni termonucleari dell'elio, il cui prodotto finale saranno nuclei di carbonio; in una fase successiva, dal carbonio verrà prodotto l'ossigeno. Poiché il bruciamento dell'elio ha luogo a temperature e pressioni più elevate, la luminosità del Sole andrà aumentando costantemente. Al termine della fase di gigante rossa, all'età di 12,2 miliardi di anni, il Sole avrà una potenza emissiva 2300 volte maggiore di quella odierna. Il diametro crescerà fino a 2 Unità Astronomiche: sarà perciò 200 volte più grande di quanto sia ora.

Per tutto questo periodo il Sole continuerà a perdere nello spazio la sua atmosfera superiore e la massa scenderà a un valore pari alla metà di quello odierno. Nel nocciolo diminuirà la quantità dell'elio; di pari passo aumenterà quella dei nuclei di carbonio e di ossigeno. Gradualmente l'elio si esaurirà, il Sole si contrarrà scaldandosi, e il bruciamento dell'elio partirà in uno straterello più esterno. Appena sopra di questo, l'idrogeno continuerà a fondere in elio. Nelle stelle di piccola massa, però, il bruciamento dell'elio negli strati adiacenti al nocciolo non dura a lungo, né si mantiene stabilmente, perché tali stelle non raggiungono mai temperature centrali sufficientemente elevate. Nel nocciolo

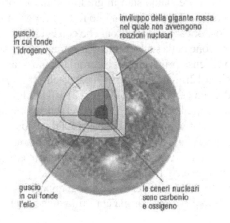

inviluppo della gigante rossa nel quale non avvengono reazioni nucleari

guscio in cui fonde l'idrogeno

guscio in cui fonde l'elio

le ceneri nucleari sono carbonio e ossigeno

del Sole le ceneri nucleari saranno soprattutto carbonio e ossigeno. Con l'andare del tempo, le reazioni nucleari si spegneranno del tutto e il Sole (o, per meglio dire, ciò che ne resta) si avvierà all'ultima fase della sua esistenza.

Prima di esaminare queste fasi conclusive della vita delle stelle, abbiamo ancora qualcosa da dire riguardo alle giganti rosse. Abbiamo diviso le stelle evolute in due gruppi a seconda della massa e abbiamo descritto i fenomeni che hanno luogo al loro interno. Questa suddivisione è abbastanza artificiosa. L'Universo è assai variegato. Allora diciamo che le stelle di piccola massa non potranno mai assistere all'innesco dell'elio nel loro nocciolo e concludono la loro esistenza quando si esaurisce l'idrogeno. Quelle leggermente più massicce del Sole possono innescare l'ossigeno (oltre all'elio e al carbonio) e concludono i loro giorni con ceneri nucleari composte di elio, carbonio, ossigeno e neon. Le stelle ancor più massicce possono innescare il neon e allora le ceneri nucleari sono costituite dal magnesio. Solo le stelle di massa elevata possono sfruttare il combustibile nucleare fino alla fine e concludere la loro esistenza sintetizzando nel nocciolo il silicio e anche il ferro.

Come muore una stella. La massa iniziale determina l'intera vita della stella, dalla nascita alla fine della sua evoluzione; quanto alla morte stellare, occorre dividere le stelle in tre gruppi: quelle con una massa iniziale fino a 11 masse solari; quelle tra 11 e 50 masse solari e infine quelle la cui massa iniziale è maggiore di 50 masse solari. I tre gruppi si differenziano rispetto a ciò che resta di essi alla loro fine.

Stelle fino a 11 masse solari. Partiamo con le stelle di minore massa e completiamo la storia del Sole, tratteggiata nei paragrafi precedenti.

Quando le reazioni termonucleari si spengono e le sorgenti interne d'energia si esauriscono, la nostra stella continuerà a irraggiare nello spazio e a disperdere energia. Di conseguenza, comincerà a raffreddarsi. La pressione al centro non sarà più in grado di resistere al peso dell'atmosfera sovrastante, di modo che il Sole comincerà a contrarsi, a scaldarsi e ad aumentare la propria densità. Tuttavia, non raggiungerà mai la temperatura necessaria per far partire un nuovo ciclo di reazioni termonucleari, perché la massa è troppo piccola. Una stella di questo tipo, che irraggia solo per dissipare la sua riserva di calore, è detta *nana bianca*.

Qual è lo stato della materia all'interno di una nana bianca? Il nocciolo della stella che ha continuato a contrarsi per tutto il tempo dell'evoluzione è divenuto alla fine così denso e caldo che i nuclei atomici (soprattutto carbonio e ossigeno) sono praticamente in contatto fra loro, senza gli elettroni, che invece sono liberi di muoversi. È quello che si chiama uno stato di *gas degenere*: lo troviamo solo a valori di densità molto elevati. Non lo troviamo mai qui sulla Terra e neppure siamo stati in grado finora di riprodurlo in laboratorio. Il gas degenere di elettroni produce una pressione molto forte, che però non dipende dalla temperatura, ma solo dalla densità. Così ora sono gli elettroni che con la loro pressione sono in grado di contrastare l'ulteriore contrazione della stella. I calcoli mostrano che la stella riduce le proprie dimensioni e diventa sempre più densa prima che gli elettroni inizino a farsi sentire. Il diametro tipico di una nana bianca è di circa 12mila chilometri. Queste stelle sono perciò grandi suppergiù come il nostro pianeta. La densità centrale va da 2×10^5 a 2×10^9 kg/dm^3. Una zolletta di zucchero fatta della materia di una nana bianca qui sulla Terra peserebbe come un autotreno a pieno carico, di 40 tonnellate.

Contraendosi, la stella si riscalda e quando inizia la fase di nana bianca la sua temperatura superficiale è di 100mila gradi, o anche più. Essa irraggia quantità imponenti di luce ultravioletta e di raggi X, fotoni estremamente energetici che eccitano gli atomi e le molecole degli strati esterni della stella che sono stati precedentemente espulsi nello spazio. Il gas, eccitato, comincia a emettere luce e così appare in cielo una *nebulosa planetaria*, che si mantiene visibile per circa 10mila anni fino a che i gas, che continuano a espandersi, si rendono così rarefatti da diluirsi completamente nel mezzo interstellare (Fig. 3.24). La nana bianca irraggia energia e perciò si raffredda. Il processo può durare diverse centinaia di milioni di anni, lasciando alla fine come resto una sfera oscura e fredda di ceneri nucleari.

Benché all'inizio sia caldissima, una nana bianca si mantiene di bassa luminosità, essendo di dimensioni estremamente contenute. Un valore tipico è di 2,5 millesimi della luminosità del Sole. Le nane bianche più vicine a noi sono le compagne di Sirio (nel Cane Maggiore) e di Procione (nel Cane Minore). Le due stelline sono ben difficilmente visibili in un piccolo strumento amatoriale. Per l'astrofilo la nana bianca più interessante è un membro del sistema triplo della *omicron-2* Eridani. È questa la sola nana bianca visibile nei piccoli telescopi.

Il destino della Terra

Qual è il destino del Sole e come si lega al destino della Terra? Espandendosi, il Sole brucerà la Terra, oppure succederà qualcos'altro?

I modelli ci dicono che dalla Terra evaporeranno tutte le acque continentali quando la luminosità del Sole sarà aumentata del 10% rispetto al valore attuale: il Sole raggiungerà questa luminosità all'età di 5,7 miliardi di anni. Gli oceani, invece, evaporeranno quando la luminosità sarà del 40% maggiore di quella attuale, con il Sole vecchio di 9,1 miliardi di anni. Sono stati calcolati modelli per una Terra senza nubi; modelli più realistici spostano un po' più in là questo tempo. Ciò significa che la vita sulla Terra finirà anche prima che il Sole avrà abbandonato la Sequenza Principale.

Probabilmente il Sole non riuscirà a catturare e a bruciare i pianeti interni. Al termine della fase di gigante rossa, in effetti, si espanderà fino a occupare l'orbita terrestre attuale, ma a causa della sua perdita di massa, i pianeti interni continueranno ad orbitare attorno ad esso in orbite molto più larghe.

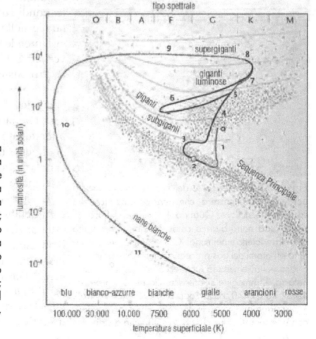

Figura 3.23. Su questo diagramma H-R si mostra il ciclo vitale di una stella di massa solare. Vengono segnalate solo le tappe più importanti della sua vita: 0-1, evoluzione da protostella a stella; 2, fase di Sequenza Principale; 3, periodo in cui si esaurisce l'idrogeno nel nocciolo; 4, fase di gigante rossa (l'idrogeno brucia in un guscio attorno al nocciolo); 5-7, fase di bruciamento dell'elio; 8, fase di supergigante rossa; 9, appare la nebulosa planetaria; 10, il nocciolo si raffredda e si contrae; 11, fase di nana bianca.

Tra 11 e 50 masse solari. Nel corso dell'evoluzione, le ceneri nucleari si accumulano nel nocciolo di queste stelle; quando il processo termina, la massa del nocciolo inattivo cresce e il peso dell'atmosfera esterna lo comprime sempre più. Alla fine diventa così denso che solo la pressione del gas degenere di elettroni può opporsi alla gravità (come si è già detto descrivendo le nane bianche). Nelle stelle di grande massa c'è però abbastanza materia affinché il nocciolo inattivo superi il limite di Chandrasekhar, di 1,4 masse solari. Quando questo succede, la gravità prevale sulla pressione del gas degenere e il nocciolo collassa su se stesso. La velocità del collasso è straordinariamente elevata: 70mila km/s! Di colpo, temperatura e densità crescono così tanto che i nuclei atomici si scindono nei loro componenti, i protoni e i neutroni, mentre i protoni si uniscono agli elettroni per dar vita ad altrettanti neutroni.

Il collasso dura pochi decimi di secondo e in questo tempo brevissimo si libera un'immensa energia gravitazionale, dell'ordine di 10^{46} joule. Entro 10 secondi dal collasso, i neutrini che trasportano questa energia lasciano il nocciolo. La gran parte di essi sfugge indisturbata nello spazio; solo una piccola frazione viene assorbita dagli strati superiori della stella. Tanto basta per scagliare violentemente verso l'alto l'atmosfera stellare in una tremenda esplosione, che è detta *supernova*. Subito dopo l'esplosione, i resti sono così incandescenti da irraggiare per alcune settimane come 100 miliardi di Soli, una potenza comparabile con quella di un'intera galassia.

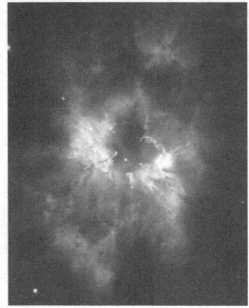

Figura 3.24. Nel corso dell'evoluzione, una stella perde la sua atmosfera, che viene soffiata via nello spazio interstellare. Quando il nocciolo stellare dà vita a una nana bianca calda irraggia soprattutto nell'ultravioletto e nei raggi X. I fotoni energetici eccitano gli atomi del gas precedentemente rilasciato che, a loro volta, emettono luce: ecco una nebulosa planetaria. L'immagine si riferisce alla nebulosa planetaria NGC 2440, nella Poppa. La sua stella centrale è una nana bianca tra le più calde che si conoscano, con una temperatura che tocca i 200mila gradi.

Solo nel corso dell'esplosione di supernova c'è sufficiente energia a disposizione per consentire la sintesi di grandi quantità di elementi più pesanti del ferro. L'esplosione li disperde poi nello spazio interstellare, dove vanno a modificare la composizione chimica dei gas che la stella aveva emesso in precedenza. L'onda d'urto dell'esplosione va ad abbattersi sulla materia interstellare creando le condizioni ideali per la formazione di nuove stelle. La successiva generazione stellare prende vita da una miscela di gas e polveri arricchita da elementi pesanti. Anche il nostro Sistema Solare si originò dai resti dell'esplosione di una supernova. La potenza dell'onda d'urto di una supernova è così elevata che la materia si disperde nello spazio interstellare a velocità elevatissime. Poi gradualmente rallenta, si raffredda e si mischia con il mezzo interstellare. Il processo può durare anche 10mila anni.

L'esplosione di una supernova distrugge completamente l'intera stella. L'atmosfera esterna viene soffiata via nello spazio, mentre il nocciolo collassa in una sfera di piccole dimensioni – persino più piccola e densa di una nana bianca – che è detta *stella di neutroni*, per il fatto che è composta principalmente da queste particelle. Dentro una stella di neutroni l'equilibrio viene mantenuto dalla pressione del gas degenere di neutroni, i quali sono così compressi che ce ne stanno 10^{44} in un metro cubo. La loro densità è comparabile con quella di un nucleo atomico! La massa tipica di una stella di neutroni si colloca tra 1,35 e 2,1 masse solari, mentre il diametro misura solo tra 10 e 20 km. La densità centrale raggiunge l'incredibile valore di 10^{15} kg/dm^3.

Parleremo ancora delle inusuali proprietà delle stelle di neutroni più avanti, quando tratteremo della Nebulosa Granchio nella costellazione del Toro.

Il limite di Chandrasekhar

Subrahmanyan Chandrasekhar (1910-1995) nacque a Lahore, in India. All'età di 19 anni, laureatosi all'Università di Madras, si trasferì in Inghilterra per conseguire il dottorato, presso l'Università di Cambridge. Durante il lungo viaggio per mare, il giovane ingannò il tempo lavorando su un modello di nana bianca che era stato proposto da Ralph H. Fowler nel 1926. Prima che la nave giungesse in Inghilterra, egli aveva completato quasi del tutto la teoria.

Chandrasekhar scoprì che la più grande massa consentita per una nana bianca è di 1,4 masse solari: con una massa maggiore, la stella collassa ulteriormente e si trasforma in una stella di neutroni. Una nana bianca con una massa minore del *limite di Chandrasekhar*, è stabile e perciò rappresenta lo stadio finale dell'evoluzione di stelle di piccola massa. Superato questo limite, il collasso prosegue verso una stella di neutroni o addirittura verso un buco nero.

Chandrasekhar fu autore di molti libri sull'idrodinamica, sulla relatività e sul trasporto dell'energia per radiazione. Trasferitosi all'Università di Chicago, vi restò per oltre cinquant'anni. I suoi decisivi contributi alla fisica del XX secolo vennero riconosciuti con il Premio Nobel, vinto nel 1983 con William A. Fowler, del Caltech.

Oltre le 50 masse solari. La luminosità di questi mostri stellari di Sequenza Principale supera di 100mila volte quella del Sole e talvolta anche di 1 milione di volte. Si tratta di stelle tutte nella classe di luminosità Ia. Per mantenere luminosità così spaventosamente elevate, ci dev'essere una sorgente interna d'energia assai potente: ecco il motivo per cui queste stelle esauriscono in breve tempo le loro riserve di combustibile nucleare. Esse hanno una vita eccezionalmente breve: invece che in miliardi si misura in milioni di anni. A causa dei processi burrascosi che si sviluppano al loro interno e dei conseguenti forti venti stellari, queste stelle perdono la loro atmosfera esterna molto velocemente e talvolta quando ancora sono nella fase di bruciamento dell'idrogeno. Quando l'idrogeno si esaurisce e la stella si appresta ad abbandonare la Sequenza Principale, quasi tutti gli stati più esterni sono ormai persi nello spazio e resta solamente un grosso nocciolo di elio. Queste stelle sono piuttosto rare e sono dette *stelle di Wolf-Rayet*. La loro evoluzione non è troppo diversa da quella già descritta in precedenza per le stelle massicce: solo si realizza più in fretta.

C'è però anche un'altra importante differenza, ed è che il nocciolo di ferro, che si sviluppa nell'ultima fase dello stadio di supergigante rossa, è molto più massiccio. Quando terminano le reazioni nucleari e la stella inizia a comprimersi, il suo collasso non può essere fermato dalla pressione del gas degenere di elettroni e il nocciolo collassa su se stesso. A questo punto, si ha l'esplosione di supernova. L'atmosfera viene soffiata via e il nocciolo collassa in una stella di neutroni.

Ora però non c'è più nulla che possa resistere alla gravità, la vera regina dell'Universo. Questa forza, che pervade tutto il Cosmo, ci vincola alla superficie della Terra (ma in modo garbato, così che quasi non ce ne accorgiamo), guida i pianeti nelle orbite attorno ai loro Soli, e i Soli attorno ai centri delle loro galassie. Questa incredibile forza che dà vita agli ammassi e ai superammassi di galassie si trova a combattere nel corso dell'intera vita di una stella con la materia. Quando la gravità pigia, la pressione della materia aumenta e ristabilisce l'equilibrio. Le reazioni nucleari si producono a tassi più elevati e determinano temperature e densità sempre più alte. Quando la gravità pigia ancora di più, compaiono gas degeneri di elettroni, o di neutroni, per resisterle. Solo

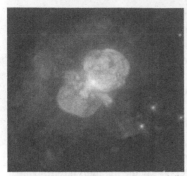

Figura 3.25. *Eta* Carinae è una delle stelle più massicce della nostra Galassia: più di 100 masse solari. Attorno alla stella vediamo l'atmosfera che essa ha già disperso nello spazio (l'ultima eruzione occorse 160 anni fa). La vita di una stella così massiccia dura solo un milione di anni e sappiamo quale sarà la fine: l'esplosione di una supernova e la formazione di un buco nero. *Eta* Carinae dista circa 10mila anni luce da noi.

ora, con queste stelle di massa gigantesca, finalmente la gravità consegue la sua vittoria definitiva!

Il nocciolo, massiccio come alcuni Soli, è già compresso alle dimensioni di una sfera del diametro di una decina di km. I neutroni degeneri si sforzano di contenere il collasso, ma la morsa gravitazionale ha il sopravvento: alla fine anche la stella di neutroni deve cedere sotto la propria gravità e implode. È la fine di tutto. La stella, così orgogliosamente splendente fino a pochi secondi prima, si comprime in un punto, in un nulla, in quella che i matematici chiamano una *singolarità*, in qualcosa che non siamo neppure in grado di descrivere con le leggi fisiche conosciute. E quando le dense nubi dell'esplosione della supernova si espandono togliendo il velo che copriva la regione in cui la stella risplendeva fino a poco tempo prima, noi non vediamo proprio niente. Buio totale! Ma questo buio mostra di avere un campo gravitazionale così potente che non c'è oggetto che possa sfuggire da esso, nemmeno la luce. Dalla stella si è originato un *buco nero*, certamente l'oggetto più esotico che gli astronomi conoscano.

Il buco nero non irraggia; ecco perché non lo vediamo. Esso si limita a inghiottire tutto quanto incontra sul suo cammino. Se siamo fortunati e se si trova vicino a una stella, possiamo vedere in che modo la materia viene strappata via dalla stella, spiraleggia verso il buco nero e infine sparisce.

È già difficile concepire la densità della materia dentro una nana bianca. È ancora più difficile per un buco nero: per esempio, un buco nero con la massa del Sole avrebbe un diametro di 6 km, uno con la massa della Terra misurerebbe solo 1,6 cm!

La vita delle stelle in un sistema binario. Finora abbiamo descritto i cicli vitali di stelle singole, oppure facenti parte di sistemi binari distaccati. L'evoluzione delle stelle in coppie strette è un po' differente. Vediamo solo i due casi più interessanti.

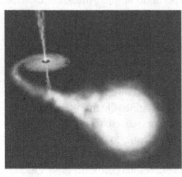

Figura 3.26. Questo sistema binario è composto da una supergigante e da un buco nero. Quest'ultimo attrae a sé l'atmosfera della stella e la materia, mentre spiraleggia verso di esso, si scalda emettendo raggi X. Un esempio di binaria di questo tipo è Cygnus X-1.

Se un sistema binario è composto da stelle con masse individuali maggiori di 11 masse solari, quella con massa più elevata finisce per prima la sua dotazione di idrogeno e inizia ad evolvere in una gigante rossa. La gravità superficiale diminuisce e gli strati esterni ricchi di idrogeno cominciano a essere risucchiati dalla stella vicina. Può anche succedere che si crei un inviluppo comune attorno alle due stelle. Poiché le due stelle orbitano l'una attorno all'altra, l'inviluppo ne frena il moto e assorbe la loro energia orbitale. Scaldandosi, l'inviluppo viene soffiato via lontano dal sistema. In tal modo, ora il sistema binario è composto da un nocciolo nudo di elio, estremamente caldo (la stella più massiccia ha rilasciato nello spazio la sua atmosfera), e da una stella normale di Sequenza Principale. Se la massa del nocciolo di elio è abbastanza grande, assisteremo nel seguito a un'esplosione di supernova, con i resti che collasseranno in una stella di neutroni o in un buco nero, a seconda della massa (Fig. 3.25).

Se il sistema binario sopravvive alla prima esplosione di

supernova, continuerà ad evolvere. Quando anche la seconda stella abbandona la Sequenza Principale e si trasforma in una gigante rossa, il forte campo gravitazionale della vicina agisce sulla sua atmosfera estesa, risucchiandola. Attorno alla stella di neutroni, o al buco nero, si forma così un *disco di accrescimento* e la materia che va a cadere su di esso acquista una temperatura così elevata da irraggiare fortemente nei raggi X. Oggetti di questo tipo sono conosciuti come *binarie a raggi X*. Al termine della sua esistenza, anche la seconda stella esplode come supernova e allora quel che resta è un sistema gravitazionalmente legato di due stelle di neutroni, o di una stella di neutroni e un buco nero, o di due buchi neri, a seconda delle masse iniziali delle due stelle. I modelli teorici di questi sistemi binari ci dicono che alla lunga questi due oggetti potrebbero anche collidere e fondersi nel corso del tempo, il che potrebbe spiegare almeno un tipo di quei fenomeni violentissimi noti come *gamma-ray burst* che vengono osservati numerosi nelle profondità dell'Universo.

Figura 3.27. Un sistema binario composto da una stella simile al Sole nella fase di gigante rossa e da una nana bianca (è il caso di RS Ophiuchi). La forte gravità della nana bianca attrae la materia dalla vicina. Quando la massa della nana bianca supera il limite di Chandrasekhar, si innesca l'esplosione di una supernova di tipo Ia.

Il secondo caso interessante da considerare è quando le due componenti del sistema binario sono entrambe meno massicce di 11 masse solari. In tal caso, la più massiccia delle due terminerà per prima la sua evoluzione diventando una nana bianca. Nel contempo, la sua vicina sarà nella fase di gigante rossa, con una gravità superficiale estremamente debole. Così, la materia della sua atmosfera finirà con l'accumularsi sulla nana bianca (Fig. 3.26). Quando, per questi fenomeni di accumulo progressivo di materia, la nana bianca raggiunge il limite di Chandrasekhar esplode come una *supernova di tipo Ia*.

Questa categoria di supernovae riveste una grande importanza per gli astronomi perché le esplosioni avvengono tutte all'incirca allo stesso modo, e dunque la potenza dell'esplosione è sostanzialmente la stessa. Le supernovae di tipo Ia vengono sfruttate dagli astronomi come "candele standard" per misurare le distanze nell'Universo.

Cos'è un buco nero

Se vogliamo lanciare un razzo nello spazio, dobbiamo conferirgli una velocità iniziale sufficientemente elevata, poiché altrimenti dopo un po' esso ricadrebbe al suolo. La velocità minima che gli consente di abbandonare la Terra senza più ritorno è detta *velocità di fuga* e per il nostro pianeta vale 11,2 km/s.

La velocità di fuga da un oggetto celeste dipende dalla sua massa e dalle sue dimensioni. Maggiore è la massa e minore il diametro, più elevata è la velocità di fuga. Consideriamo ad esempio il nostro Sole. La velocità di fuga dalla sua fotosfera è di 618 km/s. Se il Sole dovesse diventare una nana bianca, avrebbe le dimensioni della Terra e la velocità di fuga sarebbe di 6700 km/s. Se poi diventasse una stella di neutroni (con un diametro di 24 km), la velocità di fuga salirebbe a 150mila km/s, la metà della velocità della luce. Se comprimiamo la nostra stella ancora di più fino a costringerla a diventare un buco nero (con un diametro di 6 km), la velocità di fuga sarebbe esattamente pari a quella della luce. Dunque, nemmeno la luce avrebbe una velocità sufficiente per sfuggire dalla gravità del buco nero.

Applicando la meccanica di Newton, Pierre-Simone de Laplace e John Michell, già alla fine del secolo XVIII, presero in considerazione corpi con una gravità così elevata che neppure la luce può sfuggire da essi. Ma fu solo agli inizi del secolo scorso che i buchi neri acquisirono solide basi teoriche con la teoria generale della relatività di Einstein. In un primo tempo, sembrava che questi oggetti esotici fossero pure elucubrazioni teoriche e che non potessero esistere realmente. Gli astronomi però scoprirono la prima evidenza osservativa di un buco nero negli anni Settanta del secolo scorso e oggi sappiamo che i buchi neri non sono per niente rari e che esemplari giganteschi risiedono nel centro di molte galassie. Discuteremo di questo in dettaglio nel capitolo dedicato alla Via Lattea.

Le stelle più vicine

Nel novembre 2006, un *team* internazionale di astronomi, guidati da Todd J. Henry, annunciò la scoperta di 20 nuove stelle vicine al Sole. La misura delle parallassi rivelò che del gruppo facevano parte le stelle che ora collochiamo al n. 23 e n. 24 della lista delle più vicine.

Com'è possibile che si sappia così poco di ciò che sta nelle strette vicinanze del Sole? Non è paradossale che ancora ai nostri giorni si vadano scoprendo nuove stelle vicine, quando, con telescopi spaziali potenti e sofisticati, perlustriamo gli estremi confini dell'Universo, lontani miliardi di anni luce?

Figura 3.28. Quale tra queste innumerevoli stelle è la più vicina?

Chiunque abbia guardato dentro un telescopio e osservato le migliaia e migliaia di stelle presenti nel campo visuale, non dovrebbe essere sorpreso dalla domanda che ci siamo appena posti. Se volessimo individuare tutte le stelle vicine, dovremmo esaminare con grande attenzione ognuna delle stelline che possiamo vedere dentro i più grandi telescopi. Il loro numero è davvero astronomico. Se volessimo intraprendere una ricerca sistematica, ci passeremmo sopra una vita intera (Figg 3.27 e 3.28).

Naturalmente, non tutte le scoperte di stelle vicine sono fortuite. Gli astronomi dispongono dei loro crivelli con i quali riescono a intuire quali sono le stelle più vicine rispetto alle migliaia delle stelle di fondo; in seguito, verificano con cura e misurano solo quelle che passano questa prima selezione.

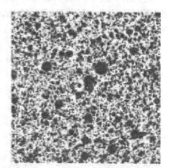

Figura 3.29. Considerando stelle sempre più deboli, il loro numero cresce drasticamente e con esso anche il numero di possibili candidati a stelle vicine. Il campo di queste cartine misura 4°×4°, che è una frazione piccolissima della volta celeste. Sulla prima carta sono riportate le stelle fino alla magnitudine 6; sulla seconda quelle fino alla magnitudine 10; sulla terza, satura di stelle, si giunge fino alla magnitudine 18. Le cartine descrivono la regione nelle vicinanze della variabile R Leonis.

Parallassi. Quando la Terra ruota intorno al Sole, le stelle vicine mutano le loro posizioni apparenti in cielo, nel riferimento delle stelle lontane che stanno loro attorno. Il fenomeno è noto come *effetto di parallasse*. Questo effetto era già conosciuto dagli antichi Greci, ma solo dopo lo sviluppo della strumentazione astronomica moderna ci è possibile misurare la parallasse delle stelle.

Se una stella dista dalla Terra 3,26 anni luce (un parsec, pc), allora "saltella" attorno alla sua posizione media per un 1" con un periodo di 1 anno. Quest'angolo è appunto la parallasse della stella, ed è un angolo molto piccolo. Se traguardiamo una moneta di 1 euro alla distanza di 5 km, la vediamo sotto un angolo di 1". Ovviamente, non siamo in grado di vedere la moneta a occhio nudo, ma abbiamo bisogno di un telescopio.

Misurare le parallassi non è un'impresa semplice. Dobbiamo infatti seguire una stella notte dopo notte e misurare con precisione la sua posizione relativamente a una manciata di stelle lontane che si trovano nelle sue vicinanze. È impossibile pensare di misurare la parallasse per tutte le stelle. Ecco il motivo per cui gli astronomi incominciarono col misurare quella delle stelle più brillanti. Essi pensavano che le stelle più brillanti fossero anche le più vicine, il che sarebbe logico se tutte le stelle avessero la stessa luminosità intrinseca; ma non è così. Ben presto gli astronomi si resero conto che le stelle più brillanti sono, per la gran parte, così lontane da noi da non riuscire a misurare il loro angolo di parallasse. In ogni caso, incominciò a emergere la lista delle stelle più prossime al Sole: 61 Cygni, Sirio, Procione, *alfa* Centauri e così via.

Dopo le stelle più brillanti, si presero in considerazione anche quelle più deboli. Con attente misure compiute nel corso di molti anni, finora siamo riusciti a misurare la parallasse – e quindi la distanza – di alcune migliaia di stelle. Questo costò duro lavoro e innumerevoli notti insonni agli astronomi che si dedicarono a tale programma. Tutti i più grandi Osservatori al mondo nei secoli scorsi si occuparono sistematicamente della misura delle parallassi.

Dopo aver misurato la distanza delle stelle brillanti e di quelle moderatamente brillanti, fu la volta delle stelle deboli. Di queste ce n'è un grandissimo numero e gli astronomi non potevano certo pensare di misurarle tutte. Così cominciarono a selezionarle. A quali dei milioni di stelle che si vedono al telescopio avrebbero concesso le loro attenzioni? Poteva anche capitare che un giovane e zelante astronomo avrebbe finito col dedicare l'intera carriera professionale a misurare parallassi di stelle deboli, solo per scoprire, dopo molti anni, che erano tutte troppo lontane perché la misura fosse possibile (Fig. 3.29).

Magari ci fosse un modo per selezionare dall'intera popolazione stellare solo i candidati più promettenti!

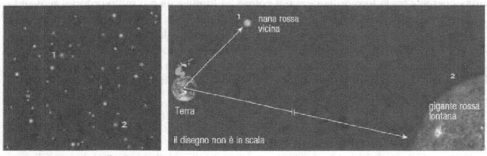

Figura 3.30. Due stelle che sembrano assolutamente identiche al telescopio, o in fotografia, in realtà possono essere del tutto diverse. In questo caso, la prima è una nana rossa, una stellina di bassa luminosità, relativamente vicina. La seconda è una gigante rossa, molto più lontana, le cui dimensioni e la cui luminosità superano di gran lunga quelle della prima. Per capire che differenza corre tra le due, dobbiamo studiare i loro spettri.

Le costellazioni al binocolo

Il crivello. Fra le stelle della Sequenza Principale, che vivono tranquillamente la loro esistenza bruciando idrogeno, sussiste una correlazione abbastanza ben definita tra il colore e la luminosità. Maggiore è la luminosità, tanto più azzurrino è il colore della stella; minore la luminosità, tanto più la stella brilla di un colore rossastro. Comparando la brillantezza di una stella con il colore (e quindi con la sua luminosità), potremmo essere aiutati a decidere quale stella dovremmo selezionare per misure di parallasse, perché possibilmente vicina. Vediamo un esempio.

Supponiamo di osservare una stella rossa poco brillante che sia relativamente vicina al Sole. Assumiamo anche che essa stia sulla Sequenza Principale del diagramma H-R: in tal modo, possiamo dare una rozza stima della sua luminosità intrinseca L semplicemente osservandone il colore. Dalla stima della luminosità e dalla sua brillantezza (ovvero la stima del flusso luminoso j che raggiunge la Terra), possiamo ricavare un valore per la distanza R:

$$R = (L/4\pi j)^{1/2}.$$

Il nostro ragionamento è assai lineare; peccato che la natura non sempre lo sia altrettanto. Nel diagramma H-R possiamo trovare stelle che hanno la stessa temperatura superficiale della nostra stellina, e quindi lo stesso colore, ma luminosità migliaia di volte maggiori. Sono le giganti rosse. Se una tale gigante fosse molto più lontana della nostra nana rossa di Sequenza Principale, le due stelle potrebbero apparire in cielo assolutamente identiche. Abbiamo perciò bisogno di un criterio, di una misura che ci permetta di distinguere le stelle di Sequenza Principale dalle giganti e dalle supergiganti del medesimo colore. La tecnica che ci consente tutto ciò è la spettroscopia. Lo spettro di una stella ci rivela infatti quale astro stia in Sequenza Principale e quale appartenga alla famiglia delle giganti. Prima di misurare la parallasse, abbiamo perciò la necessità di studiare lo spettro della stella selezionata.

Le stelle della nostra Galassia non sono mai ferme. Talune si muovono in gruppo attraverso la Via Lattea; altre vagano da sole. Questo moto, che si misura in secondi d'arco all'anno, viene detto *moto proprio*. Tanto maggiore è il moto proprio di una stella, tanto maggiore è la probabilità che essa sia vicina. Non è necessariamente così, ma la nostra aspettativa è più che ragionevole. È la stessa conclusione che noi traiamo quando guardiamo dal finestrino di un treno in movimento. Ci viene naturale pensare che gli oggetti che vediamo scorrere più velocemente davanti ai nostri occhi siano più vicini al treno di quegli oggetti che vediamo muoversi molto più lentamente.

Consideriamo ora in che modo Todd Henry e colleghi scoprirono le stelle vicine, di cui prima si diceva, con l'aiuto di un crivello. Essi cercavano stelle che mostrassero una relazione coerente tra la loro brillantezza, il colore, la luminosità e il moto proprio, scovando così un certo numero di buoni candidati. In primo luogo, essi dovevano accertarsi che non ci fosse qualche lontana gigante rossa tra di essi, camuffata da piccola e vicina nana rossa. Gli astronomi usarono lo spettrografo applicato al telescopio di 4 m dell'Osservatorio del Cerro Tololo, in Cile, per misurare gli spettri di queste stelle ed eliminare le giganti rosse. Fatto questo, cominciarono a misurare le parallassi e il risultato finale fu l'identificazione di 20 nuove stelle nelle nostre vicinanze.

Uno sguardo alle nostre vicine. La Tabella 3.1 elenca le 25 stelle più vicine a noi: di esse viene data la distanza con un certo numero d'altri parametri da comparare con quelli relativi al Sole.

Come abbiamo già detto, la magnitudine assoluta è indice della luminosità di una stella e ci dice quanto sarebbe brillante quell'astro se lo osservassimo dalla distanza standard di 10 pc (32,6 anni luce). La magnitudine assoluta del Sole è 4,8. Nella tabella, il campione di luminosità è Sirio, 25 volte più luminoso del Sole, mentre la stella più debole è una di quelle scoperte di recente, alla posizione n. 24, che ha una magnitudine assoluta di 17,4, equivalente a 700mila volte meno della luminosità del Sole.

I tipi spettrali delle stelle più vicine si dividono grosso modo in questi gruppi: le stelle bianche e calde del tipo spettrale A, come Sirio; le stelle gialle simili al Sole dei tipi F e G; le stelle arancioni di tipo K; le nane rosse di tipo M; le nane brune di tipo T. In aggiunta, abbiamo anche due nane bianche, entrambe del tipo spettale DA, che accompagnano Sirio e Procione. La distanza ci dice quanto tempo impiega la loro luce a raggiungerci. Se compariamo queste distanze con quella esistente tra il Sole e Nettuno, che è di 4 ore luce, possiamo avere un'idea di quanto spazio vuoto ci divida persino dalle stelle più vicine.

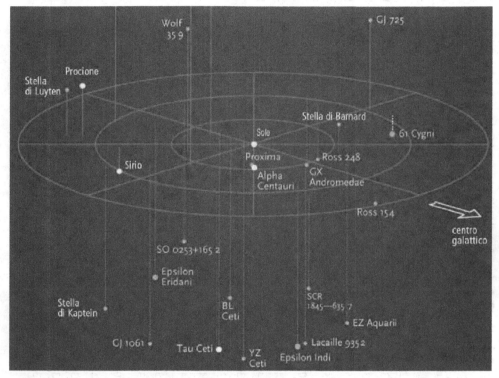

Figura 3.31. Le 25 stelle più vicine. Per facilitare la lettura del disegno, anche i sistemi doppi e multipli sono stati indicati con un singolo puntino.

Tabella 3.1. Le 25 stelle più vicine al Sole.

Stella	Costellazione	A.R. h m s	dec. ° ' "	Moto proprio "/anni	Distanza a.l.	Tipo spettrale	m ´	M	Massa
Sole	–	–	–	–	–	G2V	−26,72	4,85	1
Proxima		14 29 43	−62 40 46	3,85	4,24	M5.5V	11,09	15,53	0,11
alfa Centauri A	Centauro	14 39 36	−60 50 02	3,71	4,36	G2V	0,01	4,38	1,14
alfa Centauri B		14 39 35	−60 50 14	3,72	4,36	K0V	1,34	5,71	0,92
Stella di Barnard	Ofiuco	17 57 48	+04 41 36	10,4	5,96	M4V	9,53	13,22	0,17
Wolf 359	Leone	10 56 29	+07 00 53	4,7	7,78	M6V	13,44	16,55	0,09
Lalande 21185	Orsa Maggiore	11 03 20	+35 58 12	4,8	8,29	M2V	7,47	10,44	0,46
Sirio A	Cane Maggiore	06 45 09	−16 42 58	1,34	8,58	A1V	−1,43	1,47	1,99
Sirio B		06 45 09	−16 42 58	1,34	8,58	DA2N	8,44	11,34	0,5
BL Ceti A	Balena	01 39 01	−17 57 01	0,337	8,73	M5.5V	12,54	15,40	0,11
BL Ceti B		01 39 01	−17 57 01	0,337	8,73	M6V	12,99	15,85	0,10
Ross 154	Sagittario	18 49 49	−23 50 10	0,67	9,68	M3.5V	10,43	13,07	0,17
Ross 248	Andromeda	23 41 55	+44 10 30	1,62	10,32	M5.5V	12,29	14,79	0,12
epsilon Eri		03 32 56	−09 27 30	0,977	10,52	K2V	3,73	6,19	0,85
epsilon Eri P1	Eridano	03 32 56	−09 27 30	0,977	10,52	pianeta	–	–	–
Lacaille 9352	Pesce Australe	23 05 52	−35 51 11	6,9	10,74	M1.5V	7,34	9,75	0,53
Ross 128	Vergine	11 47 44	+00 48 16	1,36	10,92	M4V	11,13	13,51	0,16
EZ Aquarii A		22 38 33	−15 18 07	3,25	11,27	M5V	13,33	15,64	0,11
EZ Aquarii B	Acquario	22 38 33	−15 18 07	3,25	11,27	–	13,27	15,58	0,11
EZ Aquarii C		22 38 33	−15 18 07	3,25	11,27	–	14,30	16,34	0,10

Stella	Costellazione	A.R. h m s	dec. ° ' "	Moto proprio "/anni	Distanza a.l.	Tipo spettrale	m	M	Massa
Procione A	Cane Minore	07 39 18	+05 13 30	1,26	11,40	F5IV-V	0,38	2,66	1,57
Procione B		07 39 18	+05 13 30	1,26	11,40	DAN	10,70	12,98	0,5
61 Cygni A	Cigno	21 06 54	+38 44 58	5,28	11,40	K5V	5,21	7,49	0,70
61 Cygni B		21 06 55	+38 44 31	5,17	11,40	K7V	6,03	8,31	0,63
GJ 725 A	Dragone	18 42 47	+59 37 49	2,24	11,52	M3V	8,90	11,16	0,35
GJ 725 B		18 42 47	+59 37 37	2,31	11,52	M3.5V	9,69	11,95	0,26
GX And A	Andromeda	00 18 23	+44 01 23	2,92	11,62	M1.5V	8,08	10,32	0,49
GX And B		00 18 23	+44 01 23	2,92	11,62	M3.5V	11,06	13,30	0,16
epsilon Ind A	Indiano	22 03 22	-56 47 10	4,70	11,82	K5Ve	4,69	6,89	0,77
epsilon Ind B		22 04 10	-56 46 58	4,82	11,82	T1M	-	-	0,04
epsilon Ind C		22 04 10	-56 46 58	4,82	11,82	T6M	-	-	0,03
DX Cancri	Cancro	08 29 49	+26 46 37	1,29	11,83	M6.5V	14,78	16,98	0,09
tau Ceti	Balena	01 44 04	-15 56 15	1,92	11,89	G8Vp	3,49	5,68	0,92
GJ 1061	Orologio	03 36 00	-44 30 45	0,83	11,99	M5.5V	13,09	15,26	0,11
YZ Ceti	Balena	01 12 31	-16 59 56	1,37	12,13	M4.5V	12,02	14,17	0,14
Stella di Luyten	Cane Minore	07 27 24	+05 13 33	3,74	12,37	M3.5V	9,86	11,97	0,26
SO 0253+1652	Ariete	02 53 01	+16 52 53	5,11	12,51	M7V	15,14	17,22	0,08
SCR 1845-6357 A	Pavone	18 45 05	-63 57 48	2,66	12,57	M8.5V	17,40	19,42	0,07
SCR 1845-6357 B		18 45 03	-63 57 52	2,66	12,57	T	-	-	-
Stella di Kapteyn	Pittore	05 11 41	-45 01 06	8,67	12,78	M1.5V	8,84	10,87	0,39

Le costellazioni al binocolo

La ricerca non è finita. Conosciamo abbastanza bene le stelle più brillanti nelle nostre vicinanze. Quelle che ancora non siamo riusciti a scovare sono tutte nane rosse, generalmente con masse e diametri tra la metà e un decimo di quelli del Sole e con una luminosità pari alla centesima parte. Questo significa che si tratta di stelline troppo deboli affinché le si possa osservare al binocolo, e men che meno a occhio nudo, pur essendo molto vicine a noi. Le nane rosse sono assai comuni nell'Universo. Se consideriamo la regione che circonda il Sole con un raggio di 30 anni luce, che comprende circa 300 stelle note, oltre il 70% di esse sono nane rosse. In questo stesso volume gli astronomi ritengono che ci siano almeno altre cento stelline ancora da scoprire.

Le misure di parallasse prese da telescopi al suolo proseguono ancora oggi, anche se ormai possiamo utilizzare i più potenti telescopi spaziali. Nel corso della sua fortunata missione, il satellite astrometrico europeo Hipparcos ha compiuto misure su 120mila stelle fino alla magnitudine 12,5. Il satellite era in grado di misurare l'angolo di parallasse fino a un millesimo di secondo d'arco e tuttavia non è riuscito a rivelare tutte le più deboli nane rosse vicine. Continueremo la ricerca delle nostre vicine cosmiche dal suolo, e ad aggiornare le cartine dei nostri dintorni cosmici (attività che abbiamo iniziato circa due secoli fa), fino a quando non verrà lanciata nello spazio (forse nel 2013) la nuova missione astrometrica dell'ESA che prende il nome di Gaia.

Quanto sono lontane le stelle?

Già gli antichi Greci, e persino i Babilonesi, sapevano come si sarebbe potuto rispondere a questo interrogativo, ma non avevano strumenti di misura sufficientemente precisi per farlo. Il principio geometrico di misura della distanza dei corpi celesti era chiaro e si chiama *parallasse*.

Stendete il braccio e alzate l'indice. Chiudete l'occhio sinistro e guardate verso la parete nella direzione in cui si trova l'interruttore della luce. Ricordate la posizione che il dito assume relativamente all'interruttore. Ora chiudete l'occhio destro e guardate il dito con l'occhio sinistro. Vi accorgerete in tal modo che la posizione del dito è cambiata relativamente all'interruttore. Ciò succede perché il punto d'osservazione è cambiato: dall'occhio destro a quello sinistro. In ciò consiste il principio della parallasse. La distanza tra i due occhi è detta *base*. Se conosciamo la lunghezza della base e misuriamo l'angolo di cui si è spostato il dito tra le due osservazioni (quand'era traguardato dall'occhio sinistro e quando dal destro), la trigonometria ci spiega come ricavare la distanza del dito attraverso un semplice calcolo. Lo spostamento rispetto all'interruttore è maggiore se il dito è tenuto vicino agli occhi, ma anche se è grande la base.

In astronomia, la misura della distanza dei corpi celesti (Luna, pianeti o stelle vicine) viene effettuata nella stessa maniera. Invece di una parete con un interruttore, si utilizza però come sfondo l'insieme delle stelle lontane, che fungono da punti immobili, da riferimento per la misura dello spostamento parallattico della sorgente celeste vicina della quale vogliamo conoscere la distanza.

Quanto sono distanti la Luna e i pianeti?

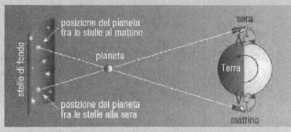

Il corpo celeste a noi più vicino è la Luna. Gli astronomi compresero molto presto che la distanza tra l'occhio destro e sinistro non è grande abbastanza per rivelare la parallasse lunare. I due occhi furono così sostituiti da due osservatori distanti tra loro qualche centinaio di chilometri, intenti ad osservare la Luna in contemporanea. Misurando la parallasse della Luna e delle comete, Tycho Brahe (1546-1601) si rese conto che le comete erano corpi celesti lontani e non fenomeni meteorologici che hanno sede negli strati superiori dell'atmosfera, come era stato suggerito da Aristotele.

Le leggi di Keplero relative ai moti dei pianeti (le prime due enunciate nel 1609, e la terza nel 1619) rappresentano la base di tutti gli studi relativi al Sistema Solare. Nel secolo XVII, gli astronomi conoscevano di già, con precisione, quanto tempo impiegasse ciascun pianeta per completare la sua orbita intorno al Sole. Per fissare tutte le distanze dentro il Sistema Solare, occorreva conoscere almeno una delle distanze assolute tra il Sole e un qualsiasi pianeta. Si comprese ben presto che l'Europa era troppo poco estesa perché la si potesse sfruttare come base per la misura della parallasse dei pianeti, persino di quelli più vicini. Si sarebbe dovuto mandare un astronomo all'altro capo del mondo a compiere la misura, ma Giovanni Domenico Cassini (1625-1712) ebbe un'idea ingegnosa. Egli comprese che avrebbe potuto semplicemente ripetere la misura a distanza di 12 ore, sempre nel suo Osservatorio, dopo che la Terra aveva compiuto una mezza rotazione su se stessa.

Se le misure venivano effettuate all'equatore, la distanza tra i due punti d'osservazione (la base) sarebbe coincisa con il diametro della Terra. Cassini, che compiva le sue misure di parallasse di Marte dall'Osservatorio di Parigi, lavorava con una base di circa 8400 km. Misurava la posizione del pianeta rispetto alle stelle di fondo alla sera, e poi ancora al mattino. Le misure rilevarono uno spostamento di una trentina di secondi d'arco e quindi una distanza tra la Terra e Marte all'opposizione di circa 60 milioni di chilometri. Da queste misure, e grazie alle leggi di Keplero, gli astronomi poterono calcolare la distanza assoluta tra la Terra e il Sole e quindi anche le distanze dal Sole di tutti i pianeti. In questo modo, per la prima volta, venne concretamente riconosciuto quanto vasto fosse il nostro Sistema Solare.

Misurare la distanza delle stelle

Un conto è misurare la parallasse dei pianeti, un conto è misurare quella delle stelle. Indipendentemente dalla precisione con la quale rilevavano le posizioni delle stelle alla sera e al mattino, gli astronomi si accorsero ben presto che l'impresa risultava assolutamente impossibile. Dunque, occorreva incrementare enormemente la lunghezza della base parallattica, portandola dal diametro della Terra (12.700 km) a quello dell'orbita della Terra attorno al Sole (300 milioni di km). Nel corso di un'orbita, l'osservatore muta la sua collocazione nello spazio: se misuriamo

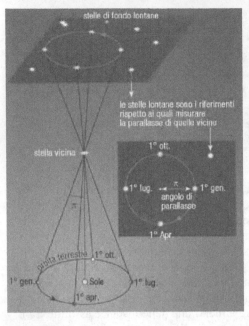

le posizioni delle stelle a cui siamo interessati in un certo mese, per esempio a marzo, e se le ripetiamo sei mesi dopo, a novembre, potremmo essere finalmente in grado di mettere in evidenza lo spostamento parallattico rispetto alle stelle di fondo. Il primo a riuscire in questo esperimento fu Friedrich Wilhelm Bessel. Dopo un'analisi approfondita delle sue misure, nel 1838 egli rese noto che, nell'arco di un anno, la stella 61 Cygni descriveva in cielo una minuscola ellisse con l'asse maggiore di soli 0",3. In questo modo, era possibile ricavare la prima distanza stellare e il risultato fu scioccante: la 61 Cygni distava dalla Terra circa 11 anni luce, ossia più di 700mila volte la distanza che separa la Terra dal Sole! Così, il 1838 costituisce un fondamentale punto di svolta nella nostra conoscenza dell'Universo e il successo conseguito da Bessel rappresenta il punto più alto nella sfida che gli astronomi avevano lanciato a se stessi da quasi tre secoli: quella di riuscire a misurare la distanza delle stelle.

La parallasse delle stelle è il pilastro su cui fonda la possibilità di misurare tutte le distanze nel Cosmo. Tuttavia, col metodo della parallasse possiamo giungere a stabilire le distanze stellari solo entro poche centinaia di anni luce, e non più in là: evidentemente, si tratta di distanze piccolissime rispetto alle dimensioni dell'Universo. Come possiamo compiere misure su scale spaziali enormemente maggiori?

Candele-standard. Ancora una volta, c'è un semplice principio che può essere sfruttato. La distanza di una sorgente può essere calcolata dalla sua brillantezza (magnitudine apparente) se conosciamo la sua luminosità intrinseca (magnitudine assoluta). Così, se troviamo qualche sorgente tipica che abbia una luminosità ben definita, possiamo sfruttarla come una *candela-standard*. Per la misura delle più vaste distanze nel Cosmo, gli astronomi usano come candele-standard una particolare famiglia di variabili, le *Cefeidi*, e una speciale classe di esplosioni stellari, le *supernovae di tipo Ia*.

Agli inizi del secolo XX, l'astronoma americana Henrietta Leavitt scoprì che v'era una precisa relazione fra il periodo di variazione di magnitudine delle Cefeidi e la loro luminosità. Fu poi Harlow Shapley a rendersi conto dell'importanza di questa scoperta. Le Cefeidi, in quanto candele-standard, potevano rivelare la distanza dei gruppi stellari dei quali facevano parte. Attualmente, si usano le Cefeidi per rilevare tutte le distanze all'interno della Via Lattea, ma anche quelle delle galassie relativamente vicine, diciamo entro qualche decina di anni luce: questo perché le Cefeidi sono sufficientemente brillanti da poterle osservare fino a queste profondità.

Nelle galassie più remote, però, non si riesce a risolvere le singole stelle e non sono più riconoscibili neppure le pur brillanti Cefeidi. Da qui la necessità di sfruttare candele-standard che siano parecchio più brillanti. Le migliori disponibili sono le supernovae tipo Ia (SN Ia), che, come si è già detto in precedenza, coinvolgono sistemi binari costituiti da una nana bianca e da una gigante rossa. La nana bianca risucchia materia dalla gigante espansa e va incontro a una violentissima esplosione quando la materia accresciuta porta la massa totale della stella al di sopra del limite di stabilità (limite di Chandrasekhar), posto a circa 1,4 masse solari. Perciò, nell'esplosione, tutte le SN Ia liberano all'incirca la stessa energia e, poiché la luminosità è molto maggiore di quella delle Cefeidi, con queste nuove candele-standard è possibile stimare le distanze fino a un miliardo di anni luce.

La legge di Hubble e l'espansione dell'Universo

Alla fine degli anni Venti del secolo scorso, Edwin Hubble studiava gli spettri delle galassie. Egli notò che le righe spettrali di tutte le galassie erano spostate verso il rosso (*redshift*, simbolo z), con l'eccezione di alcune (poche) galassie vicine. In altre parole, tutte le galassie sembrerebbero animate da moti in allontanamento da noi: l'Universo si sta espandendo! Confrontando il *redshift* di un certo numero di galassie – quelle la cui distanza era stata misurata grazie alle candele-standard –, Hubble si rese conto che sussisteva una relazione lineare tra il *redshift* e la distanza. Il *redshift* è tanto maggiore quanto maggiore è la distanza della relativa galassia:

$$z \times c = H_0 \times d.$$

Questa è la cosiddetta legge di Hubble, espressa nel 1929 (c è la velocità della luce). La H_0 è la costante di Hubble e vale 72 km s^{-1} Mpc^{-1}. L'andamento della legge è perfettamente lineare solo fintantoché i *redshift* non sono troppo elevati.

Dalla costante di Hubble, dopo aver misurato il *redshift* di una galassia, è subito fatto calcolarne la distanza. La legge viene costantemente monitorata sfruttando quelle galassie per le quali conosciamo le distanze grazie alle Cefeidi e alle SN Ia. Diciamo che le verifiche sono positive per distanze fino a un miliardo di anni luce, ma si ha motivo di ritenere che la legge si mantenga valida anche più in là.

Misurare la distanza degli oggetti celesti è il lavoro più arduo e complesso per l'astronomo. La precisione delle misure di parallasse, il primo passo che si ha da compiere per definire la scala delle distanze cosmiche, dipende essenzialmente dai progressi tecnologici. La bontà delle stime che si ricavano grazie alle Cefeidi dipende anche dalla conoscenza che si ha dello spazio interstellare che si estende tra di noi e la Cefeide esaminata. Per esempio, i gas e le polveri interstellari assorbono e diffondono la luce, indebolendo in tal modo la Cefeide ai nostri occhi: se la Cefeide è più debole, noi interpretiamo la circostanza come se fosse più lontana di quanto sia in realtà. Problemi analoghi li incontriamo con le SN Ia.

Conoscere le vere distanze cosmiche è assai importante. Che lo si creda o no, una misura più precisa della distanza di una Cefeide potrebbe avere ripercussioni decisive su molte teorie cosmologiche, così come potrebbe modificare le attuali stime sulla scala spaziale dell'intero Universo.

La guerra della parallasse

Come si è detto, il primo a rilevare lo spostamento parallattico di una stella fu Friedrich Wilhelm Bessel. Egli fu un validissimo astronomo e matematico che, tra il 1821 e il 1833, misurò con precisione la posizione di 75mila stelle. Bessel era particolarmente interessato alla 61 Cygni, che era animata da un notevole moto proprio in cielo: evidentemente, pensava Bessel, dev'essere una stella vicina.

Le costellazioni al binocolo

Figura 3.32. Friedrich Wilhelm Bessel (1784-1846).

La gara per conquistare una posizione di preminenza nella misura delle parallassi fu molto vivace: gli astronomi sapevano bene che la scoperta avrebbe regalato loro una fama imperitura. Solo uno scienziato avrebbe potuto vincere, ma la guerra delle parallassi ci ha consegnato, come sottoprodotti, alcune delle scoperte più significative della storia dell'astronomia.

Mentre cercava di misurare le parallassi, agli inizi del secolo XVIII Edmond Halley (1656-1742) scoprì il *moto proprio* delle stelle. Astronomi del secolo successivo intuirono correttamente che un grande moto proprio avrebbe potuto essere un indizio di una loro relativa vicinanza. Ecco perché scelsero come candidate alla misura della parallasse prioritariamente le stelle per le quali erano stati rilevati i maggiori moti propri. Bessel si imbattè nella 61 Cygni, che si sposta in cielo di 5",2, mentre stava compilando un nuovo catalogo stellare. Dunque, fu Halley ad agevolare il successo di Bessel.

Mentre era impegnato sul problema delle parallassi, nel 1728 James Bradley (1693-1762) scoprì l'*aberrazione* stellare. Si tratta di un effetto per cui l'osservatore in moto non vede l'oggetto celeste nella stessa direzione in cui lo rileverebbe se fosse fermo. La Terra ruota intorno al Sole, e noi con essa. A causa dell'aberrazione, la posizione virtuale di una stella che si trova dalle parti del polo dell'eclittica disegna in un anno un cerchietto di raggio 20",5, centrato sulla posizione vera. Tutte le altre stelle descrivono ellissi più o meno appiattite. Per quelle giacenti sul piano dell'eclittica, l'eclisse si trasforma in un arco lungo 41". L'aberrazione costituisce la prova più evidente che la Terra orbita attorno al Sole.

Quando William Herschel, agli inizi del secolo XIX, decise di aggregarsi ai cacciatori di parallassi, si interessò in modo particolare alle stelle doppie, con l'idea di misurare con precisione le variazioni delle loro posizioni relative (è il problema cosiddetto delle *parallassi differenziali*). Herschel non riuscì a misurare le parallassi, ma in compenso si accorse che, in più di un caso, le componenti del sistema binario si muovevano l'una attorno all'altra attraendosi reciprocamente grazie alla stessa forza gravitazionale che agisce tra il Sole e i pianeti. Fu una scoperta di capitale importanza: non solo Herschel rivelò l'esistenza delle stelle doppie fisiche, ossia di stelle gravitazionalmente legate, ma soprattutto dimostrò che la legge di gravitazione è davvero universale, valendo in ogni angolo dell'Universo.

4 Oggetti non stellari

Ammassi stellari

Non tutte le regioni della nostra Galassia sono fittamente popolate di stelle. Per esempio, noi ci troviamo a ben 4 anni luce di distanza dalla stella più vicina, la Proxima Centauri; inoltre, nei nostri dintorni, all'interno di una sfera del diametro di 20 anni luce troviamo solo poco più di una dozzina di stelle. Al contrario, dentro il binocolo e, in qualche caso, anche a occhio nudo, qua e là in cielo possiamo osservare luoghi in cui compaiono gruppi stellari molto più densi, che chiamiamo *ammassi stellari* e che dividiamo in due categorie: *aperti* e *globulari*.

Ammassi aperti. Gli ammassi aperti sono costituiti da decine (al massimo, fino a poche centinaia) di stelle che non solo appaiono vicine in cielo, ma che sono realmente vicine fra loro. Alcuni di questi ammassi sono visibili a occhio nudo, come, per esempio, le Pleiadi e le Iadi nella costellazione del Toro, oppure il Praesepe, nella costellazione del Cancro. Gli ammassi aperti hanno forme irregolari e le loro stelle sono gravitazionalmente legate le une alle altre, essendo nate tutte dalla medesima nube di gas e di polveri. Per gli astronomi che studiano l'evoluzione stellare, gli ammassi aperti sono un laboratorio particolarmente interessante per il fatto che tutte le loro stelle hanno la medesima composizione chimica originaria; in aggiunta, sono tutte approssimativamente della stessa età e si collocano alla stessa distanza da noi. Studiarle ci può far capire in che modo le caratteristiche di una stella e la sua evoluzione sono influenzate dalla sua massa iniziale (Fig. 4.1).

Figura 4.1. Il bell'ammasso aperto M41 nella costellazione del Cane Maggiore. Mentre a occhio nudo può essere visto solo come una macchiolina luminosa, il binocolo lo risolve in un gran numero di stelline deboli. Il campo dell'immagine misura circa 1°×1°.

Gli ammassi aperti generalmente sono costituiti da stelle calde e blu agli esordi della loro vita evolutiva. Le giganti gialle e rosse sono rare, mentre le supergiganti gialle e rosse sono proprio del tutto assenti. In numerosi ammassi si rendono ancora visibili i resti della nube originaria, sotto forma di deboli nebulosità che avviluppano le stelle. Alcuni ammassi si trovano ancora immersi in dense nebulosità, dentro le quali, proprio ora, sotto i nostri occhi, stanno prendendo corpo nuove stelle (Fig. 4.2). Informazioni aggiuntive su queste aggregazioni stellari verranno date più avanti nel libro.

Siccome vengono osservati per lo più dentro il disco della Galassia, gli ammassi aperti vengono talvolta chiamati anche *ammassi galattici* (da non confondere con gli ammassi di galassie!). Al momento, sono circa 300 gli ammassi aperti noti, visibili dalla Terra.

Non si tratta di gruppi stellari stabili: sono infatti disturbati dall'azione di forze gravitazionali interne ed esterne all'ammasso. Per questo motivo, dopo meno di un miliardo di anni dalla formazione, un tipico ammasso si disperde totalmente, ossia le sue stelle si liberano da ogni legame gravitazionale reciproco. Anticamente, anche il nostro Sole faceva parte di

Figura 4.2. L'ammasso aperto NGC 2244 nell'Unicorno è ancora avvolto dalla nebulosa di gas e polveri dentro la quale nacquero le sue stelle. L'ammasso stellare è chiaramente visibile al binocolo, mentre la nebulosa può essere rivelata solo da riprese fotografiche di lunga posa. Per confrontare le dimensioni apparenti, in basso viene riportato, alla stessa scala, l'ammasso globulare M13.

un ammasso aperto: ora però tutte le componenti si sono separate fra loro e si sono disperse nella Galassia.

Esistono poi gruppi stellari così sparsi, oppure così debolmente legati dalla forza di gravità, che non li chiamiamo ammassi, ma *associazioni*. In genere, le associazioni includono da dieci a cento stelle, distribuite su aree che misurano poche centinaia di anni luce. Se fra le stelle troviamo giganti bianche e azzurre dei tipo spettrali O e B, questi gruppi vengono chiamati *associazioni OB*. Esistono anche le *associazioni T*, i cui membri sono soprattutto giovanissime stelle variabili della famiglia delle T Tauri. Essendo stelle di bassa luminosità, sono difficilmente osservabili, per cui conosciamo solo un numero limitato di tali associazioni, giusto quelle che sono più vicine a noi. Le stelle che costituiscono le associazioni si stanno progressivamente allontanando tra loro e, dopo un certo tempo, il legame gravitazionale si spezzerà del tutto. In numerosi casi, si può riconoscere la nube di gas e di polveri genitrice, che ancora avvolge in parte le stelle.

Gli ammassi aperti sono uno dei bersagli favoriti dagli astrofili, perché il binocolo, o un piccolo telescopio, può facilmente risolvere le singole stelle. Non è altrettanto facile l'osservazione delle eventuali nebulosità che li accompagnano: salvo rare eccezioni, solo i telescopi di buon diametro ci consentono di intravederle, ma spesso solo con l'aiuto di filtri realizzati specificamente per l'osservazione delle nebulose. Gli ammassi aperti esibiscono tutta la loro bellezza in immagini fotografiche di lunga posa e sono tra i soggetti favoriti dell'astrofotografo amatoriale.

Per le loro notevoli dimensioni angolari, questi gruppi di giovani stelle sono ideali per l'osservazione al binocolo. La gran parte mostra le stelle risolte, ma anche quegli ammassi, più compatti o lontani, che si mostrano solo come macchie luminose, generalmente sono brillanti e quindi chiaramente visibili. Il grande campo di vista del binocolo regalerà fantastiche visioni panoramiche di questi ammassi stellari, visioni che non sono alla portata di telescopi più potenti.

Nell'ultima parte di questo libro vengono riportate informazioni relative alla magnitudine integrata e alle dimensioni apparenti di molti ammassi aperti.

Ammassi globulari. Gli ammassi globulari, come il nome suggerisce, sono ammassi stellari simmetrici, usualmente sferici, che possono essere costituiti da centinaia di migliaia di stelle, enormemente più di quelle che vanno a formare un tipico ammasso aperto. Le stelle sono anche molto più vicine fra loro e si addensano particolarmente attorno al centro, tanto che la loro risoluzione è resa difficile, quando non impossibile, anche nei telescopi professionali più potenti. Le stelle degli ammassi globulari sono gravitazionalmente legate fra loro e tra di esse troviamo soprattutto stelle evolute. Di fatto, gli ammassi globulari contengono gli oggetti più vecchi dell'Universo e si ritiene che siano coevi con le loro galassie.

Figura 4.3. L'ammasso globulare M13 in Ercole. Il campo di questa immagine è di circa 0°,5×0°,3. Per facilitare il confronto tra le dimensioni apparenti degli ammassi, diciamo che il campo dell'immagine di M41 (Fig. 4.1) era di 1°×1° e quello della ripresa di NGC 2244 (Fig. 4.2) era di circa 2°,5×3°.

Gli ammassi globulari sono chiaramente visibili nei binocoli e nei piccoli telescopi amatoriali come macchioline soffuse di luce dentro le quali possiamo riconoscere il nucleo, leggermente più brillante. I telescopi amatoriali di più grande diametro possono risolvere le singole stelle solo verso il bordo esterno dell'ammasso. Il prototipo di questa famiglia di oggetti e l'esemplare più conosciuto fra gli astrofili dell'emisfero settentrionale è M13 in Ercole (Fig. 4.3).

Al momento, conosciamo circa 160 ammassi globulari della Via Lattea e forse ne esiste un'altra ventina che attende solo di essere scoperta. Questi oggetti non si distribuiscono a caso nel cielo. Siccome popolano l'alone galattico, nella gran parte dei casi li troviamo abbastanza ben discosti dal piano equatoriale della Galassia.

Parlando di ammassi globulari in questo libro forniremo sempre la magnitudine integrata e il diametro apparente. Quest'ultimo parametro è la dimensione che possiamo rilevare visualmente osservando dentro i telescopi più potenti, oppure sulle immagini fotografiche. Utilizzando il binocolo, potremo vedere soltanto la parte più brillante e centrale dell'ammasso: generalmente, la macchiolina luminosa misura solo una manciata di primi d'arco. Ciò è vero per tutti gli ammassi globulari descritti in questo libro: il binocolo ce li mostrerà come macchie luminose e diffuse facilmente distinguibili dalle stelle. Questo è tutto ciò che si può vedere con un obiettivo di soli 5 cm a 10 ingrandimenti.

Nebulose planetarie

Le nebulose planetarie non hanno nulla a che vedere con i pianeti; presero questo nome per via dell'aspetto tondeggiante, simile a quello dei pianeti, che mostravano nei primissimi telescopi. In cielo appaiono come dischetti piccoli, debolmente luminosi, o anche come anelli di luce. In realtà, si tratta di enormi gusci di gas di bassa densità dispersi nello spazio da una stella che normalmente si trova al centro della nebulosa. La nascita di una nebulosa planetaria è conseguenza inevitabile dell'evoluzione di quelle stelle la cui massa non supera le 11 masse solari (Fig. 4.4).

Figura 4.4. La nebulosa planetaria M97 nell'Orsa Maggiore è troppo debole perché la si possa vedere con un binocolo.

Con l'eccezione di pochi rari casi, le nebulose planetarie sono oggetti piccolissimi. Questo è il motivo per cui nei binocoli possono essere confusi con le stelle, apparendo come puntini luminosi, nemmeno troppo brillanti. Per essere sicuri che stiamo effettivamente osservando una nebulosa planetaria, e non una stella, abbiamo assoluto bisogno di consultare una cartina celeste. In questo libro, presenteremo soltanto le nebulose planetarie più brillanti e potremo tentare l'osservazione di questi oggetti solo dopo che avremo acquisito qualche esperienza osservativa (Fig. 4.5). In ogni caso, conoscere le posizioni delle nebulose planetarie più cospicue potrebbe tornare utile a tutti gli osservatori, specialmente a quelli che in seguito si concederanno il lusso di un telescopio.

Nell'ultima parte del libro, parlando di nebulose planetarie, riporteremo il nome, o la sigla, insieme con informazioni sulla magnitudine integrata e sulle dimensioni apparenti.

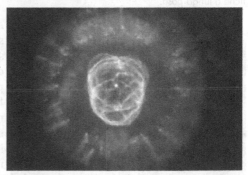

Figura 4.5. Le nebulose planetarie mostrano morfologie assai diverse all'oculare dei più grossi telescopi, oppure su foto di lunga posa. Nei gas in espansione si possono facilmente riconoscere gli effetti dell'interazione con il mezzo interstellare e dei forti venti emanati dalla stella centrale. L'immagine mostra la Eskimo Nebula (NGC 2392), nei Gemelli. La stella che si trova al centro una volta era simile al nostro Sole; al termine della sua esistenza (circa 10mila anni fa), l'atmosfera venne espulsa nello spazio e diede origine a una splendida nebulosa planetaria.

Nebulose diffuse

Possiamo vedere diverse nebulose in cielo già solo a occhio nudo, ma ne vediamo molte di più al telescopio o su foto di lunga posa. Le nebulose sono vaste regioni di gas e di polveri. Le suddividiamo in tre categorie.

Le *nebulose a riflessione* sono quelle che di per sé non emettono luce, ma che riflettono la luce delle stelle vicine. Un esempio è la Nebulosa Pellicano, nel Cigno. La vediamo perché è illuminata dalle stelle nei dintorni (Fig. 4.6).

Le *nebulose a emissione*, come dice il nome, emettono luce per fluorescenza (Fig. 4.7A). Stelle vicine molto calde ionizzano con la loro forte emissione ultravioletta gli atomi del gas della nebulosa, inducendoli a emettere fotoni a valori specifici di lunghezza d'onda. Tra gli esempi più famosi di questo tipo ci sono la Nord America e la Rosetta.

Figura 4.6. Le nubi di gas e polveri incredibilmente turbolente della nebulosa a riflessione Pellicano, nel Cigno, possono essere viste solo su immagini fotografiche a lunga posa.

Un tipo speciale di nebulose a emissione sono i *resti di supernovae*; in questo caso, la nebulosa risplende perché il gas viene eccitato da elettroni d'alta energia. Il più famoso esempio di questo tipo è la Nebulosa Granchio (M1), nel Toro, facilmente visibile in un telescopio amatoriale, ma al limite della visibilità in un binocolo. Naturalmente, esistono anche nebulose per così dire ibride che emettono luce e, al contempo, riflettono quella delle stelle vicine. È il caso della Nebulosa d'Orione (M42).

Se nella nebulosa ci sono spesse distese di polveri opache alla luce e se non ci sono stelle brillanti nelle strette vicinanze, allora si ha una *nebulosa oscura*. Un oggetto di questo tipo non ci consente di esplorare le profondità dell'Universo al di là di esso; di fatto, vediamo una macchia scura, più o meno estesa, che si staglia contro il cielo stellato, oppure contro una nebulosa brillante sullo sfondo. Nell'emisfero celeste meridionale, c'è una notevole nebulosa oscura posta all'interno della Via Lattea che porta il nome di Sacco di Carbone. Le più famose nebulose oscure visibili dalle latitudini medie settentrionali sono la Testa di Cavallo, in Orione (Fig. 4.8), e la Nebulosa Pipa, nell'Ofiuco.

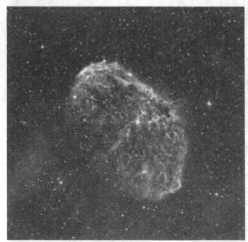

Figura 4.7. La Crescent Nebula (Nebulosa Falce di Luna, NGC 6888) è una nebulosa a emissione nel Cigno.

È da rimarcare che possiamo osservare le nebulose solo sotto cieli veramente bui, in notti illuni, e in siti ben lontani da illuminazioni artificiali. Per avere una visione mi-

Figura 4.7A. La foto riprende la nebulosa a riflessione Sh2-125 (Cocoon Nebula), nei pressi dell'ammasso IC 5146 e della nebulosa oscura B168.

Figura 4.8. La Nebulosa Testa di Cavallo, in Orione, si rende visibile solo in foto a lunga posa. Misura 6′,5×8′.

gliore delle nebulose con il binocolo si dovrebbero usare filtri speciali capaci di aumentare il contrasto delle immagini che si formano all'oculare. Ci sono filtri adatti per ogni tipo di nebulosa, sia a riflessione sia a emissione, ed esistono in commercio filtri espressamente dedicati ad alcune delle nebulose più brillanti e conosciute.

Galassie di diversa morfologia

L'Universo è disseminato di innumerevoli galassie, giganteschi sistemi stellari indipendenti, costituiti da miliardi di stelle. Si pensa che nell'intero Universo esistano più di 100 miliardi di galassie. I telescopi professionali le rivelano fino agli estremi confini dell'Universo visibile. Tuttavia, le galassie non si distribuiscono a caso nel Cosmo: invece, si uniscono in gruppi, più o meno grandi, che sono detti *ammassi*. Uno degli ammassi più grossi e vicini è quello che si estende tra le costellazioni del Leone, della Chioma di Berenice e della Vergine, comprendente migliaia di galassie, e noto come Ammasso della Vergine (Fig. 4.9). La nostra Galassia appartiene a una piccola aggregazione che è detta Gruppo Locale, costituita da una trentina di membri.

In base alla forma, nella classificazione di Hubble, le galassie vengono suddivise in quattro famiglie principali: ellittiche, lenti-

Figura 4.9. Il più vicino tra i grossi ammassi di galassie è quello della Vergine, distante circa 60 milioni di anni luce e contenente più di 2000 galassie. Quest'immagine mostra le galassie ellittiche M86 e M84 che sono al limite della visibilità in un binocolo. Il campo inquadrato in questa ripresa è di circa 1 grado quadrato.

Figura 4.10. Vari tipi di galassie ellittiche: E0-1 (M87), E3 (M86) ed E6 (M110).

colari, spirali e irregolari. Le *galassie ellittiche* (E) hanno un'apparenza velata, nebulosa, senza strutture apparenti, del tutto simile a quella di una nebulosa brillante (Fig. 4.10). Il grado di ellitticità della loro figura è indicato dal numero che segue la lettera E: così, una galassia E0 è perfettamente circolare, mentre una E7 ha una forma spiccatamente elongata.

Le *galassie lenticolari* (S0) sono una morfologia intermedia tra le ellittiche e le spirali. Assomigliano alle ellittiche, ma presentano al centro un nucleo leggermente più denso (Fig. 4.11).

Una *galassia spirale* (S) si riconosce tipicamente per i suoi bracci che si avvolgono più o meno stretti, a spirale, attorno al rigonfiamento centrale. Quelle i cui bracci si avviluppano compattamente sono contrassegnate dalla sigla Sa, quelle con i bracci un poco più aperti sono le Sb, quelle con bracci ancora più aperti sono le Sc e così via. Le ultime nella lista sono le Sm, per le quali i bracci sono così aperti e ampi che quasi non li si riconosce più come tali.

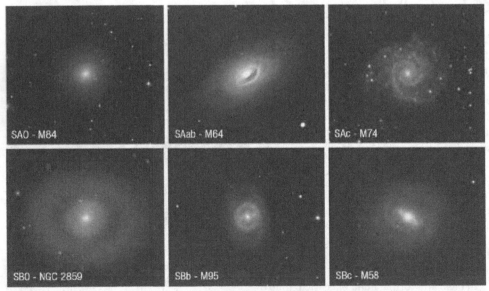

Figura 4.11. Le galassie lenticolari, spirali e irregolari sono presenti in due varianti: normali e barrate. L'immagine ritrae vari esempi di galassie lenticolari (le prime delle due righe) e spirali.

Le galassie che non appartengono a nessuno di questi tre gruppi principali sono dette *irregolari* e sono contrassegnate dalla lettera I.

Le spirali, le lenticolari e le irregolari possono apparire anche in un'altra forma, ossia anche come *galassie barrate*. La barra è una struttura lineare, di natura stellare, generalmente disposta al centro della galassia. Se una galassia spirale non è barrata, la denotiamo con la sigla SA, se è barrata la denotiamo con SB. Perciò le galassie lenticolari non barrate sono indicate come SA0 e quelle barrate come SB0. Se ci sembra di scorgere un accenno di barra in una galassia irregolare, denotiamo la galassia come IB (altrimenti è una IA).

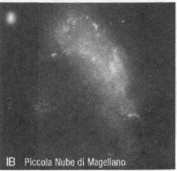

IB Piccola Nube di Magellano

Guardando le immagini che qui proponiamo si capisce meglio il sistema di classificazione, che a prima vista sembra assai complicato. Se una galassia spirale barrata ha i bracci molto chiusi, diciamo che è una SBa; se i bracci sono molto aperti sarà una SBc. Se è una galassia non barrata, la denoteremo rispettivamente come SAa o SAc. Le due Nubi di Magellano sono galassie spirali con i bracci completamente aperti e con la possibile presenza di una barra: la loro classificazione è perciò SBm. Se una galassia lenticolare senza barra ha una forma che si avvicina molto a quella di una galassia ellittica, viene classificata come SA0⁻, mentre se assomiglia a una spirale rientra nella categoria SA0⁺. Se la stessa galassia ha una barra, a seconda dell'apparenza sarà una SB0⁻ o una SB0⁺.

Per gli osservatori dotati solo di un binocolo o di un piccolo telescopio, tutto quanto abbiamo detto è pura accademia. Nei binocoli, le galassie appaiono sempre e comunque come macchioline tondeggianti, o schiacciate, debolmente luminose. Sono rari i casi in cui l'osservazione binoculare suggerisce la presenza di qualche struttura all'interno della chiazza luminosa, ma solo in condizioni osservative ideali. Sfortunatamente, usando un obiettivo di 5 cm, quasi tutte le galassie sono troppo lontane da noi perché si possa vedere qualcosa d'altro oltre che il suo nucleo, generalmente la parte più brillante (Fig. 4.12).

Figura 4.12. Nei gruppi di galassie, succede spesso che i singoli membri vadano soggetti a incontri stretti o anche a collisioni. Tali eventi generalmente si concludono con la fusione di due galassie in una: le interazioni tra i gas e le polveri dei mezzi interstellari delle due galassie hanno come conseguenza la formazione di nuove stelle a tassi estremamente sostenuti. Nell'immagine si può vedere la collisione delle galassie NGC 4038 e NGC 4039, nella costellazione del Corvo.

La Via Lattea

Nelle notti estive e invernali, se siamo lontani dai cieli cittadini, inquinati dalle luci artificiali, e se in cielo non c'è la Luna, possiamo notare una striscia debolmente luminosa, di forma irregolare, che corre come un velo attraverso il cielo da una parte all'altra dell'orizzonte. È la Via Lattea. I mattoni dell'Universo sono le galassie, gigantesche città stellari popolate da miliardi di astri. Tutte le stelle che vediamo a occhio nudo e quelle che possiamo

Le costellazioni al binocolo

Figura 4.13. Mosaico della Via Lattea estiva, dall'orizzonte meridionale (a destra) fino a quello settentrionale.

vedere al telescopio sono membri della nostra Galassia. La Via Lattea è la visione che abbiamo, dalla nostra postazione terrestre, della Galassia, la famiglia stellare di cui fa parte il Sole (Fig. 4.13).

I nostri bambini, che ormai non sanno più cosa sia una notte vera, non possono neppure immaginare quanto magnificente sia la visione di una serena notte stellata. Tale veduta possiamo godercela in una regione desertica, oppure in alta montagna, in inverno, sopra la quota d'inversione termica, quando la valle sottostante (e l'inquinamento luminoso dei suoi centri abitati) risulta nascosta da uno spesso strato di nubi. Soltanto in queste circostanze possiamo renderci conto di cosa abbiamo perso con l'esagerata e irrazionale proliferazione di luci artificiali. In queste condizioni, la Via Lattea risalta così chiara in cielo che non ci meravigliamo più del fatto che tutti i popoli del mondo le abbiano cucito addosso ogni sorta di leggende. Noi però lasciamo miti e leggende ad altri autori.

Una breve storia. Fino alla scoperta del telescopio, gli astronomi si accontentavano di descrivere a grandi linee la Via Lattea e a suggerire vaghe idee sulla sua vera natura. Claudio Tolomeo (II sec. d.C.) ad Alessandria d'Egitto, l'ultimo grande astronomo dell'antichità, autore del famoso *Almagesto*, la descriveva così: "Una striscia bianca come il latte, di forma irregolare, in alcune parti più larga, in altre più stretta. In alcune parti si dirama e se la guardiamo con attenzione ci accorgiamo che muta sia in luminosità sia nel colore".

Fu Galileo Galilei a suggerire una prima ipotesi sulla sua natura. Quando indirizzò il primo telescopio verso la Via Lattea, la striscia nebulosa venne risolta in un numero incredibilmente elevato di deboli stelline di diversa brillantezza e colorazione: esattamente quanto possiamo vedere in altre parti del cielo a occhio nudo. Galileo fu probabilmente il primo uomo ad avere la percezione del fatto che l'Universo fosse molto più grande e più ricco di quanto si fosse pensato fino allora.

Numerosi astronomi si dedicarono completamente allo studio della Galassia. Le loro ipotesi erano naturalmente figlie della strumentazione osservativa e delle tecniche disponibili al loro tempo. Ne ricorderemo soltanto alcuni.

La prima idea che la Galassia sia una grande famiglia stellare risale al secolo XVIII, quando l'astronomo inglese Thomas Wright (1711-1786) e il filosofo tedesco Immanuel Kant (1724-1804) giunsero alla conclusione che la Via Lattea fosse un immenso sistema stellare appiattito. La loro idea può essere riassunta in questo modo: poiché le stelle in cielo si vedono condensate in una striscia relativamente sottile, verosimilmente la Galassia ha la forma di un disco piatto, più che di una sfera.

Alla fine del diciottesimo secolo, l'astronomo inglese di origini tedesche Sir William Herschel (1738-1822), a seguito di osserva-

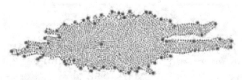

Figura 4.14. Mappa della Galassia secondo William Herschel.

zioni sistematiche del cielo basate sul conteg-
gio delle stelle che comparivano nel campo di
vista dei suoi telescopi, giunse alla conclusione
che la Galassia fosse una sorta di ellissoide con
un'area centrale più compatta, circondata da un
disco più denso di stelle, con il Sole posto nelle
vicinanze del centro, sull'equatore galattico. A
quel tempo gli astronomi ancora non erano in
grado di misurare le distanze delle stelle, di

Figura 4.15. Le stime di Kapteyn sulla forma e sulle
dimensioni della Galassia.

modo che Herschel non disponeva di una stima, per quanto rozza, delle dimensioni della Galassia. Le sue conclusioni sulla forma del sistema non erano corrette e tuttavia egli resta nella
storia come il primo ricercatore che si sia impegnato in questo campo (Fig. 4.14).

Agli inizi del ventesimo secolo, l'astronomo olandese Jacobus Kapteyn (1851-1922) e
l'americano Harlow Shapley (1885-1972) potevano ormai disporre di grandi e moderni telescopi per l'osservazione del cielo. Essi furono tra i primi che cercarono di stabilire dimensioni e forma della Galassia grazie a precise misure. Kapteyn concluse che la Via Lattea
aveva la forma di un disco del diametro di 50mila anni luce e che il Sole si trovava nei
pressi del centro (Fig. 4.15).

Shapley, al contrario, era convinto che la Galassia incorporasse un numero molto, ma molto
più grande di stelle. Egli stimò che la Via Lattea avesse un diametro di 320mila anni luce e che
il Sole non si trovasse nei pressi del centro, ma anzi ben lontano da esso, a due terzi del raggio
del disco andando dal centro verso l'esterno. Shapley era giunto a questa conclusione misurando
le posizioni, le distanze e le velocità degli ammassi globulari, oggetti così cospicui da poter essere visti anche a grandi distanze. Dentro i singoli ammassi, egli misurava la luminosità delle
variabili del tipo RR Lyrae che, come le Cefeidi, si offrivano a essere sfruttate come candele-
standard. In questo modo, egli ottenne le distanze degli ammassi e quindi la loro vera posizione
tridimensionale in cielo (Fig. 4.16).

Il suo ragionamento era di questo tipo. Se il Sole si trovasse nei pressi del centro della Galassia, gli ammassi globulari – che dovrebbero disporsi simmetricamente attorno a un centro
di massa, identificabile con il centro galattico – si sarebbero dovuti vedere equamente distribuiti
in tutte le direzioni. Le osservazioni, invece, ci mostrano che la distribuzione è tutt'altro che
isotropica: ci sono molti più globulari nella di-
rezione delle costellazioni del Sagittario e
dell'Ofiuco che non altrove. Da ciò Shapley
concludeva che il Sole non poteva trovarsi al
centro della Galassia.

I modelli di questi due astronomi erano agli
antipodi. La stima di Kapteyn delle dimensioni
della Galassia era sbagliata per difetto perché
nei suoi calcoli l'astronomo olandese non
aveva preso in considerazione il fenomeno del-
l'estinzione stellare (l'indebolimento della luce
delle stelle dovuto alla polvere interstellare).
Shapley aveva visto nel giusto quanto alla posizione del Sole nella Galassia, ma aveva gran-
demente sovrastimato le dimensioni del
sistema stellare. Neppure Shapley aveva tenuto
conto degli effetti dell'assorbimento ad opera
delle polveri.

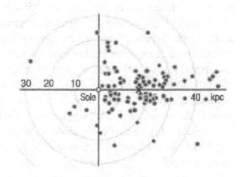

Figura 4.16. Il sistema degli ammassi globulari
della Via Lattea secondo Shapley. La x denota il centro del sistema. Un chiloparsec (kpc) equivale a 3260
anni luce.

Le costellazioni al binocolo

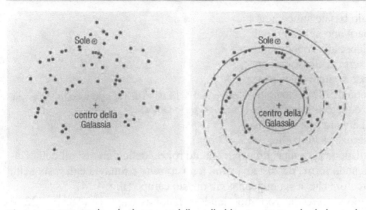

Gli anni Venti del secolo scorso condussero a una nuova fondamentale scoperta: Edwin Hubble (1889-1953) accertò che le nebulose a spirale, come quella visibile nella costellazione di Andromeda (M31), sono così lontane da noi che non potevano certo appartenere alla Via Lattea, come in molti ancora ritenevano, e che probabilmente erano oggetti simili alla nostra Galassia (altre informazioni al riguardo sono presenti nel paragrafo che descrive la costellazione di Andromeda). Era un passo in avanti importantissimo nella direzione giusta. Migliaia di galassie diventavano altrettanti modelli sui quali gli astronomi potevano confrontare le scoperte che stavano compiendo relativamente alla nostra Galassia.

Figura 4.17. Studiando il sistema delle stelle blu giganti, Baade dedusse che la nostra Galassia ha una struttura a spirale.

Negli anni Quaranta, Walter Baade (1883-1960) lavorava all'Osservatorio di Monte Wilson che, in quegli anni, era sede del più grande telescopio del mondo, con uno specchio di 2,5 m. Baade fotografava le galassie vicine e ne studiava le stelle. La sua conclusione fu che i dischi galattici sono popolati principalmente da stelle azzurre, che egli denominò di *Popolazione I*. Invece, nel rigonfiamento centrale delle galassie egli trovava soprattutto stelle rosse e arancione, che battezzò di *Popolazione II*. Gli astri di Popolazione I sono relativamente giovani (da qualche milione fino a qualche miliardo di anni) e la loro composizione chimica è simile a quella del Sole: l'idrogeno e l'elio sono gli elementi dominanti, con solo un 2-3% costituito di elementi più pesanti. Quelli di Popolazione II sono più vecchi (con un'età tipica attorno ai 10 miliardi di anni) e, con ogni probabilità, nacquero insieme alla loro galassia. A quest'ultima popolazione appartengono anche le stelle degli ammassi globulari.

Le galassie emersero poco dopo il Big Bang da enormi nubi sferiche di gas (le protogalassie) che incominciarono a condensarsi. Le prime stelle (di Popolazione II) erano fatte di idrogeno per il 75% della massa e per il restante 25% di elio. Le più massicce posero termine quasi subito al loro ciclo vitale ed esplosero come supernovae entro una decina di milioni d'anni dalla loro formazione. Sappiamo che gli elementi più pesanti dell'elio vengono creati nelle reazioni di fusione nucleare che hanno luogo nel nocciolo di stelle massicce e nel corso delle esplosioni di supernovae; questi eventi esplosivi disseminano nello spazio interstellare una gran quantità di elementi pesanti. Le stelle della generazione successiva, più giovani, come il Sole, nacquero dunque da nubi che, oltre all'idrogeno e all'elio, contenevano anche una miscela di elementi pesanti. La presenza di due popolazioni stellari così diverse nella stessa galassia è dunque una conseguenza logica dell'evoluzione galattica.

Studiando altre galassie, Baade accertò che i loro bracci a spirale sono pieni soprattutto di stelle di Popolazione I, stelle giovani e calde dei tipi spettrali O e B, concludendo che ciò doveva succedere anche nella nostra Galassia. Come verificarlo? A causa delle polveri interstellari, le osservazioni nella banda ottica sono circoscritte a regioni galattiche relativamente vicine (giungiamo all'incirca fino a 10mila anni luce di distanza). Misurando le posizioni delle giganti blu della nostra Galassia, gli astronomi riuscirono a intravedere la sua struttura a bracci concentrici, che rappresentò la prima vera prova del fatto che viviamo in una galassia spirale (Fig. 4.17).

Lo spazio interstellare. Lo spazio tra le stelle non è vuoto, ma è sede di materia diffusa, costituita da gas e da particelle di polveri. In media, in ogni centimetro cubo di spazio interstellare è presente solo una manciata di atomi. Per confronto, in un centimetro cubo dell'aria che respiriamo troviamo 10^{19} molecole, mentre nello stesso volume del vuoto più spinto che possiamo creare in un laboratorio terrestre possiamo trovare pochi milioni di molecole. Rispetto al vuoto dei laboratori, lo spazio interstellare è davvero un vuoto ideale.

Il gas interstellare irraggia in varie parti dello spettro elettromagnetico, a seconda della sua temperatura. Ai valori più alti della scala delle temperature e a bassa densità esso emette alle lunghezze d'onda X. Se invece è freddo, irraggia nell'infrarosso e nelle onde radio. Se poi gli atomi si trovano in uno stato eccitato, dovuto alla luce ultravioletta emessa da stelle calde vicine, lo vediamo irraggiare come nelle nebulose a emissione o nelle planetarie. La densità del gas delle nebulose più ricche di materia che riusciamo a fotografare è dell'ordine di un centinaio di atomi per centimetro cubo.

Le polveri sono molto meno abbondanti del gas: grosso modo rappresentano solo l'1% della massa totale della materia interstellare. Le particelle di polveri sono state rilasciate nello spazio dalle stelle nelle ultime fasi della loro esistenza, sospinte via dagli strati superiori delle loro atmosfere. Quando le stelle massicce evolute esplodono come supernovae, nello spazio interstellare vengono diffusi atomi di ossigeno, carbonio, ferro ecc. Il silicio e il ferro vanno a costituire minuscoli cristalli, ai quali si uniscono l'ossigeno, il carbonio e l'azoto.

Le particelle delle polveri interstellari sono di dimensioni minuscole, con diametri compresi fra 1 nm (circa le dimensioni di una molecola) e 1 μm. Le distanze medie tra due particelle di polveri nel piano equatoriale della Galassia, dove troviamo le nubi più dense, sono dell'ordine del centinaio di metri. Dunque, la densità media delle polveri è ancora minore di quella del gas interstellare. Ciononostante, sono proprio le polveri a rendersi responsabili della dispersione, dell'assorbimento e della polarizzazione della luce delle stelle, ciò che rende notevolmente difficili le nostre osservazioni. Quando osserviamo nella banda visuale in direzione del piano della Galassia difficilmente riusciamo a vedere al di là di poche migliaia di anni luce di distanza. Benché le particelle di polveri siano estremamente rare e disperse, ce n'è un numero grandissimo che intercettiamo lungo ogni direzione di vista se guardiamo fino a distanze di migliaia di anni luce. Solo quando puntiamo il telescopio sopra o sotto il piano del disco riusciamo a vedere gli oggetti celesti che stanno ben al di là di esso.

L'atomo più comune nella materia interstellare è l'idrogeno, con una densità media nel piano galattico di 2 o 3 atomi/cm³. Poiché il gas si distribuisce irregolarmente, ci sono regioni in cui la densità può essere anche dieci volte più alta della media. In queste regioni, possono formarsi molecole d'idrogeno (H_2), che vanno a costituire le *nubi molecolari*, al cui interno troviamo anche molte altre molecole complesse. Allontanandoci sempre più dal piano galattico, la densità media del gas interstellare cala drasticamente.

Figura 4.18. Le regioni della nostra Galassia che contengono le nubi di gas e polveri più dense.

Le costellazioni al binocolo

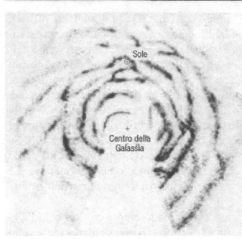

Figura 4.19. Grazie a mappe come questa, che rilevano la distribuzione dell'idrogeno neutro, fu dimostrato che la nostra è una galassia a spirale.

Gli atomi di idrogeno possono trovarsi allo stato neutro, in uno stato eccitato, oppure anche ionizzati. Per essere eccitato, l'atomo d'idrogeno deve assorbire un fotone d'alta energia. Ecco perché nello spazio interstellare sono molto pochi gli atomi ionizzati. Ma, nella vicinanza di stelle luminose, giovani e calde, dei tipi spettrali O e B, che emettono fortemente nella banda ultravioletta, gli atomi vengono ionizzati fino a distanze di alcune decine di parsec dalla stella. Le regioni in cui l'idrogeno è neutro sono dette *regioni HI*, quelle in cui è ionizzato sono le *regioni HII*. Il passo decisivo che consentì agli astronomi di rivelare la vera struttura della Galassia fu la scoperta dell'irraggiamento da parte dell'idrogeno neutro nelle onde radio di 21 cm di lunghezza d'onda. Poiché le nubi d'idrogeno sono diffuse in tutto il disco della Galassia, e sono presenti soprattutto nei bracci di spirale, furono i radioastronomi i primi a "fotografare" nelle onde radio l'intera Galassia (Fig. 4.19).

Nel 1956, gli astronomi costruirono a Dwingeloo (Olanda) un radiotelescopio di 25 m che per qualche anno fu il più grande radiotelescopio al mondo. Le sue antenne vennero sintonizzate sulle onde radio di 21 cm emesse dagli atomi di idrogeno neutro: in questo modo, fu possibile rilevare la struttura della Galassia. Gli astronomi ottici avevano già raggiunto la conclusione che, con ogni probabilità, la Via Lattea aveva una forma a spirale. Le mappe nelle onde radio, come quella rappresentata nella Fig. 4.19, dimostrarono senza ombra di dubbio che almeno l'80% della Galassia è effettivamente strutturata in bracci di spirale.

Vedere l'invisibile. Lo sviluppo della scienza e della tecnologia nella seconda parte del XX secolo mise a disposizione degli astronomi telescopi che raccolgono radiazione di lunghezze d'onda diverse da quelle della banda visuale, rivelatori di fotoni di alta energia e satelliti grazie ai quali possiamo osservare al di sopra dell'impenetrabile atmosfera terrestre. In questo modo, oggi disponiamo di mappe della Galassia in tutte le bande dello spettro elettromagnetico. Non c'è mappa che sia uguale a un'altra e ciascuna ci racconta qualcosa di nuovo su oggetti e fenomeni celesti diversi dalle stelle brillanti e dal gas ionizzato che possiamo studiare nella banda visuale.

Passando dalla banda ottica alle lunghezze d'onda più brevi, innanzitutto incontriamo la banda ultravioletta, ideale per compiere ricerche su oggetti celesti a temperature dell'ordine di 100mila gradi; a queste lunghezze d'onda vediamo le stelle più calde. Così, possiamo studiare le stelle massicce, giovani e brillanti, nonché le nane bianche prodotte dall'evoluzione di stelle di piccola massa, come il nostro Sole. In queste bande vediamo anche stelle relativamente fredde, che di per sé non emettono luce ultravioletta, in virtù della radiazione rilasciata dalle loro cromosfere e dalle loro corone, analogamente a ciò che avviene sul Sole.

Alcuni degli elementi più comuni, come il carbonio e l'ossigeno, presentano le righe spettrali più intense proprio a queste lunghezze d'onda: in tal modo, le mappe ultraviolette della Via Lattea sono assai più ricche di informazioni, relativamente alle abbondanze di

LO SPETTRO ELETTROMAGNETICO

	onde radio				infrarosso		ultravioletto	raggi X	raggi gamma
	lunghe	medie	UKV	microonde	lontano	vicino	vicino	lontano		

lunghezza d'onda — 3 km ———————————— 300 μm —— 700-400 nm — 3 nm —— 0,03 nm —
frequenza — 10^9 Hz —————————————— 10^{12} Hz —— $4,3-7,5 \cdot 10^{14}$ Hz — 10^{17} Hz — 10^{19} Hz —

trasparenza dell'atmosfera terrestre nero = opaco, bianco = trasparente

finestra radio   finestra infrarossa

queste elementi nelle stelle e nelle nubi gassose, di quanto si possa apprendere nella banda visuale. I gas e le polveri interstellari assorbono l'ultravioletto, il che rappresenta un limite per le nostre osservazioni in questa parte dello spettro elettromagnetico.

Per conoscere meglio la Galassia, possiamo anche sfruttare i raggi X, che hanno lunghezze d'onda ancora più brevi e che sono emessi da gas e stelle ancora più caldi. Le sorgenti più brillanti di raggi X sono le stelle doppie nelle quali una componente di Sequenza Principale, oppure una gigante rossa, trasferisce materia a una stella di neutroni o a un buco nero, generati dall'evoluzione di una stella massiccia. Le nubi gassose più brillanti nei raggi X non sono le nebulose di idrogeno ionizzato (regioni HII), ma i resti di supernova: questo perché l'esplosione della stella ha scagliato tutt'attorno la materia in modo estremamente violento, e l'impatto con i gas interstellari ha determinato aumenti delle temperature fino a oltre un milione di gradi. Negli ultimi tempi, essendo migliorate di molto la sensibilità e la risoluzione angolare dei rivelatori a bordo di satelliti, gli astronomi hanno iniziato a localizzare anche sorgenti relativamente deboli di raggi X, identificabili con stelle normali le cui corone emettono in questa banda.

I fotoni di più alta energia sono i raggi gamma. Grazie ai satelliti che portano al di fuori dell'atmosfera rivelatori sensibili a queste radiazioni, gli astronomi hanno realizzato mappe dell'intero cielo, scoprendo che la Galassia è una forte sorgente gamma diffusa. La causa dell'emissione sono le particelle dei raggi cosmici, vale a dire protoni e altri nuclei, accelerati dai campi magnetici fino a velocità prossime a quella della luce. La radiazione gamma viene emessa quando i raggi cosmici si scontrano con il gas interstellare. In tal modo, dall'osservazione dei raggi gamma, gli astronomi capiscono dove il gas interstellare è più denso e dove è più intenso il flusso delle particelle, tipicamente nei bracci di spirale.

Se dalla banda visuale ci spostiamo nella direzione opposta, verso le lunghezze d'onda maggiori, ci imbattiamo nella radiazione infrarossa, che viene emessa da corpi con temperature comprese fra 20 e 4000 K. Sorgenti di radiazioni nel vicino infrarosso sono soprattutto le stelle più fredde del Sole (in generale più alte sono le temperature, più corte sono le lunghezze d'onda emesse). Tra le stelle fredde troviamo le giganti rosse evolute, pronte ad esplodere come supernovae, oppure a finire i loro giorni come nane bianche. Emettono però nell'infrarosso anche le stelle giovanissime che non si sono ancora stabilizzate sulla Sequenza Principale del diagramma H-R.

Il gas interstellare è del tutto trasparente alla radiazione infrarossa. In questo modo, possiamo avere una visione dell'intera Galassia in infrarosso, compresi gli eventi che si sviluppano nel suo nucleo.

Nell'infrarosso lontano siamo in grado di osservare la materia interstellare con una temperatura compresa fra 10 e 100 K. Si tratta principalmente di particelle di polveri riscaldate dalla luce di stelle vicine. Gli oggetti più efficienti nel riscaldare le polveri sono le stelle calde e brillanti, generalmente giovani: così, l'infrarosso lontano ci indica anche qual è il livello attuale della formazione stellare nella Galassia.

A lunghezze d'onda ancora maggiori, le onde radio rivelano la presenza di gas e polveri interstellari; a particolari frequenze, sempre nella banda radio, vengono osservate le fredde nubi molecolari; ad altre lunghezze d'onda, per le quali già disponiamo di mappe dettagliate dell'intera Galassia, emette l'idrogeno neutro, che è la fase più comune in cui si trova l'idrogeno. Come già l'infrarosso e i raggi X, anche le onde radio ci consentono di esplorare ogni angolo della Via Lattea.

In definitiva, oggigiorno abbiamo un'idea abbastanza precisa di come appare la nostra Galassia, di quale sia la sua forma e quali le dimensioni, nonché di dove risiedano gli oggetti più notevoli.

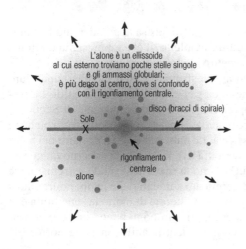

L'alone è un ellissoide al cui esterno troviamo poche stelle singole e gli ammassi globulari; è più denso al centro, dove si confonde con il rigonfiamento centrale.

disco (bracci di spirale)

Sole

rigonfiamento centrale

alone

La struttura della Galassia. La Via Lattea è una galassia spirale che ha la forma di un disco fortemente appiattito con un diametro di circa 130mila anni luce e un rigonfiamento centrale con un diametro di 15mila anni luce. Si stima che abbia una massa tra 750 e 1000 miliardi di masse solari e una popolazione stellare compresa tra 200 e 400 miliardi di stelle. Comparandola con altre galassie spirali, ci accorgiamo che è una delle più grosse e massicce.

Le più recenti osservazioni con il telescopio orbitale infrarosso Spitzer della NASA confermano che nel rigonfiamento centrale c'è una struttura stellare a barra e che perciò la nostra Galassia appartiene alla famiglia delle barrate. La Galassia può essere suddivisa in tre componenti principali: il *disco*, il *rigonfiamento centrale* (*bulge*) e l'*alone*.

Il disco. Il disco è formato da due bracci di spirale principali, da alcuni più piccoli e da un certo numero di "speroni". Il Sole, che dista circa 26mila anni luce dal centro della Galassia e si trova 20 anni luce sopra il piano equatoriale, è posto sul bordo interno di un piccolo "sperone", noto come Braccio di Orione, o anche Braccio Locale, lungo circa 15mila anni luce. I nostri dintorni sono la parte esterna del Braccio Scudo-Centauro e quella interna del Braccio di Perseo. Entrambi i bracci distano da noi circa 6500 anni luce: il primo lo vediamo in direzione del centro della Galassia, il secondo sul lato opposto. Entrambi si estendono per circa 80mila anni luce. La parte più lontana del Braccio Scudo-Centauro è stata la più difficile da riconoscere e cartografare poiché si trova dall'altra parte della Galassia e le sue osservazioni venivano disturbate dalle onde radio provenienti dal nucleo galattico (Fig. 4.20). I bracci di spirale si originano dal bordo del rigonfiamento centrale e lo avvolgono completamente.

In confronto al diametro, lo spessore del disco è davvero poca cosa: verso il centro misura alcune migliaia di anni luce, ma nella regione che ospita il Sistema Solare il disco è spesso solo poche centinaia di anni luce.

Le stelle del disco appartengono prevalentemente alla Popolazione I. Si tratta di giovani stelle nate da nubi di gas e polveri arricchite di elementi pesanti. Il disco è disseminato di materia interstellare organizzata in nebulosità più o meno dense, che rappresentano in totale il 15% della sua massa. Molte di queste nubi possono essere viste nella banda del visibile come nebulose a emissione o a riflessione, oppure come nubi oscure che bloccano la luce delle stelle retrostanti. Tutti gli ammassi aperti si trovano nel disco.

È abbastanza arduo stabilire quali sono i confini della Galassia. Quanto più si va verso l'esterno, la densità delle stelle cala (proprio come si riduce progressivamente la densità dell'atmosfera terrestre con l'aumento della quota), ma lentamente: la Galassia non ha un confine ben definito. Le stelle del disco si concentrano soprattutto entro un diametro di 100mila anni luce, benché qualcuna, insieme al gas interstellare, può essere osservata fino a 65mila anni luce dal centro.

Il fatto che il disco sia così piatto e sottile dimostra che la Galassia ruota attorno al proprio asse. Stelle, gas e nubi di polveri si muovono attorno al centro seguendo orbite quasi circolari in modo non diverso da come fanno i pianeti attorno al Sole; quanto più ci si allontana dal centro, tanto più lento è il moto. Calcolare quale sia la precisa velocità orbitale del Sole non è un compito agevole. Gli astronomi stimano che il Sole e le stelle vicine si muovano a circa 220 km/s, il che

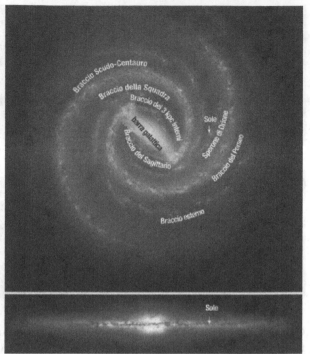

Figura 4.20. Lo schema della nostra Galassia basato sulle più recenti osservazioni. L'immagine sopra è ciò che vedrebbe un osservatore esterno se guardasse dalla direzione del Leone o del Bovaro, mentre quella in basso da chi ci osservi da molto lontano, dalla direzione del Cigno o dello Scudo. La Via Lattea è una galassia spirale caratterizzata dalla sigla *SAB(rs)bc II*. *SAB* significa che la barra non è ben sviluppata ed evidente; *(rs)* significa che c'è un anello di gas e di polveri attorno al centro; *bc* ci dice che i bracci di spirale sono relativamente aperti. Questa classificazione potrebbe cambiare, perché gli astronomi prevedono di raccogliere, entro breve tempo, prove definitive sulla presenza della barra, di modo che la classificazione da *SAB* passerà a *SB* (barra ben sviluppata e visibile).

significa che la parte del disco in cui siamo immersi completa una rotazione in 240 milioni di anni: è ciò che chiamiamo *anno galattico*. Dunque, da quando è nata, la Galassia ha portato a termine solo una cinquantina di rotazioni e dal tempo dell'estinzione dei dinosauri, circa 65 milioni di anni fa, è passato soltanto un quarto di anno galattico.

L'alone. Il diametro dell'alone galattico è di oltre 300mila anni luce; tuttavia, il 90% e più della sua popolazione stellare si raccoglie entro una sfera di 200mila anni luce. Si tratta principalmente di astri vecchi di Popolazione II e di ammassi globulari; non ci sono né gas né polveri. Le stelle di grande massa esplosero molto tempo fa come supernovae, di modo che oggi prevalgono stelle fredde e vecchie, di colore rosso-arancio. In ogni ammasso globulare, il cui diametro misura tra 50 e 150 anni luce, ci sono centinaia di migliaia di stelle; in qualcuno se ne conta anche un milione. Queste stelle sono tutte molto vecchie: hanno la stessa età della Galassia.

A causa di perturbazioni gravitazionali interne, nel corso del tempo gli ammassi globulari perdono via via le loro stelle, che vengono espulse nello spazio circostante. Gli astronomi sono dell'opinione che una frazione molto elevata delle stelle dell'alone hanno proprio que-

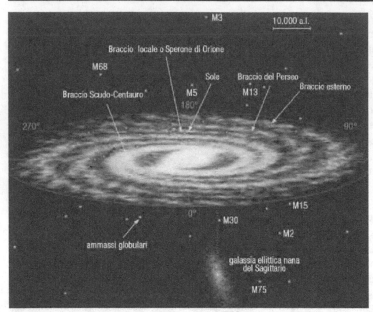

sta origine. Troviamo ammassi globulari anche a 200mila anni luce dal centro della Galassia: l'alone non ha un confine chiaramente definito. Oltre che per l'età, le stelle dell'alone si assomigliano tutte per la composizione chimica, con l'idrogeno e l'elio che rappresentano il 99,9% della materia, e con il restante 0,1% costituito da elementi pesanti.

Anche le stelle e gli ammassi globulari dell'alone ruotano attorno al centro della Galassia, come le stelle del disco, benché le loro orbite non siano altrettanto regolari. Sono numerose le stelle che si muovono su orbite retrograde (ossia nel verso opposto a quello della maggioranza); in generale, le orbite sono molto elongate e di elevata inclinazione sul piano galattico. Molte stelle si muovono in maniera caotica: gli astronomi pensano che a lanciarle su quelle strane orbite furono le perturbazioni gravitazionali innescate da incontri stretti con le vicine galassie del Gruppo Locale; in alternativa, queste stelle potrebbero essere state sottratte a piccole galassie che la nostra smembrò in tempi lontani.

Il rigonfiamento centrale (*bulge*). Se nelle sue parti esterne contiene poche stelle, l'alone è sempre più fittamente popolato man mano che ci si sposta verso il centro della Galassia, ove alla fine si confonde con il rigonfiamento centrale. Il diametro del *bulge* misura circa 15mila anni luce. È qui che troviamo la massima densità di stelle di tutta la Galassia. Le stelle hanno caratteristiche simili a quelle dell'alone: sono vecchie, di colore rosso-arancio,

con una percentuale appena maggiore di elementi pesanti. A differenza dell'alone, qui troviamo anche una gran quantità di gas e polveri interstellari, oltre a numerose stelle che hanno ormai concluso la loro evoluzione: nane bianche, stelle di neutroni e buchi neri.

Figura 4.21. Il rigonfiamento centrale, con la barra e l'anello gassoso nel quale nascono stelle a tassi elevati. Così lo vedrebbe un astronomo dalla Galassia di Andromeda.

Fino a una decina di anni fa, si immaginava che il rigonfiamento centrale fosse una sorta di super-ammasso globulare, nel quale le stelle si stipano sempre più densamente quanto più sono vicine al centro, ma osservazioni condotte di recente su 30 milioni di stelle del *bulge* portano sempre più a pensare che le stelle si trovino aggregate in una struttura a barra, ampia 7mila anni luce e lunga circa 27mila anni luce. La barra è circondata da un anello gassoso nel quale troviamo raccolta la gran parte dell'idrogeno molecolare della Via Lattea. Nell'anello si osserva il tasso di formazione stellare più elevato della Galassia. Gli astronomi ritengono che sarebbe questa la regione più evidente e cospicua della Galassia se la potessimo osservare dall'esterno, diciamo stando sulla Galassia di Andromeda (Fig. 4.21). La nascita di nuove stelle nell'alone e nel *bulge* galattico si interruppe molto tempo fa: prosegue solo in questo anello e nelle nubi di gas che circondano il nucleo galattico.

Il centro della Galassia. La regione centrale della Via Lattea è quella che contiene il *nucleo*. Le osservazioni radiointerferometriche ci dicono che il nucleo è piccolissimo: misura infatti non più di 13 Unità Astronomiche! È una forte sorgente di radiazione infrarossa e nei suoi dintorni hanno luogo processi di inaudita potenza.

Purtroppo, spesse nubi di gas e polveri ci impediscono di osservare la parte centrale della Galassia nella banda visuale: la luce viene infatti efficacemente assorbita e diffusa, con il suo flusso che si riduce di ben mille miliardi di volte. Quasi tutto ciò che sappiamo del nucleo galattico l'abbiamo imparato dagli astronomi che osservano l'Universo nell'infrarosso. Tuttavia, da quest'area emergono anche onde radio, raggi X e gamma.

Negli anni Trenta del secolo scorso, Karl G. Jansky (1905-1950) scoprì che nella costellazione del Sagittario, esattamente nel punto in cui Shapley aveva previsto che si trovasse il centro della Galassia, c'era una forte sorgente di onde radio. Nei primi anni Cinquanta, gli astronomi usarono i radiotelescopi per scoprire, poco per volta, che il centro galattico aveva una struttura assai complessa. Oltre a nubi di gas ionizzato, essi rivelarono una piccola ma intensa sorgente di onde radio che venne denominata Sagittarius A (Sgr A). Non si tratta di una normale nube di gas ionizzato, poiché parte della radiazione che ci invia è di origine non-termica. La radiazione viene infatti emessa da elettroni di alta energia che si muovono con tra-

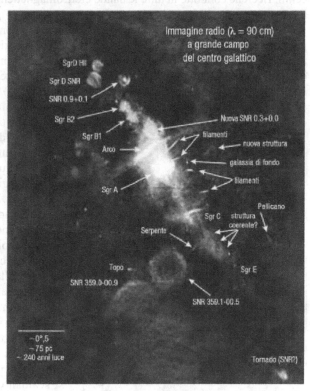

Figura 4.22. Questa immagine del centro della Galassia nelle onde radio copre un'area di 1500×1700 anni luce. Si può apprezzare la varietà di sorgenti presenti: filamenti e bolle gassose, resti di supernovae, con stelle di neutroni o buchi neri nel loro centro, e anche regioni di formazione stellare. Proprio al centro dell'immagine c'è Sagittarius A, la sorgente più forte nelle onde radio.

Figura 4.23. L'immagine del centro galattico nei raggi X copre un'area di 900×230 anni luce. Al suo interno si contano centinaia di stelle, nane bianche, stelle di neutroni e buchi neri, tutti immersi in una nube di gas la cui temperatura si misura in milioni di gradi. Per via delle frequenti esplosioni di supernovae, il gas è arricchito di elementi pesanti: con l'andare del tempo questi elementi si diffonderanno in tutta la Galassia. Così, l'attività nel centro influenza l'evoluzione dell'intera Via Lattea. Per una comparazione tra questa e l'immagine precedente si usino come riferimenti le sorgenti Sagittarius A (Sgr A) e Sagittarius B2 (Sgr B2).

gitti spiraliformi attorno alle linee di un forte campo magnetico. Soltanto negli ultimi decenni, ricerche condotte in tutte le bande elettromagnetiche hanno rivelato quanto sia enormemente complessa la regione centrale della Galassia (Figg. 4.22 e 4.23).

Come abbiamo già detto, le stelle del *bulge* si raccolgono sempre più densamente quanto più sono vicine al centro. Nel 1982, gli astronomi scoprirono che alla distanza di soli 15 anni luce dal nucleo era presente un anello di idrogeno molecolare caldo (poche centinaia di gradi sopra lo zero assoluto), che incorpora dense aree di idrogeno ionizzato (regioni HII). L'Anello Centrale della Galassia (si veda la figura) è composto da gas e polveri con una massa diecimila volte quella del Sole e con una luminosità 20 miliardi di volte quella della nostra stella. È interessante notare che l'anello ha un bordo interno molto netto, a 5 anni luce dal centro.

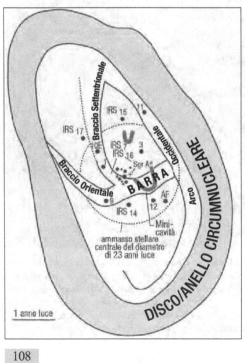

Le nubi di gas nell'anello centrale vanno soggette a moti estremamente turbolenti e le loro velocità sono tanto maggiori quanto minore è la distanza dal nucleo. Diciamo che le velocità medie sono attorno a 100 km/s. All'interno del confine dell'anello non si notano addensamenti di gas e polveri. In questa regione, che gli astronomi chiamano *Cavità Centrale*, si osservano soltanto numerose stelle sparse, delle quali vediamo solo l'emissione infrarossa delle giganti più brillanti. Al bordo interno dell'anello centrale emergono getti gassosi che si muovono a velocità fino oltre 1000 km/s. I gas spiraleggiano verso il centro, attratti da un intenso campo gravitazionale: qui si scaldano notevolmente, anche grazie all'energia assorbita dai potenti venti stellari delle giganti circostanti.

Tutto ciò testimonia la presenza di eventi assai dinamici nel centro della Galassia. Ma il mistero più profondo è celato nel cuore

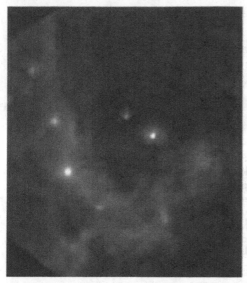

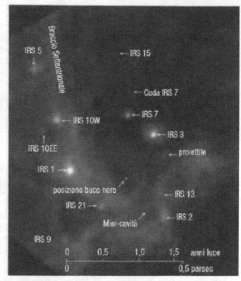

Figura 4.24. Il centro della Galassia in infrarosso; l'immagine è stata presa al telescopio Keck II di 10 m, e l'orientazione è la stessa di quella del disegno della pagina precedente.

stesso della Via Lattea, racchiuso in un'area più piccola di un anno luce. Non è da molto che gli astronomi, grazie all'interferometria infrarossa, hanno squarciato il velo che sottraeva quest'area alle osservazioni: oggi si possono osservare le singole stelle dell'ammasso centrale, anche se, in realtà, possiamo vedere soltanto le giganti, poiché solo la loro luce è in grado di bucare le spesse nubi di gas interposti e di raggiungerci. Le stelle, che si muovono a velocità dell'ordine di migliaia di km/s, sono traccianti ideali per rilevare forma e dimensioni del potenziale gravitazionale nel centro. Gli astronomi hanno osservato che proprio nel punto centrale c'è una minuscola ma potentissima sorgente di emissione infrarossa e radio che è stata battezzata Sagittarius A* (l'asterisco indica che è parte della sorgente più estesa Sgr A, di cui si è già detto). Questo oggetto assolutamente inusuale occupa un'area piccolissima, del diametro di circa 45 Unità Astronomiche (grosso modo le dimensioni dell'orbita di Urano attorno al Sole), mentre la sua massa si stima che sia di circa 3,7 milioni di masse solari. Fra tutte le sorgenti note agli astronomi, soltanto un buco nero può avere una tale massa condensata in un'area così piccola. Non c'è dubbio, è proprio così: nel centro della nostra Galassia c'è un buco nero che ghermisce tutto quanto gli passa accanto. Tutta la radiazione elettromagnetica che proviene da questa regione si genera all'interno del disco di accrescimento rotante, un vortice spiraliforme che si forma quando un buco nero attrae a sé i gas dell'anello centrale e delle stelle circostanti (Fig. 4.24).

Figura 4.25. L'immagine infrarossa presa all'Osservatorio Europeo Meridionale (ESO) con il telescopio VLT di 8,2 m si riferisce a un'area di pochi anni luce attorno al centro della Galassia. Sono riprese le stelle dell'ammasso centrale e le due frecce segnalano la posizione del maxi-buco nero.

Le costellazioni al binocolo

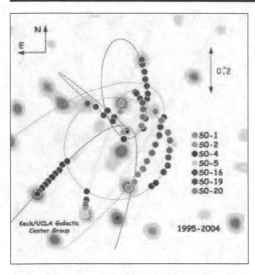

Figura 4.26. Il buco nero centrale della nostra Galassia non è un'invenzione degli astronomi. Sappiamo per certo della sua presenza grazie a osservazioni sul moto delle stelle dell'ammasso centrale, presenti in un'area che misura solo 1"×1" attorno al nucleo galattico. È dallo studio di queste orbite che si ricava la prova dell'esistenza di un maxi-buco nero di 3,7 milioni di masse solari.

E non è ancora tutto! Osservazioni eseguite dal satellite Chandra nei raggi X rivelano che, nelle vicinanze del buco nero, esiste una miriade di sistemi binari a raggi X nei quali una delle due componenti è una stella di neutroni o un buco nero. Gli astrofisici stimano che esistano almeno altri 20mila buchi neri stellari nei dintorni del maxi-buco nero galattico.

Sfortunatamente, la risoluzione degli interferometri moderni non è ancora sufficiente per indagare la regione direttamente a contatto con il buco nero centrale. Quando i progressi tecnologici consentiranno di eseguire osservazioni interferometriche nelle onde submillimetriche, saremo forse in grado di "vedere" l'orizzonte degli eventi del maxi-buco nero (Figg. 4.25 e 4.26).

Materia oscura nell'alone. Se nel centro della nostra Galassia avvengono eventi inusuali, difficili da comprendere, ma tuttavia spiegabili sulla base delle teorie astrofisiche, nell'alone incontriamo misteri e sorprese ancor più interessanti, che, oltretutto, restano ancora attualmente inspiegabili. C'è qualcosa nell'alone che non possiamo vedere, qualcosa che non sappiamo neppure spiegare teoricamente. Eppure sappiamo che c'è e che, col suo campo gravitazionale, influenza l'evoluzione della Galassia (e di tutte le galassie dell'Universo). Si tratta della misteriosa *materia oscura* (Fig. 4.27).

Negli anni Trenta del secolo scorso, l'astronomo svizzero Fritz Zwicky e l'olandese Jan Oort avanzarono per primi il sospetto che l'Universo contenesse molta più materia di quella che appare al telescopio. Zwicky stava studiando il grande ammasso di galassie nella costellazione della Chioma di Berenice e, sorprendentemente, scoprì che le velocità delle galassie dell'ammasso erano esageratamente elevate: ne concludeva che non c'era abbastanza materia visibile per tenere legati tutti i membri dell'ammasso i quali, sulla base delle leggi fisiche conosciute, si sarebbero dovuti disperdere nello spazio. L'ammasso sarebbe dovuto finire smembrato già da lungo tempo. Invece, era ancora lì!

Dal canto suo, Oort contava il numero delle stelle nelle vicinanze del Sole e misurava le loro orbite attorno al centro della Galassia: l'analisi di quei moti lo portò a raggiungere una conclusione simile a quella di Zwicky, ossia che anche la nostra Galassia contiene più materia di quella che i nostri occhi riescono a vedere. Soltanto negli ultimi decenni si è potuto stabilire quale sia il divario tra ciò che possiamo vedere e ciò che ci resta invisibile. Sappiamo che la materia invisibile esiste, perché esercita una forza gravitazionale sulla materia normale. Dunque, ecco ancora all'opera la materia oscura.

Vediamo un po' più nel dettaglio in che modo Oort giunse alla sua conclusione. L'astronomo olandese misurava la massa della Galassia a diverse distanze dal centro, trovando che è estremamente elevata e che va crescendo quanto più ci si allontana dal disco galattico. Ma come si fa a misurare la massa di una galassia come la nostra? Bisogna prendere in considerazione la velocità di vari oggetti della Galassia (come stelle, nebulose e nubi di gas interstellare) misurandone al contempo la distanza dal centro. Si sfruttano poi le leggi di Keplero: quanto più è veloce una stella a una certa distanza dal centro, tanto maggiore è la massa contenuta all'interno della sua orbita. Le stesse leggi vengono utilizzate per ricavare la massa

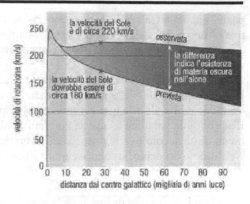

Figura 4.27. Il grafico mostra le velocità orbitali misurate per le stelle della Galassia e le confronta con i valori attesi. Gli astronomi attribuiscono la discrepanza all'effetto della misteriosa materia oscura.

delle stelle doppie, o del Sole, attorno al quale orbitano i pianeti. La velocità dei pianeti dipende dalla massa del Sole e dalla distanza a cui essi orbitano. Quando misuriamo la velocità del Sole attorno al centro galattico e da questo determiniamo la massa galattica contenuta all'interno della nostra orbita, otteniamo un valore di circa 100 miliardi di masse solari, che è molto maggiore della stima che possiamo ricavare dalla misura della luce emessa dalle stelle e dalle nubi gassose. Più in là del Sole succedono poi cose ancora più strane.

Quanto più ci allontaniamo dal centro galattico, le stelle dovrebbero muoversi sempre più lentamente, come previsto dalla legge di Keplero, poiché la gran parte della massa della Galassia dovrebbe essere contenuta nel suo rigonfiamento centrale. Invece, da una certa distanza in poi, invece di calare, pare che la velocità delle stelle resti costante. Questo fatto suggerisce che una frazione consistente della massa galattica non si raccoglie nelle vicinanze del centro. Se continuiamo le nostre misure ancora più all'esterno e, per esempio, misuriamo i moti degli ammassi globulari nell'alone, o l'interazione della Galassia con M31 e con altre galassie vicine, ricaviamo che la massa della Via Lattea supera i mille miliardi di masse solari. Dunque, v'è un rapporto tra massa e luminosità di circa 20-30:1, difficilmente ascrivibile a stelle che non siamo in grado di vedere, come le innumerevoli e piccole stelle nane.

La discrepanza tra la massa che misuriamo dagli effetti gravitazionali e quella che possiamo vedere (poiché emette luce) è così grande che dobbiamo ipotizzare che nell'alone esista una notevole quantità di materia invisibile, che non emette radiazione in nessuna banda dello spettro elettromagnetico. Quasi certamente non può trattarsi di normale materia stellare e neppure può trattarsi di gas, perché altrimenti riusciremmo a rivelare la sua presenza o in ultravioletto, o nelle onde radio.

La materia oscura rappresenta anche una frazione importante della massa di altre galassie, degli ammassi di galassie e, più in generale, dell'Universo. Di che si tratta? La sua vera natura è ancora sconosciuta, benché ci siano diverse ipotesi al riguardo. Alcuni pensano che sia costituita da nane brune, stelle mancate, che non hanno una massa sufficientemente elevata per sostenere stabilmente le reazioni nucleari nei loro noccioli. Altri sono dell'opinione che si tratti di nane bianche estintesi tanto tempo fa, oppure di buchi neri massicci. I fisici delle particelle suggeriscono invece certi tipi particolari di materia esotica, ancora non rivelata nei laboratori.

Ora ci si chiede: possiamo pronunciarci sulla formazione, sull'evoluzione e sulla composizione della Galassia se non conosciamo la sua componente di massa più rappresentativa? Attenzione: si deve capire che non stiamo parlando di poche piccole stelle che si celano ai nostri telescopi, ma di qualcosa che costituisce la parte preponderante del nostro Universo.

Origine ed evoluzione della Galassia. Quando iniziamo a studiare eventi complessi come l'origine delle galassie, subito ci rendiamo conto di inerpicarci su un terreno infido. Sono troppe le domande alle quali si finisce col rispondere: "Non possiamo dirlo con certezza". L'astronomia galattica è nata da non molto; abbiamo incominciato a conoscere le galassie meno di un secolo fa e le prime serie ricerche sono vecchie solo di una sessantina d'anni. Nell'ultimo decennio, si sono accumulati nuovi dati osservativi a tassi superiori alla capacità d'analisi dei teorici. Il capitolo sull'origine e sull'evoluzione delle galassie è tutt'altro che completo.

La Via Lattea è nata da una singola nube gassosa che, collassando, diede origine alle stelle, oppure dalla fusione di un gran numero di galassie più piccole? Fino al 2006, gli astronomi sembravano preferire la prima possibilità. Poi, i colleghi dell'Osservatorio Europeo Meridionale condussero uno studio approfondito sulle stelle del disco e del *bulge,* accorgendosi che le stelle delle due componenti sono molto diverse fra loro: dunque, il disco e le regioni centrali della Galassia si svilupparono separatamente e le stelle non si mischiarono fra loro. In precedenza, si riteneva che le stelle nacquero nel disco e che lentamente si mossero in direzione del nucleo; oggi è opinione generale che tutte le stelle del centro galattico furono create in contemporanea e a partire dalla stessa materia. Se la Galassia si fosse formata dalla fusione di un certo numero di galassie più piccole, anche nel centro troveremmo stelle della popolazione del disco. D'altra parte, la nostra Galassia sta attualmente fagocitando almeno tre galassie nane satelliti, come vedremo nel prossimo capitolo. In futuro, queste galassie nane si fonderanno con la Via Lattea. Perché mai questo non potrebbe essere avvenuto anche nel passato?

Poiché non sappiamo assolutamente cosa sia la materia oscura, non possiamo dire con certezza in che modo essa influenzò l'origine e l'evoluzione della Galassia. Eppure, la materia oscura è la sua componente predominante.

C'è un buco nero nel centro della Galassia? Oggi possiamo rispondere affermativamente a questa domanda, ma solo fino a un decennio fa il dubbio era più che giustificato. In ogni caso, non sappiamo ancora per certo quando e come il buco nero si venne a creare e in che modo la sua presenza abbia influito sull'evoluzione della Galassia.

Per molti anni gli astrofisici si chiedevano perplessi come mai le stelle della Via Lattea si dividessero solo in due popolazioni e non in un numero maggiore. E perché spesso le stelle giovani hanno una composizione simile a quella di stelle molto più vecchie, nonostante il fatto che le prime siano nate da gas arricchito chimicamente da molte esplosioni di supernovae: non dovrebbero includere molti più elementi pesanti dei loro predecessori? A questa domanda si è riusciti a dare una parziale risposta solo abbastanza di recente. Nell'alone galattico c'è ancora parecchio idrogeno, che però si rende visibile solo quando si aggrega in nubi. Una di tali nubi, costituita da alcuni milioni di masse solari di idrogeno, fu scoperta verso la metà degli anni Sessanta del secolo scorso: la sua distanza e la sua posizione vennero misurate nel 1999. Si dimostrò così che la nube, che sta sopra il piano della Galassia, tra 10mila e 40mila anni luce di distanza, si sta avvicinando alla velocità di 160 km/s. Nubi come questa certamente assicurano un rifornimento di idrogeno puro, che "piove" sulla Galassia e che porta nuova materia senza l'aggiunta di elementi pesanti: ecco perché non cambia significativamente l'abbondanza degli elementi più pesanti dell'elio.

Possiamo parlare dell'età della Galassia ormai con una certa sicurezza. La si può misurare dall'età delle sue stelle. La Via Lattea nacque meno di un miliardo di anni dopo il Big Bang. Le prime stelle emersero da nubi di idrogeno ed elio; le più massicce conclusero velocemente la loro evoluzione e infine esplosero come supernovae. Nel corso della loro esistenza, e soprattutto al termine, disseminarono una parte significativa della loro massa nello spazio circostante sotto forma di nebulose planetarie, di resti di novae e di supernovae. Questa è la materia dalla quale emersero nuove stelle, arricchite di elementi pesanti.

Oggi possiamo incontrare stelle di ogni tipo: giganti e nane, calde e fredde, giovani e vecchie, stabili e variabili. Le più piccole hanno una massa pari a 0,08 in unità solari, le più grosse superano di 100 volte la massa del Sole. Di queste ultime ce ne sono poche, poiché questi astri hanno vita breve. Le stelle sono in maggioranza deboli, fredde, rossastre e appartenenti alla Sequenza Principale del diagramma H-R. La stella tipica della Galassia è del tutto simile al nostro Sole: piccola, debole e non troppo calda.

Come si sarà capito, la massa è il fattore più importante dell'evoluzione delle stelle e delle galassie. Se, per esempio, la nostra Galassia consistesse unicamente di stelle con una massa circa 10 volte quella del Sole, sarebbe estremamente brillante, ma vivrebbe solo per una decina di milioni di anni, che è il tempo di vita di tali stelle, trascorso il quale si assisterebbe alla loro esplosione come supernovae. Dopo di ciò, resterebbe una galassia oscura, fatta solo di scorie stellari (stelle di neutroni e buchi neri). Se invece fosse fatta solo di stelle piccole, diciamo di 0,1 masse solari, sarebbe estremamente debole, ma potrebbe risplendere per centinaia di miliardi di anni. Quanto a lungo ancora brillerà in cielo la nostra Galassia dipende dal tasso attuale di formazione di nuove stelle. Oggi si pensa che ogni anno nascano fra 3 e 5 stelle nella Galassia. Sembra un numero piccolo, eppure ci garantisce che la Via Lattea continuerà a brillare con la stessa luminosità per miliardi e miliardi di anni a venire. Parte della massa di una stella resta intrappolata per sempre nel resto stellare che si forma al termine della sua evoluzione, che sia una nana bianca, una stella di neutroni o un buco nero, e non potrà servire per dare vita a nuove stelle. Ciò significa che in futuro ci sarà sempre meno gas a disposizione e che a un certo punto – forse fra 20 o 30 miliardi di anni – non ci sarà più idrogeno dal quale far scaturire nuove stelle. La luminosità della Galassia comincerà allora a declinare lentamente. Nel lontano futuro, fra molti miliardi di anni, nella Galassia troveremo soltanto stelle morte e nane rosse di lunga vita. Ma alla fine anche queste spegneranno i loro reattori nucleari e la Galassia si trasformerà in un disco oscuro di stelle estinte.

Questo sarà lo scenario inevitabile se la nostra Galassia fosse l'unica esistente nell'Universo. Ma siccome è membro del Gruppo Locale ed è legata gravitazionalmente ad altre galassie, potranno capitare eventi imprevedibili come la collisione con la grande e massiccia Galassia di Andromeda. Discuteremo tutto ciò nel prossimo capitolo.

Galassie satelliti e Gruppo Locale. Finora abbiamo scoperto circa 20 galassie satelliti gravitazionalmente legate alla Via Lattea e in orbita attorno a essa. Le maggiori sono la Grande e la Piccola Nube di Magellano, rispettivamente grandi 20mila e 15mila anni luce, e lontane 180mila e 210mila anni luce. Tutte le altre sono galassie nane ellittiche. Il satellite più vicino è la galassia nana nel Cane Maggiore, distante da noi 40mila anni luce; il più lontano si trova a 880mila anni luce ed è la Leo I (Fig. 4.28). Le quattro galassie più piccole misurano solo 500 anni luce.

Le collisioni fra galassie sono fenomeni molto più frequenti di quanto si ritenesse in passato. La nostra Galassia ha già sperimentato con le vicine del Gruppo Locale un certo numero di incontri stretti, alcuni dei quali hanno prodotto effetti osservabili. Se la Via Lattea incontra una piccola nana, la distrugge e la risucchia a sé, mentre le sue stelle si disperdono in tutto il disco galattico.

Nel 2005, gli astronomi scoprirono un consistente gruppo di deboli stelle in moto ad angolo retto rispetto al piano del disco e non trovarono alcun modo per incorporare questo

Figura 4.28. La galassia satellite della Via Lattea più distante è la nana Leo I, quasi cancellata dalla luce della brillante Regolo.

fatto in un qualunque modello della Galassia. Ulteriori ricerche hanno dimostrato che si trattava di una galassia nana del Gruppo Locale che era stata strappata dalla sua orbita dall'attrazione gravitazionale della Via Lattea e che finirà, in un lontano futuro, per fondersi con essa. Al momento, le stelle si trovano a circa 30mila anni luce di distanza e le si può vedere in direzione della costellazione della Vergine; per questo, il gruppo stellare è stato chiamato Corrente Stellare della Vergine. E non è l'unica corrente stellare di analoga natura che abbiamo finora scoperto.

Recenti osservazioni mostrano che l'ammasso globulare M54 nel Sagittario è, con ogni probabilità, solo la parte più brillante di una galassia nana appartenente al Gruppo Locale. Anche questa nana pare che sia sul punto di fondersi con la Galassia nel prossimo futuro. L'attuale distanza è di 88mila anni luce. M54 è al limite della visibilità in un binocolo: si può cercare di osservarlo solo quando le condizioni del cielo sono perfettamente assolutamente perfette.

Una situazione analoga è quella dell'ammasso globulare M79, nella costellazione della Lepre, che comincerà (o forse il processo è già iniziato) a integrarsi con il nostro alone di ammassi globulari provenendo dalla nana nel Cane Maggiore. Insieme a esso, dovremmo acquisire anche l'ammasso globulare NGC 1851 (visibile nella costellazione della Colomba), NGC 2298, nella Poppa, e NGC 2808, nella Carena. L'ammasso M79 è chiaramente visibile al binocolo: quando guarderete questa debole macchiolina di luce ricordate cosa sta accadendo da quelle parti.

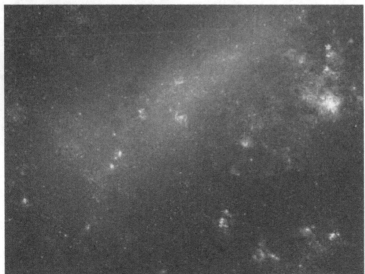

Figura 4.29. La Grande Nube di Magellano è la maggiore delle nostre galassie satelliti: può essere vista a occhio nudo dall'emisfero meridionale.

Un analogo destino è quello che attende le due Nubi di Magellano (Fig. 4.29). La più grande delle due, che percorre un'orbita ellittica, è già transitata così vicina alla nostra Galassia che la gravità le ha già sottratto parte della materia: oggi vediamo tale "risucchio" di gas e di stelle correre lungo il cielo a costituire quella che chiamiamo Corrente Magellanica. È interessante notare che all'incirca nello stesso piano su cui giace la

Corrente Magellanica si trovano almeno sette altre nane che circondano la Galassia. Probabilmente sono frutto della stessa forza e dello stesso evento che ha dato vita alla Corrente.

La nostra Galassia è legata gravitazionalmente non solo alle sue satelliti, ma anche al piccolo gruppo di galassie che chiamiamo Gruppo Locale, costituito di 47 membri, dei quali 17

Figura 4.30. Una collisione di galassie: nella foto, il sistema II Zw 96.

sono ancora in attesa di conferma. Si tratta soprattutto di minuscole galassie: le misure relative alle loro distanze e velocità non sono del tutto precise.

La più grande galassia del Gruppo Locale è quella in Andromeda (M31), seguita dalla nostra e dalla galassia spirale nel Triangolo (M33). Le altre sono nane ellittiche, oppure irregolari. La più piccola (la GR8, nella costellazione della Vergine), misura soltanto 200 anni luce.

Nella loro lenta danza gravitazionale attorno al centro di massa comune, anche le altre galassie del Gruppo Locale sperimentano incontri stretti e collisioni. Si sa da tempo che M31 e la nostra Galassia un giorno si scontreranno muovendosi alla velocità relativa di circa 500mila km/h: la collisione dovrebbe avvenire fra due miliardi di anni. Simulazioni al computer dell'evento hanno però dimostrato che c'è solo una probabilità del 12% che M31 possa catturare e portare via con sé il Sistema Solare. In ogni caso, il cambio di cittadinanza sarebbe solo temporaneo perché 5 miliardi d'anni dopo le due galassie si fonderanno per dare vita a una singola galassia ellittica gigante (Fig. 4.30).

Altri gruppi vicini al nostro sono quello di Maffei 1 (5 membri; distanza 10 milioni di anni luce), quello dello Scultore (14 membri; 10 milioni di anni luce) il gruppo di M81 (19 membri; 12 milioni di anni luce) e il gruppo attorno a M33 (14 membri; 15 milioni di anni luce). Il più interessante di tutti è Maffei 1: le sue galassie appartenevano al Gruppo Locale, ma vennero fiondate lontano a seguito di un incontro stretto con la galassia in Andromeda.

L'eredità di Oort

Jan Oort (1900-1992) entrò nella storia dell'astronomia nel 1927, quando, insieme con l'astronomo svedese Bertil Lindblad, scoprì che la nostra Galassia ruota attorno al proprio asse. Negli anni Trenta del secolo scorso, le misure sulla velocità delle stelle nei pressi del Sole lo convinsero che la Galassia doveva contenere più materia di quanta se ne vedesse nelle stelle e nelle nebulose. Nel 1940, egli si applicò allo studio delle galassie ellittiche NGC 3115 e NGC 4494, trovando che anche queste due galassie avrebbero dovuto contenere grandi quantità di materia invisibile, quella che venne poi chiamata *materia oscura*. La natura della materia oscura resta uno dei più grandi problemi aperti della moderna cosmologia.

Il contributo più significativo di Oort alla scienza del XX secolo fu però nel campo della radioastronomia, che mosse i suoi primi passi negli anni Trenta. In effetti, nacque quando Karl Jansky per primo osservò onde radio provenienti dall'Universo. Oort comprese subito che le onde radio erano uno strumento ideale per lo studio della struttura della Galassia perché, diversamente dalla luce visibile, possono attraversare indisturbate le polveri e il gas interstellare.

Oort si chiedeva su quali lunghezze d'onda sarebbe stato più opportuno sintonizzare i radiotelescopi, al fine di ricavare informazioni sulla Via Lattea. L'idrogeno è l'elemento più comune nella Galassia, cosicché Oort chiese a uno dei suoi studenti, Henk van de Hulst, di calcolare quali sono i livelli energetici dell'atomo di idrogeno ai quali vengono emessi fotoni sotto forma di onde radio. Nel 1944, van de Hulst previde l'esistenza dell'ormai famosa riga spettrale di 21 cm dell'idrogeno neutro. Subito dopo la Seconda Guerra Mondiale, gli astronomi di Leida modificarono un'antenna radar tedesca di 7,5 m trasformandola in un radiotelescopio e iniziarono un programma di osservazioni. Finalmente, nel 1950, trovarono la riga dell'idrogeno a 21 cm e nel corso di pochi anni avevano già mappato nelle onde radio l'intera Via Lattea, evidenziandone la struttura a spirale.

Oort trovò il tempo di studiare anche le comete e ipotizzò che doveva esistere una gigantesca nube sferica di nuclei cometari che circonda il Sole fino alla distanza di 1 anno luce. Finora la Nube di Oort, come viene chiamata, non è stata osservata per via diretta, ma ben pochi ormai dubitano della sua esistenza.

Oort lavorò anche alla fondazione dell'Osservatorio Europeo Meridionale, che è cresciuto gradualmente fino a diventare uno dei più importanti centri al mondo nel campo dell'astronomia ottica. Uno dei partecipanti alle prime spedizioni in Cile per la ricerca del sito in cui sarebbe stato edificato il futuro osservatorio ebbe a scrivere: "Oort se ne stette una notte intera sdraiato a terra sull'erba umida, rischiando di prendersi una polmonite. Era assolutamente affascinato dalla Via Lattea. L'uomo che, nel quarto di secolo precedente, aveva rivelato i misteri della nostra Galassia nelle onde radio ora la poteva finalmente vedere in tutta la sua magnificenza sotto il buio cielo andino".

5 Modelli

Alla gente piace fare modelli. Costruire modelli in scala che siano una replica perfetta degli originali è un *hobby* interessante e divertente: oltretutto, dai modelli si può imparare un sacco di cose. Facciamo modelli di aerei, di navi, di razzi e di automobili. Ma, probabilmente nessuno ha mai fatto un modello dell'Universo, nel quale si possa vedere il Sistema Solare, con il Sole e i pianeti, la sua posizione dentro la Galassia, il Gruppo Locale, altri ammassi di galassie e in generale l'intero Universo per come lo conosciamo.

Se vi chiedete perché, la risposta è molto semplice: un modello di questo tipo è impossibile da fare. Naturalmente, possiamo fare modelli in scala dei pianeti, e poi sarà carino metterli in fila sul tavolo l'uno dopo l'altro. Ma se proviamo a costruire un modello accurato del Sistema Solare, ci accorgeremo ben presto che è troppo grande perché possa stare su un tavolo e che, probabilmente, per rispettarne la scala bisognerebbe uscire dalla stanza, se non dall'appartamento. Questo perché per realizzare un buon modello dobbiamo ridurre in scala della stessa proporzione tutte le dimensioni lineari, come le distanze, e non solamente i diametri dei pianeti. Vediamo come si potrebbe fare.

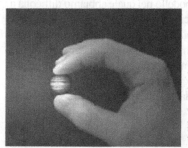

Figura 5.1. Modello di Giove alla scala 1:10¹⁰.

Figura 5.2. Quanti, osservando il transito di Venere sul disco del Sole, si sono chiesti: "Ma davvero Venere è così piccola rispetto al Sole?!". In realtà, è ancora più piccola, perché una foto come questa non è un vero modello: infatti, il Sole è molto più lontano di quanto sia Venere. Per visualizzare la vera relazione tra le dimensioni dei due oggetti, dovremmo ingrandire il Sole di 3,6 volte.

Modelli del Sistema Solare

Cominciamo col fare il modello più piccolo possibile del nostro Sistema Solare, nel quale i pianeti risultino ancora visibili e in cui si possa avere un'idea dei nostri dintorni cosmici. Potremmo decidere di ridurre Mercurio, che è il più piccolo dei pianeti (diametro di 4880 km), alle dimensioni di un granello di sabbia, diciamo con un diametro di mezzo millimetro. Questo significa che dovremo scalare tutte le dimensioni e le distanze dello stesso fattore, in un modello in scala $1:10^{10}$. In tale modello, la Terra sarà una sferetta del diametro di 1,3 mm. La Luna, un poco più piccola di Mercurio, disterà dalla Terra 3,8 cm. Il Sole si ridurrà a una palla del diametro di 14 cm e sarà posto a 15 m dalla Terra.

Dovrebbe già essere chiaro che non riusciremo a contenere il nostro modello in una stanza, e nemmeno in un planetario. E pensare che finora abbiamo coperto soltanto la distanza tra la Terra e il Sole! A questa scala, Giove è una biglia del diametro di 1,4 cm (Fig. 5.1) e la dovremo collocare a 78 m dal Sole. Saturno è un po' più piccolo e si troverà a 143 m. Se vogliamo raggiungere Nettuno, che è il più esterno dei pianeti del Sistema Solare, dovremo collocare una sferetta grossa quanto un pisello (diametro di 5 mm) alla distanza di 450 m.

Se costruissimo davvero un modello come questo e da Nettuno guardassimo verso il Sole saremmo stupiti di vedere come sia vuoto il nostro Sistema Solare e quanto sia strana la forza di gravità che lo tiene insieme (Fig. 5.3). A quasi mezzo chilometro da noi c'è una palla di 14 cm che in qualche modo, con la sua forza gravitazionale, tiene Nettuno sotto controllo e lo costringe a ruotare attorno ad essa. Chi di noi ha osservato il transito di Mercurio sul

Le costellazioni al binocolo

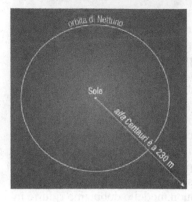

Figura 5.3. Se consideriamo l'orbita di Nettuno come indicativa delle dimensioni del Sistema Solare e la facciamo grande 5 cm, la stella più vicina si troverebbe a 230 m di distanza. Il puntino al centro rappresenterebbe la posizione del Sole, ma non il Sole stesso, che, a questa scala, sarebbe microscopico (diametro di 0,008 mm). In una galassia tipica, come è la nostra, le stelle si trovano a distanze grandissime in rapporto alle loro dimensioni.

disco del Sole il 7 maggio 2003, o quello di Venere il 6 giugno 2012, avrà provato una simile sensazione (Fig. 5.2).

Ora consideriamo la stella più vicina al Sole. *Alfa* Centauri è appena più grande della nostra stella, ma in questa scala si troverebbe a 4000 km di distanza. In un modello nel quale abbiamo difficoltà a vedere il più piccolo pianeta del Sistema Solare, la stella più vicina è inimmaginabilmente lontana.

Adesso davvero possiamo restare sbalorditi. La regione della Galassia in cui ci troviamo è persino più vuota del nostro Sistema Solare. In effetti, non c'è un grande assembramento di stelle. A questa scala, dovremmo camminare per 25 milioni di chilometri prima di raggiungere il centro della Galassia, e l'intera Galassia misurerebbe 130 milioni di chilometri. Immaginare tali distanze è davvero arduo. Dunque, un modello in scala $1:10^{10}$ può andare bene, ma solo per rappresentare il nostro Sistema Solare.

Modelli della Galassia

Per costruire un modello della Galassia dobbiamo necessariamente cambiare la scala. Immaginiamo dunque che la nostra Galassia abbia il diametro di 1 km. È un valore ragionevole: è una distanza che possiamo coprire a piedi in 10 minuti. La scala del modello è $1:10^{18}$. Per questo valore dovremo dividere tutte le dimensioni e le distanze per rappresentarle correttamente in scala. In questo caso, l'orbita di Nettuno misura solo un centesimo di millimetro, mentre il diametro del Sole è dell'ordine dei nanometri.

Dove ci aspettiamo di trovare ora le prime stelle? *Alfa* Centauri è a 4,3 cm dal Sole e le altre sono distribuite attorno in tutte le direzioni. La stella più brillante del cielo, Sirio, si trova a 8,5 cm, Vega a 25 cm, Regolo a 76 cm, mentre la Polare si trova a 4 m di distanza. Le stelle della Cintura di Orione stanno fra 8 e 13 m da noi.

Tra le stelle relativamente brillanti, le più remote sono la *delta* e la *eta* Canis Majoris: nel nostro modello, la prima dista 17 m e la seconda 30 m dal Sole. Possiamo vedere che le stelle più sfavillanti spesso sono anche le più vicine, benché questa non sia una regola. Dal Sole al centro della Galassia ci sono 250 m e il rigonfiamento centrale della Via Lattea ha un diametro di 150 m. Il disco della Galassia è spesso in media una ventina di metri, ma dalle nostre parti soltanto 5 m. L'alone avvolge tutta la Galassia. In questo modello, la sua parte più densa, nella quale si trova la maggioranza degli ammassi globulari, sarebbe rappresentata da un volume sferico con un raggio di 1 km, mentre troveremmo ancora qualche ammasso isolato fino alla distanza di 2 km dal centro. La parte interna dell'alone comprende circa 150 ammassi globulari che possiamo immaginare come globi luminosi del diametro di qualche metro. Il più bello per gli osservatori dell'emisfero settentrionale è M13, in Ercole. Nel nostro modello, M13 sta a 240 m dal Sole e il suo diametro misura 1,4 m. Poiché si libra alto sopra il piano equatoriale della Galassia, dovremmo collocarlo 200 m sopra il livello medio del nostro modello. Siccome è più difficile visualizzare le altezze rispetto alle distanze, provate a pensare alle altezze note di qualche collina vicina, di qualche grattacielo o di qualche casa.

A questa scala, anche le stelle più grandi sono oggetti microscopici. Se osservassimo dall'alto il modello della Galassia potremmo vedere una bella spirale barrata, ma non potremmo apprezzare i dischetti delle singole stelle: vedremmo semplicemente la loro luce. Le distanze tra le stelle sono enormemente maggiori delle loro dimensioni.

Forse, riusciremmo a visualizzare la nostra Galassia a questa scala, ma sarebbe inutile guardarsi attorno per cercare la grossa galassia più prossima a noi, M31, nella costellazione di Andromeda, perché la troveremmo a 22 km di distanza. Il nostro modello alla scala di $1:10^{18}$ a questo punto entra in crisi: dobbiamo ancora una volta ridurre la scala se vogliamo rappresentare ciò che ci circonda.

Modelli dell'Universo

Immaginiamo adesso che il diametro della nostra Galassia misuri solo 12 cm, proprio come quello di un CD. Anche le proporzioni tra il diametro e lo spessore sono abbastanza realistiche (Fig. 5.4). Di fatto, abbiamo adottato la scala $1:10^{22}$. Se volessimo usare un CD per creare un modello della Galassia, dovremmo appoggiare nel centro una sferetta di 1,5 cm, per esempio di polistirolo, che rappresenta il rigonfiamento centrale. In un modello così ridotto della Galassia non si può nemmeno porre la questione di dove siano localizzate le singole stelle. A questa scala si può al massimo distinguere tra il nucleo e i bracci di spirale che gli si avvolgono attorno. Ora corrono solamente 2,6 cm dal Sole al centro della Galassia. L'alone sferoidale degli ammassi globulari potrebbe essere rappresentato da qualche centinaio di granelli di sabbia che si distribuiscono in una sfera del diametro di 24 cm: il già citato M13, in Ercole, è grosso solo un decimo di millimetro e volteggia a 2 cm dal disco.

In primo luogo, proviamo a costruire il modello del Gruppo Locale. La Galassia in Andromeda, che misura 24 cm di diametro, dista la bellezza di 2,6 m dalla nostra Galassia. La spirale M33 nel Triangolo si trova leggermente più lontana, ma grosso modo nella stessa direzione. Tutto intorno vediamo una cinquantina di galassie nane che possono essere rappresentate da piccoli fiocchi di ovatta. A questa scala, la gran parte dei membri del Gruppo Locale si raccoglierebbe entro una sfera del diametro di 3 m, mentre il componente più lontano starebbe a 8 m di distanza. Si noti però che alcune galassie dei gruppi più vicini già le troviamo a solo 10-12 m di distanza: diciamo allora che questa distanza è rappresentativa delle dimensioni del Gruppo Locale.

Come abbiamo visto, la nostra Galassia è relativamente vuota, poiché le distanze tra le stelle sono molto maggiori delle loro dimensioni. Al contrario, le distanze tra le galassie di un gruppo e le distanze tra i gruppi hanno dimensioni praticamente comparabili. Dal che si comprende facilmente perché, mentre sono assai improbabili le collisioni tra le stelle di una galassia, sono invece più probabili e frequenti quelle fra galassie. Gli altri ammassi di galassie si distribuiscono tutto attorno, in ogni direzione. Essi hanno diametri assai diversi, passando da piccoli gruppi, come è il nostro, agli ammassi giganteschi che comprendono centinaia o anche migliaia di membri.

Figura 5.4. Modello della nostra Galassia ricavato da un CD. Qui possiamo apprezzare solo la distribuzione della luce nella Galassia e non le singole stelle che, a questa scala, hanno dimensioni subatomiche. La freccia indica la posizione del Sistema Solare.

Le costellazioni al binocolo

Figura 5.5. Sulle foto degli ammassi di galassie si avverte chiaramente che le distanze tra le singole galassie sono comparabili con le loro dimensioni. Diciamo che la distanza tipica tra di esse è di 10 diametri galattici. Al contrario, le stelle nelle vicinanze del Sole distano fra loro 100 milioni di diametri stellari.

A mo' d'esempio, prendiamo in considerazione dove è collocato uno dei grossi ammassi più vicini, quello della Vergine (Fig. 5.5), costituito da circa 2000 componenti. In questo modello, l'ammasso si trova a 60 m da noi e ha un diametro di 7 m.

Non è vero, come si pensava un tempo, che ammassi e superammassi si distribuiscono a caso nell'Universo. Grazie a numerose osservazioni del cielo e alla mappatura delle galassie, sappiamo da almeno una ventina d'anni che ammassi e superammassi formano una struttura che richiama quella di una spugna, ove si incontrano grosse concentrazioni di galassie, alle quali ci si riferisce con il termine di "Grandi Muraglie", e strutture più piccole e filamentose che le connettono (Fig. 5.6). Se potessimo guardare l'Universo da fuori e da lontano, vedremmo le Grandi Muraglie come pareti che circondano regioni di spazio inimmaginabilmente larghe e vuote. Nel nostro modello, questi vuoti misurerebbero circa 100 m (una quindicina di volte il diametro dell'ammasso della Vergine).

I cosmologi stimano che il diametro dell'Universo osservabile sia di circa 93 miliardi di anni luce. Ciò significa che il nostro modello dovrebbe misurare 93 km. Riuscite a immaginarlo?

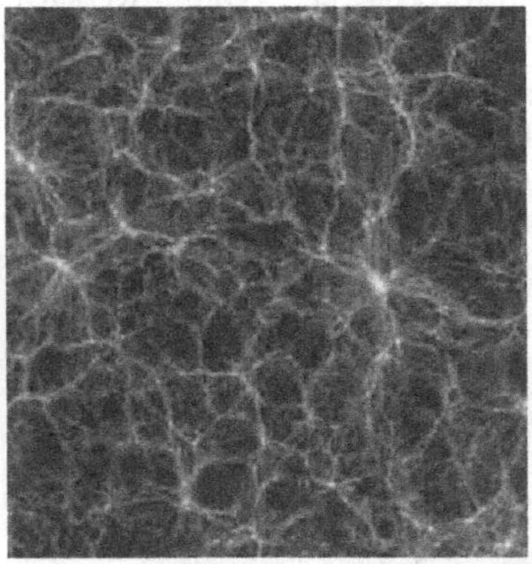

Figura 5.6. Guardando l'Universo da lontano, vedremmo che gli ammassi di galassie (in questa grafica ricostruita al computer ogni ammasso è rappresentato da un punto) non si distribuiscono a caso nell'Universo, ma disegnano una struttura "porosa": si raccolgono in filamenti e muraglie che circondano vasti spazi vuoti.

Per rappresentare il Cosmo, dal Sistema Solare all'intero Universo, dobbiamo costruire tre diversi modelli. Tutti e tre sono statici, immobili. Sappiamo ridurre lo spazio alle varie scale, ma non anche la quarta dimensione, il tempo. L'intero Universo è in moto. I satelliti ruotano intorno ai pianeti, i pianeti intorno al Sole, le stelle attorno ai centri delle galassie, le galassie attorno ai centri degli ammassi e dei superammassi e così via. L'Universo nel suo complesso si sta espandendo e gli ammassi si stanno allontanando tra loro, come se fossero collocati su un pallone che qualcuno sta gonfiando. Qualunque sia la galassia da cui compiamo le nostre osservazioni, tutte le altre galassie ci appaiono in fuga da noi. E, come ci hanno rivelato le più recenti osservazioni, l'espansione dell'Universo sta addirittura accelerando!

Cronologia dell'Universo

La cosmologia moderna nacque nel XX secolo, quando Albert Einstein pubblicò la Teoria Generale della Relatività, quando Edwin Hubble scoprì che l'Universo è in espansione e quando si svilupparono la fisica nucleare e quantistica. Tuttavia, soltanto negli ultimi decenni siamo riusciti a raccogliere dati osservativi sufficienti a fondare un modello circostanziato della nascita e dell'evoluzione dell'Universo (Fig. 5.7).

L'Universo in espansione scaturì dal Big Bang sotto forma di un plasma di materia e radiazione che riempiva lo spazio e che era denso, caldo e opaco. Il giovane Universo si espanse rapidamente, la sua densità calò drasticamente fino a che, a un certo punto, il plasma divenne trasparente alla sua stessa radiazione, che poté diffondersi liberamente per ogni dove.

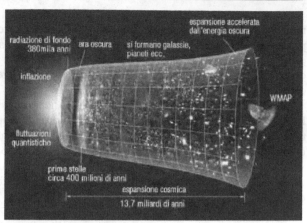

Figura 5.7. Il diario dell'Universo.

L'eco lontana di questo momento decisivo della storia dell'Universo può essere raccolta ancora ai nostri giorni sotto forma di quella *radiazione cosmica di fondo a microonde* (detta anche *radiazione fossile*) che pervade lo spazio e che fu scoperta nel 1965 da Arno Penzias e Robert Wilson. La radiazione di fondo è la luce che si creò nel plasma primordiale solo 380mila anni dopo il Big Bang. Questa luce ci consegna informazioni cosmologiche di capitale importanza perché conserva le tracce delle minuscole disomogeneità presenti nel giovane Universo dalle quali, in tempi successivi, emersero le galassie e gli ammassi di galassie. Questa luce è quanto di più antico gli astronomi possano vedere.

Agli inizi degli anni Novanta del secolo scorso, i cosmologi utilizzarono il satellite COBE per mappare la radiazione di fondo nelle microonde, scoprendo piccolissime ma importantissime differenze di temperatura tra un punto e l'altro della volta celeste. Il COBE era in grado di misurare le differenze di temperatura in modo estremamente preciso, ma la sua risoluzione angolare era piuttosto scarsa. I cosmologi si chiedevano se altre importanti informazioni potevano celarsi nella distribuzione della radiazione di fondo su più piccola scala. Era possibile trarre conclusioni sulla struttura dello spaziotempo e sulle condizioni presenti nel giovane Universo basandosi su ciò che essi stavano osservando?

Le minuscole disomogencità nate con l'Universo stesso dovevano comparire anche nella radiazione cosmica di fondo. Così, nel 2001, la NASA lanciò il satellite WMAP (Wilkinson Microwave Anisotropy Probe), i cui primi risultati vennero resi noti nel 2003. La missione spaziale rilevò le differenze di temperatura nel fondo cosmico con una precisione molto più elevata di quella del COBE e i cosmologi furono in grado di verificare e perfezionare i loro modelli cosmologici. Ora noi sappiamo che:

- l'Universo è vecchio di 13,7 miliardi di anni. L'incertezza di questa misura è minore dell'1%.
- L'Universo è composto per il 4,6% di materia ordinaria, per il 22,8% di un tipo ancora sconosciuto di materia oscura e per il 72,6% della misteriosa energia oscura.
- È quasi certamente corretto il modello dell'inflazione cosmica che sarebbe avvenuta nel giovane Universo.
- La radiazione cosmica di fondo è relativa all'epoca cosmica di 380mila anni dopo il Big Bang.
- Le prime stelle apparvero nell'Universo poche centinaia di milioni di anni dopo il Big Bang.
- L'Universo continuerà a espandersi in eterno a velocità sempre crescente.

Ora proviamo a immaginare come ci apparirebbe il nostro Universo dinamico se rappresentassimo in scala $1:10^{22}$ non più le dimensioni lineari, ma le durate temporali degli eventi.

Le costellazioni al binocolo

A quella scala, tutti i 13,7 miliardi di anni della storia dell'Universo scorrerebbero davanti ai nostri occhi in 4 centomillesimi di secondo! È naturalmente un tempo troppo breve perché si possa cogliere l'evoluzione degli eventi. Se lo spazio ci appare incredibilmente vuoto, il tempo compresso alla stessa scala ci appare incredibilmente breve. Dunque cambiamo la scala, e facciamo in modo che l'evoluzione dell'Universo duri esattamente un anno. In questo caso, dobbiamo contrarre tutti i tempi di un fattore $1,37 \times 10^{10}$.

Un gran numero di fatti importanti si svolsero nei primissimi momenti, il 1° gennaio del Big Bang. Sono stati scritti libri interi sui primi 3 minuti (di tempo reale) dell'Universo. Nel nostro modello tutto succede in un brevissimo lasso di tempo. Subito dopo il Big Bang, l'Universo è un oceano quasi uniforme di idrogeno e di elio, poi si raffredda e, a un certo punto, diventa trasparente alla sua stessa radiazione. Questo è ciò che vediamo quando guardiamo le mappe del COBE e della WMAP relative alla radiazione cosmica di fondo. Siamo ancora al primo giorno e sono trascorsi solo 15 minuti (in scala).

L'Universo continua a espandersi e diventa sempre più freddo e rarefatto. Il 5 gennaio ecco apparire la prima generazione di stelle. Gli astri più massicci iniziano a produrre elementi pesanti nei loro noccioli e nel giro di tre ore li già hanno sparsi per tutto l'Universo dopo essere esplosi come supernovae. Questi elementi si mischiano con l'idrogeno e l'elio e diventano la materia prima da cui nasce una nuova generazione di stelle.

Le prime galassie, o quantomeno le prime aggregazioni di materia destinate a diventare galassie, appaiono alla fine di gennaio. Ben presto lo spazio si riempie di esse e la materia oscura controlla e guida la loro espansione. Comincia a prendere forma la struttura spugnosa di cui si è detto. L'Universo si espande ed evolve. Se dovessimo trovarci alla fine di luglio dalle parti della nostra Galassia, non incontreremmo niente che ci suoni familiare. Nella regione dove in seguito si svilupperà il nostro Sistema Solare troveremmo una grossa anonima stella massiccia che brilla in mezzo a nubi di gas e polveri; la stella si trova nelle ultime fasi del suo ciclo vitale e in agosto esploderà come supernova: gas e polveri saranno arricchiti da elementi pesanti.

Agli inizi di settembre, nella parte più densa della nebulosa comincia a svilupparsi il nostro Sistema Solare. Una stella, il nostro Sole, prende corpo al 3 settembre. Il 7 settembre i protopianeti hanno ripulito i loro dintorni: questo è il giorno in cui possiamo dire sia nata la Terra. Il 23 settembre il nostro pianeta si è già raffreddato abbastanza da poter ospitare acqua liquida in superficie.

Alla fine di settembre, compaiono negli oceani i primi organismi viventi, semplici batteri che non necessitano di ossigeno per vivere, e solo il 10 ottobre incontriamo per la prima volta una forma di vita familiare, un tipo di alghe blu-verdi. Il 23 dicembre, cominciano a strisciare sul nostro pianeta i giganteschi rettili del Mesozoico, che si estinguono il 30 dicembre a mezzogiorno. I primi umanoidi compaiono il 31 dicembre alle 22h e tutta la storia scritta, dagli antichi Caldei fino ai nostri giorni, occupa gli ultimi 14 secondi. Solo 0,9 secondi fa Galileo puntò per la prima volta al cielo il telescopio e questo rappresenta l'età della moderna astronomia nel nostro modello. Se ci pensiamo bene, dovremmo trovarci d'accordo sul fatto che abbiamo accumulato una gran messe di conoscenze in un periodo di tempo molto, molto breve.

Fin dove possiamo spingerci lontano?

C'è gente avventurosa che organizza viaggi in motocicletta attorno al mondo, oppure che percorre in bicicletta la Via della Seta, dall'Europa alla Cina. Gli astronomi viaggiano assai più lontano senza spostarsi di molto, giusto i passi per raggiungere la cupola del telescopio. Quanto lontano si possa andare con le nostre osservazioni dipende dalle dimensioni del telescopio o del binocolo che stiamo usando, dalla qualità delle ottiche, dalle condizioni osservative e così via. Relativamente agli ultimi due fattori, assumeremo di avere ottiche ideali e condizioni osservative eccellenti. Il nostro viaggio nelle profondità dell'Universo dipenderà perciò soprattutto dal diametro dell'obbiettivo del nostro strumento ottico.

In questo libro, abbiamo scelto di parlare di oggetti celesti che possono essere visti a occhio nudo, col binocolo o con un piccolo telescopio. Perciò tratteremo dei limiti visuali, non di quelli fotografici. Quando osserviamo per via diretta le più lontane galassie, i bastoncelli della nostra retina vengono eccitati da fotoni che furono emessi tanto tempo fa da un'anonima stellina di quelle galassie. Qui sta il fascino dell'astronomia osservativa.

Cominciamo a considerare lo strumento di cui ciascuno di noi dispone: i nostri occhi. In molti libri troviamo scritto che il limite osserva-

Figura 5.8. L'oggetto limite per l'occhio nudo: la galassia spirale M33 nel Triangolo.

tivo a occhio nudo è la grande Galassia in Andromeda (M31), che dista da noi circa 2,6 milioni di anni luce. Non è del tutto vero. M31 è abbastanza brillante da rendersi visibile in quei siti ove il cielo è buio; però, se si sa dove guardare, il vero limite è la galassia M33 (Fig. 5.8), nel Triangolo, che si trova a 3 milioni di anni luce di distanza. Nei siti ove il cielo è veramente buio e terso, per vedere M33 possiamo aiutarci con un artificio che è quello della *visione distolta* (si tratta di guardare l'oggetto debole con la coda dell'occhio, invece di fissarlo dritto al centro). In questo modo, saremo certamente in grado di vedere questa galassia. La luce che in questo momento colpisce il nostro occhio partì da M33 la bellezza di 3 milioni di anni fa e da allora i fotoni hanno viaggiato per l'Universo muovendosi alla velocità della luce. Quando iniziarono il loro cammino, sulla Terra viveva ancora l'Australopiteco.

Un ausilio ottico potrà estendere significativamente il nostro orizzonte osservativo. Nella Tabella 5.1 abbiamo elencato alcune galassie brillanti in funzione della loro distanza. Molte di esse hanno sigle del catalogo di Messier, il che significa che furono scoperte da questo famoso cacciatore di comete del secolo XVIII. I telescopi di allora, per via della qualità delle ottiche, erano assai più scadenti di quelli moderni. Però, è anche vero che a quel tempo non c'erano lampioni elettrici nelle strade e che il cielo notturno anche sopra Parigi, dove Messier osservava, era molto scuro.

Gli osservatori dell'emisfero settentrionale che utilizzano un binocolo 10×50 possono giungere a vedere i membri più brillanti dell'ammasso di galassie della Vergine, che si raccolgono attorno a M87, e che sono distanti 60 milioni di anni luce, mentre chi sta più a sud può percepire la galassia NGC 1316, nella costellazione della Fornace, anch'essa lontana 60 milioni di anni luce (Fig. 5.9). Questo è l'estremo limite spaziale a cui si giunge con il binocolo. Da notare che queste sono distanze spaziali e anche temporali. La luce ha viaggiato per 60 milioni di anni: partì da NGC 1316 o da M87 circa all'epoca in cui si estinsero i dinosauri.

Se vogliamo andare ancora più lontano, dobbiamo fare uso di un telescopio e di buone mappe celesti, come si trovano negli atlanti *Uranometria 2000.0* o *The Millenium Star Atlas*. Dopo NGC 1316, la tabella riporta nove galassie brillanti che sono via via sempre più lontane da noi. L'ultima della lista è la NGC 4889, il membro più brillante dell'ammasso della Chioma di

Figura 5.9. L'oggetto più lontano per un binocolo 10×50: la galassia lenticolare NGC 1316 nella Fornace.

Le costellazioni al binocolo

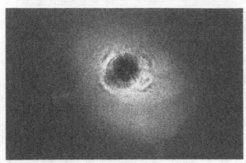

Figura 5.10. La ripresa si riferisce alla parte centrale del quasar 3C 273 nella Vergine.

Berenice, che dista quasi 320 milioni di anni luce. Per vederla abbiamo bisogno almeno di un obbiettivo di 15 cm e di condizioni osservative eccellenti.

Da qui in poi le galassie escono dal nostro campo visuale, poiché gli altri ammassi sono ancora più lontani e dunque anche i loro componenti più grossi e luminosi risultano essere sorgenti troppo deboli per noi. Eppure la natura ha qualcos'altro di buono da mostrare agli astrofili: i *quasar*. Questi oggetti estremamente compatti e luminosi sono come potenti fari nelle profondità dell'Universo. Se le condizioni osservative sono ideali, l'oggetto più brillante di questa famiglia – il quasar 3C 273, nella costellazione della Vergine – può essere visto in un obbiettivo di 20 cm, poiché brilla di magnitudine 12,9 (Fig. 5.10). La sua luce ha impiegato 2,2 miliardi di anni per raggiungerci. È curioso immaginare che i fotoni del quasar che in questo momento stanno entrando nelle nostre pupille partirono dalla sorgente in un'epoca in cui la vita non si era ancora del tutto affermata sulla Terra e gli oceani erano popolati solo da alghe blu-verdi.

I quasar sono generalmente di luminosità variabile; le variazioni, tuttavia, sono casuali, irregolari, e non possono essere previste. Ad esempio, il quasar 3C 273 occasionalmente si porta fino alla magnitudine 11,7, sufficiente perché lo si possa vedere anche in un obiettivo di soli 15 cm.

Ai nostri giorni, sono piuttosto diffusi i telescopi dobsoniani di 30 e 40 cm. Possiamo vedere ancora più lontano con strumenti di questo tipo? Sfortunatamente, la risposta è negativa. Il secondo

Tabella 5.1 Gli oggetti più lontani visibili a occhio nudo o con ausili ottici.

Oggetto	Tipo	Dimensioni (')	Magnitudine	Distanza (milioni a.l.)	Costellazione	Limite per...
M31	Sb	178×63	3,5	2,6	Andromeda	occhio nudo
M33	Sc	73×45	5,7	3	Triangolo	
NGC 55	SBm	32,4×6,5	7,4	7	Scultore	
NGC 253	Sc	26,4×6,0	7,2	10	Scultore	
M81	Sb	21×10	6,9	12	Orsa Maggiore	
M83	Sc	11×10	7,5	15	Idra	
M64	Sb	9,3×5,4	8,5	19	Chioma di Berenice	
NGC 2841	Sb	8,1×3,8	9,3	31	Orsa Maggiore	
M51	SABc	11×7,8	8,4	37	Cani da Caccia	
M104	Sb	8,9×4,1	8,3	50	Vergine	
M109	SBb	7,6×4,9	9,8	55	Orsa Maggiore	
M49	E4	8,9×7,4	8,4	60	Vergine	
M87	E2	7,2×6,8	8,6	60	Vergine	
NGC 1316	SAB0	12,0×8,5	8,9	60	Fornace	binocolo 10×50
NGC 5322	E3-E4	5,5×3,9	10,0	90	Orsa Maggiore	
NGC 2336	SABbc	6,9×4,0	10,3	100	Giraffa	
NGC 772	Sb	7,5×4,3	10,3	115	Ariete	
NGC 7619	E1	2,9×2,6	11,0	170	Pesci	
NGC 3646	Sc	3,9×2,6	10,8	195	Leone	
NGC 1600	E2	2,5×1,8	11,0	220	Eridano	
NGC 1275	E2	2,6×1,9	11,6	235	Perseo	
NGC 467	S0	2,4×2,3	12,1	250	Pesci	
NGC 4889	E4	3,0×2,1	11,5	320	Chioma di Berenice	obbiettivo 15 cm
3C 273	Sy1.0	0,1×0,1	12,9v	2200	Vergine	obbiettivo 20-40 cm

quasar nella lista dei più brillanti è l'OJ 287, distante 2,4 miliardi di anni luce, che brilla normalmente di magnitudine 16. Così, il quasar 3C 273 resta il solo e il più lontano faro cosmico che si possa vedere con strumenti amatoriali.

Il 3C 273 si trova nella Vergine: la cartina che pubblichiamo mostra la costellazione con la sua posizione. In essa vengono rappresentate le stelle fino alla magnitudine 5, come nelle mappe che presenteremo nell'ultima parte del libro, quando descriveremo le costellazioni.

La seconda cartina, più grande, riporta le stelle fino alla magnitudine 9,5. Il quasar è molto più debole delle stelline più fioche presenti in questa cartina, eppure si può usare la mappa quantomeno per identificare le stelle più brillanti nei dintorni dell'oggetto che stiamo cercando.

La terza cartina, che ingrandisce l'area ove risiede il quasar, riporta stelle fino alla magnitudine 15 e il campo rappresentato ha un'ampiezza di circa 50'. Accanto alle stelle vengono indicate le rispettive magnitudini (senza la virgola decimale; 115 significa magnitudine 11,5), ciò che può essere utile per orientarsi correttamente.

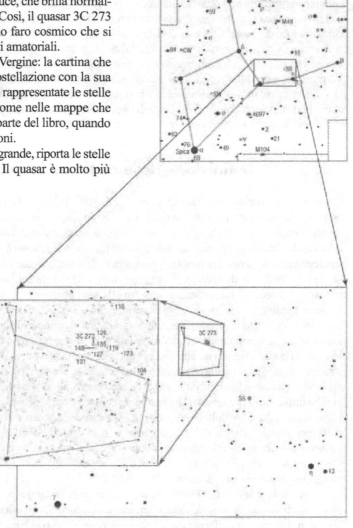

Unità di distanza in astronomia

Le distanze tra i corpi celesti, anche nel nostro Sistema Solare, sono così grandi che non conviene misurarle ed esprimerle in metri o in chilometri. Gli astronomi usano unità molto maggiori.

Nel nostro Sistema Solare, le distanze si misurano riferendole all'*Unità Astronomica* (UA), che è circa pari alla distanza della Terra dal Sole e vale $149,598 \times 10^6$ km.

Vediamo qualche esempio. Giove si trova a 5,2 UA ($777,91 \times 10^6$ km dal Sole): il pianeta è circa 5 volte più distante dal Sole di quanto sia la Terra. Nettuno si trova a 30,1 UA dal Sole. Proxima Centauri (la stella più vicina al Sole) si trova a circa 268mila UA da noi e la distanza del Sole dal centro della Via Lattea è di circa 1,65 miliardi di UA. Si vede bene che per esprimere le distanze tra le stelle o tra le galassie, l'UA non è l'unità più adatta e che conviene sostituirla con qualcosa di ancora più grande: adotteremo infatti l'anno luce.

Un *anno luce* è la distanza che la luce percorre nel vuoto in un anno. Il suo simbolo è a.l. Un anno luce equivale a circa 63.241 UA, ossia $9,46 \times 10^{12}$ km, ovvero 9460 miliardi di km.

Proxima Centauri dista circa 4,2 a.l. dal Sole, mentre il Sole dista dal centro della Via Lattea circa 26mila a.l. L'ammasso di galassie più vicino, quello nella costellazione della Vergine, dista 60 milioni di a.l. e il quasar più vicino si trova a 2,2 miliardi di a.l.

Gli astronomi professionisti preferiscono però come unità di misura il *parsec* (pc), definito come la distanza alla quale il raggio dell'orbita terrestre (l'Unità Astronomica) viene visto sotto un angolo di 1 secondo d'arco. Un pc equivale a circa 3,26 a.l.

Definizione delle distanze in anni luce

In astronomia esprimiamo le distanze in anni luce. In realtà, stabiliamo quanta è "vecchia", ossia da quanto tempo sta viaggiando, la luce che in questo momento arriva a noi da qualche sorgente celeste. La luce da oggetti vicini, qui sulla Terra, è vecchia solo di una frazione di microsecondo. Quella che giunge dal Sole è partita 8m e 20s fa: questo è il tempo che essa impiega a percorrere la distanza Terra-Sole. Così quando diamo uno sguardo al Sole, lo vediamo com'era 8m 20s fa. Se dovesse aver luogo un forte brillamento sul Sole in questo preciso momento, ce ne accorgeremmo soltanto fra 8m 20s, non prima.

Se guardiamo l'Universo, noi osserviamo anche nel passato, come se fossimo seduti in una macchina del tempo in grado di viaggiare solo in una direzione, all'indietro. Le stelle che possiamo vedere a occhio nudo generalmente distano poche centinaia di anni luce; quelle della Via Lattea poche migliaia di anni luce; le galassie più vicine pochi milioni di anni luce. A distanze cosmologiche, quelle che si misurano in miliardi di anni luce, non possiamo più stabilire quale sia la distanza spaziale delle varie sorgenti ricavandola semplicemente dal tempo che la luce ha impiegato a percorrerla. Dobbiamo invece prendere in considerazione il fatto che l'Universo si espande, e poi dobbiamo anche tener conto della geometria dello spaziotempo. L'età della luce di una galassia, che supponiamo sia di 5 miliardi di anni, non significa che quella galassia disti da noi 5 miliardi di anni luce. Quando emise la luce che oggi ci raggiunge, la sorgente era molto più vicina a noi. Però, per via dell'espansione dell'Universo, c'è voluto molto più tempo per viaggiare fino ai nostri occhi.

Anche nella vita di tutti i giorni spesso usiamo unità di tempo per definire le distanze. Per esempio, diciamo: "Il negozio dista cinque minuti a piedi". Significa che il negozio è circa a 500 m di distanza. Se, sulla strada del negozio, ci fermiamo al bar a bere una birra, probabilmente impieghiamo mezz'ora per la stessa distanza. In questo caso, non possiamo dedurre la distanza, in modo semplice e diretto, dal tempo impiegato per raggiungere la meta.

Cos'è un quasar?

Un quasar (acronimo di Quasi Stellar Radio Source) è un lontano e brillante nucleo galattico attivo (AGN). Si tratta di una giovane galassia che ospita nel nucleo un alone compatto di polveri al cui centro si trova un buco nero supermassiccio. Il buco nero risucchia a sé grandi quantità di materia della galassia ospite. L'emissione energetica del quasar rende insignificante quella di ogni altro oggetto astronomico conosciuto. Per esempio, la luminosità del quasar 3C 273 è circa 2000 miliardi di volte quella del nostro Sole: significa che il quasar brilla come 100 galassie giganti simili alla nostra.

Cataloghi di oggetti non stellari

Nelle pagine che descrivono le costellazioni, il lettore troverà un'ampia varietà di sigle per identificare le sorgenti celesti non stellari. Alcune sigle sono specifiche per le galassie, altre per le nebulose planetarie, altre ancora si riferiscono agli ammassi aperti o ai globulari, e così via per tutto il ricco bestiario del cielo. Vediamo cosa significhino tali sigle, almeno le due più importanti.

Messier. Gli oggetti celesti che si mostrano in cielo diversi dalle stelle, ossia che non sono semplici puntini luminosi, incuriosirono i primi astronomi che scrutavano la volta celeste con il telescopio. Le sorgenti di questo tipo sono assai numerose e, nei primi decenni del XVIII secolo, gli astronomi cominciarono a compilare liste per catalogarle.

Verso la fine di quel secolo, Charles Messier (Fig. 5.11), astronomo francese famoso come cacciatore di comete, compì il passo decisivo: fu il primo a pubblicare un catalogo di oggetti celesti che, a suo giudizio, potevano essere confusi con una cometa, perché d'aspetto simile. Messier ne annotava le posizioni e li numerava. Lo scopo dichiarato era quello di evitare che ingannassero altri cacciatori di comete come lui. L'astronomo francese fu il primo a osservare e a registrare sistematicamente la presenza di questi oggetti; molti erano stati scoperti da altri astronomi, vissuti anche prima di lui, ma fu lui a capire quanto fosse utile la loro schedatura in una lista ordinata.

Gli storici si chiedono ancora oggi se davvero l'intento di Messier era solo quello di raccogliere in una lista gli oggetti che avrebbero potuto ingannare gli osservatori di comete, oppure se l'intenzione era quella di produrre il primo catalogo di sorgenti celesti di natura non stellare. Da notare, infatti, che nel suo catalogo sono inclusi anche oggetti come le Pleiadi (M45), conosciute già da millenni, o la Grande Nebulosa di Orione (M42), che difficilmente un astronomo avrebbe potuto confondere con una cometa. Per converso, è curioso che nel catalogo non si trovino oggetti relativamente luminosi e tutt'altro che difficili da vedere al telescopio, come il ben noto Ammasso Doppio del Perseo.

In ogni caso, Messier comprese nella sua lista 103 oggetti. La prima parte del catalogo (da M1 a M45) venne pubblicata dall'Accademia delle Scienze di Parigi nel 1774 nelle *Mémoires de l'Académie*. Un'aggiunta (fino a M68) venne pubblicata nel 1780 nella *Connaissance des Temps*. La versione finale a stampa del catalogo fu pubblicata nel 1781 nella medesima rivista e giungeva fino a M103. In seguito, diversi osservatori aggiunsero qualche altra sorgente brillante, di modo che oggi il catalogo di Messier contiene 110 oggetti.

Stranamente, Messier conosceva bene tutti gli oggetti da M104 a M110, insieme ad altri ancora; tuttavia, per qualche misterioso motivo, egli decise di non includerli nel catalogo originale. M104 venne aggiunto da Camille Flammarion, nel 1921. M105, M106 e M107 vennero proposti da Helen B. Sawyer Hogg, nel 1947; M108 e M109 da Owen Gingerich, nel 1953 e M110 da Kenneth Glyn Jones, nel 1966.

Dei 110 oggetti della lista solo uno, M102, è finito lì per errore. Messier l'aveva incluso poco prima di consegnare il manoscritto allo stampatore: aveva ricevuto l'informazione da Pierre Méchain e non aveva avuto il tempo di verificarla. Purtroppo, come venne provato in seguito, le coordinate erano sbagliate. Alcuni ricercatori moderni sono dell'opinione che l'oggetto fosse in realtà la galassia spirale M101, mentre altri ritengono che Méchain avesse adocchiato la galassia lenticolare nella costellazione del Dragone oggi conosciuta come NGC 5866.

Degli altri 109 oggetti, anche M40 e M73 sono inusuali. Il primo è una stella doppia, nell'Orsa Maggiore, costituita da due stelle di magnitudine 9. Si trattò di un errore, oppure Messier vide veramente una ne-

Figura 5.11. Charles Messier (1730-1817).

bulosità attorno a quel sistema binario? Non lo sapremo mai. M73 è un gruppo di quattro deboli stelle con magnitudini comprese fra la 10,5 e la 12; nel telescopio del grande cacciatore di comete evidentemente si fusero in una debole nebulosità. Oggi non si nota alcuna nebulosa attorno alle stelle, neppure su immagini fotografiche di lunga posa. Tuttavia, per ragioni storiche, l'ammasso aperto M73 continua a essere presente nel catalogo ed è segnato su tutte le cartine celesti moderne.

Anche se è ormai vecchio di oltre due secoli, il catalogo di Messier resta il più noto e il favorito fra gli astrofili, ma anche fra gli astronomi professionisti. Questo perché include tutti gli oggetti non stellari più brillanti, e i prototipi di ogni famiglia di sorgenti non stellari. Quasi tutti gli oggetti di Messier possono essere visti in un binocolo, e tutti e 110 sono alla portata di un telescopio di 15 cm sotto buone condizioni osservative.

Figura 5.12. Johan L.E. Dreyer (1852-1926).

Il *New General Catalogue*. Il secondo grande catalogo utilizzato ancora ai nostri giorni è l'NGC, il *The New General Catalogue of Nebulae and Clusters of Stars*, pubblicato nel 1888 da Johan L.E. Dreyer (Fig. 5.12). L'NGC è una lista di tutti gli oggetti non stellari scoperti da osservatori del secolo XIX. Molti di questi erano stati osservati da John Herschel (1792-1871), che aveva pubblicato il suo *General Catalogue of Nebulae* nel 1864. Questo è il motivo per cui Dreyer titolò il suo lavoro come "nuovo catalogo". L'NGC contiene 7840 oggetti di tutti i tipi che vengono numerati in ordine crescente in funzione della loro ascensione retta (per l'anno 1860).

Tuttavia, essendo l'astronomia una scienza viva, ci furono osservatori che scoprirono numerosi nuovi oggetti anche mentre era in corso la preparazione per la stampa del catalogo. Così, Dreyer decise di pubblicare due appendici, nel 1895 e nel 1908, chiamandole *The Index Catalogue*, in sigla IC. Con le appendici, il catalogo comprende in totale 13.266 oggetti: l'NGC e l'IC possono essere considerati parte dello stesso lavoro.

Un certo numero di oggetti NGC sono visibili al binocolo; molti possono essere visti con un telescopio di 20-30 cm anche da siti osservativi moderatamente inquinati da luci artificiali e tutti sono alla portata di un telescopio di 30 cm sotto condizioni osservative eccellenti. Alcune centinaia di oggetti NGC sono brillanti come i più deboli del catalogo di Messier e quindi possiamo osservare anch'essi in piccoli telescopi. Diversi di questi sono descritti nel libro, essendo visibili al binocolo.

Neppure il lavoro di Dreyer è comunque esente da errori. Nessuno sa come mai non incluse nel suo catalogo l'ammasso aperto M25, nel Sagittario: solo in seguito lo aggiunse nelle appendici con la sigla IC 4725. Inoltre, l'ammasso aperto nell'Ofiuco, grosso e facilmente visibile, non è presente né nella lista di Messier, né nel catalogo NGC. Solo in seguito, Dreyer lo denominò con la sigla IC 4665 (l'ammasso è facilmente visibile in un binocolo). Molti astronomi trovano imperdonabile che l'ammasso aperto delle Pleiadi non abbia una propria sigla NGC o IC.

Il periodo nel quale Dreyer stava compilando i suoi cataloghi fu un tempo felice per i progressi che si stavano compiendo nel campo della fotografia astronomica. Le scoperte fotografiche di nuovi oggetti non stellari, sempre più deboli, si susseguivano così velocemente che a un certo punto Dreyer abbandonò il lavoro di catalogazione per dedicarsi completamente alla sua seconda passione, la storia dell'astronomia.

Sia l'NGC che l'IC sono cataloghi così sistematici ed eccellenti da essere in uso ancora ai nostri giorni.

6 Come prepararsi alle sessioni osservative

Prima che scenda la notte

L'osservatore serio si prepara alla nottata osservativa già nel corso della giornata. Anzitutto, è utile stilare la lista degli oggetti di cui si vuole andare alla ricerca, prendendo nota del momento in cui essi si trovano alla massima altezza sull'orizzonte. Riservatevi almeno mezz'ora di tempo osservativo per ciascuno di essi. Se infatti saltate da una sorgente all'altra in continuazione, è certo che vi perderete tutta una serie di particolari che non vi sfuggirebbero a un'analisi più attenta. Preparate con cura le vostre cartine, in modo tale da non dover rientrare troppo spesso dentro casa a ricercarle, in un ambiente fortemente illuminato: ogni volta che lo farete, vanificherete l'adattamento alla visione notturna dei vostri occhi. E, per riadattarli al buio, avrete bisogno di almeno mezz'ora ogni volta.

Scegliete una notte nella quale le condizioni osservative siano quelle medie del sito per cercare di prendere confidenza con gli oggetti che si vuole osservare: questa attività può richiedere molte ore. Quando saprete ritrovare l'oggetto senza problemi, allora potrete sfruttare al meglio le condizioni osservative ideali, quando si produrranno, per condurre in porto uno studio di dettaglio delle varie sorgenti.

Per non dover rientrare in casa, tenete vicino al binocolo un tavolo e una torcia di bassa potenza, in modo da poter dare un'occhiata veloce alle cartine ogni volta che ne avrete bisogno. La luce della torcia sia bianca e non rossa, come suggeriscono molti manuali. La luce rossa potrebbe essere causa di un adattamento al colore dei vostri occhi non ottimale, procurando un'errata percezione del colore delle stelle.

Adattamento dell'occhio alla visione notturna

Come abbiamo già detto, il cristallino crea l'immagine sulla retina, dove si trovano i recettori sensibili alla luce, detti anche fotorecettori. Quando c'è molta luce, vengono attivati i coni; quando la luce è scarsa operano invece i bastoncelli, che sono ciechi al colore. Nella luce del giorno, i bastoncelli restano celati nella retina. Quando la luce è scarsa essi riemergono, ma l'operazione richiede un certo tempo, una buona mezz'ora o anche più. Così, ogni volta che si entra in una stanza illuminata bisogna poi attendere almeno mezz'ora prima di iniziare le osservazioni notturne. Questo è il tempo che l'occhio richiede per adattarsi alla visione notturna.

La risoluzione angolare di cui l'occhio è capace cala di molto nella visione notturna rispetto a quella diurna. Il motivo è che i bastoncelli sono distribuiti sulla retina con una densità molto più bassa rispetto ai coni (dopotutto, non siamo creature notturne). Nella piccola area al centro della retina (fovea centrale) i coni sono particolarmente densi; lì è dove ci sono meno bastoncelli che in ogni altra parte della retina. Ecco il motivo per cui possiamo vedere meglio i più deboli oggetti celesti quando li guardiamo con la coda dell'occhio invece che puntandoli direttamente. Conoscere questo trucco sarà molto utile quando vi troverete a osservare sorgenti che sono al limite della visibilità. Questa tecnica osservativa è detta *visione distolta*, e gli astrofili esperti la utilizzano sovente.

Condizioni osservative

Le stelle possono essere osservate in ogni notte serena. Questo è vero anche in località inquinate dalle luci artificiali, anche se in cielo ci sono sottili cirri trasparenti e magari anche la Luna. Si deve però sapere che tali condizioni osservative non sono per niente buone. In queste circostanze, si possono osservare solo gli oggetti celesti più brillanti. Sarebbe meglio utilizzare semmai queste notti e queste condizioni osservative per andare alla ricerca di quegli oggetti di cui non si conosce ancora la posizione, poiché sotto cieli siffatti i binocoli non daranno il meglio delle loro possibilità.

Se volete utilizzare la piena potenzialità del vostro binocolo, dovrete ricercare un sito osservativo ove il cielo sia buio, ove non ci sia inquinamento luminoso e lì attendere le migliori condizioni atmosferiche. Che tuttavia non sono le stesse ovunque. Quando dopo un pomeriggio dal cielo blu, percorso da un venticello leggero, scende una notte buia e serena, e le stelle scintillano in cielo, potete star certi che godrete di una notte caratterizzata da una notevole trasparenza. Il cielo buio e il grande contrasto sono le condizioni ideali per l'osservazione di galassie, di nebulose e di stelle deboli. Sfortunatamente, ciò spesso si accompagna con una condizione tutt'altro che ideale: la turbolenza del vento. In queste notti, spesso il *seeing* è molto povero.

Da siti osservativi nella media, raramente il *seeing* scende sotto 1 secondo d'arco, anche in condizioni eccellenti. Questo è anche il limite per la separazione di stelle doppie strette e per la risoluzione dei numerosi dettagli che si possono scorgere sulla Luna e sui pianeti, anche se la risoluzione limite teorica del telescopio è migliore di 1secondo d'arco. Ci sono pochi siti sulla Terra nei quali il *seeing* scende sotto questo valore nelle notti migliori. Questa è anche una delle ragioni per le quali gli astronomi hanno spedito il Telescopio Spaziale "Hubble" a volare in orbita attorno alla Terra, ben al di sopra della nostra atmosfera.

Gli osservatori esperti sanno che trasparenza e buon *seeing* normalmente non compaiono in contemporanea. Spesso una giornata estiva umida, senza vento, determina un *seeing* ideale. La notte che segue, con l'atmosfera molto stabile, è eccellente per separare stelle doppie strette e per osservare i dettagli della Luna e dei pianeti, anche se è presente in cielo una lieve foschia.

Si può anche fare qualcosa per migliorare le condizioni osservative. Per esempio, potreste selezionare un sito osservativo che si trovi lontano da sorgenti d'aria calda, che sono causa di turbolenze. Comignoli, tetti e superfici asfaltate vengono tutti surriscaldati dal Sole del pomeriggio. Prati e piante garantiscono l'ambiente osservativo migliore. Inoltre, se conservate il binocolo in una stanza calda, abbiate la pazienza di attendere mezz'ora, o anche un'ora, affinché la temperatura dello strumento si equilibri con quella ambientale.

Se possibile, osservate gli oggetti celesti quando si trovano alla massima altezza in cielo, alla loro culminazione. Lo spessore di atmosfera che la luce deve attraversare è tanto maggiore quanto più la sorgente è bassa: tanto minore l'altezza, tanto maggiori sono i disturbi.

Scale di valutazione delle condizioni osservative

Il bravo astrofilo tiene un diario delle proprie osservazioni, nel quale riporta, oltre che i dati generali (sito, data e ora dell'osservazione), le condizioni osservative e magari anche un disegno del corpo celeste osservato.

Per una valutazione semplice e immediata della qualità del cielo, Eugène Antoniadi (1870-1944) propose una scala a cinque gradini, pensata proprio per gli astrofili:

I Condizioni eccellenti. L'immagine di una stella è ferma.

II Condizioni buone. Occasionalmente l'immagine della stella si sposta, ma i periodi di stabilità sono prevalenti.

III Condizioni medie. L'immagine della stella non è stabile; i periodi di fissità sono brevi e occasionali.

IV Condizioni cattive. L'immagine della stella è sempre in movimento.

V Condizioni pessime. La stella è soggetta a continue oscillazioni e la sua immagine non è puntiforme.

In questo libro vogliamo aggiungere un altro livello a questa scala, il gradino che potremmo contrassegnare come **Ia**, a segnalare condizioni osservative assolutamente perfette, eccezionali. Queste condizioni si verificano quando un'atmosfera stabile e ferma si accompagna a un cielo molto buio. Incontrerete tali condizioni eccezionali in inverno, quando l'aria è secca, o in montagna, sopra la quota dell'inversione termica, dove le vallate (sorgenti di inquinamento luminoso) sono nascoste sotto spessi strati di nebbia.

Naturalmente, ci sono anche diverse altre scale per dare una misura alle condizioni osservative. Alcune si basano sulla magnitudine limite delle stelle, con altre dovrete contare quante stelle potete vedere in determinate parti del cielo. In altre ancora dovrete confrontare le immagini delle stelle con le figure di diffrazione (il disco di Airy) ecc.

Tuttavia, la scala più scioccante è quella sviluppata recentemente da John E. Bortle. Scioccante perché mostra chiaramente in che modo catastrofico abbiamo rovinato il cielo con l'inquinamento luminoso.

La scala del cielo buio di Bortle. La luminosità limite delle stelle non è di per sé il migliore indicatore dell'effettiva qualità del cielo. Questo è il motivo per cui l'astrofilo americano John E. Bortle, che vanta un'esperienza di quasi cinquant'anni di osservazioni, ha pensato di proporre la sua scala del cielo buio. La scala divide la qualità del cielo in 9 classi nelle quali, oltre alla magnitudine limite delle stelle, è un importante indicatore della qualità del cielo la visibilità della Via Lattea, degli oggetti non stellari e della luce zodiacale (Fig. 6.1). La scala è sconcertante per i molti astrofili che sono convinti di osservare sotto un cielo buio mentre invece, secondo il criterio di Bortle, quel cielo può essere considerato solo mediamente buio.

Classe 1: siti eccellenti (magnitudine limite 7,6-8,0). Sono visibili la luce zodiacale, il Gegenschein e la banda zodiacale (spiegheremo di cosa si tratta alla fine del capitolo); la luce zodiacale è assai evidente e la banda zodiacale attraversa l'intero cielo. Si può vedere a occhio nudo M33. La parte di Via Lattea nel Sagittario e nello Scorpione getta sul terreno l'ombra di oggetti esposti alla sua luce. Venere e Giove sono così luminosi da impedire il perfetto adattamento dell'occhio alla visione notturna. La luminescenza notturna (*airglow*) si nota chiaramente fino a 15° sopra l'orizzonte. Con un telescopio di 32 cm si possono vedere stelle fino alla magnitudine 17,5 e con uno di 50 cm si giunge alla magnitudine 19. Se osserviamo da un prato circondato da alberi, nel buio della notte abbiamo difficoltà a vedere il nostro telescopio.

Classe 2: sito veramente scuro (magnitudine limite 7,1-7,5). La luminescenza notturna può rendersi visibile appena sopra l'orizzonte. M33 è fa-

Figura 6.1. La Via Lattea e la luce zodiacale fotografate sul Monte Lemon in Arizona, negli Stati Uniti.

cile da vedere con la visione distolta. La Via Lattea estiva mostra la sua struttura complessa anche a occhio nudo, mentre le parti più brillanti, viste al binocolo, richiamano le venature di una superficie marmorea. La luce zodiacale è abbastanza luminosa da gettare deboli ombre appena prima dell'alba e subito dopo il crepuscolo; il suo colore giallastro contrasta con quello bianco-azzurro della Via Lattea.

Le eventuali nuvole sembrano cavità scure scavate nel fondo stellato. Il telescopio e gli oggetti che vi stanno attorno si rendono visibili con difficoltà, a meno che non si proiettino contro il cielo. Numerosi oggetti di Messier sono chiaramente visibili a occhio nudo. La magnitudine limite per l'occhio nudo è tra 7,1 e 7,5; con un telescopio di 32 cm possiamo vedere stelle fino alla magnitudine 16 o 17.

Classe 3: cieli rurali (magnitudine limite 6,6-7,0). Basse sull'orizzonte compaiono le prime tracce di inquinamento luminoso. Le nuvole sono debolmente illuminate vicino all'orizzonte e restano scure allo zenit. La Via Lattea appare ancora ben strutturata a occhio nudo e sono chiara-

mente visibili gli ammassi globulari M3, M5, M15 e M22. M33 può essere facilmente vista con la visione distolta. La luce zodiacale è evidente in primavera e in autunno quando si estende per 60° sopra l'orizzonte dopo il crepuscolo e prima dell'alba. La magnitudine limite delle stelle è tra 6,6 e 7,0 a occhio nudo; con un telescopio di 32 cm possiamo vedere stelle fino alla magnitudine 16.

Classe 4: fra un cielo rurale e uno di periferia (magnitudine limite 6,1-6,5). Macchie di inquinamento luminoso si vedono appena sopra gli insediamenti in varie direzioni. La

luce zodiacale è visibile, ma non si alza più di 30-40°. La Via Lattea alta sull'orizzonte è ancora impressionante, ma ormai ha perso gran parte della sua struttura. M33 è un oggetto difficile con la visione distolta e lo si vede solo quando è più alto di 50°. Le nuvole in direzione dei lontani centri abitati sono debolmente illuminate, mentre restano scure quelle allo zenit. Al telescopio di 32 cm vediamo stelle con magnitudine fino alla 15,5.

Classe 5: cieli di periferia (magnitudine limite 5,6-6,0). Qua e là si indovina la presenza della luce zodiacale nelle migliori notti primaverili e autunnali. La Via Lattea è molto debole o invisibile all'orizzonte, mentre appare sbiadita allo zenit. Fonti di inquinamento luminoso si vedono in molte direzioni. Su quasi tutta la volta celeste le nuvole sono notevolmente più luminose del fondo cielo. I telescopi di 32 cm ci mostrano stelle fino alla magnitudine 14,5 o 15.

Classe 6: cieli luminosi di periferia (magnitudine limite circa 5,5). Neppure nelle notti migliori si scorge la luce zodiacale. Accenni di Via Lattea solo allo zenit. Il cielo fino a 35° sopra l'orizzonte è grigiastro. Le nuvole sono luminescenti su tutta la volta celeste. M33 è visibile solo al binocolo, mentre M31 si scorge difficilmente a occhio nudo. Con un telescopio di 32 cm a ingrandimenti moderati possiamo vedere stelle di magnitudine 14 o 14,5.

Classe 7: fra un cielo di periferia e un cielo urbano (magnitudine limite circa 5,0). L'intera volta celeste ha una colorazione grigiastra. In tutte le direzioni si vedono forti sorgenti di luci artificiali. La Via Lattea è del tutto invisibile o quasi. M44 e M31 sono al limite di visibilità a occhio nudo, mentre in un telescopio di medie dimensioni tutti gli oggetti di Messier sono solo pallidi riflessi di ciò che sono in realtà. La magnitudine limite a occhio nudo delle stelle è 5,0; un telescopio di 32 cm ci mostra stelle fino alla magnitudine 14.

Classe 8: cielo cittadino (magnitudine limite circa 4,5). Il cielo, di colore grigio-arancione, è così luminoso da consentirci di leggere senza difficoltà i titoli di un quotidiano. Difficilmente si possono scorgere M31 e M44, anche nelle notti migliori e da un astrofilo esperto. Gli oggetti di Messier più brillanti si rendono visibili attraverso un telescopio di medie dimensioni. Alcune costellazioni sono irriconoscibili. Nelle condizioni migliori, la magnitudine limite a occhio nudo delle stelle è la 4,5; con un telescopio di 32 cm possiamo vedere stelle fino alla magnitudine 13.

Classe 9: cielo del centro città (magnitudine limite sotto la 4,0). Tutto il cielo è interessato dall'inquinamento luminoso, anche allo zenit. Numerose le costellazioni irriconoscibili, mentre alcune, come il Cancro o i Pesci, risultano del tutto invisibili. Invisibili sono pure quasi tutti gli oggetti di Messier, con l'eccezione delle Pleiadi. I soli corpi celesti che vale la pena di osservare al telescopio sono la Luna, i pianeti e gli ammassi stellari più brillanti, ammesso che si riesca a trovarli. La magnitudine limite a occhio nudo è al di sotto della 4,0.

Secondo la scala di Bortle, i migliori siti bui in aree abitate appartengono soprattutto alla Classe 4; a classi più alte appartengono pochi siti di alta montagna o nei deserti.

Forse neppure gli astronomi si rendono conto della velocità con la quale stiamo cancellando il cielo stellato. Il degrado della qualità del cielo notturno non si consuma su tempi scala di generazioni o di decenni: ormai lo si avverte da un anno con l'altro. Qualche lettore anziano potrebbe ancora ricordarsi le notti buie della sua infanzia, cieli nei quali la Via Lattea era chiaramente visibile anche dal giardino sotto casa.

Una notazione dell'autore: i dati osservativi sull'apparenza degli oggetti celesti al binocolo sono stati raccolti a partire dal 2001 sull'altopiano sloveno di Bloška, che a quel tempo era assimilabile alla Classe 2 della scala di Bortle. L'inquinamento luminoso si è diffuso in Slovenia così velocemente che oggi difficilmente lo si potrebbe collocare nella Classe 4.

Il *seeing* astronomico

Filtrando nell'atmosfera, la luce delle stelle attraversa strati d'aria di diversa densità e temperatura. Sui bordi di questi strati, essa rifrange cambiando direzione. Siccome l'atmosfera è sempre turbolenta, all'oculare si raccoglie un'immagine tremolante che deforma la visione delle varie sorgenti. Invece di puntini luminosi, le stelle ci appaiono come macchie diffuse e indistinte. Il *seeing* astronomico ci dice in che misura l'atmosfera terrestre degrada un'immagine stellare. Gli astronomi chiamano *seeing* la dimensione di quelle macchie diffuse che rappresentano l'immagine di una stella: la dimensione viene espressa in secondi d'arco.

John E. Bortle

John E. Bortle è un osservatore di comete e di stelle variabili di grande esperienza. È astrofilo dagli anni Cinquanta del secolo scorso, quando era molto più facile trovare cieli bui di quanto sia oggi. Bortle ha osservato tutte le grandi comete comparse da allora, a partire dalla Arend-Roland e dalla Mrkos, nel 1957, oltre che numerose eclissi lunari e solari; ha contribuito all'AAVSO con decine di migliaia di stime visuali di magnitudine di stelle variabili. Per oltre 15 anni ha curato una rubrica sulle comete per la rivista americana *Sky & Telescope*.

La luce zodiacale e il Gegenschein

C'è un'enorme quantità di minuscole particelle di polveri nello spazio interplanetario, distribuite lungo le orbite dei pianeti, compresa quella terrestre. Queste particelle riflettono la luce del Sole e perciò in un cielo buio le vediamo disegnare una struttura luminosa a forma di cono nel piano dell'eclittica. La *luce zodiacale* si vede meglio in primavera e in autunno, quando l'eclittica è fortemente inclinata sull'orizzonte. Nei siti caratterizzati da un cielo veramente buio, oltre il vertice del cono si può scorgere una tenue banda di luce soffusa che corre in cielo lungo l'eclittica; questa luce è nota come *banda zodiacale*.

Anche il *Gegenschein* è luce riflessa dalle particelle di polveri nel piano dell'eclittica, con la particolarità che in questo caso la luce proviene da un'area che sta dalla parte opposta al Sole. In tal modo, le particelle di polveri hanno il lato illuminato dal Sole rivolto verso la Terra e allora il flusso di luce riflessa che ci raggiunge è un poco maggiore. Nei siti caratterizzati da un cielo veramente buio possiamo vedere il Gegenschein come una nebbiolina luminosa disposta su un'areola circolare nel mezzo della banda zodiacale; rispetto a questa, il Gegenschein è solo un poco più largo e più brillante. Nel corso della notte si muove in cielo in direzione ovest insieme con il Sole (che si trova sulla parte opposta della volta celeste rispetto alla Terra).

Il Gegenschein e la banda zodiacale sono fenomeni praticamente sconosciuto agli astronomi europei per via dell'inquinamento luminoso del cielo. In siti bui si può vedere la luce zodiacale alla sera e al mattino, ma in genere si alza soltanto poche decine di gradi sopra l'orizzonte.

L'area circolare al centro è il Gegenschein; la banda zodiacale è la striscia debolmente luminosa che corre in diagonale salendo dal vertice in basso a destra.

Come localizzare le sorgenti celesti

Dopo aver ammirato le belle immagini pubblicate dalle riviste, molte persone si appassionano all'astronomia e acquistano un piccolo telescopio, o un binocolo. Poi, usciti per una nottata osservativa, dopo pochi tentativi decidono di lasciar perdere la neonata passione, non essendo in grado di trovare gli oggetti in cielo. Localizzare le sorgenti celesti e sapere qual è la strada che porta a essi è uno dei problemi che i giovani astrofili si trovano a dover affrontare. In realtà, è tutto molto semplice, a patto di avere le istruzioni corrette. Lo scopo di questo libro è di fornirvi queste istruzioni. Ciascun oggetto descritto nei prossimi capitoli è accompagnato da cartine dettagliate che vi indirizzano a esso. Le cartine non sono generiche mappe, ma guide affidabili e precise che, partendo da alcune stelle brillanti, vi prendono per mano e vi conducono all'oggetto desiderato.

In generale, il problema non si pone quando l'oggetto che si desidera osservare si trova nelle strette vicinanze di una stella-guida brillante, specie se all'interno dello stesso campo visuale del binocolo. Bisogna solo imparare a dirigere il binocolo nella giusta direzione e qui non ci sono scorciatoie: ci può aiutare solo l'esperienza osservativa. Se l'oggetto non è presente nel campo visuale, si deve anzitutto essere certi di aver localizzato la stella di guida corretta. Lo si può fare confrontando nel campo visuale e sulle cartine tutte le stelle deboli che stanno nelle vicinanze: devono trovarsi nelle posizioni e alle distanze riportate sulle carte. Se così non fosse, vuol dire che si sta guardando nella direzione sbagliata. All'inizio questo capita piuttosto di sovente. Si deve inoltre fare attenzione all'orientamento del campo visuale dentro l'oculare del binocolo, ossia dove si trovano i punti cardinali nord, sud, est e ovest. Sulle cartine, il nord è sempre in alto, il sud in basso, l'est a sinistra e l'ovest a destra.

È molto più complicato riuscire a trovare deboli oggetti che si trovino in una regione relativamente vuota, lontana da stelle brillanti, ma in questo libro abbiamo preparato cartine dettagliate per semplificare anche questo. Facciamo un esempio: cerchiamo la galassia ellittica M87 nella costellazione della Vergine. Come possiamo trovarla?

Nel testo leggerete che è la *epsilon* Virginis la stella-guida che sfrutteremo per individuare l'ammasso di galassie nella Vergine, che contiene M87. Puntate il binocolo nella sua direzione e quando pensate che essa si trova nel campo visuale verificate le posizioni delle stelline circostanti, che devono coincidere con quelle rappresentate sulla cartina in questa pagina, che riproduce il campo visuale di un binocolo. Non è il caso di stare a verificare tutte le stelle una ad una; è sufficiente prendere in considerazione, ad esempio, quel particolare gruppetto che si trova a sud-ovest della *epsilon*, verso il bordo del campo, a cui appartiene la stella di magnitudine 6 contrassegnata con il numero 33. Il gruppo ha grossomodo la forma della lettera V. Se non siete ancora assolutamente sicuri di aver individuato il gruppetto giusto, potete ancora verificare la posizione della stella 34, anch'essa di magnitudine 6, e delle sue vicine più brillanti che si rincorrono quasi in linea retta. Solo quando avrete fatto queste verifiche, potrete essere certi che la stella brillante del campo è proprio la *epsilon*.

Ora, leggerete nel testo che dovrete portare le stelle 33 e 34 sul bordo orientale del campo visuale. Così facendo, vi troverete in un campo come quello rappresentato nella cartina a pagina 136 che ha al centro una coppia di stelle brillanti, la *rho* e la 27. La prima è di magnitu-

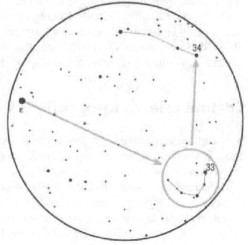

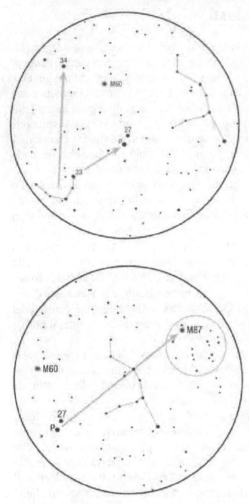

dine 5, la seconda di magnitudine 6 ed entrambe sono chiaramente visibili al binocolo, qualunque siano le condizioni osservative.

Adesso ci sono varie possibilità di verifiche ulteriori, ma la più significativa è sfruttare quella linea che corre a zigzag tra le stelle di magnitudine 7 e 8 sul bordo occidentale del campo. Già che ci siete, potete anche dare un'occhiata alla galassia M60. Se la vedete, con ogni probabilità riuscirete a vedere anche M87.

Nel passaggio successivo portate le stelle *rho* e 27 al bordo orientale del campo e allora sul bordo nord-occidentale dovrebbe rendersi visibile una piccola e debole macchia luminosa: questa è M87. Se non la scorgete nel campo visuale, ma potete vedere tutte le stelle brillanti presenti nella terza cartina, in particolare quel gruppetto di stelle deboli che abbiamo cerchiato, allora siete nel posto giusto, ma le condizioni osservative sono evidentemente tali da non consentirvi di intravedere la galassia. A questo punto, cercate di memorizzare il modo in cui l'avete raggiunta e potrete cercare M87 in un altro momento, quando le condizioni saranno migliorate.

Non ci sono legende sotto le cartine di dettaglio per indicare le magnitudini delle stelle. Tutte le cartine hanno un'unica legenda (pubblicata a pag. 137). In ogni caso, gli osservatori si abituano ben presto a leggere le cartine e a realizzare i confronti anche senza tener troppo conto della magnitudine delle stelle.

Quella che abbiamo descritto è la regola migliore da seguire perché la ricerca dei corpi celesti con il binocolo abbia successo, soprattutto di quegli oggetti che sono al limite di visibilità dello strumento. Quando questa attività sarà diventata di *routine*, allora sarete anche pronti all'eventuale passaggio al telescopio, che ha un campo visuale più ridotto.

Cartine celesti, fotografie e simboli

Sulle cartine delle costellazioni presenti nei prossimi capitoli vengono rappresentate tutte le stelle fino alla magnitudine 5 e, in casi particolari, alcune di magnitudine 6. Le costellazioni confinanti sono contrassegnate soltanto con il nome, a meno che qualche loro stella brillante non ci aiuti a individuare gli oggetti più deboli della costellazione che si sta considerando. Eventualmente, queste stelle sono disegnate in toni di grigio. Accanto a ogni cartina c'è un cerchietto che misura 6°, il quale rappresenta il tipico campo visuale di un binocolo. In tutte le cartine il nord è in alto, il sud in basso, l'est è a sinistra e l'ovest a destra. Gli unici oggetti non stellari rappresentati sono quelli di cui si fa menzione nel testo e che si rendono visibili al binocolo. La legenda è la stessa per tutte le cartine ed è la seguente:

magnitudine delle stelle	stelle doppie	stelle variabili	ammassi	nebulose	galassie	Via Lattea
-1 0 1 2		◉ ○	🟡 aperti	🔥 brillanti	/ ●	
3 4 5 6		○ nova	● globulari	-◉- planetarie	confini delle costellazioni	

magnitudine delle stelle	stelle variabili	ammassi aperti	globulari	nebulose brillanti	nebulose oscure
-1 0 1 2 3	◉ 1ᵐ Il diametro esterno rappresenta la magnitudine al massimo.	La circonferenza a puntini circoscrive l'area più densa, il disco ombreggiato l'intera estensione dell'ammasso.	6ᵐ 7ᵐ 8ᵐ 9ᵐ 10ᵐ	>8 In scala e secondo la forma.	In scala / nebulose planetarie / galassie
4 5 6 7 8 9	◉ 6ᵐ Il diametro del pallino interno rappresenta la magnitudine al minimo.		In scala e secondo la magnitudine.	<8 Solo il simbolo.	Solo il simbolo / In scala
10 11 Le stelle di magnitudine 10 e 11 sono disegnate solo negli ammassi aperti.	Un cerchio vuoto segnala che le magnitudine al minimo è sotto le 9,5.				

Le cartine proposte per la ricerca degli oggetti non stellari sono disegnate con stelle sino alla magnitudine 9,5, quelle che, in buone condizioni, possono ancora essere viste con il binocolo. Le cartine non riportano simboli per segnalare le stelle doppie non separabili al binocolo; non sono nemmeno presenti nebulose o altri oggetti celesti che possano essere rivelati solo dalla fotografia. Ci sono però simboli che indicano le stelle variabili, poiché una stella di questo tipo potrebbe trovarsi nei pressi del minimo di luce, apparendo debole o addirittura invisibile nel campo visuale al momento in cui state osservando. Queste carte di dettaglio non riportano i confini delle costellazioni e sono disegnate tutte alla stessa scala, eccetto quando viene specificato diversamente.

La visibilità al binocolo degli oggetti descritti verrà segnalata con i seguenti simboli: (✪✪✪✪) oggetto eccezionale, o prototipo di una classe; (✪✪✪) oggetto cospicuo; (✪✪) oggetto visibile senza difficoltà; (✪) oggetto debole, al limite della visibilità.

Fotografie

Negli ultimi anni, l'astrofilia ha realizzato enormi progressi, anche nel mio Paese, la Slovenia. Dovendo scegliere le fotografie da pubblicare in questo libro, ho cercato di utilizzare prioritariamente immagini fotografiche di astrofili sloveni, anche se avrei potuto trovare qualcosa di meglio fatto da astrofili stranieri. È persino sorprendente che sia possibile illustrare un libro corposo come questo di così belle fotografie slovene. Solo pochi anni fa, ciò sarebbe stato impensabile.

Non sono presenti in questo libro fotografie realizzate con telescopi professionali, oppure amatoriali ma di grosse dimensioni, per non indurre una sensazione di sconforto nell'astrofilo che non potrà mai vedere niente di simile dentro l'oculare del suo binocolo. Le immagini (specialmente quelle di galassie) stuzzicano l'immaginazione. Quelle degli ammassi aperti ci spingono a ricercare le componenti più deboli, oppure le stelle doppie strette; quelle delle nebulose planetarie o degli ammassi globulari ci aiutano a capire cosa siano in realtà quelle deboli macchioline luminose che vediamo nei nostri binocoli. Una buona immagine è sempre un valido sussidio per le osservazioni visuali.

7 Da Andromeda al Bovaro

ANDROMEDA (Andromeda)

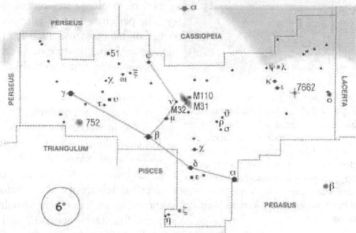

Andromeda è una grossa e appariscente costellazione autunnale del cielo settentrionale che si estende dal Pegaso a Capella (*alfa* Aurigae). Le stelle più brillanti della costellazione sono la *alfa*, Sirrah, l'arancione *beta* (Mirach), la giallo-oro *gamma* (tutte e tre di magnitudine 2,1) e la giallo-arancione *delta* (3,3).

Non c'è possibilità di sbagliare se si cerca la *alfa*. Questa stella giace infatti sul bordo nord-orientale di un asterismo ben conosciuto: il *Quadrato di Pegaso*. Nelle antiche carte celesti, e anche in qualche lavoro moderno, possiamo trovarla indicata come *delta* Pegasi, che è la sua vecchia denominazione. Solo in tempi recenti essa è stata inserita nella costellazione di Andromeda. Sirrah è la 55ma stella in ordine di luminosità su tutto il cielo e dista 97 anni luce dalla Terra. La luminosità è circa 100 volte quella del Sole.

La *beta*, Mirach, è la 57ma stella più brillante del cielo: è una gigante rossa che dista 200 anni luce da noi, con una luminosità circa 400 volte quella del Sole. È una stella binaria: la sua compagna, di magnitudine 14,4, è separata da essa di 27" (angolo di posizione, a. p. 202°; 1934); si tratta di una stella nana con una luminosità 800 volte minore di quella del Sole. Le due stelle sono legate gravitazionalmente. Stante la discreta separazione, la compagna potrebbe essere risolta, ma è troppo debole per rendersi visibile in un binocolo.

La *gamma* è la 61ma stella più brillante della volta celeste. È una splendida stella doppia, una delle più belle da osservare con piccoli telescopi. Il colore della componente più brillante (2,3) è giallo-oro (benché alcuni osservatori la descrivano come arancio pallido); la secondaria (5,0) è di colore azzurro-verde. Il contrasto dei colori viene evidenziato maggiormente se l'oculare è leggermente sfocato, in modo che le immagini delle stelle risultino appena un po' soffuse. La separazione apparente tra le due è di 9",6 (a. p. 63°; 2004). Sfortunatamente, la coppia non può essere risolta da un binocolo. In effetti, la *gamma* And è un sistema quadruplo, poiché entrambe le componenti sono a loro volta doppie. Questo interessante sistema stellare multiplo è posto a 356 anni luce dalla Terra. La luminosità totale delle quattro stelle insieme supera di oltre 1300 volte quella del Sole.

(✪✪✪✪) La famosa **Galassia di Andromeda**, o **M31** (3,5; 3°×2°) è sicuramente l'oggetto celeste più spettacolare della costellazione. È la più brillante e la più vicina delle grandi galassie, e la sola che possa essere vista distintamente a occhio nudo. Si trova circa 1° a ovest della stella *nu* And (4,5): in una notte serena e senza Luna può essere vista come una nubecola fusiforme debolmente luminosa. Questa forma è dovuta al fatto che la vediamo quasi di taglio: il suo piano equatoriale è inclinato di soli 15° in direzione della Terra. Possiamo solo immaginare quanto

Figura 7.1. Nel campo visuale di un binocolo la Galassia di Andromeda appare come un esteso ovale debolmente luminoso lungo pochi gradi e con un nucleo brillante. Di per sé, può sembrare un oggetto poco interessante. Ma anche una macchiolina nebulosa lo diventa se si ha consapevolezza di cosa si sta guardando.

sarebbe straordinaria se la potessimo vedere di faccia: probabilmente sarebbe di forma circolare, con i bracci di spirale che si arrotolano attorno al nucleo, più denso e brillante. Naturalmente, in cielo ci apparirebbe molto più grande e luminosa.

Nel binocolo (e nei piccoli telescopi) la galassia si estende per circa 4° con la forma di un ovale schiacciato, dotato di una condensazione centrale più brillante: una visione che probabilmente deluderà l'osservatore che vede la galassia per la prima volta (Fig. 7.1). La delusione deriva dal fatto che, quando si leggono informazioni sulla Galassia di Andromeda, le descrizioni sono sempre ridondanti d'aggettivi come: la più brillante, la più grande, la più vicina, magnifica, spettacolare e così via.

Pur essendo la più vicina, questa galassia si trova a una distanza considerevole, tanto che la vediamo solo come una macchia luminosa dentro il nostro binocolo. Neppure con i più grandi telescopi e in condizioni osservative eccellenti siamo in grado di risolvere visualmente le singole stelle ai suoi confini. Disponendo di un telescopio amatoriale di buon diametro, potremo vedere nelle regioni più esterne alcuni filamenti oscuri di polveri e di gas freddi. Potremmo anche vedere alcuni fra i più brillanti ammassi globulari che la circondano e forse anche una o due cospicue nebulose a emissione al suo interno. La Galassia di Andromeda rivela altre strutture solamente in riprese fotografiche a lunga posa. Quando la osserviamo "in diretta" la Galassia di Andromeda ci affascina solo se sappiamo cosa stiamo guardando. Ammirandola in una notte buia, non solo stiamo osservando l'oggetto spazialmente più lontano che si renda visibile all'occhio nudo, ma di fatto stiamo guardando anche l'oggetto più lontano nel tempo, collocato nel remoto passato. La luce che raggiunge i nostri occhi in questo momento è infatti partita dalla galassia 2,6 milioni di anni fa, al tempo in cui la Terra non era ancora abitata dall'uomo moderno, ma solo da ominidi. È curioso pensare che i fotoni emanati dalle fotosfere di stelle lontane abbiano viaggiato nello spazio per l'intera storia dell'umanità, dall'età della pietra fino ai tempi moderni, solo per finire la loro corsa dentro i nostri occhi!

La Galassia di Andromeda appariva sugli atlanti stellari già molto tempo prima che i telescopi venissero puntati al cielo. Conosciamo l'esistenza di questa galassia almeno dall'anno 964, quando l'astronomo persiano Abd-al-Rahman Al Sufi pubblicò il suo *Libro delle stelle fisse*, nel quale la galassia veniva menzionata con l'appellativo di "Piccola Nube" (Fig. 7.2).

Figura 7.2. La cartina della costellazione di Andromeda e dei Pesci descritta da Al Sufi include la "Piccola Nube", marcata con la lettera A.

Il primo a osservarla con il telescopio fu Simon Marius nel 1611, o 1612. Poco dopo, vennero avanzate le prime ipotesi relative alla sua vera natura. Alcuni astronomi e filosofi proposero che si trattava di una nebulosa composta di gas caldo luminescente. Altri erano convinti che fosse la culla di una nuova stella, accompagnata dal suo sistema planetario, e che le condizioni presenti nella nebulosa fossero sostanzialmente le stesse di quelle che caratterizzarono la nascita del Sistema Solare. Naturalmente, a quel tempo non si conoscevano né la distanza della nebulosa, né le sue dimensioni. Come sempre in casi simili, l'intuizione non fu di grande aiuto. Per sciogliere ogni dubbio, gli astronomi avrebbero dovuto attendere lo sviluppo di una tecnologia d'osservazione appropriata. Nel caso della Nebulosa di Andromeda, come allora veniva chiamata, avrebbero dovuto attendere lo sviluppo della spettroscopia. Le analisi spettroscopiche condotte dall'astrofilo inglese William Huggins, nel 1864, dimostrarono che la luce emanata dalla Nebulosa di Andromeda era prodotta da miriadi di stelle e non da gas caldo.

A confermare le analisi spettroscopiche vennero i telescopi sempre più potenti costruiti dalla fine del secolo XIX fino ai primi decenni del secolo XX e lo sviluppo di una sempre più sofisticata astrofotografia. Le lastre fotografiche mostrarono la presenza di singole stelle sul suo bordo esterno. Era solo il primo passo che avrebbe poi sollevato il velo su quella misteriosa nebulosità. In quegli anni, gli astronomi erano per lo più dell'opinione che si trattasse di un ammasso stellare interno alla nostra Galassia.

Nel 1917, venne inaugurato il riflettore Hooker di 2,5 m sul Monte Wilson, allora il più grande telescopio al mondo. Edwin Hubble lo utilizzò per fotografare la Nebulosa di Andromeda e, nel 1923, riconobbe alcune variabili Cefeidi, delle quali misurò le variazioni luminose su un lungo arco temporale. In tal modo, riuscì a stabilire quale fosse il periodo della loro oscillazione luminosa. Utilizzando una ben nota relazione matematica che lega il periodo alla luminosità di queste stelle, dopo aver misurato la loro magnitudine apparente, Hubble poté ricavarne la distanza, che evidentemente coincide con quella dell'oggetto a cui appartengono, M31. Le prime stime parevano così assurde e incredibili che Hubble verificò più e più volte i propri calcoli; ma i risultati venivano ogni volta confermati: la Nebulosa di Andromeda si trovava a 900 mila anni luce di distanza! In confronto con le distanze stellari era un valore incredibilmente elevato. Hubble dovette provare le stesse sensazioni vissute da Bessel un secolo prima, quando l'astronomo tedesco aveva scoperto quanto fossero straordinariamente distanti anche le stelle a noi più vicine.

Le conclusioni di Hubble stupirono gli astronomi riuniti a Washington, nel 1925, in occasione del *meeting* annuale dell'American Astronomical Society: fu lì che Hubble annunciò la sua sensazionale scoperta. Quando si capì che la Nebulosa di Andromeda non era un oggetto della nostra Galassia, ma un'altra grande galassia, una famiglia stellare del tutto simile alla Via Lattea, si pose termine all'antico dibattito attorno alla vera natura delle nebulose. Allo stesso tempo si aprì un nuovo e più eccitante capitolo nella storia dell'astronomia, un periodo che si sarebbe arricchito di meravigliose scoperte. Fu così che gli astronomi appresero che la Galassia di Andromeda, come ora viene chiamata, è una delle galassie più vicine, collocata com'è, per così dire, a due passi da noi, mentre le altre galassie sono molto più lontane. Lo spazio diventò di colpo ancora più vasto e sconfinato.

Oggi possiamo dire che la misura di distanza di Hubble era parecchio sottostimata. Misure più precise sulle Cefeidi fatte con il riflettore di 5 m sul Monte Palomar, insieme con una migliore comprensione delle loro caratteristiche fisiche (ne esistono infatti diversi sottotipi), e una migliore conoscenza dei processi

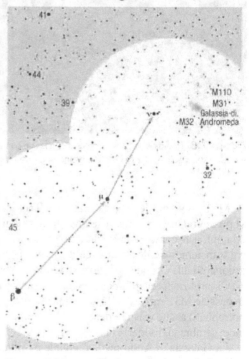

Figura 7.2A. La stella che aiuta a trovare la famosa galassia M31 in Andromeda è la brillante *beta* And.

0°,5

Figura 7.3. La Galassia di Andromeda con le sue compagne ellittiche M32 (sotto il nucleo della galassia) e M110 (più grande), a forma di ovale, sopra la galassia.

d'assorbimento della luce da parte del mezzo interstellare mostrarono che la galassia doveva trovarsi a una distanza più che doppia di quella stimata da Hubble. Le più recenti misure danno per M31 una distanza di circa 2,6 milioni di anni luce.

La Galassia di Andromeda è membro del Gruppo Locale di galassie ed è anche l'oggetto più grosso di questo gruppo, che comprende la Via Lattea e la spirale M33 nel Triangolo, insieme con altre numerose galassie nane. Le prime misure attribuivano alla Galassia di Andromeda un diametro di 110 mila anni luce. Misure moderne più precise ci dicono che è grande circa il doppio, con un diametro poco inferiore ai 200 mila anni luce, ciò che colloca M31 tra le più grandi galassie a spirale conosciute. Per confronto, la Via Lattea ha un diametro di circa 130 mila anni luce.

M31 è una spirale abbastanza tipica. Il rigonfiamento centrale è dominato da stelle vecchie: vi possiamo trovare numerose giganti rosse e gialle, ma poche polveri interstellari e poco gas. Al contrario, come nella Via Lattea, i bracci di spirale ospitano una grande quantità di polveri e gas insieme a stelle azzurre, calde, giovani, simili a Rigel e Deneb, numerose nebulosità paragonabili alla Grande Nebulosa di Orione, nebulose planetarie, ammassi globulari e aperti.

Osservazioni recenti mostrano che la galassia ha un nucleo doppio. Ciò può significare che in passato M31 entrò in collisione con un'altra grossa galassia e si fuse con essa. In alternativa, potrebbero anche esistere dense nubi di polveri nei pressi del nucleo che, essendo opache alla luce, sembrano dividerla in due parti.

La Galassia di Andromeda è grande e brillante. È probabilmente l'oggetto più fotografato dell'intera volta celeste ed è adeguato tanto per gli astrofili alle prime armi tanto per quelli che vantano una lunga esperienza.

(✪✪) La Galassia di Andromeda è accompagnata da almeno 14 galassie compagne gravitazionalmente legate ad essa, che si muovono attorno al comune centro di massa e costituiscono un sottogruppo del Gruppo Locale. La più brillante di queste è la spirale M33 nel Triangolo (che verrà descritta più avanti). Tutte le altre sono nane ellittiche o sistemi sferici. Due di queste, che giacciono

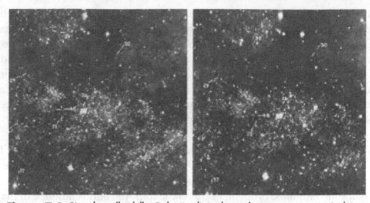

Figura 7.4. Singole stelle della Galassia di Andromeda possono essere risolte su lastre fotografiche come queste, ottenute con il riflettore di 2,5 m sul Monte Wilson. Fra tutte queste stelle, Hubble riuscì a individuare alcune variabili Cefeidi, contrassegnate sulle immagini da trattini e numeri. Per ciascuna di esse, Hubble determinò il periodo di pulsazione e la magnitudine assoluta. Misurando la magnitudine apparente poté trovare la distanza delle Cefeidi e quindi anche della Nebulosa di Andromeda.

nelle vicinanze della galassia principale, sono abbastanza luminose da rendersi visibili al binocolo.

M32 (8,1; 8'×6') si trova circa 22' a sud del centro della Galassia di Andromeda. **M110** (8,5; 17'×10') è posta circa 35' a nord-ovest del centro: per vederla si richiedono condizioni osservative eccellenti (Fig. 7.3). Entrambe queste galassie satelliti sono ben conosciute dagli astrofili perché compaiono in tutte le fotografie della Galassia di Andromeda.

Altre due compagne relativamente brillanti (**NGC 147** e **NGC 185**), ma troppo deboli per essere viste al binocolo, sono parecchio più lontane: circa 7° a nord, dentro la costellazione di Cassiopea. Se le condizioni osservative sono molto buone, entrambe possono essere viste in un telescopio di almeno 10 cm.

Le galassie satelliti denominate **Andromeda I, II, III … X**, sono oggetti così deboli che possono essere rivelati solo da grandi telescopi professionali. Di speciale interesse è **Andromeda VIII**, che sta vivendo tempi difficili: M31 l'ha infatti catturata nella sua morsa gravitazionale ed entro alcuni milioni di anni finirà smembrata dalle forze di marea e le sue stelle saranno risucchiate dalla galassia principale.

(✪✪✪) Circa 5° a sud e poco più a ovest della stella *gamma* possiamo trovare l'ammasso aperto **NGC 752** (5,7; 60') (Fig. 7.6). È facile da trovare perché l'ammasso e la stella brillante compaiono nello stesso campo di vista del binocolo, ma per apprezzarlo realmente occorre osservarlo in una notte serena e buia in condizioni osservative ideali. Si apprezza maggiormente il gruppo stellare se lo si osserva con strumenti a largo campo, montati su un cavalletto stabile: il diametro apparente è di circa 1°. L'ammasso viene risolto completamente al binocolo, ma il numero delle singole stelle visibili dipende dalle condizioni in cui si osserva. In una notte media si possono contare circa 25 stelle. Poiché quando Andromeda culmina è piuttosto alta in cielo (quasi allo zenit alle medie latitudini settentrionali), se le condizioni osservative sono eccellenti si possono contare circa 60 stelle. In una notte invernale perfetta, il binocolo potrebbe consentirvi di vedere stelle fino alla magnitudine 11. Quando ciò succede, l'ammasso apparirà estremamente ricco (da 90 a 110 stelle). Comunque, il numero totale delle sue stelle è di circa 600.

NGC 752 ha un'altra bella caratteristica: è ricco di colori. La coppia più brillante e più appariscente nella parte sud-occidentale, **56 And**, consiste di due stelle di colore arancione di magnitudini 5,8 e 6,1, separate di 3',3 (a. p. 299°; 2001). La seconda stella più brillante dell'ammasso è gialla; altre ancora sono di tonalità arancione. Benché sia vero che dentro un telescopio più grande possiamo vedere più stelle, è altrettanto vero che il piccolo campo visuale del telescopio ci fa perdere completamente la percezione della vera natura e il fascino di questo ammasso.

Come si è detto in precedenza, la gran parte delle stelle è raccolta in un campo di 1°, ma qualche singolo membro dell'ammasso lo si può trovare anche a 70' dal centro. NGC 752 si colloca a circa 1500 anni luce da noi, con un diametro di 26 anni luce; le stelle più esterne stanno anche a 30 anni luce dal centro.

(✪) Ed ora ecco qualcosa per gli osservatori che non disdegnano le sfide. La nebulosa planetaria **NGC 7662** (8,3; 32'×28'), nota anche come Nebulosa Palla di Neve Azzurra, può essere vista al binocolo come un oggetto di magnitudine 8 (Fig. 7.7). Le due stelle che ci conducono ad essa sono entrambe brillanti; la *kappa* e la *iota* And sono entrambe di magnitudine 4. Se la *iota* viene posta sul bordo nord-orientale del campo visuale, vedrete quattro stelle di magnitudine 6 al centro; tre di queste sono denominate 9, 10 e 13 And. La nebulosa planetaria si colloca a meno di mezzo grado a sud-ovest di 13 And, ma per trovare l'esatta posizione è utile anzitutto individuare quel "piccolo cuore rovesciato" indicato nella cartina, costituito da stelline di magnitudine 8 e 9.

0°,5

Figura 7.5. I due bracci a spirale sud-occidentali della galassia di Andromeda. L'immagine mostra chiaramente i filamenti oscuri di polveri e gas. La macchia più brillante è un immenso ammasso stellare, tanto cospicuo che si meritò un suo proprio numero nel Catalogo NGC: è noto infatti come NGC 206. L'ammasso può essere visto dentro uno strumento amatoriale come una debole sorgente di luce: occorre però un telescopio di almeno 20 cm. Le stelle più luminose dell'ammasso sono di magnitudine 16: in realtà sono stelle giovani e calde, supergiganti simili a Rigel e Deneb. Le stelle sono ancora circondate dalle nebulosità dalle quali sono nate. Per confronto, il nostro Sole a questa distanza si mostrerebbe a noi come una stellina di magnitudine 29,5, difficilmente visibile persino con il Telescopio Spaziale "Hubble".

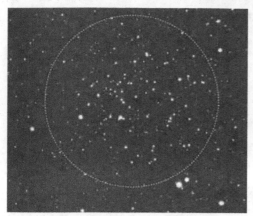

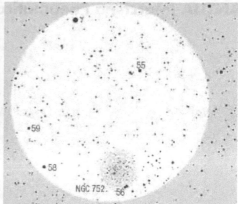

Figura 7.6. La stella che ci aiuta a individuare l'ammasso aperto NGC 752 è la brillante *gamma* And.

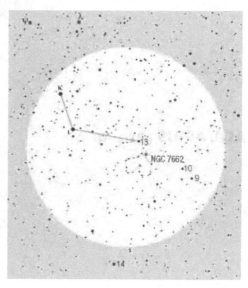

Figura 7.7. La nebulosa planetaria NGC 7662 compare al binocolo sostanzialmente indistinguibile dalle stelline che la circondano. Perché allora dovremmo cercare un oggetto che si presenta come un semplice puntino? La risposta è semplice. Con il binocolo, che ha un ampio campo di vista, la ricerca di oggetti deboli è molto più facile che con un telescopio amatoriale. Una volta che abbiamo imparato la strada che ci porta da qualche stella brillante fino a un debole oggetto celeste, possiamo far tesoro di questa esperienza, in seguito, quando acquisteremo un telescopio più grande.

ANTLIA (Macchina Pneumatica) e PYXIS (Bussola)

Bassa sull'orizzonte meridionale, si scorge la debole e modesta costellazione primaverile della Macchina Pneumatica. La sua stella più brillante è la *alfa*, di colore arancione e di magnitudine 4,3. Alle medie latitudini settentrionali culmina a soli 13° d'altezza. Dista 365 anni luce dal Sole. Il colore ci dice che la temperatura superficiale della stella è piuttosto bassa, solo 3900 K. La costellazione non contiene oggetti interessanti per l'osservazione binoculare.

La Bussola si colloca tra la testa dell'Idra e la parte orientale della Poppa. Anche questa è una piccola costellazione primaverile con due sole stelle più brillanti della magnitudine 4: la *alfa* (3,7) e la *beta* (4,0). Alle medie latitudini settentrionali la *alfa* culmina a soli 11° sopra l'orizzonte. Ma se anche passasse allo zenit, la costellazioni non contiene oggetti interessanti per chi osserva con il binocolo.

ANTLIA (Macchina Pneumatica) e PYXIS (Bussola)

la costellazione culmina		
metà gennaio alle 2h	metà febbraio alle 24	metà marzo alle 22h

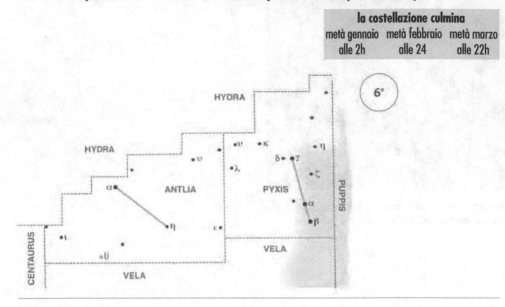

AQUARIUS (Acquario)

la costellazione culmina		
fine luglio alle 2h	fine agosto alle 24	fine sttembre alle 22h

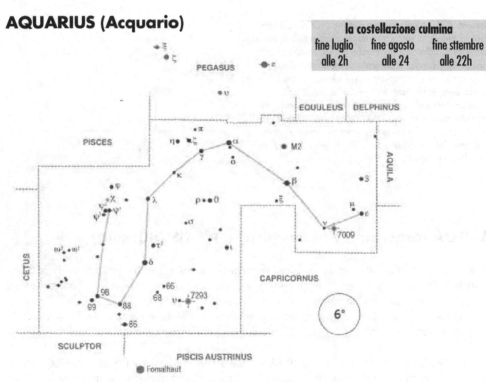

L'Acquario è una costellazione zodiacale autunnale collocata tra il Pegaso e la parte nord-orientale del Capricorno. È una delle costellazioni più estese, ma è costituita da stelle deboli. Il modo più facile per trovarla è estendendo una linea che connette *alfa* And con *alfa* Peg (entrambe le stelle fanno parte dell'asterismo chiamato Quadrato di Pegaso) seguendo poi la linea di stelle delle quali la più brillante è la *alfa* Aquarii.

Le stelle più brillanti della costellazione sono la *alfa*, la *beta* (entrambe di magnitudine 2,9), la *delta* (3,3) e la *zeta* (3,6).

La *alfa* è una gigante giallastra, lontana circa 1100 anni luce e luminosa più di 6mila volte il Sole. La temperatura superficiale è circa la stessa di quella del Sole: la maggiore luminosità è dovuta alle sue grandi dimensioni.

La *beta* è simile alla *alfa* per il colore giallastro e per la luminosità, superiore di 5800 volte quella del Sole. La distanza è poco meno di 1000 anni luce.

La *zeta* è una doppia stretta, con stelle di magnitudine 4,3 e 4,5, separate di 1",9 (a. p. 172°; 2006): la doppia è così stretta che non può essere risolta al binocolo. La distanza è di 75 anni luce. La *zeta* è un test ideale per verificare la qualità delle ottiche di un piccolo telescopio amatoriale.

(✪✪) L'ammasso globulare **M2** (6,5; 16') appare al binocolo come una piccola macchia luminosa, ma brillante e ben distinguibile, estesa alcuni primi d'arco (Fig. 7.8). L'ammasso è facile da ritrovare, poiché forma un triangolo rettangolo (l'ammasso sta proprio all'angolo retto; si veda la carta in basso a destra con la *alfa* e la *beta*). Quando la *beta* viene inquadrata nel campo del binocolo in modo che compaia al bordo sud, l'ammasso si trova sul bordo nord del campo.

M2 dista da noi circa 37.500 anni luce; il suo diametro è di 175 anni luce. Contiene almeno 150mila stelle, le più brillanti

Figura 7.8. L'ammasso globulare M2.

delle quali sono giganti rosse e gialle che ci appaiono di magnitudine 14 e 15. Sono stelle deboli, ma teniamo presente che se il Sole fosse altrettanto distante si mostrerebbe ai nostri occhi come una stella di magnitudine 21!

(✪✪) La nebulosa planetaria **NGC 7009** (8,0; 44"×23") è nota come Nebulosa Saturno e giace solo 1° a

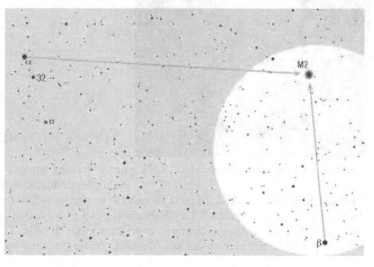

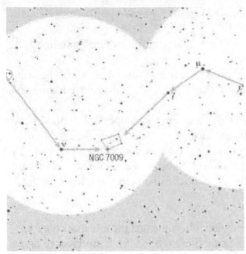

Figura 7.9. Per cercare la nebulosa planetaria NGC 7009 si può partire dalla stella *beta* Aqr, qui all'esterno della cartina, a sinistra. Se si porta la stella al bordo nord-orientale del campo del binocolo, circa 5° a sud-ovest si osserva un terzetto di stelle di magnitudine 7 (qui contrassegnate da un cerchietto). Da qui si arriva alla *nu* Aqr, che dista meno di 3°. Poco più di 1° grado a ovest della *nu* c'è un trapezio di stelle: la nebulosa planetaria rappresenta l'angolo in basso del trapezio e può essere osservata se le condizioni osservative sono buone.

ovest della stella *nu* (4,5). È facile da trovare (Fig. 7.9) benché al binocolo si presenti come una stellina nebulosa. In un telescopio più grande, o in fotografia, ha una colorazione verdastra. Questa luce viene emessa dagli atomi dell'ossigeno doppiamente ionizzato che vengono eccitati dalla luce ultravioletta emessa dalla stella centrale estremamente calda che illumina la nebulosa. Questa stella, una nana blu di magnitudine 12, è invisibile al binocolo. La temperatura superficiale è di circa 55mila K. La nebulosa planetaria dista circa 2400 anni luce.

Nelle sue vicinanze si trovano due oggetti di Messier (l'ammasso globulare M72 e l'ammasso aperto M73), che però non sono visibili al binocolo.

(**OO**) È curioso il fatto che Charles Messier non incluse nel suo Catalogo la nebulosa planetaria **NGC 7293** (7,3; 16'×28'), conosciuta anche come Helix Nebula, benché questa sia ben visibile al binocolo. La nebulosa è abbastanza brillante, nonostante che la sua luminosità superficiale sia bassa. Se le condizioni osservative sono eccellenti, viene vista come

Figura 7.10. La nebulosa planetaria NGC 7293.

una macchia luminosa abbastanza estesa, debole e leggermente ovoidale. La stella che ci guida alla nebulosa è la *delta*. Si parte da questa per andare verso le stelle 66 e 68 fino alla *upsilon*, che è di magnitudine 5. La planetaria si trova 1° a ovest di essa.

Come in tutte le nebulose planetarie, la stella centrale di NGC 7293 è una nana caldissima, 50mila volte più piccola del Sole (la stella è solo 2,5 volte più grande della Terra!), la cui temperatura superficiale supera i 100mila K. Con la sua luce ultravioletta la stella eccita i gas della nebulosa, facendoli risplendere di rosso e verde: colori fantastici che si possono ammirare nelle fotografie (Fig. 7.10). La luce rossa viene emessa da atomi di idrogeno ionizzato, quella verde da atomi di ossigeno doppiamente ionizzato. Naturalmente, oltre all'ossigeno e all'idrogeno, sono presenti anche altri composti gassosi, sebbene in piccole quantità percentuali. La stella centrale è di magnitudine 13 e quindi invisibile al binocolo.

NGC 7293, distante circa 450 anni luce, è la nebulosa planetaria più vicina alla Terra.

AQUILA (Aquila)

L'Aquila è una splendida costellazione del cielo estivo. Le stelle più brillanti sono la *alfa*, Altair (0,8), la *gamma* (2,7) e la *zeta* (3,0).

Altair è la dodicesima stella della volta celeste in ordine di brillantezza e, insieme a Deneb, nel Cigno, e a Vega, nella Lira, forma il famoso asterismo noto come Triangolo Estivo. La stella dista da noi solo 16,8 anni luce, di modo che è tra le più vicine stelle brillanti. Ha un diametro 1,5 volte quello del Sole, una luminosità dieci volte quella della nostra stella ed è di colore bianco. La caratteristica più interessante di Altair è il fatto che ruota velocissimamente attorno al proprio asse: gli astronomi lo compresero studiando il suo spettro. Il periodo di rotazione è di sole 6,5h, con una velocità

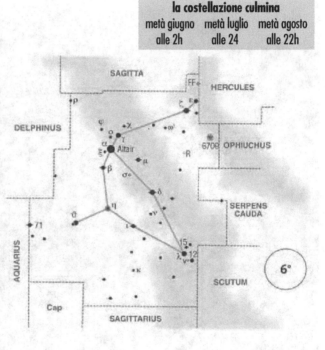

all'equatore che tocca i 260 km/s. Per confronto, il nostro Sole completa una rivoluzione in 25,4 giorni. Gli astronomi pensano che la forma di Altair sia più simile a un ellissoide appiattito che a una sfera.

La stella *gamma*, di colore giallo-arancio, è la numero 116 in ordine di luminosità. Dista 462 anni luce ed è una gigante con una luminosità 1200 volte quella del Sole.

A sud di Altair si possono notare tre stelle disposte quasi in linea retta. Sono la *theta* (3,2), la *eta* (variabile) e la *delta* (3,4). La *eta* è una variabile Cefeide di dimensioni gigantesche. La sua luminosità varia da 3,6 a 4,4 magnitudini con una precisione da orologio svizzero, con un periodo di 7,176641 giorni. Distante 1200 anni luce, quando si trova al massimo di luminosità supera il Sole di 3mila volte. Le stelle da utilizzare per stimare la magnitudine della *eta* sono la *beta* (3,7) e la *delta*.

(✪✪✪✪) La costellazione giace nella **Via Lattea estiva**, cosicché l'intera area è sovrappopolata di stelle. Oltre alle innumerevoli stelle e a vari gruppi stellari si possono osservare nebulose

oscure, che sono nubi di gas e polveri opache poste sul piano equatoriale della nostra Galassia. La costellazione è attraversata dal cosiddetto **Great Rift**, una banda oscura di nubi opache che sembra dividere la Via Lattea in due parti; bande oscure di questo tipo vengono osservate anche in altre galassie spirali come la Sombrero, nella Vergine, o NGC 4565, nella Chioma di Berenice. Il modo migliore per usare binocoli a largo campo e a bassi ingrandimenti è quello di andare a zonzo in questa parte della Via Lattea (Fig. 7.11)

(✪✪) La stella variabile **R Aquilae** è una gigante rossa del tipo Mira. Al massimo di luce, raggiunge talvolta la visibilità a occhio nudo (5,5), ma al minimo la luminosità scivola al di sotto del limite per il binocolo (magnitudine 12). Il periodo di variabilità è di 284 giorni; la stella ha raggiunto

Figura 7.11. Due tra le nebulose oscure più note sono B142 e B143, situate circa 1° a ovest della *gamma* Aql. Le nebulose sono chiaramente distinguibili al binocolo; tuttavia, le fotografie metteranno in luce un maggior contrasto. I due oggetti richiedono notti veramente limpide e scure.

uno dei suoi massimi il 22 novembre 2011. Da questa data, conoscendo il periodo, si può facilmente calcolare la data approssimativa dei successivi massimi.

R Aql è una delle stelle più fredde che si conoscano: la temperatura superficiale cambia nell'arco del periodo di variazione fra 3500 e 1900 K. Lo si può capire facilmente dalla colorazione rosso-arancio della sua fotosfera. Quando la luminosità scivola verso il minimo, il colore si fa più rossastro: purtroppo, queste finezze non possono essere colte e apprezzate al binocolo. La stella si trova in un'area celeste relativamente vuota. La stella guida è la *zeta*, che si trova a nord giusto un po' meno di un campo di vista del binocolo (Fig. 7.12A). La variabile R Aql dista circa 700 anni luce e, al massimo della luminosità, ha una potenza 200 volte quella del Sole.

(☺☺) Il cielo attorno alla *lambda* Aql (3,4) è estremamente interessante. Circa 1° a sud-ovest, troviamo la variabile semi-regolare **V Aql**. La stella è nota per la sua colorazione arancione; la luminosità varia tra la 6,6 e la 8,4 con un periodo medio di 350 giorni. Per identificare la variabile ci si può aiutare con la carta dettagliata che mostra i suoi dintorni, fra cui la brillante *lambda* e una stella di magnitudine 4 denominata 12 Aql. Questa, di colore giallo-arancio, offre un bel contrasto con la variabile, che ha una colorazione arancio più tendente al rosso. La V Aql può essere seguita al binocolo lungo tutto il periodo della sua variabilità. L'aggettivo "semi-regolare" ci dice che non possiamo attenderci che essa rispetti sempre le previsioni.

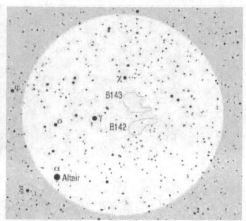

Figura 7.12. Le posizioni delle nebulose oscure B142 e B143.

Nelle immediate vicinanze c'è una coppia stretta denominata **15 Aql**. Le due stelle, anch'esse di colore giallo-arancio, sono di magnitudine 5,5 e 7,0, separate di 40",2 (a. p. 210°; 2006).

Circa 2° a sud della *lambda*, c'è la nebulosa oscura **B133** (10'×15'), che può essere vista al binocolo solamente in condizioni osservative perfette e con un cielo particolarmente buio. Occorre anche una certa esperienza osservativa per notarla.

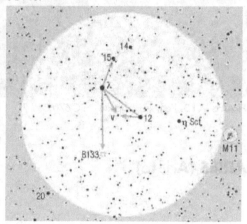

(☻) L'ammasso aperto **NGC 6709** (6,7; 13') sta nella parte nord-occidentale della costellazione. Si tratta di un gruppo di una quarantina di stelle che si raccolgono in una piccola areola di cielo. La stella che ci guida all'ammasso è la *zeta*. Se inquadriamo la *zeta* nel campo e poi facciamo in modo di portarla al bordo nord-orientale, al bordo opposto, quello sud-occidentale, comparirà NGC 6709 (Fig. 7.12A). L'ammasso si trova in un campo ricco di stelle della Via Lattea: per questo è difficile da riconoscere. Per vederlo, bisogna scegliere una nottata estiva veramente limpida e sotto un cielo scuro. Anche così l'ammasso apparirà solo come una tenue macchiolina luminosa.

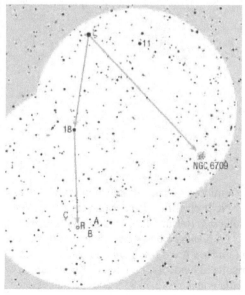

Figura 7.12A. I dintorni della variabile R Aql con alcune possibili stelle di confronto: A (7,8), B (8,5) e C (9,1). La variabile e l'ammasso aperto NGC 6709 hanno la stessa stella guida, la brillante *zeta* Aql.

Le costellazioni al binocolo

Figura 7.13. L'ammasso aperto NGC 6709.

ARIES (Ariete)

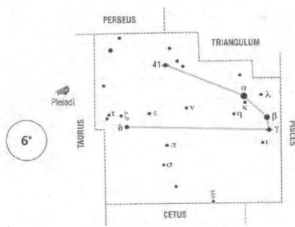

la costellazione culmina

fine settembre	fine ottobre	fine novembre
alle 2h	alle 24	alle 22h

Questa costellazione zodiacale autunnale si colloca tra i Pesci e il Toro. È piuttosto modesta, poiché contiene solo tre stelle brillanti: la *alfa*, Hamal (2,0), la *beta*, Sharatan (2,6) e la *gamma* (3,9). L'*alfa*, di colore giallo-arancione è la 50ma stella in ordine di brillantezza. È una gigante, distante 66 anni luce. È luminosa 49 volte il Sole, nonostante la bassa temperatura fotosferica, di solo 4500 K.

Nella classifica della brillantezza, la *beta* si colloca al 104mo posto. È un po' più vicina a noi della *alfa* (60 anni luce) e la sua luminosità è 22 volte quella del Sole.

La *gamma* è una stella tripla, con le due componenti più brillanti di luminosità simile (4,5 la *gamma* A e 4,6 la *gamma* B) separate di 7",6 (a. p. 0°; 2006). La coppia non può essere risolta al binocolo. La terza componente, *gamma* C, è di magnitudine 8,6, è separata di 217" dalla *gamma* A (a. p. 83°; 2001) e può essere vista al binocolo, benché sia piuttosto debole.

(✪✪) La *lambda* è una stella doppia risolvibile al binocolo. Le due componenti, di magnitudini 4,8 e 6,6, sono separate da 38",2 (a. p. 47°; 2006), di modo che appaiono nel campo dello strumento come una coppia stretta. La stella più brillante è bianca, mentre l'altra è leggermente più giallastra, benché il colore non sia chiaramente distinguibile al binocolo. Le due stelle ruotano attorno a un centro di massa comune, essendo gravitazionalmente legate.

AURIGA (Auriga)

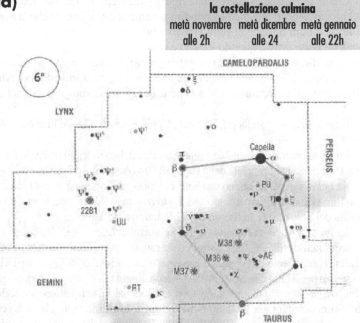

la costellazione culmina		
metà novembre	metà dicembre	metà gennaio
alle 2h	alle 24	alle 22h

L'Auriga è una delle più brillanti costellazioni invernali dell'emisfero celeste settentrionale. È facile da riconoscere perché le sue cinque stelle principali disegnano un pentagono irregolare. Le stelle più luminose della costellazione sono la *alfa*, Capella (0,08), la *beta* (1,9), la *theta* (2,6), la *iota* (2,7), la *epsilon* (3,0 al massimo), la *eta* (3,2), la *delta* e la *zeta* (entrambe di 3,7).

Capella è la sesta stella più brillante del cielo. È giallastra come il nostro Sole e il suo colore è ancora più intenso al binocolo. La stella è una nostra vicina, distando solo 42 anni luce. Supera il Sole in luminosità di 120 volte. A giudicare dal suo moto proprio, si può arguire che Capella sia un membro distante dell'ammasso aperto delle Iadi, nella costellazione del Toro.

Capella è un'interessante stella multipla. Le componenti A e B formano una binaria così stretta che venne scoperta solo nel 1899 grazie a osservazioni spettroscopiche. La coppia non può essere risolta neppure dai maggiori telescopi al mondo. Per riuscire nell'impresa si deve semmai utilizzare una tecnica speciale che è detta interferometria ottica di lunga base. Gli astronomi sono stati in grado di separare le stelle per la prima volta nel 1994, con l'interferometro Mark III all'Osservatorio di Monte Wilson. Capella A e B distano tra loro solo 100 milioni di chilometri, che è all'incirca la distanza tra il Sole e Venere, e orbitano attorno a un comune centro di massa con un periodo orbitale di 104 giorni. La luminosità di Capella A è 70 volte quella del Sole; Capella B splende come 45 Soli.

Nelle strette vicinanze di Capella si trova un gran numero di deboli stelline che in passato vennero denominate Capella C, D, E, F e G: in realtà queste stelle sono vicine solo prospetticamente. Legata gravitazionalmente a Capella vi è una nana rossa che è stata battezzata Capella H. Si tratta di una stellina di magnitudine 10 (al limite della visibilità in un binocolo), posta circa 12" a sud-est di Capella (a. p. 141; 1895). La distanza tra il sistema A-B e Capella H è di oltre 9200 Unità Astronomiche, vale a dire 0,15 anni luce. Ma non è tutto. Capella H è a sua volta una stella binaria con una separazione di 3",3 (a. p. 166°; 1999). Le due stelle, di magnitudini 10,5 e 13, possono essere separate in buoni telescopi amatoriali. Dunque il sistema di Capella include almeno quattro stelle. Se creassimo un modellino nel quale Capella A è una palla di 10 cm, Capella B ne misurerebbe 6 cm e le due sarebbero separate da 1 m di distanza. Nel modellino, le stelle del sistema di Capella H avrebbero ciascuna un diametro di 6 mm e disterebbero fra loro 43 m. Ma la distanza dalla coppia A-B sarebbe di oltre 11 km! Questo meraviglioso sistema è gravitazionalmente legato, di modo che tutte le stelle si muovono attorno al comune centro di massa. La gravità è davvero una forza eccezionale!

C'è un altro aspetto interessante riguardante Capella. Questa stella luminosa è circumpolare per gli osservatori alle medie latitudini settentrionali: significa che la possiamo vedere per tutta la notte e ogni notte. Nel cielo sereno e buio d'inverno Capella brilla quasi allo zenit, ma in qualche notte estiva, quando il cielo è sereno e buio fino all'orizzonte, la si può vedere molto bassa in direzione dell'orizzonte settentrionale. Naturalmente, non sarà brillante come in inverno, essendo la sua luce filtrata da uno spesso strato atmosferico. Almeno per una volta, in una nottata primaverile varrebbe la pena di seguire il suo percorso nel cielo fino all'alba.

La *beta* è la 41ma stella più brillante del cielo. Dista 82 anni luce ed è 80 volte più luminosa del Sole.

La *theta* occupa il posto 105 nella classifica delle stelle più brillanti. La luce impiega 174 anni a raggiungerci e la luminosità della stella è 190 volte quella del Sole.

La *delta* e la *iota* mostrano una bella colorazione arancione, ancora più vivida se vista al binocolo con l'immagine leggermente sfocata. La *iota* dista 510 anni luce, la sua luminosità è pari 1600 volte quella del Sole ed è la stella numero 113 quanto a brillantezza.

La *epsilon* Aur è una binaria a eclisse piuttosto interessante. Una componente è una supergigante estremamente brillante, forse 18mila volte più luminosa del nostro Sole e oltre 100 volte più grande. L'altra componente è un oggetto misterioso che nessuno ha finora mai visto. Conosciamo la sua esistenza per il fatto che esso transita periodicamente di fronte alla supergigante riducendone la brillantezza di circa una magnitudine. Queste occultazioni si ripetono a periodi fissi di 27 anni e il calo di luminosità dura per un anno e mezzo circa. L'ultima volta che si è verificato il minimo della *epsilon* Aurigae è stato tra il 2009 e il 2011. La natura della compagna, che in passato si pensava potesse essere una stella molto giovane in fase di contrazione, poi anche un buco nero con un disco di accrescimento, oggi si pensa che sia un disco di polveri.

Anche la *zeta* è una binaria a eclisse con un periodo di 272 giorni. Il sistema è composto da una supergigante arancione, dal colore ben evidente al binocolo, e da una compagna calda di colore bianco-azzurro con una luminosità 400 volte quella del Sole. Il calo di luce nel corso dell'eclisse è di sole 0,15 magnitudini, cosicché è quasi impossibile notarlo senza l'uso di strumenti di precisione.

(❸❸❸❸) Nella fascia della Via Lattea che si insinua nella costellazione possiamo notare tre splendidi ammassi aperti, facili da ritrovare: M36, M37 e M38. Il modo migliore per individuarli è di iniziare la ricerca dalla brillante *theta*. Se portiamo la stella al bordo nord del campo visuale, **M37** (6,2; 24') comparirà al bordo sud. Lo si può vedere chiaramente al binocolo, ma solo come una grossa macchia luminosa relativamente brillante nella quale si indovina a fatica una ventina di singole stelle di magnitudine 9 e 10. In condizioni osservative perfette e con la visione distolta si riesce ancor più a risolvere l'ammasso aperto e il numero delle stelle visibili può salire fino a 80. Volendo però risolvere completamente l'ammasso, occorre utilizzare uno strumento con un obiettivo più grande e un maggior ingrandimento.

M37 è un ammasso aperto abbastanza ricco, con circa 300 membri. Distante 4400 anni luce, il diametro della sua parte più densa è di 25 anni luce; un certo numero di stelle che ad esso appartengono può essere trovato a distanza ben maggiore.

(✪✪✪✪) **M36** (6,3; 12') si colloca circa 4° a nord-ovest di M37. Può essere visto chiaramente al binocolo come una macchia diffusa di luce dentro la quale possiamo risolvere circa 25 stelle se le condizioni osservative sono eccellenti. L'ammasso è un po' più piccolo e denso dei suoi vicini. I componenti conosciuti sono circa 200. M36 è uno dei più giovani ammassi aperti della Galassia e consiste principalmente di stelle calde e luminose. Dista 4100 anni luce e il diametro della parte centrale più densa misura 14 anni luce.

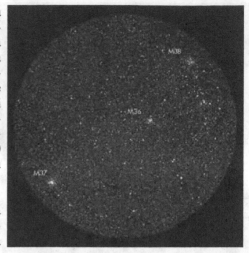

(✪✪✪✪) Simile per dimensioni a M37, ma poco più vicino a noi (4200 anni luce) è l'ammasso aperto **M38** (7,4; 21'). Si trova 2° a nord-nordovest di M36, di modo che i due ammassi possono essere inquadrati contemporaneamente nel binocolo. Anche M38 è brillante e chiaramente visibile (Fig. 7.14). In un binocolo può essere risolto in stelle fino a un certo punto: possiamo vedere circa 25 stelle singole fino alla magnitudine 10 (possiamo separarne anche di più con la visione distolta). Le componenti sono circa un'ottantina, la più brillante delle quali è una gigante gialla di magnitudine 8,4 con una luminosità 560 volte quella del Sole. Per confronto, se osservassimo il Sole da quella distanza, la nostra stella brillerebbe di magnitudine 15,3 e potrebbe essere vista solo attraverso un telescopio amatoriale di grande diametro.

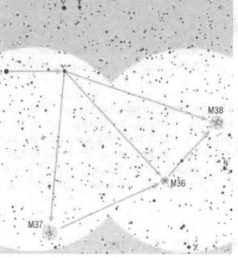

(✪✪) L'ammasso aperto **NGC 2281** (5,4; 15') è piuttosto difficile da ritrovare poiché si situa in una regione celeste relativamente vuota, senza alcuna stella brillante nei dintorni. Le stelle che ci guidano all'ammasso sono la *beta* e la *theta* Aur. I tre oggetti formano un triangolo isoscele che ha l'ammasso al vertice in alto. Circa 10° a est

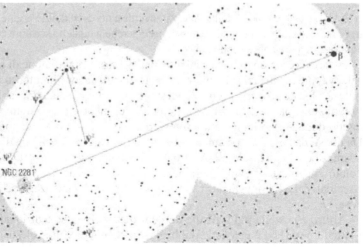

Figura 7.14. I meravigliosi ammassi aperti M36 e M38 con i loro pittoreschi dintorni.

delle due stelle possiamo trovare un gruppo di stelle di magnitudine 5 che sembrano disegnare una lettera V rovesciata che punta verso il nord. Si veda la cartina a pag. 155. L'ammasso aperto è posto vicino alla stella più bassa e più orientale denominata *psi*-7, che ha un caratteristico colore arancione e nel binocolo non può sfuggire.

L'ammasso aperto è composto da circa 100 stelle, distribuite in un campo con un diametro di 20'. La stella più brillante è di magnitudine 7 e ce n'è una cinquantina con magnitudini fino alla 11.

BOOTES (Bovaro)

Il Bovaro è una grande costellazione primaverile a nord-est della Vergine. Ha la forma di un cono irregolare con Arturo nel vertice basso: ecco perché a qualche scrittore piace compararlo con un aquilone, oppure con un cono gelato.

Arturo è eccezionalmente brillante, una bella stella arancione di magnitudine –0,05. Risalta veramente in cielo! Il colore della stella si fa ancor più intenso al binocolo se l'immagine è sfocata. Arturo è una delle stelle più vicine, distando solo 36,8 anni luce. La luminosità è pari a 100 volte quella del Sole, mentre il suo diametro supera di 25 volte quello del Sole. La temperatura fotosferica è di soli 4200 K e la massa è 4 in unità solari. Da questi dati e dal suo diametro possiamo ricavare la densità media che è solo 3 decimillesimi di quella del Sole. Sì, Arturo è proprio una gigante rossa! Gli astronomi hanno calcolato che questa gigante rossa così vicina riscalda la Terra tanto quanto noi veniamo riscaldati dalla fiamma di una candela posta a 8 km di distanza. Non è molto, ma è già qualcosa...

Arturo è la stella più brillante dell'emisfero celeste settentrionale (Sirio appartiene all'emisfero sud) ed è una delle più brillanti dell'intera volta celeste. Solo Sirio (*alfa* Canis

Majoris; –1,44) e Canopo (*alfa* Carinae; –0,62) la superano. Avendo una declinazione di +19°, è abbastanza vicina all'equatore celeste da poter essere vista da tutte le regioni abitate della Terra.

Arturo è anche eccezionale per il suo veloce moto proprio, che raggiunge i 2",3/anno. La velocità è di 150 km/s. Per l'osservatore terrestre si sta muovendo nella direzione della costellazione della Vergine; dunque il cono (la forma della costellazione) si va allungando. Allo stesso tempo, Arturo si sta avvicinando a noi con una velocità di 5 km/s e si avvicinerà sempre più al Sole nei prossimi millenni. In seguito, lentamente si allontanerà, la sua luminosità andrà calando e tra 500mila anni non sarà più visibile a occhio nudo.

Due altri fatti interessanti si devono conoscere. Arturo fu la prima stella a essere osservata al telescopio nella luce del giorno: ci riuscì il matematico francese Jean Baptist Morin nel 1635. Possiamo ripetere la sua "impresa" con il nostro binocolo a patto di conoscere esattamente la posizione della stella in cielo.

la costellazione culmina		
fine marzo alle 2h	fine aprile alle 24	fine maggio alle 22h

Nel 1933, la luce di Arturo, raccolta da un telescopio e focalizzata su una fotocellula, fece azionare un interruttore che diede inizio alla grande esposizione mondiale di Chicago. Si scelse Arturo perché a quel tempo si pensava che si trovasse a 40 anni luce da noi e quindi la luce che inaugurava l'esposizione era partita dalla stella giusto quarant'anni prima, nel 1893, quando Chicago era stata sede di un'altra esposizione mondiale.

Oltre ad Arturo, le altre stelle brillanti della costellazione sono la *epsilon* (2,3), la *eta* (2,7), la *gamma* (3,0), la *delta*, la *beta* (entrambe di magnitudine 3,5) e la *rho* (3,6).

La *epsilon* è l'81ma stella più brillante del cielo. È una splendida doppia con le componenti di magnitudine 2,6 e 4,8 separate da 2",9 (a. p. 343°; 2005). La più brillante è giallo-arancio, mentre l'altra appare di colore azzurro-verde (dipende dall'osservatore), benché il suo tipo spettrale sia K e quindi dovrebbe mostrarsi arancione. Questa doppia non può essere risolta al binocolo. Dista da noi 210 anni luce e il periodo orbitale non risulta ancora ben determinato. La luminosità delle due stelle è 360 volte quella del Sole.

La giallastra *eta* è una nostra vicina, distante solo 37 anni luce. È la 109ma stella più brillante del cielo ed è luminosa otto volte il Sole.

La *csi* (4,5) è una bella stella doppia, ma sfortunatamente solo per osservatori telescopici.

157

Le costellazioni al binocolo

Le due stelle, di magnitudine 4,8 e 6,9, hanno un periodo orbitale di circa 150 anni. La coppia dista da noi solo 22 anni luce. La distanza apparente tra le due stelle cambia da 1",8 (1912) a 7",3 (1984). La stella più brillante è giallastra, mentre la più debole è rossastra, con una leggera tonalità violetta: il contrasto di colori è splendido, ma purtroppo non per chi osserva al binocolo.

La *iota* è una stella di magnitudine 5 nella parte nord-occidentale della costellazione, appena sotto la più brillante *kappa*. È una stella doppia con le componenti di magnitudine 4,8 e 7,4, separate da 39",7 (a. p. 34°; 2004). Al binocolo si vedono come una coppia stretta. La principale è bianca, la secondaria è arancione.

(✪✪) La *delta* **Boo** è una facile doppia per i binocoli. Le sue due stelle sono di magnitudine 3,6 e 7,9, separate da 102",4 (a. p. 79°; 2004). Il sistema dista circa 140 anni luce da noi. La stella più debole è simile al Sole per dimensioni e luminosità. La principale è più grande e più calda, con una luminosità 70 volte quella del Sole. Entrambe le stelle sono di colore giallo.

(✪✪) La coppia *mu*-1 e *mu*-2 è un altro sistema binario facile da osservare al binocolo. Le stelle, di magnitudine 4,3 e 7,1, sono separate di 107" (a. p. 170°; 2002). La più brillante è bianca, la più debole è gialla. Si trovano a circa 95 anni luce da noi. Le due stelle distano tra loro circa 3200 Unità Astronomiche: quindi potremmo piazzare tra di esse 53 Sistemi Solari (quando compariamo le distanze spaziali con il nostro Sistema Solare, adottiamo il valore di 60 U.A. per le sue dimensioni, che è il diametro dell'orbita di Nettuno). La stella più debole è a sua volta doppia. La sua compagna è separata di 2",3 e brilla di magnitudine 7,6 (a. p. 7°; 2006). Questa coppia non può essere separata al binocolo, ma viene risolta in un telescopio di medie dimensioni.

8 Dal Bulino al Dragone

CAELUM (Bulino) e HOROLOGIUM (Orologio)

La costellazione invernale del Bulino, vista alle medie latitudini settentrionali, è sempre molto bassa sull'orizzonte. A dire il vero non perdiamo molto, perché la costellazione non ospita alcun oggetto di interesse per l'astrofilo, in particolare per chi osserva col binocolo. La costellazione si trova a ovest della Colomba e le stelle più brillanti sono la *alfa* (magnitudine 4,4), l'arancione *gamma* (4,5) e la *beta* (5,0).

La *alfa* è simile al nostro Sole, è solo un poco più calda; dista 66 anni luce dalla Terra. Alle medie latitudini settentrionali, quando culmina, si trova a soli pochi gradi sopra l'orizzonte.

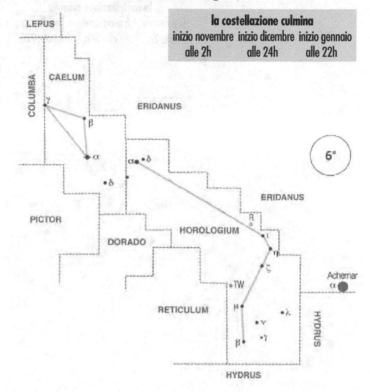

la costellazione culmina
inizio novembre inizio dicembre inizio gennaio
alle 2h   alle 24h   alle 22h

Discorso analogo, quanto a scarso interesse per l'osservatore binoculare, può essere fatto per l'Orologio, costellazione che è ancora più schiacciata sull'orizzonte. Dalle medie latitudini settentrionali è possibile vedere solo la sua parte nord, quella in cui si trova la *alfa* (3,9). Alla culminazione, la stella spunta dall'orizzonte solo per poco più di 1°: la sua luce viene perciò ulteriormente indebolita dagli spessi strati d'atmosfera che deve attraversare. Il resto della costellazione non contiene oggetti interessanti per l'osservatore al binocolo.

CAMELOPARDALIS (Giraffa)

La Giraffa è sempre alta nei cieli settentrionali. Per le latitudini medie settentrionali è una costellazione circumpolare, visibile per tutta la notte e ogni notte dell'anno. Se la confrontiamo con le costellazioni vicine, la Giraffa è relativamente poco cospicua. La stella più brillante è la *beta* (4,0), che è possibile localizzare sulla linea che congiunge Capella, nell'Auriga, con la Stella Polare. La costellazione è praticamente invisibile nei siti inquinati dalle luci cittadine.

(✪✪) L'ammasso aperto **NGC 1502** (5,7; 8') è un gruppetto di circa trenta stelle, fino alla magnitudine 11. L'oggetto più interessante dell'ammasso è la stella doppia designata come

CAMELOPARDALIS (Giraffa)

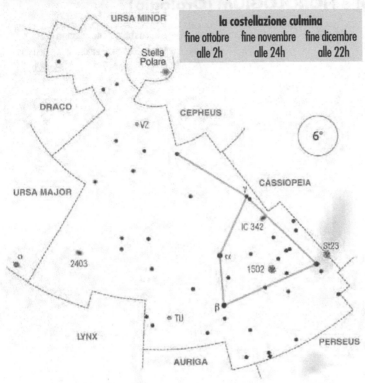

la costellazione culmina		
fine ottobre	fine novembre	fine dicembre
alle 2h	alle 24h	alle 22h

Σ485. Le due componenti, entrambe di magnitudine 6,9, sono separate di 17",7 (a.p. 305°; 2004) e possono essere viste come una coppia a contatto se il binocolo ha ottiche eccellenti. Non è facile trovare l'ammasso, che si colloca in una parte del cielo relativamente vuota di stelle. Con la *alfa* e la *beta* esso forma un triangolo isoscele: l'ammasso è al vertice alto. Sfortunatamente si colloca circa 7° sopra le due stelle, il che è poco più del campo visuale di un binocolo. La cartina che riportiamo più sotto sarà di aiuto nella sua ricerca.

(✪✪) Nella parte orientale della costellazione, in un'area celeste quasi del tutto vuota, si può vedere la grossa e brillante galassia spirale **NGC 2403** (8,4; 18'×11'). La stella-guida che conduce ad essa è la *omicron* Ursae Majoris. A partire da questa, dobbiamo muoverci verso nord-ovest aiutandoci con una seconda stella di magnitudine 6: in questo caso, è essenziale consultare la cartina dettagliata.

NGC 2403 è una vicina del nostro Gruppo Locale di galassie (Fig. 8.1), distando solo 12 milioni di anni luce da noi. Da questo dato e dalle dimensioni angolari, si può facilmente calcolare che il suo diametro effettivo è di circa 60mila anni luce. Molto probabilmente, la galassia è parte di un piccolo gruppo costituito dalla M81, dalla M82 e dalla NGC 3077 (tutte e tre le galassie appartengono all'Orsa Maggiore e si trovano circa 14° a est dalla NGC 2403).

Figura 8.1. La galassia spirale NGC 2403.

Vediamo la galassia di faccia. Al binocolo ci appare come una macchiolina debole e diffusa, ma solo quando le condizioni osservative sono eccellenti. In tali condizioni, se si usa un buon telescopio amatoriale, è anche possibile notare qualche struttura all'interno dell'ovale altrimenti uniforme della regione nucleare. I bracci di spi-

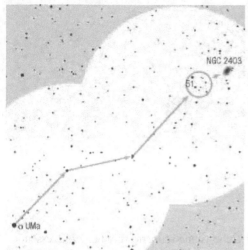

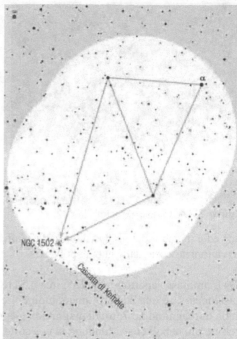

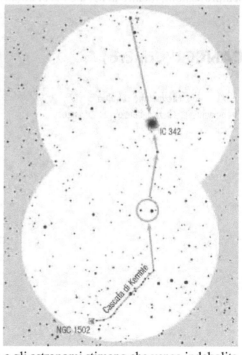

rale compaiono solo sulle immagini fotografiche di lunga posa. La NGC 2403 è stata la prima galassia non appartenente al Gruppo Locale nella quale gli astronomi scoprirono variabili Cefeidi che consentirono la stima della sua distanza.

(✪) La **IC 342** (8,3; 21') è una galassia spirale osservata di faccia. Nonostante la sua buona magnitudine, può essere scorta al binocolo solo in condizioni osservative perfette e, anche così, solo come una debole macchiolina luminosa. Anche in un buon telescopio amatoriale possiamo notare solamente il suo nucleo, circondato da una debolissima nebulosità. Nelle riprese di lunga posa, le regioni circumnucleari si strutturano in nubi di gas e polveri ed evidenziano innumerevoli stelline che vanno a disegnare i bracci di spirale.

Ci porta a questa galassia la stella *gamma*, che è solo di magnitudine 5. La galassia si trova 3° a sud di essa: per cercarla, ci si aiuti con la cartina dettagliata. Se si sa trovare l'ammasso aperto NGC 1502, c'è poi un evidente allineamento di stelle di magnitudine 6, 7 e 8 che ci porteranno nelle vicinanze della galassia. Questo gruppetto di stelle è noto come Cascata di Kemble.

La galassia sta nei pressi dell'equatore galattico: la sua luce si trova ad attraversare strati molto densi di gas e di polveri della Via Lattea e gli astronomi stimano che venga indebolita di 2,4 magnitudini. È una disdetta, perché altrimenti questa galassia sarebbe tra le più belle visibili in cielo.

La IC 342 si trova a circa 10 milioni di anni luce di distanza, ha un diametro di 50mila anni

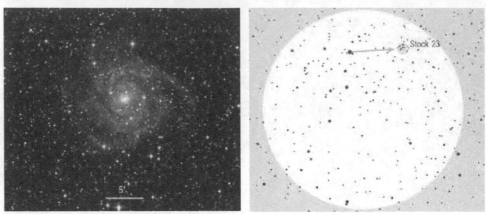

Figura 8.1A. La galassia spirale IC 342.

luce ed è membro del gruppo di galassie Maffei 1 che venne scoperto solo nel 1968, essendo fino allora nascosto dalle nubi di polveri.

(✪) L'ammasso aperto **Stock 23** (circa 6,5; 18') si trova sul confine della costellazione con Cassiopea. C'è una stella di magnitudine 4 che porta a esso. L'ammasso consiste di una stella di magnitudine 7, tre di magnitudine 8, due di magnitudine 9 e un numero elevato di stelline più deboli che si fondono in una sorta di nebulosità di fondo. Queste sei stelle sono sempre visibili, mentre la nebulosità si intuisce solo in condizioni osservative eccellenti.

CANCER (Cancro)

la costellazione culmina		
inizio gennaio alle 2h	inizio febbraio alle 24h	inizio marzo alle 22h

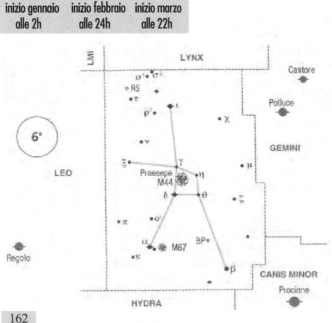

Delle costellazioni dello Zodiaco, il Cancro è una delle più deboli e più raccolte, tanto che neppure la noteremmo all'interno delle brillanti costellazioni invernali se non fosse per il fatto che contiene un ammasso aperto chiaramente visibile anche a occhio nudo. Il Cancro si situa fra Regolo (*alfa* Leonis) e Polluce (*beta* Geminorum). Le uniche stelle più brillanti della magnitudine 4 sono la *beta* (3,5) e la *delta* (3,9).

La *zeta* è una delle più interessanti stelle

162

multiple di tutto il cielo, ma sfortunatamente è impossibile risolvere le sue componenti al binocolo. Attorno alla *zeta* A, che è di magnitudine 5,3, si muove la compagna *zeta* B, di magnitudine 6,2, che completa un'orbita in 59,6 anni. La separazione angolare varia tra 0",6 e 1",2 ed è stata massima nel 1960; nel 2005 era di 1",0 (a.p. 58°) e continuerà a crescere fino all'incirca al 2020. Entrambe le stelle, separate di 19 UA, sono di colore bianco-giallastro. L'una dista dall'altra quanto Urano dista dal Sole. Circa 5",9 dalle due verso est-nordest (a.p. 71°; 2006) si trova un'altra stella di magnitudine 6,2, la *zeta* C, che impiega circa 1150 anni per completare la sua orbita intorno ad esse. La stella è risolvibile nei telescopi amatoriali e i suoi dati orbitali sono ancora incerti. A partire dalle irregolarità del suo moto proprio, John Herschel (1831) scoprì che si trattava di una stella binaria, con una separazione apparente di 0", 3 (a.p. 85°; 2000) tra le componenti, che sono di magnitudine 6,3 e 7,1, con un periodo orbitale di 17,6 anni. E c'è altro ancora! Almeno altre quattro stelline nelle strette vicinanze potrebbero far parte del sistema della *zeta* Cancri. Misure per confermare questo sospetto sono ancora in corso. L'interessante sistema multiplo si trova a 83 anni luce dalla Terra.

(❂❂❂) La *iota* **Cancri** è una splendida stella doppia, con le componenti di magnitudine 4,1 e 6,0 separate di 30",7 (a.p. 308°; 2003). Nel campo visuale del binocolo compare una coppia meravigliosamente colorata, con la stella più brillante di colore giallo e la più debole azzurrina. Nelle immediate vicinanze ci sono alcune stelle di magnitudine 5 e 6 che arricchiscono la scena.

(❂❂❂❂) **M44** (3,7; 95'), detto Praesepe, alla latina, è uno degli ammassi aperti più grandi, più vicini e più belli (Fig. 8.2). Può essere facilmente visto a occhio nudo come una debole macchia luminosa, mentre al binocolo la nebulosità si scioglie in numerose singole stelle. La visione è veramente splendida. Il diametro apparente dell'ammasso è di 1°,5 e quindi conterrebbe al suo interno tre Lune Piene. In un caso come questo, l'ampio campo visuale e i bassi ingrandimenti del binocolo sono un vantaggio rispetto ai telescopi maggiori, poiché in questi ultimi la spettacolarità della visione dell'ammasso va completamente perduta.

Il Praesepe è uno dei pochi oggetti non stellari già menzionati dagli antichi astronomi. Ipparco (130 d.C) si riferiva ad esso chiamandolo Piccola Nube. L'ammasso fece la sua comparsa nelle carte stellari moderne nel XVII secolo, quando l'astronomo tedesco Johan Bayer lo introdusse con il nome latino di *Nubilum*. La sua vera natura fu rivelata da Galileo, che restò sorpreso e ammirato quando il *Nubilum*, visto attraverso il suo piccolo telescopio, veniva risolto in un gran numero di stelle.

Nell'area dell'ammasso si contano all'incirca 1300 stelle, per la gran parte componenti effettive. Nel campo visuale del binocolo, sotto condizioni osservative eccellenti, possiamo contare all'incirca 120 stelle, numero che potrebbe salire fino a 170 in qualche notte invernale perfetta. Le 20 stelle più brillanti hanno magnitudine compresa tra

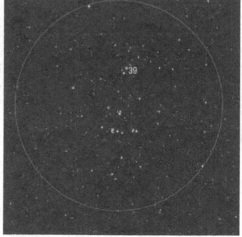

Figura 8.2. La foto ritrae l'ammasso aperto M44. Il campo dell'immagine misura 1',5×1',5.

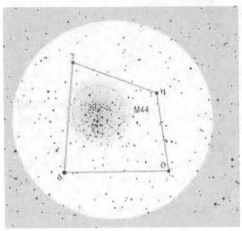

la 6 e la 7: fra queste ce ne sono quattro di colore giallo-arancio. La stella più luminosa dell'ammasso è la *epsilon* (6,3), che è di colore bianco e ha una luminosità 70 volte quella del Sole. Il nostro Sole sarebbe di magnitudine 11 se lo osservassimo alla distanza del Praesepe: lo potremmo vedere al binocolo solo nelle notti assolutamente perfette.

Il Praesepe dista da noi 577 anni luce e il suo diametro è di 14 anni luce; qualche stellina si trova addirittura a 22 anni luce dal centro.

(✪✪✪) L'ammasso aperto **M67** (6,1; 3') si trova solo 1°,8 a ovest della stella *alfa* (4,3) e quindi è facile da trovare, visto che stella e ammasso possono stare contemporaneamente nel medesimo campo visuale del binocolo (Fig. 8.3). M67 è chiaramente visibile, ma solo come una sorgente debolmente luminosa e diffusa. Quando le condizioni osservative sono eccellenti, questa nebulosità si presenta più grande e dovremmo riuscire a scorgere almeno una stella al suo interno. Con la visione distolta possiamo scorgere una decina di stelle che si staccano dalla nebulosità circostante. Nei telescopi amatoriali di più grosso diametro l'ammasso è davvero splendido. Nell'area si contano oltre tremila stelle, benché per lo più deboli. Solo una cinquantina di esse sono di magnitudine 11, o più brillanti, e potrebbero essere scorte dentro un binocolo in condizioni osservative assolutamente perfette. Se osserviamo l'ammasso con un telescopio di 20 cm, le stelle visibili sono almeno 300.

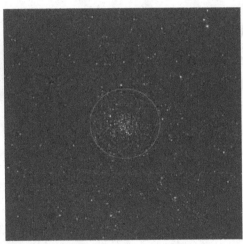

Figura 8.3. L'ammasso aperto M67.

M67 dista 2700 anni luce e il suo diametro è di soli 12 anni luce, quindi è assai raccolto. Dovremmo sentirci soffocare se vivessimo su un pianeta in orbita attorno a una stella dell'ammasso!

Benché gli ammassi aperti non siano gruppi stellari stabili, di lunga vita, le misure hanno dimostrato che M67 è uno dei più antichi, con un'età di oltre 4 miliardi di anni! Una possibile ragione del perché l'ammasso sia così longevo è la sua distanza dal piano galattico (sta circa 1500 anni luce sopra di esso), di modo che non risente se non in misura minima delle perturbazioni gravitazionali delle altre stelle della Galassia.

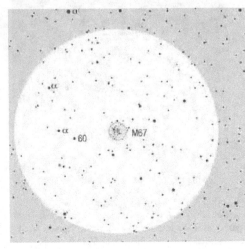

CANES VENATICI (Cani da Caccia)

la costellazione culmina		
inizio marzo alle 2h	inizio aprile alle 24h	inizio maggio alle 22h

Sotto il timone del Gran Carro troviamo un gruppo di deboli stelle alle quali gli antichi osservatori non diedero un nome. Fu solo nel XVII secolo che l'astronomo polacco Jan Hevelius introdusse questa nuova costellazione primaverile, denominandola Cani da Caccia. La sola stella brillante della costellazione è la *alfa* (2,9) detta anche Cor Caroli (Cuore di Carlo). Segue la *beta*, o Asterion (4,3). Al binocolo le due stelle compaiono all'interno dello stesso campo visuale.

La *alfa* è una delle stelle doppie più belle da osservare al telescopio. Le due componenti, di magnitudini rispettivamente 2,8 e 5,5, distano tra loro 19",3 (a.p. 229°; 2004). Al binocolo, le due stelle sono al limite della risoluzione. Solo se si dispone di uno strumento di alta qualità si può provare a separarle in una notte particolarmente calma. Le stelle sono gravitazionalmente legate e dunque costituiscono una genuina binaria, distante circa 120 anni luce da noi. La luminosità della componente principale è 80 volte quella del Sole, mentre la secondaria supera la nostra stella solo di 7 volte.

(✪✪✪) La galassia spirale **M51** (8,4; 11'×8'), conosciuta come Galassia Whirpool (Vortice), può essere vista facilmente al binocolo, ma solo come una chiazza luminosa del diametro di 5'; se le condizioni osservative sono eccellenti, appare un po' più grande ed evidenzia una forma ovale. Naturalmente, non vedremo i bracci a spirale poiché sono troppo deboli: noteremo soltanto la parte centrale, più brillante, del nucleo galattico (Figg. 8.5 e 8.6).

M51 è facile da trovare. La stella che ci porta ad essa è la brillante *eta* Ursae Majoris, quella che si trova all'estremità del timone del Gran Carro. Se inquadriamo questa stella e poi spostiamo il binocolo in modo che essa finisca sul bordo nord-orientale del campo di vista, la galassia apparirà sul bordo sud-occidentale. Per riuscire a osservarla dovremo scegliere una notte in cui le condizioni siano perlomeno buone, aspettando il momento in cui la regione celeste ove si trova la galassia sia alta in cielo. M51 è una di quelle galassie

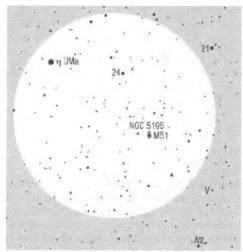

Figura 8.4. Il campo stellare attorno alla galassia spirale M51 nei Cani da Caccia, con la brillante *eta* UMa nelle sue vicinanze.

Figura 8.5. Confronto tra l'apparenza della M51 in un binocolo e in una foto di lunga posa.

Figura 8.6. La galassia spirale M51 con la galassia satellite NGC 5195.

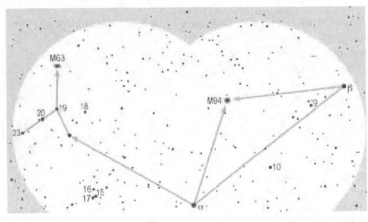

Figura 8.7. Le galassie spirali M63 e M94 si trovano nelle vicinanze della stella *alfa* e perciò sono facili da trovare. Se portiamo la *alfa* al bordo sud-occidentale del campo visuale, il gruppetto di stelle relativamente brillanti 18, 19, 20 e 23, che disegnano una forma a "V", ci porta direttamente a M63. La galassia ha nelle sue vicinanze una stella di magnitudine 8 che si vede molto bene al binocolo. Per cercare l'altra galassia, la M94, si porta la *alfa* al bordo sud-orientale del campo visuale, in modo da vedere contemporaneamente le stelle *alfa* e *beta*. Le due stelle e M94 formano un triangolo isoscele, con la galassia al vertice.

che il principiante dovrebbe osservare se non altro per avere un'idea di come appaia dentro un binocolo una galassia che si ritiene "facile e brillante".

È davvero una splendida spirale, distante da noi circa 37 milioni di anni luce. La vediamo di faccia. Fu la prima galassia nella quale gli astronomi riconobbero la struttura a spirale (Lord Rosse, nel 1845). La galassia ha una compagna vicina, la NGC 5195 (9,6; 5',4×4',3), che è oltre una magnitudine più debole e non è visibile al binocolo, a meno che la notte non sia perfetta, non si osservi da un sito d'alta montagna oppure da un deserto.

M51 è anche il soggetto ideale per l'astrofotografo amatoriale. Su immagini di lunga posa basta un teleobiettivo di 200 mm per mettere in evidenza la struttura a spirale.

(✪✪) La galassia a spirale **M63** (8,6; 12',3×7',6) è facile da trovare perché è presente nello stesso campo visuale della stella *alfa* (Fig. 8.7). Al binocolo la si vede come una macchia luminosa debole ed elongata, che misura pochi primi d'arco, con lì accanto una stella di magnitudine 8. Anzitutto, si deve trovare la *alfa*, poi si porta la stella al bordo sud-occidentale del campo di vista e allora la galassia apparirà al bordo nord-orientale. Tra la *alfa* e la galassia c'è un caratteristico gruppo di stelle, etichettate come 19, 20 e 23 Canum Venaticorum, che sono visibili anche a occhio nudo. Il gruppo si trova circa 4° a nord-est della *alfa* e rappresenta un utile riferimento per giungere infine alla galassia. Le stelle disegnano una "V" che punta a nord. M63 si trova proprio 1° a nord del vertice.

La galassia dista circa 37 milioni di anni luce e il suo diametro è stimato in 90mila anni luce.

Figura 8.8. La galassia spirale M63.

(☻☻) La brillante galassia a spirale **M94** (8,2; 11'×9') si trova solo 2° a nord della linea congiungente la *alfa* e la *beta* (le stelle compaiono nel medesimo campo visuale del binocolo, ai due bordi estremi). Dentro lo strumento si intravede come una macchiolina debolmente luminosa e tondeggiante del diametro di pochi primi d'arco. La vediamo di faccia. Benché sia più brillante di M63, la galassia è più difficile da vedere poiché la sua luce è dispersa su un'area più estesa. Gli astronomi direbbero che M94 ha una maggiore luminosità integrata, ma una più bassa luminosità superficiale rispetto alla M63. La galassia si trova a circa 14,5 milioni di anni luce da noi e il suo diametro è stimato in soli 33mila anni luce.

(☻) Circa 7° a nord-nordovest della stella *beta* troviamo un altro oggetto di Messier, la galassia a spirale **M106** (8,4; 19'×8') (Figg. 8.9 e 8.10). Nonostante una magnitudine integrata promettente, questa galassia è un oggetto assai difficile da osservare al binocolo. È ancora più estesa della M94, il che significa che la magnitudine superficiale è più elevata (la luminosità superficiale è più bassa). Al binocolo appare come una macchia elongata,

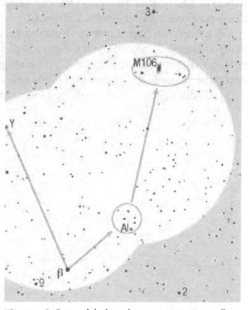

Figura 8.9. La debole galassia M106 giace all'incirca 7° a nord-nordovest della stella *beta*, ossia poco più di un diametro del campo visuale del binocolo. La *beta* serve anche come stella-guida per trovare la Y CVn, una delle stelle di colorazione più rossastra visibili a occhio nudo. La stella è molto fredda e gli astronomi hanno trovato nella sua atmosfera un'abbondanza elevata di carbonio. La Y è una variabile irregolare che brilla fra le magnitudini 5,0 e 6,4.

Le costellazioni al binocolo

Figura 8.10. La galassia spirale M106.

lunga pochi primi d'arco e debolmente luminosa. Per cercarla, in primo luogo bisogna trovare la stella *beta*, che porteremo al bordo di sud-sudest del campo visuale. Ora la galassia resta fuori dal bordo settentrionale della regione inquadrata solo di 1°. Muovendo il binocolo in quella direzione, si noterà innanzitutto una stella di magnitudine 6 e, 1° a ovest di essa, si vedrà un gruppo di tre stelle di magnitudini tra la 7 e la 8. La galassia giace tra di esse. Se si decide di tentare l'osservazione di questo oggetto così elusivo è giocoforza attendere una notte in cui si presentino condizioni osservative eccellenti. Quando siamo certi di avere al centro del campo visuale il punto dove la galassia dovrebbe trovarsi, attenderemo che i nostri occhi siano completamente adattati alla visione notturna e solo allora inizieremo a esaminare con attenzione l'intero campo. La galassia deve trovarsi alta in cielo. Non ci si disperi se non si riuscirà a vederla. Può essere che le condizioni del cielo non siano così buone come si credeva, o forse abbiamo la vista un poco annebbiata per la stanchezza... Ora che sappiamo dove guardare, potremmo rimandare l'osservazione a qualche nottata migliore.

Gli osservatori poco esperti potrebbero anzitutto trovare la stella *beta* e poi, nello stesso campo visuale (2° a nord-ovest), il gruppo di stelle di magnitudini fra la 6 e la 8 che si raccolgono attorno alla variabile AI CVn (di magnitudine circa 6). Portando questo gruppo al bordo meridionale del campo visuale, la galassia apparirà al bordo nord.

M106 dista circa 25 milioni di anni luce e ha un diametro che supera i 130mila anni luce.

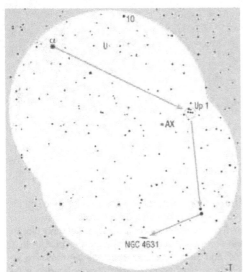

Figura 8.11. La posizione della debole galassia NGC 4631. Portano a essa la stella *alfa* e il gruppo di stelle di magnitudini 7 e 8 denominato Up 1.

(**☉**) Per gli osservatori che amano le sfide, c'è un'altra galassia in questa costellazione che si colloca al limite di visibilità con il binocolo. È la **NGC 4631** (9,8; 17'×3',5), una galassia spirale che vediamo di taglio. Al binocolo appare come una stria debole, lunga pochi primi d'arco. In ogni caso, la galassia si rende visibile solo in condizioni eccellenti e solo se l'occhio è ben allenato: si devono infatti mettere in campo tutti i trucchi che abbiamo menzionato nei capitoli precedenti. Anzitutto, dobbiamo essere ben riposati e i nostri occhi devono essere perfettamente adattati alla visione notturna; si deve inoltre adottare la visione distolta quando si esamina il campo stellare in cui la galassia si trova; per ultimo, faremo traballare delicatamente il binocolo per evidenziare meglio la debole macchiolina nebulosa. L'area che contiene la galassia deve trovarsi prossima alla culminazione.

È la stella *alfa* a condurci fino alla NGC 4631. Se portiamo la stella al bordo nord-orientale del campo visuale, sul bordo ovest comparirà un gruppo di stelle di magnitudini 7 e 8: nelle cartine queste stelle sono indicate come gruppo Up 1. Se muoviamo il binocolo in modo tale che questo gruppo si trovi al bordo nord-occidentale del campo di vista, a sud spunterà la regione celeste che contiene la galassia (Fig. 8.11).

La NGC 4631 si trova a 30 milioni di anni luce da noi; con un diametro di oltre 130mila anni luce, è tra le spirali più grosse.

(**OO**) L'ammasso globulare **M3** (6,2; 18') è uno dei più begli esemplari della sua classe. Giace al confine sud-orientale della costellazione e il modo migliore per raggiungerlo è di sfruttare come stella-guida la *beta* Comae Berenices. L'ammasso si trova circa 7° a est, ossia circa mezzo grado più in là di un intero diametro del campo di vista del binocolo. Se portiamo la *beta* Com al bordo occidentale del campo e se muoviamo il binocolo 1° verso est, ci apparirà l'ammasso. Abbiamo detto che l'oggetto è splendido e che si vede chiara-

mente al binocolo, ma in ogni caso esso ci apparirà solo come una chiazza relativamente brillante del diametro di 8'. Al binocolo non riusciremo a risolvere neppure le stelle più esterne dell'ammasso: per questo avremo bisogno di un obiettivo di diametro maggiore, che lavori ad alti ingrandimenti.

M3 dista 33.900 anni luce da noi e il suo diametro è di 170 anni luce. Gli astronomi dell'Osservatorio di Monte Palomar sono stati a contare le stelle che ne fanno parte, individuandole sulle lastre fotografiche: sono giunti a conteggiarne 45mila fino alla magnitudine 22,5. Le più deboli stelle che compaiono sulle lastre sono luminose poco più della metà del Sole. Gli astronomi pensano che la massa totale di M3 sia all'incirca di 140mila masse solari e che in totale le stelle dell'ammasso siano almeno mezzo milione (Fig. 8.12).

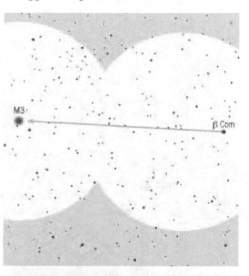

M3 si trova sopra il piano della Galassia, a circa 40mila anni luce dal centro. Ora, chiudiamo gli occhi e immaginiamo di vivere su un pianeta di una stella tra le più esterne dell'ammasso, posta sul bordo che guarda alla Via Lattea. Sappiamo immaginare come apparirà da lassù il cielo notturno? Per metà dell'anno non ci saranno vere e proprie notti, essendo il cielo illuminato da circa mezzo milione di stelle brillanti e vicine. Migliaia di esse saranno più brillanti della nostra Sirio, e persino di Venere. Molto probabilmente le notti di questo pianeta non saranno più buie dei nostri crepuscoli. Invece, nell'altra metà dell'anno non vedremo in cielo alcuna stella. Sulla volta celeste di questo ipotetico pianeta

Figura 8.12. L'ammasso globulare M3.

si può vedere solo un oggetto. Ma che oggetto! Una splendida, brillante magnificente spirale: la nostra Galassia, in tutta la sua fastosità, vista di faccia. Il suo diametro apparente sarebbe di oltre 100°. A occhio nudo potremmo vedere il nucleo, misterioso e brillante, la barra centrale di stelle e l'anello gassoso che la circonda, pieno di stelle neonate, oltre che i bracci a spirale e gli speroni, con innumerevoli astri di ogni colore, luminosi ammassi stellari e nebulose di ogni tipo. Allungando il braccio, ci sembrerebbe quasi di toccarli.

CANIS MAJOR (Cane Maggiore)

la costellazione culmina		
inizio dicembre	inizio gennaio	inizio febbraio
alle 2h	alle 24h	alle 22h

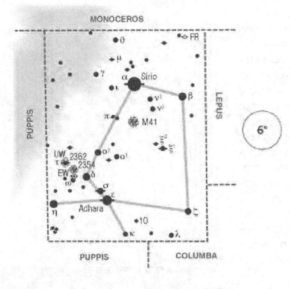

Il Cane Maggiore è una famosa costellazione invernale dominata da Sirio, la *alfa* CMa (−1,44), la stella più brillante di tutta la volta celeste. Sirio è 0,8 magnitudini più brillante di Canopo e 1,4 magnitudini più di Arturo, che è la terza stella nella lista delle più brillanti. Tuttavia, Sirio non ha questa posizione dominante per via delle dimensioni o della luminosità intrinseca, ma solo per il fatto che si colloca ad appena 8,6 anni luce da noi. In effetti, è la quinta stella in ordine di distanza dal Sole e, tra le stelle vicine, è la seconda fra quelle visibili a occhio nudo (solo *alfa* Centauri è ancora più vicina). E se una delle stelle più vicine dista da noi la bellezza di 550mila volte più del Sole, risulta persino difficile immaginare quanto grande sia la nostra Galassia, e quanto vuota.

Sirio è una stella bianca. Al binocolo brilla come un diamante scintillante; al telescopio, la sua luminosità è accecante e sicuramente vanifica l'adattamento dell'occhio alla visione notturna. Quando è bassa sull'orizzonte, scintilla esibendo tutti i colori dell'arcobaleno, poiché la sua luce si propaga attraverso spessi strati di atmosfera turbolenta. Sirio è 20 volte più luminosa del Sole, ha un diametro 1,7 volte più grande e la sua massa è due volte maggiore di quella della nostra stella. La temperatura superficiale è di circa 10mila gradi.

Tra il 1834 e il 1844, l'astronomo e matematico W. F. Bessel misurò certe irregolarità nel moto proprio di Sirio scoprendo che la stella ha un compagno invisibile che le orbita attorno con un periodo di circa cinquant'anni. Sirio B – questo è il nome del compagno invisibile – venne visto per la prima volta nel 1862 da Alvan G. Clark in un rifrattore di 47 cm. Sirio B è di magnitudine 8,5 e la separazione fra le due stelle varia da 3" al periastro (nell'anno 1994) fino 11",5 all'apoastro (2025). Benché in teoria le stelle possano essere risolte anche con un piccolo telescopio amatoriale, in pratica l'operazione non è semplice poiché Sirio B resta affogato nella soverchiante luce di Sirio A.

La massa di Sirio B è approssimativamente quella del nostro Sole. La sua luminosità, che è un quattrocentesimo di quella del Sole, è stata stimata a partire dalla luminosità apparente e dalla distanza. Quando gli astronomi ebbero tutti questi dati si chiesero: "La bassa luminosità di Sirio B è dovuta a una bassa temperatura superficiale, oppure al fatto che la stella è molto piccola?" La risposta venne nel 1915, quando finalmente si riuscì a rilevare lo spettro: da esso si evidenziò che la temperatura fotosferica era piuttosto elevata, circa 8800 K, e dunque, per essere così poco luminosa, la stella doveva essere di dimensioni estremamente ridotte. In seguito, fu dimostrato inequivocabilmente che Sirio B è una nana bianca, la più vicina alla Terra. Il diametro è solo 8,4 millesimi di quello del Sole: misura dunque solo 11.800 km (Fig. 8.13). Sirio B è addirittura più piccola della Terra! Comprimere 1 massa solare in un diametro così minuto comporta che la densità media è estremamente elevata: 2200 kg/cm³. Una

Il sistema di Sirio. Sirio A è al centro dell'immagine, Sirio B è indicato dai due trattini.

zolletta di zucchero di questa densità peserebbe quanto qui, sulla Terra, un camioncino di due tonnellate.

Quasi tutte le civiltà della storia umana hanno incluso Sirio nei loro miti e nelle loro leggende, il che non sorprende trattandosi della stella più brillante del cielo. Però, è curioso che tutti gli osservatori dell'antichità abbiano descritto la stella di colore rosso come il rame e non bianco brillante. Come è possibile, stante che siamo abbastanza sicuri che gli antichi astronomi riportarono correttamente le loro osservazioni? Questa domanda ha sconcertato gli astrofisici per molti decenni e ancora non ha una risposta certa. Essendo una giovane nana bianca, forse la compagna di Sirio si trovava nella fase di gigante rossa duemila anni fa, e così contribuì all'asserita (apparente) colorazione rossastra della sua principale. Tuttavia, questa spiegazione non risulta pienamente convincente, poiché gli astronomi ritengono che il passaggio da gigante rossa a nana bianca dovrebbe durare circa 100mila anni: possibile che in questo caso la trasformazione sia avvenuta in un tempo così eccezionalmente breve?

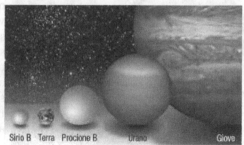

Sirio B Terra Procione B Urano Giove

Figura 8.13. Confronto tra alcuni pianeti e due delle più famose nane bianche. A questa scala, il Sole avrebbe un diametro di circa 1 m. Si confronti questa immagine con quella relativa a Mira (più avanti, nella costellazione della Balena).

Oltre a Sirio, la costellazione contiene un certo numero di altre stelle brillanti, come la *epsilon* (1,5), la *delta* (1,8), la *beta* (2,0), la *eta* (2,4), la *zeta* e la *omicron*-2 (entrambe di magnitudine 3,0).

La *epsilon*, o Adhara, è la 22ᵐᵃ stella più brillante del cielo. Distante 430 anni luce, la sua luminosità è 3300 volte quella del Sole e 160 volte quella di Sirio.

La *delta* è la 37ᵐᵃ stella più brillante del cielo. Lontanissima – dista 1800 anni luce –, è 43mila volte più luminosa del Sole e oltre 2000 volte più di Sirio.

La *beta* è la 47ᵐᵃ stella più brillante. Dista 500 anni luce, ha una luminosità 2900 volte quella del Sole e 145 volte quella di Sirio.

La *eta* è l'89ᵐᵃ stella in ordine di brillantezza. È una supergigante 77mila volte più luminosa del Sole e 3850 volte più di Sirio. Brilla in cielo di magnitudine 2, benché sia distante 3200 anni luce.

Le costellazioni al binocolo

Nelle vicinanze di Sirio ci sono ancora altre stelle brillanti: la *iota* (4,4), la *gamma* e la *theta* (entrambe di 4,1). La *theta* è una stella arancione del tipo spettrale K. La *gamma* è particolarmente interessante essendo una gigante che dista 1250 anni luce, con una luminosità 2700 volte quella del Sole e 110 volte quella di Sirio. Questa stella non ha ancora svelato tutti i suoi segreti. Fu chiamata *gamma* (ciò che dovrebbe indicare la terza stella più brillante della costellazione) dall'astronomo tedesco del XVII secolo Johan Bayer. Non si sa quanto fosse brillante a quel tempo, poiché Bayer non compiva misure di luminosità; invece, egli confidava sui dati ereditati da osservazioni effettuate in tempi antichi, 1500 anni prima. Oggi questa stella è più debole della *epsilon*, della *delta*, della *zeta* e anche della *omicron* Canis Majoris. Pare addirittura che la *gamma* sia scomparsa del tutto nel 1670, per ritornare a farsi vedere solo 23 anni dopo. Da allora la sua luminosità non è più cambiata. Questo sconcertante mistero non è stato ancora risolto.

(✪✪✪✪) Nel Cane Maggiore ci si imbatte nello stupendo ammasso aperto **M41** (4,5 ; 38'). In una notte buia e serena può essere visto già a occhio nudo come una tenue macchia luminosa (Fig. 8.14). Si trova circa 4° a sud di Sirio e con questa stella e con l'arancione *nu*-2 (3,9) forma un triangolo che può essere inquadrato nel binocolo all'interno del medesimo campo visuale. M41 può essere completamente risolto con un binocolo. In totale, conta

circa 300 membri raggruppati in un'area poco maggiore di quella occupata dalla Luna Piena. In condizioni osservative eccellenti, il binocolo ci mostra una sessantina di stelle, numero che può crescere fino a 100 se osserviamo in una notte invernale perfetta, magari stando in alta montagna o in una regione desertica. Le stelle più brillanti sono di magnitudine 7. L'ammasso è molto noto fra gli astrofili per la ricchezza cromatica delle sue stelle. La più brillante è arancione, con tonalità rossastre, ma ce ne sono numerose gialle, arancione scuro e bluastre.

M41 è conosciuto da tempo immemorabile. Già Aristotele (325 a.C.) ne parlò come di una delle "nubi misteriose" che si trovano in cielo. L'ammasso dista circa 2300 anni luce e ha un diametro intorno a 25 anni luce.

Figura 8.14. L'ammasso aperto M41.

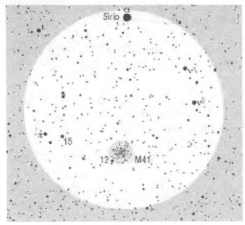

(✪✪) L'ammasso aperto **NGC 2362** (4,1; 8') circonda la stella *tau*, di magnitudine 4, ma una stella ancora migliore come guida è la *delta*, che si trova 3° a sud-ovest. Per gli osservatori alle latitudini medie settentrionali l'ammasso è sempre piuttosto basso sull'orizzonte sud, di modo che per osservarlo conviene scegliere una notte invernale nella quale il cielo sia buio fino all'orizzonte, attendendo il momento in cui l'ammasso sia prossimo alla culminazione. Al binocolo lo si vede come una chiazza luminosa piccola e debole che avvolge la *tau*. Con la visione distolta e in condizioni osservative eccellenti si possono scorgere alcune delle stelle più brillanti delle 200 che lo compongono.

NGC 2362 dista circa 5000 anni luce e il suo diametro è di soli 12 anni luce. La *tau* è una stella doppia con una massa stimata tra 40 e 50 masse solari. L'ammasso è interessante agli occhi degli astronomi poiché è uno dei più giovani ammassi stellari che si conoscano. Si pensa che la sua età sia di soli pochi milioni di anni. È ancora circondato dalla nube di gas e di polveri dalla quale nacquero le sue stelle.

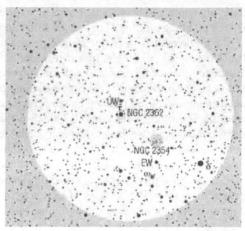

(❷) Se le condizioni osservative sono perfette e se osserviamo con un binocolo di buon diametro, possiamo riuscire a vedere l'ammasso aperto **NGC 2354** (6,5; 20'), presente nello stesso campo visuale a meno di 2° verso sud-ovest da NGC 2362. È più difficile da individuare rispetto al suo vicino perché è più largo e più debole. In un'areola del diametro di 20' sono presenti circa 25 stelle; però soltanto 15 sono membri effettivi dell'ammasso. Poiché NGC 2354 è un oggetto ancora più meridionale di NGC 2362, per osservarlo dovremo scegliere una notte invernale veramente trasparente, con il cielo buio da orizzonte a orizzonte, e con l'ammasso alla culminazione. Sfortunatamente, potrà anche capitare di puntare l'oggetto e tuttavia di non riuscire a vederlo.

CANIS MINOR (Cane Minore)

Pur essendo una piccola costellazione, il Cane Minore non può essere confusa con altre poiché ad essa appartiene Procione, la *alfa* CMi (0,4), una delle stelle più brillanti e vicine, essendo l'ottava in ordine di luminosità di tutto il cielo e distando da noi solo 11,4 anni luce. È la tredicesima stella tra le più vicine al Sole: tra le stelle visibili a occhio nudo dalle medie latitudini settentrionali, soltanto Sirio e la *epsilon* Eridani sono ancora più vicine. Procione è 6,5 volte più luminosa del Sole, è grande il doppio della nostra stella e la sua temperatura fotosferica è di quasi 7000 K.

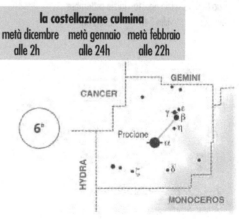

la costellazione culmina

metà dicembre	metà gennaio	metà febbraio
alle 2h	alle 24h	alle 22h

Procione è un'interessante stella doppia. Considerando le irregolarità del moto in cielo della stella, A. Auwers (1838-1915) concluse che doveva essere accompagnata da una stella debole, benché massiccia. Nel 1861, egli trovò che la stella invisibile ruotava attorno a Procione con un periodo di quarant'anni. Per lungo tempo, gli astronomi hanno cercato questa stella invisibile, ma invano. Fu J.M. Schaeberle finalmente a rivelarla, nel 1896, grazie al rifrattore di 91 cm del Lick Observatory, che a quel tempo era il più grande telescopio al mondo. La distanza tra le due stelle era di 4",6. A causa della differenza di luminosità e della vicinanza con la brillante Procione è estremamente difficile riuscire a vedere Procione B, che è di magnitudine 11: si riesce solo con i più potenti telescopi.

Il periodo orbitale delle due stelle è precisamente di 40,82 anni e la distanza media che c'è fra di esse è solo di 15 UA (per confronto, Saturno dista dal Sole 10 UA e Urano 19 UA). L'aspetto interessante di questo sistema binario è che Procione B è una nana bianca, con una massa circa 0,6 volte quella del Sole e con un diametro di soli 28mila km, che è circa il doppio del diametro del nostro pianeta. La temperatura in superficie tocca i 7900 K, ma poiché la stella è piccola la sua luminosità è solo 1/2000 di quella del Sole. Con una massa così importante e dimensioni tanto piccole, la densità media della stella è dell'ordine di 100 kg/cm³. Naturalmente, non possiamo vedere niente di tutto questo con il binocolo: possiamo solo immaginare questi mondi meravigliosi quando puntiamo lo strumento sulla sfolgorante Procione.

L'altra stella interessante è la *beta* (2,9), che dista 170 anni luce e che è circondata da un gruppetto di tre stelle: la *gamma* (4,2), la *epsilon* (5,0) e la *eta* (5,2). La *gamma* è arancione e ha un colore molto vivido in ogni binocolo.

CAPRICORNUS (Capricorno)

Il Capricorno, costellazione autunnale, è tra le meno vistose dello Zodiaco. Le sue stelle più brillanti sono la *delta* (variabile; 2,8-3,1), la *beta* (3,0), la *alfa* (3,5), la *gamma* (3,7) e la *zeta* (3,8). Costellazione povera, ma facile da trovare: la linea tratteggiata da tre stelle brillanti dell'Aquila (la *gamma*, la *alfa* e la *theta*) punta direttamente sul Capricorno.

La *delta* è una variabile a eclisse, distante solo 39 anni luce. Al massimo della luminosità è la 143ma stella del cielo. La luminosità congiunta delle due stelle è pari a otto volte quella del nostro Sole.

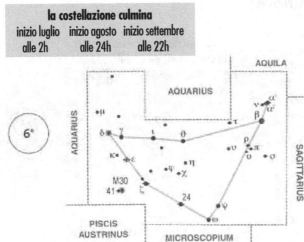

la costellazione culmina

inizio luglio	inizio agosto	inizio settembre
alle 2h	alle 24h	alle 22h

La *alfa*, o Al Giebi, è una doppia prospettica che può essere risolta già a occhio nudo, poiché le due componenti di colore giallo sono separate da circa 6',3 (a.p. 292°; 2002). La stella più brillante, denominata *alfa*-2, brilla di magnitudine 3,6, mentre la più debole, *alfa*-1, è di magnitudine 4,3. La *alfa*-2 è lontana circa 110 anni luce, mentre la *alfa*-1 è sei volte più distante.

Anche la *beta* è una stella doppia facilmente risolvibile al binocolo. La compagna di magnitudine 6,1 è separata di 206" dalla primaria giallastra (a.p. 267°; 2002).

(○○) La *omicron* si presenta al binocolo come una coppia stretta. Le stelle, di magnitudini 5,9 e 6,7, sono distanti 22",6 (a.p. 239°; 2006). Questa bella coppia è costituita da due stelle bianche che non evidenziano alcun contrasto di colore. La stella che ci guida alla *omicron* è la *beta*, oltre che un gruppetto di stelle di magnitudine 5 (la *upsilon*, la *pi*, la *rho* e la *sigma*) collocate circa 4° a sud-est.

(✪✪) Circa 3° a est-sudest dalla *zeta* troviamo l'ammasso globulare **M30** (7,2; 12'). Lo si vede al binocolo come una piccola chiazza debolmente luminosa, con una stella di magnitudine 5 in direzione est-sudest. Benché il diametro apparente dell'ammasso sia di 12', il nucleo estremamente denso misura solo 1',2. M30 dista 26.100 anni luce, di modo che la sua dimensione assoluta è di circa 84 anni luce; alcune stelle distano però fino a 70 anni luce dal centro.

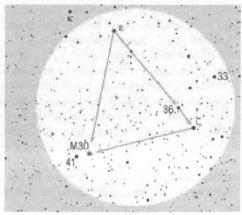

CASSIOPEIA (Cassiopea)

L'ampia e splendida costellazione di Cassiopea è circumpolare per le medie latitudini settentrionali. La possiamo quindi vedere ogni notte e per tutte le ore della notte. Non sorge mai e nemmeno tramonta. La disposizione delle cinque stelle più brillanti traccia una lettera "M" allargata (quando la costellazione è alla culminazione) oppure la lettera "W" (quando è un po' più bassa sull'orizzonte). Se appena abbiamo un'idea della sua posizione, non c'è possibilità di mancarla.

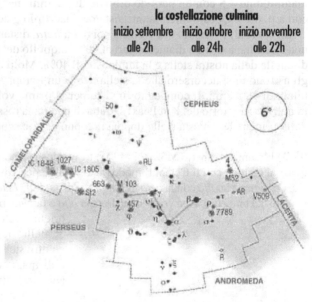

la costellazione culmina		
inizio settembre alle 2h	inizio ottobre alle 24h	inizio novembre alle 22h

Le stelle più brillanti sono la *gamma* (2,1; poco variabile), la *alfa*, o Shedir (2,2; anch'essa variabile), la *beta* (2,3), la *delta* (2,7) e la *epsilon* (3,4). L'intera area è ricca di stelle e di ammassi aperti poiché è attraversata dalla Via Lattea.

La *gamma* – la stella centrale della W – è la 63ma stella più brillante del cielo, una subgigante che dista 614 anni luce. La sua luminosità è 3700 volte quella del Sole. Si tratta di una variabile irregolare, normalmente di magnitudine intorno alla 2, ma che saltuariamente aumenta la propria luminosità. L'ultima volta successe nel 1937, quando la stella raggiunse la magnitudine 1,6. Gli astronomi la ritengono una stella molto instabile anche per il fatto che ha uno spettro davvero anomalo. Sulla base di misure spettroscopiche, alcuni ritengono che nel corso dell'aumento di luminosità del 1937 la stella abbia disperso parte dei suoi strati atmosferici nello spazio interstellare. Infatti, su immagini di lunga posa, si possono notare tenui nebulosità che la circondano: le parti più brillanti di queste sono contrassegnate come IC 59 e IC 63. Misure hanno dimostrato che entrambe le nebulose sono connesse alla stella e che eruzioni simili sono avvenute anche nel passato.

La stella *alfa*, di colore giallo-arancio, è la 71ma stella più brillante del cielo, distante da noi 230 anni luce. La sua luminosità è pari a 480 volte quella del Sole.

La *beta* è la 74ma stella più brillante. Con una luminosità pari a 26 volte quella del Sole, è considerata una nostra vicina cosmica, distando solo 55 anni luce.

La *delta* è la 108ma stella più brillante del cielo; dista 100 anni luce e splende come 61 Soli.

La *eta* (3,4) è una meravigliosa stella doppia, risolvibile anche in un piccolo telescopio, ma sfortunatamente non in un binocolo. Le due stelle, di magnitudini 3,5 e 7,4, sono separate di 12",9 (a.p. 319°; 2005). Il periodo orbitale di questo sistema binario è di circa 500 anni. La coppia è nota per il suo vivido contrasto di colore. Generalmente le due stelle vengono descritte come di color oro e violetto. La *eta* dista solo 18 anni luce dalla Terra.

La *iota* (4,5) è una delle più belle stelle triple di tutto il cielo. Se le condizioni osservative sono eccellenti basta un obiettivo di 8 cm per separare tutte e tre le componenti. Due di queste costituiscono una doppia stretta con una separazione di 2",9 (a.p. 230°; 2004) e con un periodo orbitale di 840 anni. Le magnitudini delle due stelle sono 4,6 e 6,9. La terza stella, di magnitudine 9,0, si trova a 8",9 dalla coppia più brillante (a.p. 99°; 2006). Il sistema include anche una quarta stella, che però non può essere vista nei telescopi amatoriali. Attorno alla componente più brillante della doppia stretta orbita una stella di magnitudine 8,5 con un periodo orbitale di 52 anni (nel 2002 la separazione era di 0",4, con a.p. 66°). Questo interessante sistema quadruplo giace a 160 anni luce da noi.

La *mu* (5,2) è persino più vicina a noi della *beta*, distando solo 25 anni luce. Si tratta di una stella nana con un diametro pari al 90% di quello del Sole, con una massa solo il 75% di quella della nostra stella e la luminosità il 40%. Molti anni fa, da misure astrometriche, gli astronomi si accorsero che la stella aveva un compagno invisibile con un periodo orbitale di 18,5 anni. Il compagno fu visto per la prima volta nel 1966 con il riflettore di 2 m dell'Osservatorio del Kitt Peak: si tratta di una nana rossa che è 3 magnitudini più debole della principale. Questa stella doppia non può essere separata da telescopi amatoriali.

(○○) L'ammasso aperto **M52** (7,3; 13') si trova presso il bordo occidentale della costellazione, quasi al confine con il Cefeo. Il modo più semplice per trovarlo è di proseguire lungo la retta che congiunge la *alfa* con la *beta*. L'ammasso dista dalla *beta* poco più del diametro del campo visuale del binocolo. Una volta inquadrate la *alfa* e la *beta*, porteremo la seconda al bordo sud-

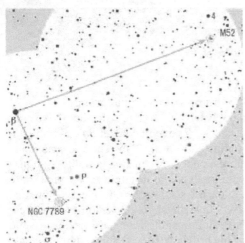

orientale e poi sposteremo il binocolo di altri 3° nella stessa direzione. Incontreremo così quattro stelle brillanti. La più intensa di queste è di magnitudine 5 e di colore arancione; le altre sono di magnitudine 6. Anche quella più vicina alla più brillante è arancione. M52 si trova a meno di 1° da questa in direzione sud-est (si veda la cartina). È chiaramente visibile al binocolo, ma solo come una macchia luminosa che misura pochi primi d'arco, con all'interno una stella brillante e una manciata di stelline più deboli, nessuna delle quali è più luminosa della magnitudine 8. È consigliabile compiere l'osservazione solo se le condizioni sono eccellenti, perché altrimenti saremmo in grado di vedere solo un paio di deboli stelle, al massimo tre. Naturalmente, M52 è molto più interessante da osservare attraverso un telescopio amatoriale di buon diametro.

L'ammasso dista 5000 anni luce ed è costituito da circa 100 stelle, delle quali solo 12 sono più brillanti della magnitudine 11. Il diametro è di circa 19 anni luce.

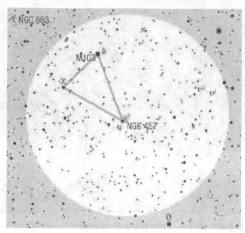

(**✪✪**) L'ammasso aperto **NGC 7789** (6,7; 16') è una chiazza debolmente luminosa. In condizioni osservative eccellenti e con l'accorgimento della visione distolta si possono intravedere poche stelle più brillanti delle magnitudini 9 e 10, che però non sono veri membri dell'ammasso. Le stelle più brillanti di NGC 7789 sono di magnitudine 11 e restano perciò invisibili al binocolo. L'ammasso è facile da trovare perché è situato nello stesso campo visuale della brillante *beta*: si trova infatti poco più di 3° a sud-sudovest della stella. L'ammasso aperto dista circa 8000 anni luce e ha un diametro di circa 37 anni luce.

(**✪✪**) L'ammasso aperto **NGC 457** (6,4; 13') è facile da trovare se si inquadrano le stelle *chi* (4,7) e *fi* (5,0) che, con la *delta* (una delle stelle della "W" di Cassiopea), formano un piccolo triangolo. L'ammasso giace vicino alla *fi*, che può essere riconosciuta per la stretta vicinanza con una stella di magnitudine 7 posta a sud-ovest. Al binocolo possiamo vedere una decina di stelle appartenenti all'ammasso, disperse su un'area che misura soli pochi primi d'arco a nord-ovest della *fi*. In condizioni osservative eccellenti le si può vedere chiaramente, altrimenti le si può cercare con la visione distolta, che dovrebbe consentirci di risolverle. L'ammasso contiene poco più di un centinaio di membri, ma sono solamente 30 le stelle più brillanti della magnitudine 11. Le più luminose sono di magnitudine 9. NGC 457 dista 9000 anni luce e ha un diametro di poco meno di 30 anni luce.

(**✪✪**) L'ammasso aperto **NGC 663** (7,1; 16') è facile da trovare perché è posto fra la *delta* e la *epsilon*, proprio al centro e leggermente spostato a sud-est della linea che connette le due stelle (Fig. 8.5). È un gruppetto di stelle circondato da una debole nebulosità (la luce delle stelle che non possono essere separate al binocolo). Le stelle più brillanti sono di magnitudine 9 e se ne vedono 4 o 5 se le condizioni osservative sono buone, mentre le altre restano indistinte. In condizioni osservative perfette e con la visione distolta la nebbiolina si fa più evidente, ma per risolverla in stelle abbiamo bisogno di un telescopio di buon diametro che operi ad alti ingrandi-

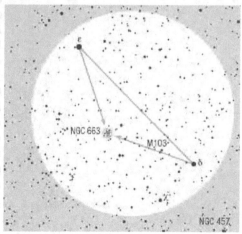

Figura 8.15. La posizione dell'ammasso aperto NGC 663. Sulla cartina è segnato anche l'ammasso aperto M103, che è visibile al binocolo solo in condizioni osservative perfette e con ottiche eccellenti. L'ammasso è piccolo e debole e oltretutto sta nelle vicinanze di una stella relativamente luminosa che disturba l'osservazione.

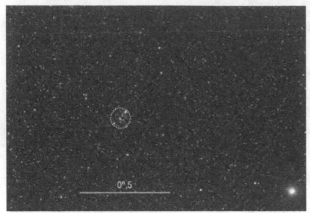

Figura 8.16. Il piccolo ammasso aperto M103. La stella brillante sulla destra è la *delta*.

menti. Ci sono diverse centinaia di stelle nell'ammasso, ma solo 40 sono più brillanti della magnitudine 11. NGC 663 dista 6400 anni luce e ha un diametro di 30 anni luce.

(✪) L'ammasso aperto **M103** (7,4; 6') è uno di quegli oggetti elusivi che richiedono condizioni osservative perfette, oltre che ottiche di qualità (Fig. 8.16). L'ammasso è piccolo e debole e si colloca nei pressi di una stella relativamente brillante, di magnitudine 7, che, se osservata attraverso binocoli con ottiche non lavorate a dovere, copre completamente con la sua luce la debole nebulosità dell'ammasso. Nominiamo M103 solo perché fa parte del *Catalogo* di Messier. Ogni osservatore che ama le sfide dovrebbe provare a trovarlo (naturalmente con un binocolo 10×50). Il sito osservativo ideale da cui farlo è in alta montagna, con cielo buio e trasparente e senza inquinamento luminoso. Talvolta queste condizioni le si ritrova nel corso dell'inversione di temperatura nelle notti invernali, quando le vallate, con i loro paesi e l'inquinamento luminoso, vengono coperte e oscurate da uno spesso strato di nubi, mentre il cielo sopra le nostre teste è buio e trasparente come nei bei tempi antichi, prima dell'invenzione dell'illuminazione elettrica.

Benché difficile da vedere, M103 non è difficile da trovare perché sta nello stesso campo visuale della brillante *delta*. L'ammasso è uno dei più remoti che si conoscano. Dista infatti 8500 anni luce. Il suo diametro è di circa 15 anni luce.

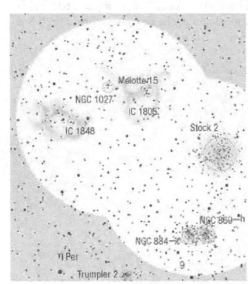

Figura 8.17. L'intera area degli ammassi aperti può essere coperta al meglio se si punta il binocolo in modo tale da vedere la stella *eta* Persei e l'Ammasso Doppio nello stesso campo visuale. In seguito, si muoverà il binocolo a nord-ovest fino a quando l'arancione *eta* uscirà dal campo di vista.

(✪✪) Un altro ammasso aperto nella costellazione è **Stock 2** (4,4; 60'). Questo grosso e diffuso gruppo stellare conta una trentina di componenti e il modo più semplice per trovarlo è quello di partire dall'Ammasso Doppio del Perseo, che è chiaramente visibile già a occhio nudo. Stock 2 si trova 3° a nord-nordovest, di modo che i due oggetti possono essere visti contemporaneamente nello stesso campo visuale del binocolo. Un arco di stelle di magnitudini tra la 6 e la 8 corre da Stock 2 all'Ammasso Doppio (Fig. 8.17).

Stock 2 giace nella parte orientale di Cassiopea, regione particolarmente interessante della costellazione poiché ha sullo sfondo una parte molto ricca di Via Lattea. Lo si vede meglio con un binocolo a grande campo. Se la notte è perfetta, possiamo vedere l'ammasso aperto Melotte 15 (6,5; 22'), che è circondato da una vasta nebulosa rossa conosciuta come IC 1805 (Fig. 8.18). Solo pochi gradi a est troviamo l'ammasso aperto IC 1848 (6,5; 12'). Anche questo ammasso è avvolto da una nebulosa rossa. Mentre gli ammassi si rendono visibili al binocolo, ma solo in condizioni osservative perfette, le nebulose

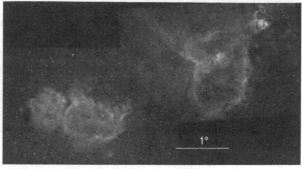

Figura 8.18. Le nebulose IC 1805 (sulla destra, soprannominata Cuore), e la IC 1848, soprannominata Anima.

sono oggetti riservati agli astrofotografi, poiché compaiono solo su riprese di lunga posa. Quest'area così ricca, nella quale compare anche un altro ammasso aperto, NGC 1027 (6,7; 23'), è tra le inquadrature preferite dagli astrofotografi.

Le distanze degli ammassi vanno dai 1000 anni luce di Stock 2 ai 6500 di Melotte 15 e di IC 1848. La distanza di NGC 1027 è di circa 2500 anni luce. Si ha l'impressione che le nebulosità che avvolgono Melotte 15 e IC 1848 siano fra loro connesse e rappresentino solo la parte più luminosa di una vasta nube di gas e polveri.

CENTAURUS (Centauro)

La celebre costellazione del Centauro è una delle più estese del cielo, ricca di stelle brillanti e di altre meraviglie. Sfortunatamente, dalle mede latitudini settentrionali se ne può vedere solo la parte alta, rivolta a nord.

La stella *alfa* (−0,01) è la quarta stella più brillante del cielo e, tra le stelle luminose, è la più vicina a noi, distando solo 4,4 anni luce. Ha una compagna stretta, la *alfa* B, di magnitudine 1,2 e di colore arancio. La coppia è separata di 12",5 (a.p. 224°; 2002), troppo poco perché si possano vedere le due componenti distinte in un binocolo, ma quanto basta per risolverle in ogni telescopio amatoriale.

la costellazione culmina		
fine marzo	fine aprile	fine maggio
alle 2h	alle 24h	alle 22h

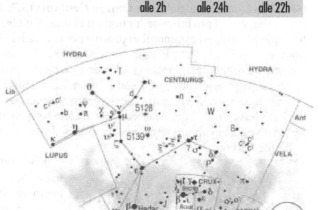

Il sistema multiplo della *alfa* comprende anche una terza debole compagna (*alfa* C), di magnitudine 13,2, che è ancora più vicina a noi della *alfa*, trovandosi a soli 4,22 anni luce, e che per questo è stata battezzata Proxima. Questo interessante sistema triplo è invisibile dalle latitudini medio-settentrionali: dovremmo infatti trovarci più a sud della latitudine 30° nord per vederlo alzarsi di poco sopra l'orizzonte. Invece, dall'emisfero australe, ove la stella è ben alta in cielo alla culminazione, si mostra come un gioiello che brilla vividamente di un colore bianco giallastro.

La stella *theta* è di magnitudine 2,1 ed è la 53ᵐᵃ in ordine di luminosità in cielo. Distante 61 anni luce dalla Terra, ha una luminosità 40 volte maggiore di quella del Sole. Alle nostre latitudini la stella si porta solo 10° sopra l'orizzonte alla culminazione, di modo che non è mai facile da osservare.

La *eta* brilla di magnitudine 2,3 e nei nostri cieli non si alza mai più di 2° sull'orizzonte. È la 79ᵐᵃ stella più brillante del cielo e dista 309 anni luce: è una gigante la cui luminosità supera di 800 volte quella del Sole.

La *iota* (2,7) è la 123ᵐᵃ stella nella lista delle più brillanti: sarebbe abbastanza notevole se solo fosse un poco più alta in cielo, ma alle nostre latitudini non va mai oltre 7° sopra l'orizzonte, di modo che la vediamo sempre e soltanto attraverso uno spesso strato d'atmosfera. La stella dista 59 anni luce e ha una luminosità 20 volte maggiore di quella del Sole.

Le seguenti informazioni persuaderanno ognuno che la costellazione è veramente tra le più cospicue se osservata da siti dell'emisfero meridionale: la *beta* (0,6) è l'11ᵐᵃ stella tra le più brillanti, la *gamma* (2,2) è la 64ᵐᵃ, la *epsilon* (2,3) è la 77ᵐᵃ, la *zeta* (2,5) è la 95ᵐᵃ e la *delta* (2,6) è la 98ᵐᵃ. Per un osservatore dell'emisfero sud queste stelle appaiono brillanti come quelle del Gran Carro per gli osservatori a nord dell'equatore.

L'ammasso aperto NGC 3766 (5,3; 12') è composto di circa 200 stelle, le più brillanti delle quali sono di magnitudine 8. È un bell'oggetto da osservare al binocolo, ma non dalle nostre latitudini perché è sempre troppo basso.

L'ammasso aperto NGC 5460 (5,3; 25') brilla della stessa luce, ma è largo il doppio di NGC 3766. Le sue stelle sono tutte deboli.

Questo, comunque, è solo l'antipasto. Al Centauro appartengono infatti due oggetti del cielo profondo assolutamente eccezionali: l'ammasso globulare più brillante (Omega Centauri) e la bella galassia NGC 5128.

(❂❂❂❂) L'ammasso globulare **Omega Centauri** (3,7; 36') è facilmente visibile anche a occhio nudo. È il più brillante tra tutti gli ammassi globulari e, prima che si volgesse il telescopio al cielo, gli astronomi lo presero per una stella di magnitudine 3 (per questo è denominato *omega*). Per gli osservatori dell'emisfero settentrionale, a latitudini medie, l'ammasso resta sempre pochi gradi sotto l'orizzonte anche alla culminazione. Lo possono vedere solo gli osservatori più a sud di 40° nord di latitudine, anche se molto basso in cielo, e con la luce indebolita dal fatto che deve attraversare spessi strati atmosferici. Per osservarlo dobbiamo scegliere la notte perfetta, con il cielo trasparente e buio da orizzonte a orizzonte. Se però vogliamo apprezzarne per intero la bellezza, dobbiamo necessariamente spostarci nell'emisfero sud.

Non solo è il più brillante, Omega Centauri, ma è anche il più grosso tra gli ammassi globulari, con una massa stimata in circa 5 milioni di masse solari. Una massa così elevata è paragonabile a quella di certe galassie nane, tanto che c'è chi ipotizza che possa trattarsi del nucleo di una piccola galassia, che, in un lontano passato, venne smembrata e inglobata all'interno della nostra. Le forze mareali della Galassia potrebbero averle scippato le stelle, che finirono poi disperse nella Via Lattea.

(✪✪✪✪) La galassia **NGC 5128** (7,0; 18'×14') è la quinta in ordine di brillantezza tra tutte le galassie del cielo ed è facilmente visibile al binocolo (Fig. 8.19). Si trova alla declinazione di −43°, il che significa che in teoria potrebbe essere visibile dalle medie latitudini settentrionali, oltre che da tutti i siti posti ancora più a sud. Per esempio, nella Spagna meridionale si alza di 10° sopra l'orizzonte, in Florida di 20°, abbastanza da vederla abbastanza agevolmente. In realtà, è un oggetto straordinariamente bello per gli osservatori meridionali, altissimo in cielo alla culminazione. La stella-guida che ci porta a essa è la *zeta*. Per gli osservatori settentrionali che non vedono la *zeta*, la stella-guida è la *mu*, una variabile che oscilla tra le magnitudini 2,9 e 3,5. La *mu* e la galassia cadono entro lo stesso campo visuale di un binocolo. Assumendo la *zeta* come stella-guida, bisogna portarla al bordo orientale del campo per vedere Omega Centauri sul bordo occidentale. Ora si deve portare l'ammasso globulare al bordo sud del campo e allora la galassia apparirà sul bordo nord. È una visione davvero indimenticabile avere due oggetti così belli contemporaneamente nello stesso campo visuale.

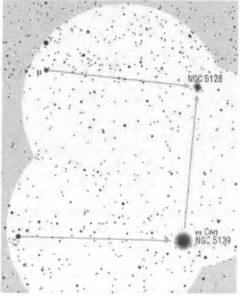

Figura 8.19. La splendida galassia NGC 5128.

NGC 5128 è una delle galassie più vicine, appena al di là del Gruppo Locale, ed è membro del gruppo di galassie di M83. Distante 15 milioni di anni luce, il suo diametro misura 70mila anni luce. È una delle galassie peculiari più interessanti del cielo: presenta tutte le caratteristiche di una grossa galassia ellittica, ma anche un'evidente fascia oscura di polveri che la contorna come un disco spesso. Inoltre, è un'intensa radiosorgente, denominata Centaurus A: è la più vicina fra tutte le radiogalassie. L'insieme di questi dati suggerisce che nel lontano passato questa galassia ellittica potrebbe aver interagito con una grossa galassia spirale, finendo con l'inglobarla.

CEPHEUS (Cefeo)

Il Cefeo è una costellazione assai estesa, ma costituita da stelle deboli. Per gli osservatori alle medie latitudini settentrionali è circumpolare. Si estende all'interno del triangolo i cui vertici sono Deneb (*alfa* Cygni), la Stella Polare e *beta* Cassiopeiae. Nelle serate limpide verso la fine dell'estate, possiamo vedere le sue deboli stelle quasi allo zenit. La *alfa* è di

CEPHEUS
(Cefeo)

la costellazione culmina		
metà luglio alle 2h	metà agosto alle 24h	metà settembre alle 22h

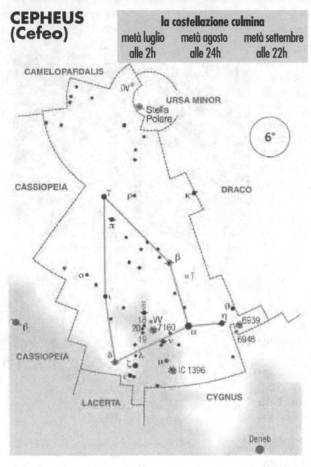

magnitudine 2,4; altre stelle brillanti sono la *gamma*, la *beta* (entrambe di 3,2) e la *zeta* (3,4).

La *alfa* è l'88ma stella più brillante del cielo, dista 49 anni luce ed è luminosa 18 volte più del Sole. È interessante per gli astronomi per via di due proprietà che non possono essere apprezzate al binocolo: la prima è che la stella ruota molto velocemente attorno al proprio asse; la seconda è che si trova in una parte del cielo che viene puntata dall'asse terrestre nel corso del moto di precessione. Per questo motivo, la *alfa* Cephei diventa la nostra stella polare ogni 25.800 anni: la prossima volta succederà attorno all'anno 7500.

La *beta* è una stella variabile, una gigante blu che pulsa con un periodo di 4h 34m. La luminosità varia solo di un decimo di magnitudine, troppo poco per notarlo con l'usuale strumentazione amatoriale. Distante 1000 anni luce dalla Terra, la stella è circa 4mila volte più luminosa del Sole.

La *eta* Cephei è di magnitudine 3,4: è una subgigante che dista 45 anni luce. È una stella simile al nostro Sole, ma un paio di miliardi d'anni più vecchia e quindi sta già lasciando la Sequenza Principale del diagramma HR trasformandosi lentamente in una gigante rossa. Al binocolo mostra una colorazione giallo oro.

La *zeta*, di colore giallo-arancione, è distante 1240 anni luce ed è una supergigante con una luminosità 5800 volte superiore a quella del Sole.

(✪✪✪) La stella *mu* è una famosa variabile semiregolare, con un colore rosso-arancione intenso, forse la stella più colorata fra tutte quelle dell'emisfero nord. Giuseppe Piazzi la battezzò Stella Granata. La sua luminosità varia lentamente fra le magnitudini 3,4 e 5,1 con un periodo che non si mantiene costante, mediamente attorno a 730 giorni. Neppure i valori massimi e minimi della luminosità sono sempre gli stessi. Nei dintorni della *mu* non ci sono stelle di paragone di luminosità adeguata. Le più vicine sono la *zeta* (3,4; 4° a est), la *nu* (4,3; 2°,5 a nord) e la *lambda* (5,1; 4° a est). La Stella Granata è una supergigante rossa simile a Betelgeuse, in Orione. È molto lontana da noi, circa 5mila anni luce, ed è una delle stelle più grandi, con un diametro 1420 volte quello del Sole. In effetti, è la sesta stella più grande che si conosca e se la ponessimo al centro del Sistema Solare essa si estenderebbe oltre l'orbita di Giove. Si tratta anche di una delle stelle più luminose in assoluto: circa 350mila volte il Sole.

(✪✪✪) La *delta* **Cephei** è una delle stelle variabili più famose, che ha dato il nome a un'intera classe di variabili di corto periodo, le Cefeidi. Nel 1784, l'astrofilo inglese John Goodricke fu il primo a notare che la sua luminosità andava soggetta a variazioni. Oggi sappiamo che le Cefeidi sono stelle che con regolarità si dilatano e si contraggono, il che comporta una variazione dell'energia irraggiata. Siamo in grado di rilevare le variazioni di luminosità della *delta* da una notte con l'altra se compariamo la sua brillantezza con quella delle stelle vicine, in particolare la *epsilon* (4,2) e la *zeta* (3,4). Quando è al massimo di luce, la *delta* brilla di magnitudine 3,5, quando è al minimo si ferma alla magnitudine 4,4. Il periodo di pulsazione è di 5 giorni 8 ore e 48 minuti.

Anche la *delta*, come tutte le Cefeidi è una supergigante, 3300 volte più luminosa del Sole quando è al massimo. Il diametro della stella varia fra 25 e 30 volte quello del Sole. La distanza è di 1000 anni luce. La *delta* ha una compagna di magnitudine 6,1, separata da essa di 40",6 (a.p. 191°; 2004): al binocolo si presentano come una doppia stretta.

(✪✪) Nello stesso campo visuale della *mu*, circa 1°,5 a sud-sudovest, possiamo vedere un ammasso aperto di grandi dimensioni, esteso circa 2°: si tratta di **IC 1396** (magnitudine circa 4; 170'×140'). In condizioni osservative buone, si vede una dozzina di stelle tanto disperse da non dare impressione che facciano parte di un ammasso. Se poi le condizioni osservative sono eccellenti, le stelle visibili diventano oltre un centinaio e si evidenzia chiaramente la natura dell'oggetto. Circa al centro dell'ammasso si trova un sistema di stelle triplo, noto in sigla come Struve 2816. Il binocolo ci consente di risolvere solo la coppia stretta di stelle di magnitudini 5,6 e 7,5, separate da 20",5 (a.p. 338°; 2006). Anche la terza compagna è di magnitudine 7,5 e si trova a 11",8 dalla stella principale (a.p. 120°; 2006). Questa terza componente è visibile solo se si ha un piccolo telescopio.

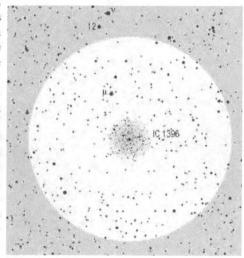

Le stelle dell'ammasso sono avvolte da una debole nebulosità che si può scorgere solo in fotografia. IC 1396 è la parte più densa e brillante di un'associazione stellare molto più estesa, nota in sigla come Cepheus OB2, che si estende per qualche grado quadrato verso nord. Le stelle che costituiscono un tipico ammasso aperto sono debolmente legate fra loro: infatti, l'ammasso tende ad espandersi e con l'andar del tempo si scioglierà del tutto. Cepheus OB2 dista circa 2500 anni luce.

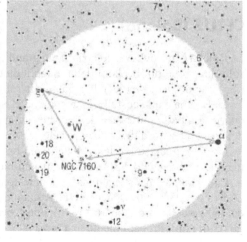

(✪) Due gradi verso nord-est rispetto alla stella *nu* troviamo il piccolo ammasso aperto **NGC 7160** (6,1; 7'). All'interno di un gruppo costituito da molte deboli stelle, ne vediamo una mezza dozzina di abbastanza brillanti. In

183

condizioni osservative buone, si vedono al binocolo solo due stelle di magnitudine 8; in condizioni eccellenti se ne vedono altre tre o quattro, e altre ancora con la visione distolta.

Questo ammasso aperto non è perciò un vero e proprio gioiello celeste: lo menzioniamo solo per quegli osservatori che non vogliono perdersi nulla di ciò che è potenzialmente visibile al binocolo. L'ammasso può essere trovato solo consultando cartine celesti dettagliate.

A partire dalla *nu*, o da un gruppo di stelle designate come 18, 19 e 20, si muova il binocolo verso l'area dove dovrebbe trovarsi l'ammasso. Quando si è certi che si stanno osservando le due stelle più brillanti dell'ammasso (che risultano sempre visibili al binocolo), si attenda che l'occhio sia perfettamente adattato alla visione notturna. In condizioni osservative eccellenti, si dovrebbe riuscire a vedere nelle strette vicinanze poche altre stelle deboli, vere e proprie punte di spillo. Se le ottiche non sono di qualità eccelsa, queste stelline si confondono in una debole nebulosità, ma la visione distolta dovrebbe dissipare le nebbie per consentirci di risolverle una ad una.

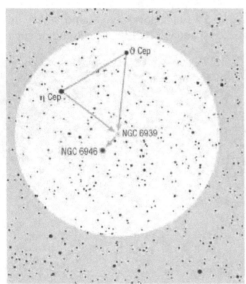

(✪) Nella parte estrema occidentale della costellazione, proprio al confine con il Cigno, troviamo il debole ammasso aperto **NGC 6939** (7,8; 8'), che è proprio al limite di visibilità al binocolo in condizioni osservative eccellenti. Appare infatti solo come una debole macchiolina luminosa ampia pochi primi d'arco. L'ammasso è costituito da un centinaio di stelle, una sola di magnitudine 11, le altre tutte più deboli. Meno di 1° a sud-est si trova la galassia spirale NGC 6946, che fa già parte della vicina costellazione del Cigno. La stella-guida che ci porta all'ammasso è la brillante *eta* (si veda la cartina). Aspettate di aver acquisito una sufficiente esperienza osservativa prima di andare alla ricerca e di osservare oggetti deboli come questo. L'ammasso deve essere nella posizione più alta possibile in cielo, altrimenti non ci sarà speranza di vederlo.

CETUS (Balena)

La Balena è una delle costellazioni più grandi, benché sia abbastanza insignificante avendo solo due stelle più brillanti della magnitudine 3: la *beta*, o Deneb Kaitos (2,0), e la *alfa* (2,5). Seguono la *eta* (3,4), la *gamma* e la *tau* (entrambe di 3,5).

La Balena è una costellazione autunnale. Si trova sotto l'Ariete e i Pesci, a est dell'Acquario. La parte più estesa della costellazione sta nell'emisfero meridionale; solo la testa del mostro è a nord dell'equatore celeste.

La *beta*, giallastra, è la 51ᵐᵃ stella più brillante del cielo; ha una luminosità 100 volte maggiore di quella del Sole e dista 96 anni luce.

La *gamma* è un sistema binario, con le componenti di magnitudini 3,5 e 6,2 separate di 2",3 (a.p. 298°; 2006). Siccome la posizione relativa delle due stelle non è mai cambiata dal tempo della loro scoperta (1836), il loro periodo orbitale dovrebbe misurare diverse migliaia di anni. Probabilmente una terza stella fa parte del sistema della *gamma*, una nana rossa di magnitudine 10,2, separata di 14' (a.p. 1°; 1923) dalla principale. La distanza lineare tra le due è di oltre 18mila UA. Queste stelle non possono essere risolte, o viste, al binocolo.

La *tau* Ceti è una stella nostra vicina, distando solo 11,8 anni luce. Nella graduatoria delle stelle prossime al Sole si trova al diciannovesimo posto ed è al quinto posto tra le stelle più vicine visibili a occhio nudo dalle latitudini settentrionali. Per gli astronomi è ancora più interessante, essendo un astro molto simile al Sole. È solo un po' più piccola e debole, ma potrebbe avere un sistema planetario simile al nostro. Nel 1960, i radioastronomi di Green Bank (West Virginia, Stati Uniti) inaugurarono il

CETUS (Balena)

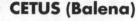

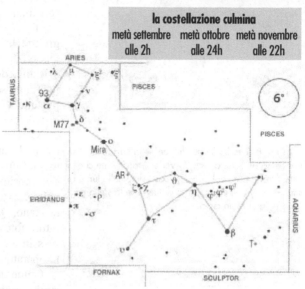

progetto OZMA. Con un grande radiotelescopio inviarono un messaggio cifrato alle due stelle più vicine di tipo solare, la *tau* Ceti e la *epsilon* Eridani. La risposta da eventuali esseri intelligenti sarebbe dovuta arrivare attorno al 1985. Finora non abbiamo ricevuto alcun messaggio.

(✪✪✪) La *alfa* è la 94ᵐᵃ stella più brillante del cielo: è una gigante rossa distante 220 anni luce. Il suo colore arancione diventa ancora più intenso quando la si osserva al binocolo. La luminosità è circa 340 volte quella del Sole. Nelle sue vicinanze c'è una stella di magnitudine 5,6, conosciuta come 93 Ceti, che ha un colore azzurro intenso. Le due stelle distano angolarmente 15',8 (a.p. 5°) e sembrano vicine solo dal nostro punto d'osservazione, poiché in realtà la più debole delle due è distante 500 anni luce e la luminosità è 600 volte quella del Sole. È dunque ancora più luminosa della *alfa*. Al binocolo rappresentano una coppia interessante da osservare per il deciso contrasto di colore.

(✪✪✪✪) La stella più nota della Balena è la *omicron*, detta anche **Mira** (in latino "meravigliosa"), che è il prototipo di una classe di stelle variabili di lungo periodo. Il 13 agosto 1596, l'astrofilo olandese David Fabricius fu il primo ad accorgersi che la stella cambiava di luminosità. A partire dal 1638, gli astronomi hanno sempre registrato i tempi del massimo di luce. Il periodo medio di pulsazione è di 332 giorni, benché non

Figura 8.20. La stella variabile di lungo periodo Mira fotografata al massimo di luce (sinistra) e al minimo.

185

Le costellazioni al binocolo

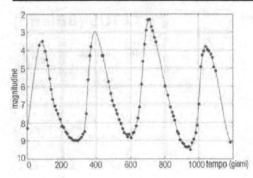

Figura 8.21. La curva di luce della variabile Mira nel corso di quattro cicli. Si vede chiaramente che ci sono irregolarità nel periodo, così come nella luminosità al minimo e al massimo di luce che la stella raggiunge in ciascun ciclo.

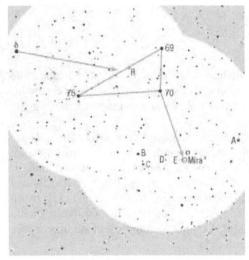

Figura 8.22. I dintorni di Mira. La cartina è particolarmente utile quando la stella è nei pressi del minimo di luce. Nello stesso campo visuale del telescopio è presente un'altra stella variabile, la R Ceti, di colore arancione, la cui luminosità varia da 7,4 a 14 con un periodo di 166 giorni. Le stelle di confronto per la Mira hanno le seguenti magnitudini: A (5,7), B(6,4), C (7,3), D (8,8), ed E (9,2).

siano costanti né il periodo né la luminosità al massimo. Il periodo può essere anche una settimana più lungo o più breve del valor medio. All'istante del massimo, Mira raggiunge la magnitudine 2; però, nel 1779, toccò la magnitudine 1,7, ciò che la rese più brillante della Stella Polare. Al minimo di luce, può scendere fino alla magnitudine 10, portandosi al limite della visibilità con il binocolo (Figg. 8.20, 8.21, 8,22 e 8.23).

Mira dista circa 400 anni luce. Quando si trova al minimo, la luminosità è solo leggermente superiore a quella del Sole, ma quando è al massimo supera la nostra stella di circa 250 volte. La stella è una delle più fredde che si conoscano. Quando scende al minimo, la temperatura fotosferica è di circa 1900 K, mentre al massimo sale fino a 2500 K (per confronto, la temperatura del Sole è di 5800 K).

Come quasi tutte le variabili di lungo periodo, anche Mira è una gigante rossa. In effetti, è una delle stelle più grandi che si conoscano: è la 23ma fra i colossi stellari, con un diametro 400 volte quello del Sole, misurando quasi 600 milioni di km; il diametro varia con la luminosità. La stella è così grande che se la ponessimo al centro del Sistema Solare occuperebbe un volume sferico che va ben oltre l'orbita di Marte. Mira ha esaurito quasi completamente le sue riserve di combustibile nucleare, il che la rende instabile (si veda il capitolo riguardante l'evoluzione stellare). Le variazioni di luminosità sono la conseguenza della periodica espansione e contrazione dei suoi strati più esterni.

In quasi tutti i libri si trova scritto che il Sole è l'unica stella della quale si possa osservare il disco, essendo tutte le altre praticamente puntiformi, indipendentemente dal diametro del telescopio e dall'ingrandimento a cui si osserva. Questa affermazione era vera nel passato, ma non più ora. Con gli interferometri moderni (si veda il riquadro) gli astronomi sono in grado di vedere e di misurare le dimensioni effettive di alcune delle stelle più grandi, come Betelgeuse, R Cassiopeiae e Mira Ceti. Le dimensioni angolari di quest'ultima sono solamente di 0",029: è l'angolo sotto cui vedremmo una moneta di 1 euro (il cui diametro è di 23 mm) alla distanza di 170 km!

Assumendo che la massa di Mira sia il doppio di quella del Sole, se ne deduce che la densità media della stella è di soli 0,000022 kg/m³ (la densità media del Sole è di 1400 kg/m³ e quella dell'aria in condizioni standard è di 1,3 kg/m³): in pratica, quella di Mira è una densità paragonabile a quella del vuoto che si riesce a produrre in un laboratorio terrestre. Naturalmente, Mira ha un nocciolo molto denso e compatto; sono i suoi strati esterni e la sua tenue atmosfera a protendersi esageratamente nello spazio interstellare. C'è chi dice, paradossalmente, che la stella è un "meraviglioso vuoto dipinto di rosso". Tutto ciò fa di Mira una stella davvero interessante.

Anche se l'osservazione delle stelle variabili è un'attività che può sembrare tediosa, potreste decidere di osservare almeno un intero ciclo di una stella di lungo periodo come Mira. Al binocolo, è possibile seguire il ciclo di Mira per intero, dal massimo al minimo e ritorno. Basterebbe compiere una sola osservazione ogni settimana, comparando la brillantezza della stella con quella delle stelle di confronto nelle sue vicinanze, che sono indicate sulla cartina (Fig. 8.22).

Come molte altre giganti rosse, Mira è anche una stella doppia, avendo una compagna di magnitudine 10,4. Le stelle sono separate di 0",6 (a.p. 110°; 1998) e non possono essere risolte né da un binocolo né da un telescopio amatoriale. È curioso il fatto che la compagna sia l'esatto opposto di Mira: è molto piccola (il diametro è pari a 1/11 di quello del Sole, o a 1/4400 di quello di Mira) e molto densa (3300 volte più del Sole). Con ogni probabilità, la compagna di Mira è una stella subnana, una via di mezzo, quanto a dimensioni, tra una stella normale e una nana bianca. La distanza lineare tra le due stelle è di circa 70 UA e il periodo orbitale attorno al comune centro di massa è di circa 260 anni.

(✪) La galassia spirale **M77** (8,9; 6',9×5',9) è al limite della visibilità per un binocolo (Fig. 8.24). In condizioni osservative eccellenti, si vede una macchiolina debolmente luminosa che sembra una stella sfocata più che un nucleo di una bella e grande galassia. Non si do-

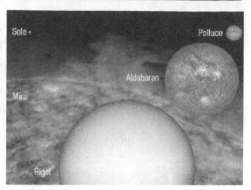

Figura 8.23. Confronto fra Mira e altre stelle. Se le dimensioni di Mira fossero di 360 mm (in tal caso, la stella non ci starebbe in una pagina di questo libro), quelle del Sole sarebbero solo di 1 mm. Il diametro di Aldebaran, che pure è una gigante rossa, misurerebbe solo 36 mm e quello di Rigel, una delle stelle di Sequenza Principale più grandi che si conoscano, misurerebbe 66 mm. La Terra, che è 110 volte più piccola del Sole, misurerebbe solo un centesimo di millimetro.

Figura 8.24. La galassia spirale M77. Il cerchietto al centro indica la parte della galassia visibile al binocolo o in un piccolo telescopio.

vrebbe avere difficoltà a trovarla, poiché la galassia si trova meno di 1° a sud-est dalla stella *delta* (4,1). La macchiolina luminosa, quando il cielo è molto buono, splende di magnitudine 9 sulla linea disegnata da una mezza dozzina di deboli stelle che corre in direzione nordest-sudovest. Quel che si vede al binocolo è solo la parte centrale più brillante del nucleo della galassia. Neppure il più grande telescopio ci farà vedere i suoi bracci di spirale: per ottenere questo risultato si devono necessariamente prendere immagini fotografiche.

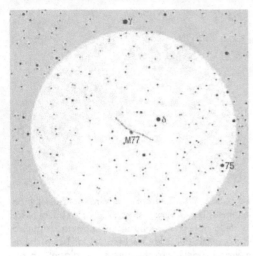

M77 dista circa 60 milioni di anni luce. Il suo diametro lineare misura quasi 100mila anni luce. La galassia è anche una forte sorgente di onde radio provenienti dalla sua regione nucleare, che l'hanno fatta classificare come galassia di Seyfert.

Figura 8.25. La stella-guida che ci porta alla galassia M77 è la brillante *delta*. Nel campo visuale si considerino le sei stelle di magnitudine 9 che disegnano un segmento rettilineo. La terza stella a partire da ovest è in realtà il nucleo della galassia.

Interferometri

Un interferometro ottico è una combinazione di due o più telescopi, collocati a una certa distanza fra loro. Convogliando la luce raccolta da tutti i telescopi e fondendola in un'unica immagine, gli astronomi raggiungono la stessa risoluzione che essi otterrebbero da un telescopio a specchio singolo con un diametro grande quanto la massima distanza che c'è fra i telescopi dell'interferometro (è l'area in grigio nell'immagine). La foto si riferisce al VLTI (Very Large Telescope Interferometer), l'interferometro dell'Osservatorio Europeo Meridionale posto sul Paranal, un'altura nel deserto di Atacama (Cile) a 2600 m di quota.

COLUMBA (Colomba)

la costellazione culmina		
metà novembre alle 2h	metà dicembre alle 24h	metà gennaio alle 22h

La costellazione invernale della Colomba si trova a sud della Lepre, a sud-ovest del Cane Maggiore e per gli osservatori alle medie latitudini settentrionali è sempre bassa sull'orizzonte meridionale e perciò osservabile con difficoltà. Alla culminazione, la parte sud della costellazione, in cui è presente la stella *eta*, è solo 1° sopra l'orizzonte.

Le stelle più brillanti sono la *alfa* (2,6), la *beta* (3,1), la *delta* (3,8), la *eta* e la *epsilon* (entrambe di 3,9).

La *alfa*, distante 270 anni luce, è la stella numero 107 in ordine di brillantezza. È molto più grande del Sole e circa 450 volte più luminosa.

La *beta*, la *epsilon* e la *eta* sono stelle di colore arancione, piuttosto intense quando sono viste al binocolo.

La *gamma*, di magnitudine 4, è una gigante posta a circa 650 anni luce di distanza. Se fosse più vicina a noi, diciamo a 33 anni luce, sarebbe brillante quanto Venere.

(☺) La Colomba ospita l'ammasso globulare **NGC 1851** (7,1; 11'), che purtroppo è difficilmente osservabile dalle medie latitudini settentrionali per via della bassa altezza: alla culminazione, sta solo 4° sopra l'orizzonte. Dovreste tentare questa difficile osservazione solo dopo aver acquisito una buona esperienza osservativa e solo in quelle fredde notti invernali in cui il cielo è limpido e buio. Dentro il binocolo, l'ammasso appare come una debole macchia luminosa del diametro di pochi primi d'arco. La *epsilon* è la stella che ci aiuta a trovarlo. Se si porta la stella al bordo estremo nord-orientale del campo visuale, l'ammasso apparirà al bordo sud-occidentale. Si pensa che NGC 1851 sia stato sottratto dalla nostra Galassia alla galassia nana del Cane Maggiore.

COMA BERENICES (Chioma di Berenice)

Distribuito fra la *beta* Leonis e Arturo, in una notte serena si può ammirare un esteso gruppo di deboli stelle che costituiscono la costellazione primaverile della Chioma di Berenice: l'impressione che dà è quella di un debole ammasso aperto. Le stelle più brillanti sono la *alfa*, la *beta* e la *gamma*, nessuna delle quali è più brillante della magnitudine 4.

La *alfa* (4,3) è una binaria stretta. Due stelle di quasi identica luminosità (4,8 e 5,5) ruotano l'una intorno all'altra con un periodo di 25,8 anni. La massima distanza angolare tra le due è di 0",9 e dunque è impossibile separarle al binocolo.

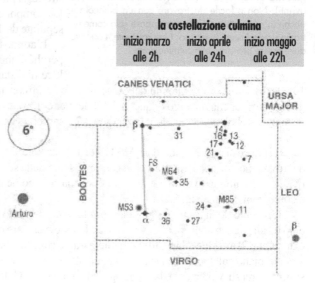

In effetti, si tratta di una coppia difficile anche per il più grosso telescopio amatoriale. La *alfa* dista 65 anni luce e la distanza lineare tra le sue stelle è di sole 10 UA (poco più della distanza di Saturno dal Sole). Ciascuna stella del sistema è tre volte più luminosa del Sole.

(☺☺) La stella **24 Com** (si indica come trovarla nella cartina dedicata alla galassia ellittica M85) è una binaria stretta, con i due componenti di magnitudini 5,1 e 6,3 separate di 20",2

Le costellazioni al binocolo

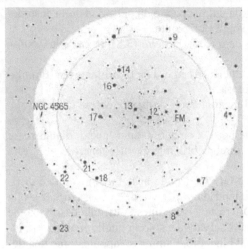

Figura 8.26. Cartina dettagliata dell'ammasso aperto nella Chioma di Berenice, con indicate le stelle fino alla magnitudine 11,5. Il cerchio bianco rappresenta il campo visuale di un binocolo, quello più piccolo (in basso a sinistra) il campo di un medio telescopio amatoriale. Si capisce bene che l'ammasso stellare perde tutto il suo fascino in un campo piccolo come quello telescopico. Nella cartina vediamo anche la posizione della NGC 4565 (9,6; 16'×3'), una splendida galassia spirale vista di taglio (vedi anche la foto più avanti). Non è facile da trovare con un binocolo e anche in una notte perfetta essa appare solo come un trattino debolmente luminoso. Naturalmente, l'oggetto deve essere prossimo alla culminazione.

(a.p. 271°; 2006). È una coppia dai colori contrastanti, con la più brillante giallastra e la più debole azzurrina. Vale senz'altro la pena di dedicarle un'occhiata.

(✪✪✪) Sotto la stella *gamma* c'è un ammasso aperto riportato in alcuni atlanti stellari con la sigla **Melotte 111** (1,8; 4°,6). Le sue stelle più brillanti hanno il numero di Flamsteed 12, 13, 14, 16 e 21 Comae Berenices (Fig. 8.26). Sono tutte stelle di magnitudine 5 visibili anche a occhio nudo. Altre stelle brillanti come la *gamma*, la 7, la 8 e la 17 non sono componenti veri dell'ammasso, ma si trovano in quella stessa area solo per un effetto prospettico. In condizioni osservative buone, il binocolo ci mostra circa 80 stelle, ma se la notte è eccellente il numero sale a oltre 150. Solo i binocoli a grande campo possono offrire una bella visione di questo ammasso, che già nell'oculare di un medio telescopio perde tutto il suo fascino, per il fatto che ad ogni puntamento si possono osservare solo poche stelle. Esaminando l'ammasso in dettaglio, troveremo un certo numero di coppie strette, la più brillante delle quali è la 17 Comae. Le componenti sono di magnitudini 5,2 e 6,6, separate da 146" (a.p. 251°; 2002).

L'ammasso ci appare così disperso in cielo perché è uno dei più vicini a noi, a soli 290 anni luce di distanza. Le stelle più luminose sono la 14 e la 16 Comae (50 volte più del Sole), mentre la luminosità delle componenti più deboli raggiunge a malapena un terzo di quella del Sole. Per confronto, diciamo che il nostro Sole a quella distanza sarebbe una stella di magnitudine 9,2 e sarebbe visibile al binocolo.

(✪✪) Il ricco ammasso globulare **M53** (7,6; 13') sta solo 1° a nord-est della stella *alfa* ed è facile da trovare poiché appare nello stesso campo visuale della sua stella-guida. In condizioni osservative medie l'ammasso è chiaramente visibile, ma solo come una areola luminosa del diametro di alcuni primi d'arco (Fig. 8.28).

M53 è uno degli ammassi globulari più lontani, distando più di 58mila anni luce. Da questo dato e dalle dimensioni apparenti, si può facilmente calcolare che il diametro lineare dell'ammasso è di circa 250 anni luce. Un altro fatto interessante riferito a questo ammasso è la notevole altezza sopra il piano galattico e la distanza di circa 60mila anni luce dal centro della Galassia. Se potessimo recarci su M53 e di là dare uno sguardo alla nostra Galassia la vedremmo come un enorme disco luminoso largo 80° con una barra centrale e con i vari bracci di spirale. Sarebbe davvero una visione mozzafiato.

(✪✪) La regione della Chioma di Berenice è ricchissima di ogni tipo di galassie. In alcuni punti ce ne sono così tante nel campo visuale di un grosso telescopio amatoriale che è impossibile riconoscerle singolarmente se non si ha sottomano una cartina stellare ben fatta. Due di queste galassie sono alla portata di un binocolo.

La galassia spirale **M64** (8,5; 9',3×5',4), nota con il nomignolo di Galassia Occhio Nero, si trova 48' a est e 26' a nord dalla stella 35 Comae di magnitudine 5 (Figg. 8.28 e 8.29). La cartina per cercarla sarà di grande aiuto! La stella *alfa* può condurre alla galassia. Portando la stella al bordo estremo sud-orientale del campo visivo, si potrà riconoscere la stella 35 per via di un gruppetto di stelle, segnalate in cartina con un cerchio, che stanno lì vicino. A poca distanza dalla 35 bisognerà andare alla ricerca di una macchia luminosa debole, ma estesa alcuni primi d'arco. Inutile dire che questa ricerca e l'osservazione della galassia dovrà essere fatta solo se le condizioni osservative sono eccellenti, con la galassia prossima alla culminazione e comunque molto alta in cielo.

Quando si fanno ricerche di oggetti celesti così deboli e ci si sposta con il binocolo da una stella brillante a un'altra fino a trovare la galassia desiderata, spesso capiterà di dover accendere una torcia elettrica per dare un'occhiata alla cartina. Così facendo, vanificheremo l'adattamento dei nostri occhi alla visione notturna. Quando siamo sicuri che il punto in cui dovrebbe trovarsi la galassia (oppure qualche altro oggetto al limite di visibilità del binocolo) si trova proprio al centro del campo visivo, attenderemo con pazienza che i nostri occhi si adattino di nuovo alla visione notturna e solo a quel punto esamineremo con cura il campo stellare. Non è il caso di disperarsi se la galassia non si rende visibile. Forse le condizioni osservative non sono così buone come si pensava, o forse i nostri occhi sono un poco stanchi. Si provi con la visione distolta.

M64 è una delle galassie più brillanti del cielo primaverile di prima sera. È bellissima su foto di lunga posa. Oggi, con le camere CCD comunemente usate anche dagli astrofili, è possibile prendere immagini di lontane galassie che sono della medesima qualità di quelle che gli astronomi di professione ottenevano dai più grossi telescopi e sulle lastre fotografiche una trentina d'anni fa. Quello che occorre è un equipaggiamento discreto, molte

Figura 8.27. NGC 4565 è una tipica galassia spirale vista di taglio. Sul suo piano equatoriale si trovano numerose nubi di polveri e gas opache alla luce, che quindi si mostrano come sottili linee scure che sembrano tagliare la galassia in due. Nel piano equatoriale della nostra Galassia sono presenti regioni oscure del tutto simili a queste. Se osservassimo la Via Lattea con il suo piano di taglio e da distanze intergalattiche, essa ci apparirebbe del tutto simile a NGC 4565:

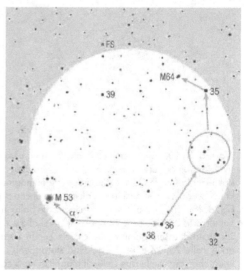

Figura 8.28. Le posizioni dell'ammasso globulare M53 e della galassia spirale M64. L'ammasso si vede chiaramente al binocolo, mentre la galassia è un oggetto più difficile da trovare. Si provi a cercarla solo quando le condizioni osservative sono eccellenti.

Le costellazioni al binocolo

Figura 8.29. La galassia spirale M64.

conoscenze, molta pazienza e una buona esperienza.

Gli astronomi non sono del tutto sicuri della vera distanza di M64: la stima che si ritiene migliore è di circa 19 milioni di anni luce. Si pensa che il diametro sia di 55mila anni luce.

(○) Al confine con la costellazione della Vergine si trovano alcune galassie brillanti appartenenti al ben noto Ammasso di Galassie nella Vergine. Messier le osservò e le incluse nel suo Catalogo. Le più brillanti sono l'ellittica M85 e le spirali M88, M91, M98, M99 e M100. Tutte queste galassie si raccolgono in un campo non più esteso di alcuni gradi. Solo **M85** (9,1; 7',1×5',2) risulta visibile al binocolo, benché solo come una chiazza debolmente luminosa, uniforme, larga pochi primi d'arco. Le indicazioni per trovarla in cielo sono nella didascalia della cartina in Fig. 8.30. Provate a rintracciarla solo quando sarete diventati osservatori esperti.

M85 dista circa 60 milioni d'anni luce e il suo diametro lineare è di circa 125mila anni luce.

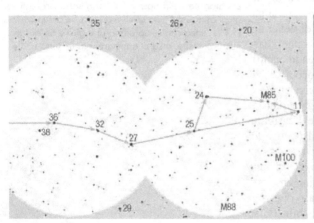

Figura 8.30. La galassia ellittica M85 è un osso duro per l'osservatore binoculare. Il modo migliore per trovarla è di usare come stella-guida la *alfa* Comae che, in questa immagine, si trova al di là del bordo di sinistra (si faccia riferimento anche alla cartina nella Fig. 8.28). Si sfruttino le stelle relativamente brillanti indicate con i numeri 36, 32, 27, 25 e 24 per avvicinarsi alla galassia. Quando si è sicuri di essere vicini all'obbiettivo si cerchi il triangolo formato dalle stelle 25, 24 e 11. La galassia sta appena al di fuori della linea che connette le due stelle di magnitudine 5 catalogate come 24 e 11. Al binocolo, M85 si rende visibile come un fiocco debolmente luminoso largo pochi primi d'arco. Le sue dimensioni dipendono dalle condizioni osservative del momento. In una notte davvero perfetta si possono notare altre due galassie nello stesso campo visuale: M100 (10,1; 7'×6') e M88 (9,6; 7'×4').

Figura 8.31. M88, che al binocolo appare come una tenue nubecola luminosa al limite della visibilità anche quando le condizioni osservative sono perfette, è in realtà una meravigliosa galassia spirale, con i bracci che si avvolgono strettamente e con un piccolo nucleo assai brillante.

CORONA AUSTRALIS (Corona Australe)

La costellazione estiva della Corona Australe è sempre bassa in cielo per gli osservatori dalle medie latitudini settentrionali, e quindi è spesso nascosta dietro un orizzonte velato. In aggiunta, questa costellazione non contiene stelle più brillanti della magnitudine 4.

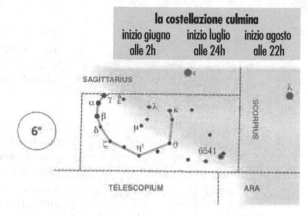

Le stelle principali sono la *alfa* e la giallastra *beta* (entrambe di magnitudine 4,1), la *gamma* (4,3) e l'arancione *delta* (4,7). Alle nostre latitudini, la *alfa* si alza al più di soli 6° sopra l'orizzonte alla culminazione. Dalle latitudini europee meridionali e dal sud degli Stati Uniti certamente gli osservatori possono avere una visione migliore di questa costellazione.

La *kappa* è un sistema binario, con le due componenti di magnitudini 5,6 e 6,2 separate di 20",8 (a.p. 359°; 2002). Se fossero più alte in cielo sarebbe possibile risolverle al binocolo. Potete provare, ma solo in condizioni osservative che risultino eccellenti dallo zenit all'orizzonte.

Alla Corona Australe appartiene l'ammasso globulare piuttosto brillante NGC 6541 (6,6; 13'); si trova appena sotto alla più occidentale delle stelle di magnitudine 5 della costellazione, ma è praticamente invisibile alle latitudini medie settentrionali a causa della bassa altezza in cielo. Si tratta di un oggetto la cui osservazione è riservata agli osservatori meridionali.

CORONA BOREALIS (Corona Boreale)

La costellazione primaverile della Corona Boreale è piccola e di scarso rilievo, eppure è facilmente riconoscibile a causa della caratteristica forma a semicerchio. Si trova tra il Bovaro, Ercole e la Testa del Serpente. Le stelle più brillanti sono la *alfa* (2,2), la *beta* (3,7) e la *gamma* (3,8).

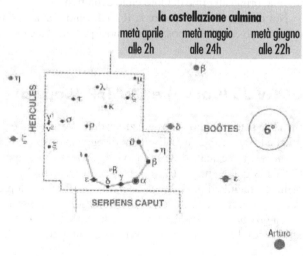

La *alfa*, Gemma, è la 67ma stella più brillante in cielo; distante 75 anni luce, ha una luminosità pari a 52 volte quella del Sole. È una binaria stretta a eclisse con un periodo di 17,359907 giorni, ma la sua lumi-

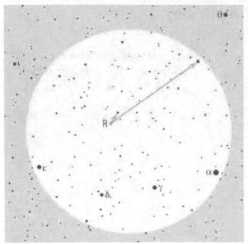

Figura 8.32. I dintorni della variabile R Crb. Stelle che possono servire per stimarne la magnitudine sono la sua vicina, che dista 23' verso nord-est, e che è di magnitudine 7,2, e una stella parecchio più lontana (la SAO 64808) di magnitudine 6,5.

nosità varia solo di un decimo di magnitudine, troppo poco perché la si possa rilevare a occhio nudo o al binocolo.

(✪✪✪) Alla Corona Boreale appartiene la famosa variabile irregolare denominata R, prototipo di una classe di variabili. La **R CrB** normalmente si presenta di magnitudine 6 ed è facilmente visibile al binocolo, ma occasionalmente e in modo del tutto inaspettato la sua luminosità cade di 7 o anche di 8 magnitudini, al punto che risulta invisibile persino nei più grandi telescopi amatoriali. Il calo di luce normalmente dura alcuni mesi, più raramente un anno e talvolta ancora più (Fig. 8.32). In seguito, la luminosità ritorna al valore normale. Cosa succede nei periodi di minimo?

Lo spettro della R CrB è abbastanza inusuale quando la stella si trova al massimo di luce: al suo interno si riconoscono forti righe del carbonio. Le misure indicano che la fotosfera è composta per oltre il 67% di carbonio e solo per il 33% di idrogeno e di altri elementi. Sono proprio queste grandi quantità di carbonio che possono spiegare lo strano comportamento della stella. A causa di certi fenomeni turbolenti che hanno luogo nell'interno, anche la superficie va occasionalmente incontro a violente eruzioni che scagliano i gas (soprattutto carbonio) nello spazio attorno alla stella. Raffreddandosi, il carbonio cristallizza e genera nubi di particelle di grafite che sono del tutto, o parzialmente, opache alla luce emessa dalla stella. È questo ciò che succede quando l'astro crolla al minimo di luce. Quando poi la nube, espandendosi, si fa più rarefatta e si diluisce nello spazio interstellare fino a svanire del tutto, la luce della stella torna a filtrare come prima. Naturalmente, si tratta solo di una variazione apparente della luminosità, perché la potenza emissiva della stella si mantiene sempre la stessa: cambia, invece, l'assorbimento della luce da parte della grafite. Variabili di questa classe probabilmente sono già passate attraverso la fase di gigante rossa e si trovano ormai alla fine del loro ciclo evolutivo.

Nel campo di un binocolo, la R CrB sembra una stella come tante altre, ma se sappiamo cosa stiamo cercando e cosa dobbiamo aspettarci, vale senz'altro la pena di sforzarsi a trovarla.

CORVUS (Corvo) e CRATER (Coppa)

Il Corvo si trova sotto la costellazione della Vergine ed è abbastanza facilmente riconoscibile poiché le quattro stelle più brillanti disegnano un trapezio un po' sghembo nel cielo notturno primaverile. Le quattro stelle sono la *gamma*, la *beta* (entrambe di magnitudine 2,6), la *delta* (2,9) e la gialla *epsilon* (3,0). La *alfa* si trova sotto l'angolo sud-occidentale del trapezio e brilla di magnitudine 4. La gialla *beta* è la 106ma stella più brillante del cielo. È una gigante con una luminosità 120 volte quella del Sole, distante 140 anni luce.

La *gamma* è simile alla *beta*, solo un poco più brillante. Essendo anche più distante (165 anni luce), la sua luminosità intrinseca è maggiore di quella della *beta* (è infatti 180 volte la luminosità del Sole). La *gamma* è la 100ma stella più brillante del cielo.

La *delta* è una doppia caratterizzata da un interessante contrasto cromatico. Alcuni osservatori descrivono le stelle l'una gialla e l'altra di un pallido violetto; altri invece le descrivono come bianca e arancione. Si tratta di una coppia difficile per gli osservatori bi-

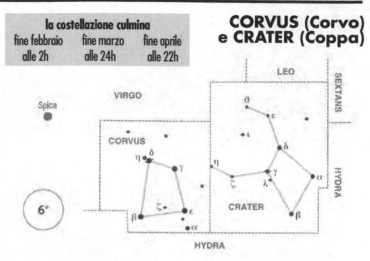

la costellazione culmina		
fine febbraio	fine marzo	fine aprile
alle 2h	alle 24h	alle 22h

CORVUS (Corvo) e CRATER (Coppa)

noculari. Le due stelle, di magnitudini 2,9 e 8,5, sono separate da 24",3 (a.p. 216°; 2004), di modo che in teoria si dovrebbe riuscire a separarle, ma in pratica risulta difficile localizzare la componente più debole, affogata com'è nella luce della primaria. Solo se si possiede un binocolo con ottiche sopraffine si può tentare di risolvere la coppia (benché con scarse speranze di successo), in una notte primaverile che sia limpida e con l'atmosfera ferma.

La piccola costellazione della Coppa sta in groppa all'Idra. È ben difficile notare le deboli stelle della Coppa tra le fulgide costellazioni primaverili, come sono il Leone e la Vergine. La stella più brillante è la gialla *delta*, di magnitudine 3,6, che forma un triangolo con la *gamma* e la *alfa* (entrambe di magnitudine 4,1). Della costellazione non fanno parte sorgenti di interesse per gli osservatori dotati di binocolo.

CYGNUS (Cigno)

Il Cigno è una delle costellazioni più facilmente individuabili in cielo e non occorre troppa immaginazione per riconoscere nelle sue stelle la figura di un uccello che vola ad ali spiegate tra le nubi della Via Lattea. Nelle serate estive troviamo il Cigno quasi allo zenit, con le sue stelle più brillanti: la *alfa*, Deneb (1,2), la *gamma* (2,2), la *epsilon* (2,5), la *delta* (2,9) e la *beta*, Albireo (3,1).

Deneb è la 19ma stella più brillante del cielo ed è una gigante 45mila volte più luminosa del Sole. Dista da noi 1400 anni luce, eppure ci appare così brillante! Ha una massa 25 volte quella del Sole e una temperatura fotosferica di 8400 K (tipo spettrale A2). Il diametro di Deneb è enorme, circa 90 volte quello del Sole: se piazzassimo la stella al centro del Sistema Solare, essa si estenderebbe fin quasi a raggiungere l'orbita della Terra. Il fatto rimarchevole è che non stiamo parlando di una gigante rossa, ma di una stella normale di Sequenza Principale. Ciò la rende davvero straordinaria.

Insieme con Vega, nella Lira, e Altair, nell'Aquila, Deneb forma il ben noto asterismo del Triangolo Estivo, che si può ammirare alto nel cielo d'estate. All'imbrunire, Vega è la prima stella che compare, subito seguita da Altair e da Deneb.

La *gamma* è la 69ma stella più brillante del cielo, distante 1500 anni luce. Anch'essa è un

CYGNUS (Cigno)

la costellazione culmina		
fine giugno alle 2h	fine luglio alle 24h	fine agosto alle 22h

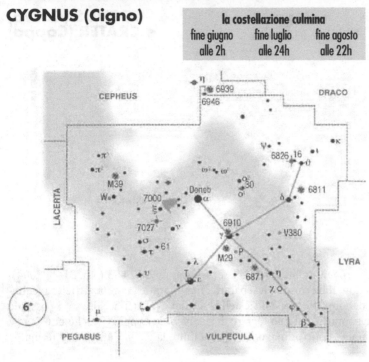

astro gigantesco con una luminosità che supera di 21mila volte quella del nostro Sole.

La *epsilon*, di colore giallo-arancione è la 91ᵐᵃ stella più brillante del cielo, 38 volte più luminosa del Sole e distante 72 anni luce.

La *delta* è la 147ᵐᵃ stella in ordine di luminosità: supera il Sole di 150 volte e dista da noi 170 anni luce.

(✪✪) La *chi* Cygni è una variabile di lungo periodo tipo Mira, una gigante rossa che muta di luminosità dalla magnitudine 3,6 alla 14,2 con un periodo medio di 408 giorni. La stella si trova 2°,5 a sud-ovest della *eta* (3,9), che rappresenta una buona stella di paragone per le fasi attorno al massimo (Fig. 8.33). Quando la *chi* scende verso il minimo, ben presto si confonde nell'esercito di deboli stelline della Via Lattea che le stanno attorno. Il solo modo che abbiamo per riconoscerla è la sua chiara colorazione arancione. La distanza della *chi* non è nota: le stime vanno da 300 a 400 anni luce.

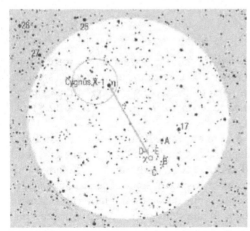

Figura 8.33. La variabile *chi* Cygni, con le stelle di confronto: A (6,4), B (7,5), C (8,1), D (8,7) ed E (9,3). Viene segnalata l'area che circonda la sorgente di raggi X Cygnus X-1. Quest'area può essere vista anche nella Fig. 8.39.

(✪✪✪✪) A parere di numerosi astrofili, **Albireo** (*beta* Cygni) è la stella doppia più bella del cielo e fortunatamente le due componenti possono essere risolte al binocolo. La stella primaria (3,2) è di colore giallo oro, mentre la compagna più debole (4,7) è di colore azzurro. La separazione apparente è di 35",3 (a.p. 54°; 2006). La coppia sta a 410 anni luce di distanza e dunque la separazione reale tra le due stelle è di 4400 UA. Quando osserverete questa bella doppia pensate che tra le due stelle potreste piazzare fino a 73 Sistemi Solari in fila uno dietro all'altro.

Nonostante la grande separazione, con ogni probabilità le due stelle sono gravitazionalmente legate fra loro, benché non si abbia alcuna prova diretta di ciò. Infatti, dai tempi delle prime misure di F.G.W. Struve, nel 1832, fino a oggi, gli astronomi non hanno potuto rilevare alcun movimento orbitale. Ciò a causa dell'enorme distanza che c'è fra le due stelle e quindi del periodo orbitale estremamente lungo. L'idea che Albireo costituisca un sistema binario viene dal fatto che le due componenti mostrano di avere il medesimo moto proprio. Albireo A è a sua volta una binaria, con le due componenti così vicine fra loro da non poter essere separate neppure dai telescopi. Si tratta infatti di una binaria spettroscopica.

(✪✪✪) La *omicron*-1(magnitudine 3,8) è il membro più brillante di un sistema stellare triplo, ben noto per il meraviglioso contrasto di colore. La *omicron*-1 è una gigante di color giallo oro. La stella numero 30 brilla di magnitudine 5 ed è separata dalla prima di 5',6. La terza componente è ancora più debole, di magnitudine 7,0, separata di 107" (a.p. 173°; 2000) dalla *omicron*. Entrambe le stelle deboli sono di colore azzurro. Al binocolo il quadro è completato dalla *omicron*-2, che è di colore giallo-arancio, oltre che da numerose stelle deboli di fondo della Via Lattea.

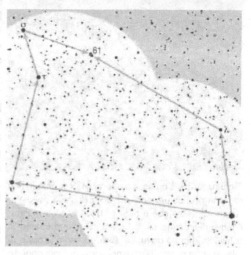

Deneb è la stella che ci guida alla *omicron*. Portandola al bordo orientale del campo visuale dello strumento, la brillante *omicron*-1 appare al bordo occidentale.

(✪✪✪) Assolutamente da osservare è la famosa stella doppia **61 Cygni**, le cui componenti di colore arancione, di magnitudini 5,3 e 6,1, sono separate da 31",8 (a.p. 151°; 2006) e dunque sono facilmente risolvibili al binocolo. Questa stella doppia divenne famosa nel 1838, quando F.W. Bessel ne misurò la parallasse fissando la distanza della stella a 10,3 anni luce (il valore moderno è di 11,4). Fu allora che gli astronomi poterono per la prima volta avere un'idea precisa di quanto grandi fossero le distanze tra le stelle e quanto immenso fosse, e vuoto, l'Universo.

La stella-guida che porta a questa doppia è la brillante *epsilon* (si veda la cartina). Nello stesso campo visuale possiamo trovare la *lambda* (di magnitudine 5), che sta 2°,5 a nord. Se si porta la *lambda* al bordo sudoccidentale del campo visuale, la 61 Cygni compare al bordo nordorientale.

(✪✪) La **16 Cygni** è una doppia stretta composta da stelle di quasi pari brillantezza (6,0 e 6,2), entrambe di colore giallo, separate da

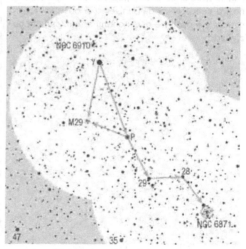

Figura 8.34. La posizione degli ammassi aperti M29 e NGC 6910. L'ammasso aperto NGC 6871 (5,2; 20'), prossimo alla stella di magnitudine 5 designata come n. 27, è ancora più difficile da osservare di NGC 6910. Consiste di 7 stelle brillanti (tre sono di magnitudine 7), mentre le altre si confondono in una tenue nebulosità, visibile al binocolo solo in condizioni osservative perfette. Il momento migliore per compiere l'osservazione è in primavera, prima dell'alba, o in autunno, dopo il tramonto, quando le notti sono più fredde e più secche che in estate.

Figura 8.35. L'ammasso aperto M39 si situa in una regione particolarmente affollata di stelle della Via Lattea, al punto che è difficile riconoscere i membri effettivi dell'ammasso. Per identificare le sue stelle gli astronomi hanno dovuto misurare il moto proprio di tutte le stelle di quest'area, nel corso di molti anni. La nostra conoscenza dell'Universo si basa sul lavoro certosino e ripetitivo di astronomi armati di tanta pazienza.

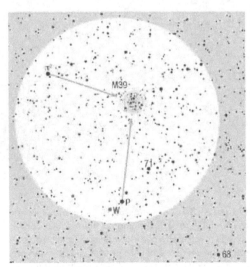

39",5 (a.p. 133°; 2005). La componente più debole è a sua volta doppia: è però impossibile risolverla al binocolo. La compagna è di magnitudine 7,5 separata di 15",8 (a.p. 76°; 1998). La 16 Cygni sta nella parte settentrionale della costellazione, vicino alla nebulosa planetaria NGC 6826, che descriveremo meglio più avanti. C'è anche una cartina che aiuta a trovare entrambi gli oggetti.

(✪✪) L'ammasso aperto **M29** (7,1; 7') è facile da trovare, stando nello stesso campo visuale della brillante *gamma* (Fig. 8.34). Il problema è semmai che l'ammasso è piccolo e posto in una regione della Via Lattea molto ricca di stelle, di modo che è difficile distinguerlo tra le innumerevoli stelline di fondo. Nell'area dell'ammasso ci sono circa 150 stelle, ma solo 50 sono membri effettivi. Al binocolo ne scorgiamo circa una dozzina, con le sette più brillanti di magnitudine 9. M29 non è un oggetto entusiasmante.

L'ammasso dista 4mila anni luce da noi e si colloca in un vicino braccio a spirale della nostra Galassia. Sarebbe assai più brillante se non fosse oscurato dalle polveri interstellari diffuse in quel braccio. Gli astronomi stimano che l'estinzione di cui soffre M29 è di circa 3 magnitudini. Che peccato!

(✪) Se le condizioni osservative sono eccellenti, poco sopra la *gamma* è possibile intravedere una tenue macchiolina luminosa. Si tratta dell'ammasso aperto **NGC 6910** (7,4; 8'), composto da circa 100 stelle, le più brillanti essendo appena di magnitudine 10. Le stelle di magnitudine 6 lì vicine non sono componenti dell'ammasso, ma possono essere sfruttate come riferimenti per trovare la posizione esatta di NGC 6910. La cartina dettagliata è riportata nella Fig. 8.34.

(✪✪✪) L'ammasso aperto **M39** (4,6; 32') è di notevoli dimensioni e si colloca in un campo molto affollato di stelle, contro lo sfondo della Via Lattea (Fig. 8.35): sarebbe meglio osservarlo in un binocolo con un ampio campo visuale e a bassi ingrandimenti. L'ammasso è ricco di stelle, che purtroppo sono per lo più deboli. In condizioni osservative eccellenti, se ne possono scorgere 35 e si arriva a 70 se la notte è assolutamente perfetta. Le quattro stelle più brillanti sono di magnitudine 7, mentre altre sei sono di magnitudine 8. La stella-guida è la *rho*, di magnitudine 4, facilmente visibile a occhio nudo. L'ammasso e la stella-guida compaiono nello stesso campo visuale. Un altro modo per arrivare all'ammasso è quello di partire dalla brillante *pi-2*, anch'essa presente nello stesso campo visuale.

Si pensa che M39 disti 825 anni luce da noi; il suo diametro lineare è perciò di soli 8 anni luce.

(☻☻) Accanto alla brillante *delta*, c'è un altro ammasso aperto da esplorare: **NGC 6811** (6,8; 15'). Questo gruppo stellare si trova solo 2° a nord-ovest della *delta* ed è impossibile non vederlo nel campo del binocolo, benché appaia solo come una debole macchia luminosa. In una notte perfetta, dentro l'apparente nebulosità si possono scorgere dieci o dodici stelle, le più brillanti essendo di magnitudine 10. Per risolvere l'ammasso nelle singole stelle c'è bisogno di un obbiettivo di più largo diametro.

(☻) Appartengono alla costellazione del Cigno alcune nebulose davvero notevoli, che rappresentano un'invitante sfida sia per gli astrofotografi amatoriali che per i professionisti. Una di queste nebulosità è alla portata anche degli osservatori che possono contare solo sulla potenza della propria vista. Si tratta della **Nebulosa Nord America**, **NGC 7000** (magnitudine circa 4; 121'×100'), posta circa 3° a est di Deneb. Se il dato sulla magnitudine è allettante, l'altro, sulle dimensioni, può scoraggiare l'astrofilo esperto. La nebulosa è infatti così ampia da deprimere enormemente la luminosità superficiale: si vede la nebulosa a occhio nudo solo se le condizioni osservative sono perfette e, anche in quel caso, ciò che si scorge è solo un batuffolo di luce leggermente più luminoso del fondo della retrostante Via Lattea. La situazione non migliora neppure al binocolo.

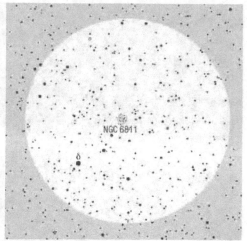

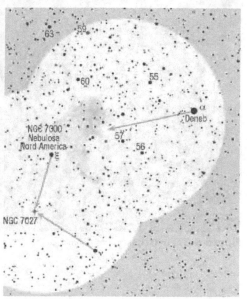

Figura 8.36. Deneb è la stella-guida che ci porta a due oggetti elusivi. La Nebulosa Nord America richiede condizioni osservative perfette per rendersi visibile, mentre la nebulosa planetaria NGC 7027 è un po' meno difficile e compare al binocolo come una stella di magnitudine 8,5.

Il diametro reale della nebulosa è di circa 50 anni luce. Per il fatto di vederla, dobbiamo probabilmente ringraziare la brillante e calda Deneb che, con la sua luce ultravioletta, eccita gli atomi della Nord America. Eppure Deneb dista dalla nebulosa alcune dozzine d'anni luce! Sì, c'è da ripeterlo: Deneb è veramente una stella straordinaria. La Nebulosa Nord America è probabilmente uno degli oggetti celesti più ripresi dagli astrofotografi e una sua foto è riportata in tutti i libri d'astronomia.

Figura 8.37. La Nebulosa Nord America.

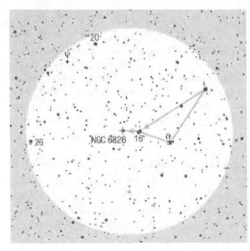

(✪✪✪✪) La **Via Lattea nel Cigno** è un campo estremamente ricco di stelle che dunque vale la pena di esplorare attentamente con il binocolo. L'osservatore verrà ripagato con immagini mozzafiato di stelle, gruppi e ammassi. Tra di essi si scorgono aree oscure, occupate da nubi opache di gas e polveri che intercettano e assorbono la luce emessa dalle numerose stelle di fondo. Tra la *gamma* e la *beta* troviamo nubi stellari particolarmente dense, mentre la gran parte delle nubi oscure stanno fra le stelle *alfa*, *gamma* ed *epsilon*. Quel che vediamo, in realtà, è uno dei bracci spirali vicini, distante circa 7mila anni luce. Un buon binocolo è uno strumento indispensabile per osservazioni panoramiche della Via Lattea: a questo scopo il binocolo è molto meglio di qualunque telescopio.

(✪✪) La nebulosa planetaria **NGC 7027** (8,5; 18"×10") è un oggetto celeste ben poco attraente per l'osservatore binoculare; tuttavia, se siete fra coloro che mirano a ottenere sempre il massimo dal proprio strumento, non potete evitare di dargli un'occhiata. La planetaria si presenta come un debole puntino luminoso di magnitudine 8,5. Le stelle-guida sono le brillanti *csi* (3,7) e *nu* (3,9). La cartina di riferimento è la stessa che per la Nebulosa Nord America. Nelle vicinanze della nebulosa planetaria c'è una stella appena più debole, di magnitudine 9. Si può tentarne l'osservazione solo quando le condizioni del cielo sono eccellenti (Fig. 8.36).

(✪✪) Quanto si è detto più sopra vale anche per la nebulosa planetaria **NGC 6826** (8,8; 27"×24"): è un oggetto da consigliare solo a coloro che non vogliono perdersi nulla di quanto lo strumento può rivelare. La planetaria si mostra come una stellina di magnitu-

dine 9 e le stella-guida che ci portano a essa sono le brillanti *theta* (4,5) e *iota* (3,8). Posta tra di esse e la nebulosa c'è la 16 Cygni, di cui si è parlato in precedenza. La cartina dettagliata è un aiuto indispensabile per la ricerca della nebulosa planetaria: quando ne andremo a caccia, la notte dovrà essere perfetta, con la nebulosa prossima alla culminazione.

(✪) Il cielo estivo è povero di galassie, ma una di queste sta nel Cigno ed è la spirale **NGC 6946** (8,9; 11'×9',8), posta sul confine con il Cefeo (Fig. 8.38). È piuttosto brillante, ma è anche estesa, cosicché è al limite della visibilità nei binocoli e dunque è adatta all'osservazione solo in condizioni osservative eccellenti e quando è molto alta in cielo. Al binocolo vediamo la galassia come una macchia luminosa larga pochi primi d'arco e di forma ovale. La stella-guida in questo caso è la *eta* Cephei, che si trova nello stesso campo binoculare. Meno di 1° a nord-ovest della galassia si può scorgere un'altra debole macchiolina luminosa, proprio al limite della visibilità. È l'ammasso aperto NGC 6939 che sta nella costellazione del Cefeo e di cui abbiamo già parlato.

La distanza della galassia non è nota. Le migliori stime la collocano a circa 10 milioni di anni luce, ciò che la rende una delle galassie più vicine al Gruppo Locale.

(●●●●) Ed ora ecco una stella davvero speciale, la **HDE 226868**, da visitare col binocolo almeno per una volta e soprattutto da esplorare con l'immaginazione. Perché? Perché questa stella di magnitudine 9 è una delle più intense sorgenti celesti di raggi X. Fu il primo oggetto scoperto nella costellazione con queste caratteristiche e perciò è stato battezzato Cygnus X-1. Dal 1971, da quando cioè gli astronomi identificarono la sorgente X con la stella di cui stiamo parlando, Cygnus X-1 rappresenta uno dei migliori candidati a buco nero di taglia stellare. Per saperne di più sulle binarie a raggi X, si veda nella prima parte del libro la fine del capitolo sull'evoluzione stellare.

L'intensa sorgente di raggi X venne scoperta nel 1962, quando furono lanciati nello spazio, al di sopra dell'atmosfera terrestre, i primi rivelatori di radiazione d'alta energia. Nel 1965, si scoprì che la sorgente era variabile, con una periodicità di 50 millesimi di secondo. Variazioni su tempi così brevi suggeriscono che la sorgente dev'essere piccola: molto probabilmente, l'oggetto è un corpo stellare collassato per effetto dell'autogravità. Si escluse subito la possibilità che la sorgente fosse un resto di supernova, dopo che fallirono i tentativi dei radioastronomi di rilevare qualche segnale proveniente da quell'area.

Nel 1970, fu lanciato il satellite UHURU,

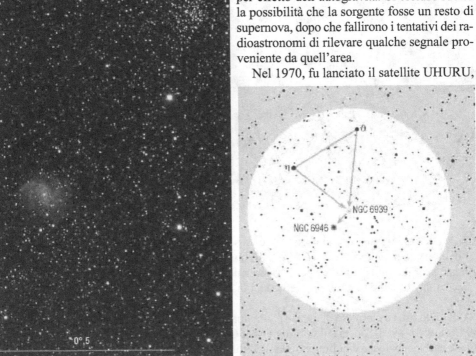

Figura 8.38. La galassia spirale NGC 6946 e l'ammasso aperto NGC 6939.

il primo Osservatorio orbitale per raggi X, che raccolse dati sulle sorgenti X celesti per oltre due anni. I suoi rivelatori erano così precisi che gli astronomi furono in grado di determinare accuratamente la posizione di Cygnus X-1, scoprendo che coincideva con una stella di magnitudine 9, nota in sigla come HDE 226868, posta mezzo grado a est-nordest della brillante *eta*. La stella è debole ma, in realtà, si tratta di una gigante blu del tipo spettrale B0, molto calda e luminosa, con una temperatura fotosferica di 30mila K e con una massa stimata tra 10 e 20 masse solari. Misure spettroscopiche hanno rivelato che si tratta di una stella binaria, di cui si vede una sola componente, con un periodo orbitale di 5,6 giorni. Il sistema è lontano da noi circa 8mila anni luce (Fig. 8.39).

Poco dopo l'identificazione tra Cygnus X-1 e la stella HDE 226868, la sorgente attirò l'attenzione degli astrofisici. Si sapeva che l'unica possibilità di scoprire un buco nero era che fosse gravitazionalmente legato a una stella normale, poiché le intense forze mareali dell'oggetto oscuro collassato avrebbero potuto risucchiare materia dalla compagna, indirizzandola a sé con moto a spirale. Nel corso della caduta, la materia si comprime, si surriscalda ed emette radiazione elettromagnetica di corta lunghezza d'onda. Gli astrofisici sanno inoltre che un genuino candidato buco nero deve avere una massa di almeno tre masse solari. Così, immediatamente si cominciò ad esplorare con attenzione questo sistema binario.

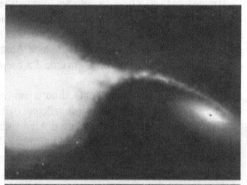

Studi di dettaglio rivelarono la presenza di un getto gassoso molto caldo e denso, che è la sorgente dei raggi X. Dai dati disponibili, gli astronomi conclusero che la massa dell'oggetto invisibile doveva essere almeno dieci volte quella del Sole. Le veloci oscillazioni della sorgente indicavano inoltre che l'oggetto doveva essere estremamente piccolo, con un diametro minore di 150 km. Le dimensioni, combinate con la grande massa, escludevano la possibilità che l'oggetto invisibile fosse una nana bianca o una stella di neutroni: dunque non poteva che trattarsi di un buco nero!

Naturalmente, tutto ciò è frutto di congetture. Per ottenere un modello preciso del sistema binario di Cygnus X-1 dobbiamo assolutamente conoscere l'inclinazione del suo piano orbitale rispetto alla nostra linea visuale. Sappiamo per certo che non stiamo osservando l'orbita di taglio, poiché in tal caso avremmo dovuto rilevare le periodiche eclissi tra le due componenti e allora la gigante blu sarebbe stata catalogata come una variabile a eclisse. Gli astronomi ipotizzano che l'orbita sia inclinata di circa 30°. Se ciò fosse vero, la componente invisibile dovrebbe avere una massa di almeno 7 masse solari. La ricerca continua e Cygnus X-1 rimane ancora ai nostri giorni uno tra i candidati più verosimili a buco nero di taglia stellare. Visitiamolo senz'altro col nostro binocolo!

Figura 8.39. I dintorni della stella di magnitudine 9 (indicata dai due trattini) al cui interno probabilmente si nasconde un buco nero. La debole stella vicina e sopra a essa è di una magnitudine più debole e non è riportata nella cartina di dettaglio. Al binocolo la si vede solo quando le condizioni osservative sono eccellenti. Le stelle sono separate da circa 30". Per una cartina dettagliata si veda la Fig. 8.33.

DELPHINUS (Delfino) ed EQUULEUS (Cavallino)

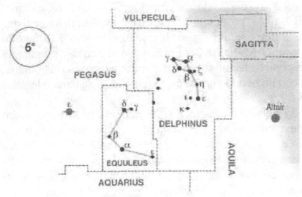

la costellazione culmina

inizio luglio	inizio agosto	inizio settembre
alle 2h	alle 24h	alle 22h

Il Delfino sta a sud della Volpetta. Si tratta di una piccola costellazione estiva, ma promnente, con deboli stelle appena all'esterno delle parti più dense della Via Lattea. L'aspetto è quello di un delfino che balza fuori dall'acqua nel suo nuotare spedito verso nord. Attenzione a non confondere l'asterismo con le Pleiadi, che appaiono all'orizzonte almeno sei ore dopo.

Le stelle più brillanti della costellazione sono la *beta* (3,6), la *alfa* (3,8), la *gamma* (3,9), la *epsilon* (4,0) e la *delta* (4,4), che si raccolgono tutte nello stesso campo visuale di un binocolo. Nel Delfino ci sono alcune interessanti stelle doppie apprezzabili al telescopio. Di queste, la più bella è la *gamma*, con stelle di magnitudini 4,4 e 5,0 separate di 9",5 (a.p. 266°; 2006). La stella più brillante è di colore giallo-arancio, mentre la più debole è bianca. Alcuni osservatori riportano colori differenti per la secondaria, che vanno dal violetto al verde. La *gamma* non è comunque risolvibile al binocolo.

Il Cavallino si trova a est del Delfino, a sud-ovest del Pegaso (sta tutto in un campo visuale binoculare, a ovest della brillante *epsilon* Pegasi). È una delle più piccole costellazioni greche originali descritte nell'*Almagesto* di Tolomeo d'Alessandria. La stella più brillante è la gialla *alfa*, di magnitudine 3,9. Il modo più semplice per trovare il Cavallino è di usare come stelle-guida la *alfa* e la *beta* Delphini. La costellazione non contiene oggetti interessanti per l'osservatore col binocolo.

DRACO (Dragone)

Il Dragone è una costellazione estremamente estesa. Alle medie latitudini settentrionali è circumpolare. La testa del Dragone è vicina alla stella estiva Vega, nella Lira, ma il Corpo corre per metà del cielo settentrionale passando fra le costellazioni dell'Orsa Maggiore e dell'Orsa Minore. Le stelle più brillanti sono la *gamma* (2,2), la *eta* (2,7), la *beta* (2,8), la *delta* (3,1), la *zeta* (3,2) e la *iota* (3,3).

La *alfa* Draconis, Thuban, è posta tra Mizar (*zeta* Ursae Majoris) e la *beta* Ursae Minoris. È solo di magnitudine 3,6 e dista da noi 220 anni luce. Nell'antico Egitto, attorno al 2800 a.C., Thuban era la Stella Polare del tempo poiché, a causa del moto di precessione dell'asse terrestre, il polo nord celeste si trovava nei suoi pressi. Nel 2830 a.C., Thuban toccò la posizione più prossima al polo, essendo separata da esso solo di 10'. La *gamma*, Eltanin, è di colore arancio, è la 72ma stella più brillante del cielo e dista 148 anni luce. È luminosa 200 volte più del Sole. Con la *beta*, la *csi* (3,7) e la *nu*, essa disegna la testa del Dragone.

Distante 88 anni luce dalla Terra, la gialla *eta* è la 118ma stella più brillante del cielo, con una luminosità 45 volte quella del Sole.

La giallastra *beta* è la 130ma più brillante. È una gigante lontana 360 anni luce, con una luminosità 720 volte superiore a quella del Sole.

La *omega* (4,7), situata tra la *delta* e la *epsilon*, è una delle stelle più vicine a noi, distando solo

19 anni luce. Gli astronomi arabi le diedero un nome proprio (Al Rakis, che significa "il ballerino"), un fatto davvero inusuale per una stella così debole.

(☻☻) La *nu* **Draconis** è una stella doppia, con le componenti di pari magnitudine (4,9). La separazione apparente è di 62",6 (a.p. 312°; 2005), cosicché le due stelle sono facilmente risolvibili al binocolo. La coppia dista 120 anni luce. Peccato che non ci sia alcun contrasto di colore fra le due stelle, che sono entrambe bianche. Comunque, esse possono servire per darci un'idea di quanto grande sia un primo d'arco nel campo visuale di un binocolo. La distanza effettiva fra le due componenti è di circa 2300 UA: dentro ci starebbero comodamente 38 Sistemi Solari.

la testa e il corpo culminano		
metà maggio alle 2h	metà giugno alle 24h	metà luglio alle 22h

la coda culmina		
fine marzo alle 2h	fine aprile alle 24h	fine maggio alle 22h

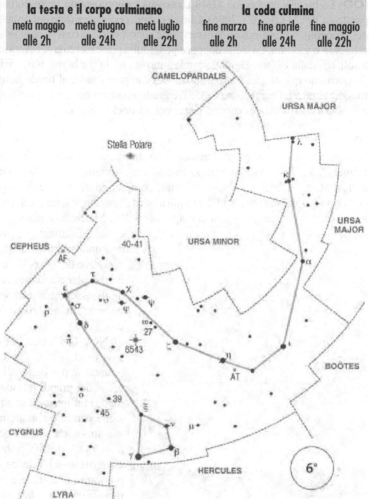

(☻☻) La *psi* **Draconis** è una stella doppia con le componenti di magnitudini 4,6 e 5,6 separate da 30",7 (a.p. 16°; 2006). Significa che al binocolo le vediamo come una coppia decisamente stretta. Anche queste due stelle non offrono contrasto di colore. Le menzioniamo solo perché possono servire a testare la qualità delle ottiche e le condizioni osservative.

(☻) La *omicron* **Draconis** è una stella doppia splendida per gli osservatori che dispongono di un telescopio. Situata a nord-est della testa del Dragone, si tratta di una coppia di stelle di magnitudini 4,8 e 8,3, separate da 36",5 (a.p. 319°; 2003). La primaria è arancione, mentre la compagna è blu. In teoria, si dovrebbe poter risolvere le stelle al binocolo, ma in pratica potremmo avere difficoltà a notare la più debole delle due. In effetti, la stella può essere scorta solo da un osservatore di grande esperienza, in condizioni osservative perfette e con un binocolo dalle ottiche molto buone. Si provi comunque! La stella-guida è la brillante *csi*. Le due stelle, insieme con la 39 e la 45, entrambe di magnitudine 5, formano un rombo elongato, visibile a occhio nudo.

Le costellazioni al binocolo

(✪✪) La binaria nota come **41/40 Draconis** è composta da stelle di magnitudini 5,7 e 6,0, separate da 19",2 (a.p. 232°, 2006). Questa coppia può essere utile per testare la qualità delle ottiche del binocolo. Se le condizioni osservative sono buone, e così pure le ottiche, le due stelle letteralmente si toccano. La stella doppia è posta sulla parte estrema settentrionale della costellazione, a soli 10° dalla Polare. Le stelle-guida sono la *chi*, la *fi* e la *psi*, tutte visibili già a occhio nudo. Se portiamo queste stelle al bordo sud del campo visuale, al bordo nord comparirà la stella di magnitudine 5 indicata come n. 35. Tre gradi più verso nord c'è la stella doppia, che è di magnitudine 5 e che perciò può essere vista anche a occhio nudo.

(✪✪) La nebulosa planetaria **NGC 6543** (8,1; 23"×17") viene vista al binocolo solo come una stellina di magnitudine 8. La si trova a metà strada tra la *zeta* e la *delta*. Quando vediamo la *zeta*, l'*omega* e la 27 nello stesso campo visuale e le portiamo verso il bordo nord-occidentale, come è mostrato nella cartina, al bordo orientale compaiono tre stelline di magnitudine 9. Le tre stelle corrono in direzione nord-sud. Poco più a nord di queste, c'è una stellina leggermente più luminosa con una compagna stretta di magnitudine 9: è la nebulosa planetaria che stiamo cercando e che difficilmente troveremo senza aiutarci con una cartina di dettaglio. Le condizioni osservative devono essere almeno buone. La nebulosa planetaria merita di essere ricercata solo dagli osservatori che vogliono assolutamente vedere tutto quanto è alla portata del loro binocolo.

NGC 6543, nota popolarmente come Nebulosa Occhio di Gatto, è considerata una delle planetarie più belle del cielo. Nelle immagini prese dai grandi telescopi professionali si evidenzia un'intricata struttura che mostra come la stella centrale abbia emesso poco per volta la sua atmosfera esterna nello spazio interstellare, a intervalli di 1500 anni. Nelle migliori immagini, prese dal Telescopio Spaziale "Hubble", possiamo evidenziare la presenza di 11 anelli, o gusci gassosi, attorno alla stella. La periodicità dell'emissione di materiale da parte di una stella morente è un fenomeno non del tutto compreso. Alcuni astronomi pensano che la causa debba essere ricercata nell'attività magnetica della stella centrale, mentre altri sono convinti che l'astro centrale sia in realtà doppio e che responsabile del fenomeno esplosivo sia una delle due stelle (Fig. 8.40).

La distanza della nebulosa planetaria non è ancora nota, benché le stime la collochino attorno a 3600 anni luce. Se questa è la distanza, il diametro lineare della nebulosa è di 20mila UA, ossia un terzo di anno luce. La stella centrale che ha originato la planetaria è una nana bianca con una temperatura di 35mila K e una luminosità 100 volte superiore a quella del Sole.

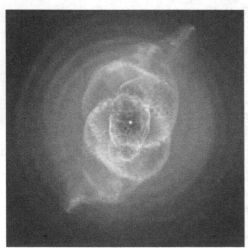

Figura 8.40. La nebulosa planetaria NGC 6543 ripresa dal Telescopio Spaziale "Hubble". Il campo inquadrato misura 1',2 (circa 1,2 anni luce).

9 Dall'Eridano alla Lira

ERIDANO (Eridanus)

Il fiume celeste Eridano, che scorre dall'equatore celeste giù giù fino all'orizzonte e affonda nelle profondità del cielo meridionale per finire non lontano dal polo celeste sud, è la sesta costellazione del cielo per estensione. Dalle medie latitudini settentrionali si vede solo la sua parte nord, quella che confina con Orione e la Balena.

La stella più brillante è la *alfa*, Achernar (magnitudine 0,45), invisibile dalle latitudini medie settentrionali. La si può scorgere, invece, al di sotto del Cairo o della Florida. Achernar è la decima stella più brillante del cielo, distante 144 anni luce. Mille volte più luminosa del Sole, è di colore azzurro.

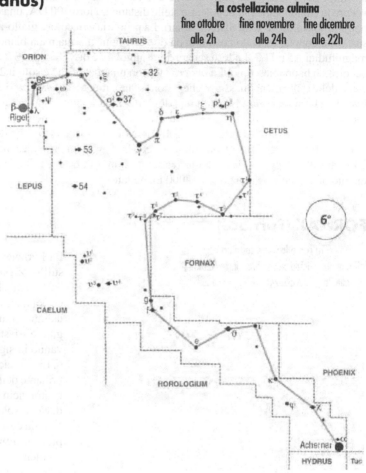

la costellazione culmina

fine ottobre	fine novembre	fine dicembre
alle 2h	alle 24h	alle 22h

Oltre ad Achernar abbiamo la *beta* (2,8), la *theta*, l'arancione *gamma* (entrambe di magnitudine 2,9) e la *delta* (3,5).

La *beta* si trova circa 3° a nord e un poco più a ovest di Rigel (*beta* Orionis). Distante 89 anni luce, con una luminosità 44 volte quella del Sole, è la 126ma stella più brillante del cielo.

La giallastra *epsilon* (3,7) è una delle stelle più vicine a noi, distando solo 10,5 anni luce. Tra le stelle visibili a occhio nudo è la terza più vicina, venendo subito dopo *alfa* Centauri e Sirio. La *epsilon* è un poco più piccola e più fredda del Sole, ma per il resto gli è del tutto simile; è probabile che ci siano pianeti in orbita attorno a essa. Nel 1983, il satellite IRAS (InfraRed Astronomical Satellite) scoprì una nube di materia fredda che la circonda, dalla quale potrebbe formarsi un sistema planetario.

La 32 Eridani è una coppia di stelle dal bel contrasto cromatico, con magnitudini rispettivamente 4,8 e 5,9. Le stelle sono separate da 6",9 (a.p. 348°; 2006). La primaria è gialla e la secondaria è azzurra. È impossibile risolverle al binocolo: ci può però riuscire un piccolo telescopio.

(✪) A nord-est della *gamma*, troviamo un sistema stellare triplo interessante, quello della **omicron-2** (4,4). Alla distanza di 16,5 anni luce, si tratta dell'ottava stella più vicina fra quelle visibili a occhio nudo. La coppia A-B è composta da stelle di magnitudini 4,4 e 9,7, separate da 83" (a.p. 104°; 2002), che possono essere risolte al binocolo, anche se è estremamente difficile vedere la componente più debole. Le stelle distano tra loro 400 UA, una distanza entro la quale potremmo collocare sette Sistemi Solari. La primaria è di colore giallo-arancio. La stella B è a sua volta doppia, essendo costituita da due componenti, una nana bianca e una nana rossa, di magnitudini 9,5 e 11,2. La loro separazione angolare è di 8",8 (a.p. 337°; 1998) e per risolverle occorre un buon telescopio. La *omicron* C, con una massa che è solo il 20% di quella del Sole, è una delle stelle meno massicce che si conoscano, mentre la *omicron* B è una delle poche nane bianche che si rendono visibili in un telescopio amatoriale: ha un diametro di soli 28mila km (poco più del doppio di quello della Terra), ma è massiccia la metà del Sole. La densità media di questa stella è oltre 65mila volte quella del Sole: un decimetro cubo della sua materia qui da noi sulla Terra peserebbe 90 tonnellate. Anche la gravità superficiale è incredibilmente elevata, 34mila volte maggiore di quella terrestre: un uomo di 60 kg sulla sua superficie peserebbe quanto da noi un'imbarcazione di 2000 tonnellate.

FORNAX (Fornace)

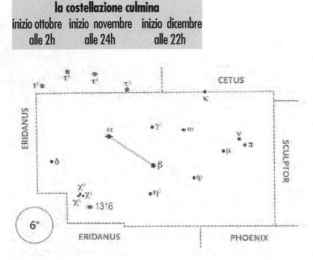

la costellazione culmina		
inizio ottobre	inizio novembre	inizio dicembre
alle 2h	alle 24h	alle 22h

La Fornace è sempre molto bassa sull'orizzonte per gli osservatori delle medie latitudini settentrionali. Ci conduce a questa piccola costellazione autunnale la linea serpeggiante di stelle dell'Eridano che vanno in sigla dalla *tau*-3 alla *tau*-6. La Fornace ha una sola stella più brillante della magnitudine 4: è una nostra vicina cosmica, la *alfa* (3,8), distante solo 40 anni luce.

Alla costellazione appartiene un piccolo ammasso di galassie che contiene una ventina di membri brillanti, insieme con numerosi altri più deboli. La distanza dell'ammasso è di circa 60 milioni di anni luce. La galassia più brillante è la spirale NGC 1368 (8,9; 7'×5,5), che sarebbe visibile al binocolo, ma non per gli osservatori delle medie latitudini settentrionali, per i quali si alza solo di 7° sopra l'orizzonte, il che è troppo poco. Possiamo cercare di osservarla solo se ci troviamo nel sud dell'Europa, ma la notte deve essere assolutamente perfetta. Le stelle-guida sono la *delta* e il trio delle *chi*, che appaiono tutte nello stesso campo visuale del binocolo in cui compare la galassia.

GEMINI (Gemelli)

Quella dei gemelli celesti Castore (*alfa*) e Polluce (*beta*) è una vistosa costellazione invernale. Le altre stelle brillanti sono la *gamma* (1,9), la *mu* (2,9), la *eta* (3,1 quando è al massimo), la *epsilon* (3,2), la *csi* (3,4) e la *delta* (3,5). La costellazione ha una forma caratteristica che non si può non riconoscere facilmente: due linee parallele, disegnate dalle stelle più brillanti, che partono da Castore e Polluce in direzione di Betelgeuse (*alfa* Orionis). Polluce è una delle sei stelle che costituiscono l'asterismo noto come Esagono Invernale. La Via Lattea corre attraverso la parte sud-occidentale della costellazione, rendendo quest'area così ricca di stelle meritevole di osservazioni panoramiche con binocoli a grande campo. A dispetto del nome, i due gemelli Castore e Polluce non sono per niente simili tra loro. Polluce (1,2) è una stella arancione, la cui colorazione risulta evidente già a occhio nudo e ancor più si intensifica al binocolo. La temperatura superficiale della stella è di circa 4500 K. Polluce, che è la 17ma stella più brillante del cielo, è denominata come *beta* della costellazione pur essendo in realtà la stella più brillante. Dista 33,8 anni luce e la sua luminosità è 28 volte quella del Sole.

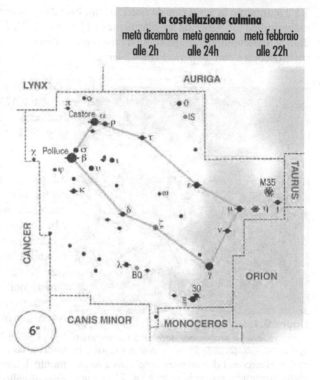

la costellazione culmina

metà dicembre	metà gennaio	metà febbraio
alle 2h	alle 24h	alle 22h

Castore (1,6) è una stella bianca, la 23ma stella più brillante del cielo; la distanza è di 51,7 anni luce. In realtà, Castore è un sistema stellare multiplo molto interessante, costituito da ben sei componenti. Le due stelle più brillanti, di magnitudini 1,9 (Castore A) e 3,0 (Castore B) distano angolarmente 4",4 (a.p. 60°; 2006), di modo che possono essere risolte al telescopio, ma non al binocolo. Il sistema si completa con una terza stellina di magnitudine 9,8 (Castore C), distante dalla coppia A-B 71" (a.p. 164°; 2001). La coppia A-B ha un periodo di circa 400 anni, mentre Castore C le ruota attorno in circa 10mila anni. A loro volta, tutte e tre le stelle sono doppie spettroscopiche.

La *gamma* è la 44ma stella più brillante del cielo, distante 105 anni luce e con una luminosità 130 volte quella del Sole.

La *mu* è la 149ma stella del cielo, è distante 230 anni luce e ha una luminosità 275 volte maggiore di quella del Sole.

La giallastra *epsilon* è una supergigante distante 1100 anni luce. La sua luminosità è 5700 volte maggiore di quella del Sole. Nonostante questa enorme distanza, la stella brilla nel nostro cielo di magnitudine 3. Se osservassimo il nostro Sole dalla distanza della *epsilon* lo potremmo vedere solo dentro un grosso telescopio.

La *zeta* è una tra le più brillanti variabili Cefeidi, una gigante pulsante con un periodo di variazione di 10,15073 giorni. Quando è al massimo di luce tocca la magnitudine 3,6, mentre al minimo scende fino alla 4,2. La stella dista da noi 1200 anni luce e ha una luminosità 5700 volte maggiore di quella del Sole. Le stelle che possono rivelarsi utili per effettuare stime di luminosità della *zeta* sono la *kappa* (3,6) e la *upsilon* (4,1).

La *eta*, di colore arancione, è una gigante rossa. È una variabile semiregolare con minime variazioni di luminosità. La stella è irregolare sia nel periodo che nell'ampiezza della variazione. Il valore medio del periodo è di 233 giorni. Al massimo di luce la stella tocca la magnitudine

Le costellazioni al binocolo

3,1 e al minimo la 3,9. Dista da noi 350 anni luce ed è accompagnata da una stella giallastra di magnitudine 6,1, separata angolarmente di 1",8 (a.p. 259°; 2004). Si tratta di una coppia splendida al telescopio, ma impossibile da risolvere al binocolo. La stella più brillante è una binaria spettroscopica con un periodo di 8,2 anni.

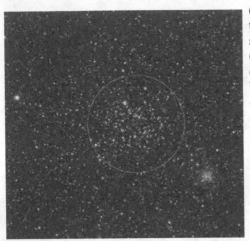

Figura 9.1. Sotto M35 (meno di 1° a sud-ovest) possiamo vedere un suo vicino, anch'esso un ammasso aperto, NGC 2158 (8,6; 5'), che può essere scorto solo con un telescopio. I due ammassi sono vicini solo per effetto prospettico, poiché in realtà NGC 2158 è uno degli ammassi aperti più lontani che si conoscono: la distanza è di 16mila anni luce.

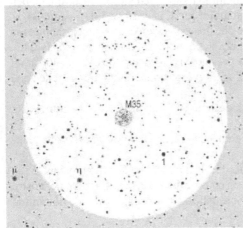

Figura 9.2. I dintorni dell'ammasso aperto M35.

(**✪✪✪✪**) Circa 2° a nord-ovest dalla stella *eta*, troviamo **M35** (5,3; 28'), uno dei più brillanti e spettacolari ammassi aperti che il cielo ci offre (Fig. 9.1). In una notte limpida e scura lo si riconosce anche già a occhio nudo come un debole batuffolo luminoso. Al binocolo non è difficile da ritrovare poiché sta nello stesso campo visuale della brillante *eta*. Anche al binocolo l'ammasso appare solo come una grossa e brillante macchia luminosa dentro la quale, se le condizioni osservative sono buone, si possono riconoscere solo le stelle più brillanti (e molte altre in più se adottiamo la visione distolta). Le dimensioni della macchia luminosa dipendono essenzialmente dalle condizioni osservative. Nelle notti migliori, il diametro può raggiungere i 20' e il numero delle stelle riconoscibili dentro quell'area nebulosa aumenta considerevolmente. L'ammasso aperto diventa un vero e proprio gioiello celeste quando viene osservato in un telescopio di buon diametro con un oculare a grande campo: la sua visione vi toglierà il fiato anche se siete osservatori navigati.

L'ammasso è costituito da oltre mille stelle, raggruppate in una nube che ha un diametro apparente comparabile con quello della Luna Piena; 90 stelle sono più brillanti della magnitudine 11 e 50 più della magnitudine 10. La stella più smagliante è di magnitudine 7,5 e le quattro successive sono di magnitudine 8. Nelle cartine dettagliate, le stelle di magnitudini 10 e 11 vanno letteralmente a sovrapporsi l'una sull'altra (Fig. 9.2). Se le condizioni osservative sono eccellenti, possiamo accorgerci che c'è una parte leggermente più brillante di quest'areola nebulosa e, in una notte perfetta, quando la magnitudine limite al binocolo raggiunge il valore 11, l'area risulterà tappezzata di deboli stelline.

La distanza dell'ammasso aperto è stimata in 2700 anni luce: quindi il suo diametro lineare è di 22 anni luce. Nei dintorni del Sole, in un volume di queste dimensioni contiamo soltanto 11 stelle. Siamo in grado di immaginare l'affollamento che scorgeremmo in cielo se il nostro pianeta orbitasse attorno a un Sole di questo ammasso? Le stelle più brillanti sono perlopiù blu, ma ce ne sono anche di gialle e giganti rosse. Probabilmente M35 non è più vecchio di 110 milioni di anni: diciamo che è un ammasso di mezza età.

HERCULES (Ercole)

Ercole è una costellazione primaverile molto estesa, benché poco vistosa, la cui stella più brillante, la *beta*, è solo di magnitudine 2,8. Quanto all'estensione, la costellazione è la quinta più grande del cielo.

La *alfa* Herculis, conosciuta anche come Ras Algethi, si trova nelle vicinanze dell'*alfa* Ophiuchi, isolata dal resto della costellazione. È una gigante rossa distante 380 anni luce e il suo colore arancione può essere chiaramente apprezzato al binocolo. La luminosità è di circa 800 volte quella del Sole, mentre la

temperatura è di soli 3000 K. Come la gran parte delle giganti rosse, Ras Algethi è una variabile semiregolare, la cui luminosità varia tra le magnitudini 3,0 e 3,8. Normalmente ha un periodo intorno ai 90 giorni, che però non si mantiene costante nel tempo. La stella ha una compagna di colore verde pallido di magnitudine 5,4, visibile al telescopio, ma non nel binocolo. La separazione fra le due stelle è infatti solo di 4",7 (a.p. 105°; 2006).

La *alfa* è la 128ᵐᵃ stella più brillante del cielo.

Altre stelle luminose della costellazione sono la *beta*, la *zeta* (entrambe di magnitudine 2,8), la *delta* (3,1), la *pi* (3,2), la *mu* (3,4) e la *eta* (3,5).

La *zeta*, la *eta*, la *epsilon* e la *pi* costituiscono gli spigoli dell'asterismo noto come Chiave di Volta, che è la forma più facilmente riconoscibile nella costellazione, una sorta di logo.

La gialla *beta* è la 127ᵐᵃ stella del cielo, dista 148 anni luce ed è luminosa 120 volte più del Sole.

La gialla *zeta* è la 132ᵐᵃ stella più brillante ed è un astro particolarmente interessante per gli astronomi che studiano l'evoluzione stellare: per questo viene osservata con regolarità e molto attentamente. Alla distanza di 35,3 anni luce, è tra le stelle più vicine a noi. È una stella doppia con un periodo orbitale di 34 anni. La primaria è una sub-gigante di massa simile al nostro Sole, che però ha già incominciato a espandersi poiché è una stella un poco più vecchia della nostra e il combustibile nucleare nel suo nocciolo è già in fase di esaurimento. Attualmente la luminosità è 7 volte quella del Sole.

La *delta* è una doppia interessante, composta però da stelle che non sono gravitazionalmente legate: le si vede vicine solo per effetto prospettico. La compagna è di magnitudine 8,3 e la coppia è nota per lo spiccato contrasto cromatico, benché siano molto diversi i giudizi tra gli

211

Le costellazioni al binocolo

osservatori. C'è chi le vede l'una verde e l'altra violetta, chi verde e bianca, chi gialla e verde-azzurra. Sfortunatamente, non è possibile risolvere le stelle al binocolo (sono separate di 11",8, a.p. 283°; 2005), ma sono una coppia facile da separare anche già in un piccolo telescopio.

(✪✪) Al binocolo la *kappa* si presenta come una doppia stretta, con le componenti di magnitudini 5,1 e 6,2, separate di 27",7 (a.p. 13°; 2006). La primaria è gialla e la secondaria arancione. La *kappa*, che si trova circa 4° a sud-ovest della brillante *gamma* (3,5), è facile da trovare e da riconoscere se portiamo la *gamma* al bordo nord-orientale del campo visuale.

Figura 9.3. Lo splendido ammasso globulare M13. Gli osservatori al binocolo dovranno accontentarsi di vedere una macchia luminosa diffusa, poiché non possono risolverne le stelle ed apprezzarlo in tutta la sua magnificenza.

(✪✪✪✪) L'ammasso globulare **M13** (5,8; 20') è sicuramente l'oggetto più noto della sua categoria per gli osservatori settentrionali. Se la notte è serena, limpida, scura, senza Luna, lontani dai cieli cittadini, può essere visto anche a occhio nudo come una "stella" di magnitudine 6, situata tra la *eta* e la *zeta* (Fig. 9.3 e 9.4). L'ammasso venne menzionato per primo da Edmond Halley nel 1715, che lo aveva scoperto per caso un anno prima. M13 è il quarto più brillante fra tutti gli ammassi globulari, superato solo da Omega Centauri, da NGC 104, nel Tucano, e da M22, nel Sagittario. I primi due non sono raggiungibili da chi osserva alle latitudini medie settentrionali.

L'ammasso è ben visibile al binocolo, ma solo come una macchia luminosa larga 10' con una parte centrale molto brillante e chiaramente differenziata. Dimensioni e aspetto dipendono dalle condizioni osservative. Se vogliamo risolvere qualche singola stella delle regioni più esterne dobbiamo utilizzare almeno un telescopio di 10 cm.

L'ammasso appare assai brillante nei grossi telescopi amatoriali. A partire dal suo denso centro, che non può essere risolto in stelle nemmeno dai più grandi telescopi al mondo, ammiriamo fantastici archi di stelle che si avvolgono tutto intorno. Si stima che l'ammasso comprenda circa un milione di astri! La luminosità complessiva è 300mila volte quella del Sole. Le componenti più brillanti sono giganti rosse di magnitudine 11, con una luminosità effettiva per ciascuna di esse che è duemila volte maggiore di quella del Sole. A quella distanza riusciremo a vedere il Sole con difficoltà anche attraverso il più grosso telescopio amatoriale: ci apparirebbe infatti come una stella di magnitudine 19.

La stima più recente per la distanza dell'ammasso è di 25mila anni luce. Con un'età di oltre 10 miliardi di anni, si pensa che sia tra gli ammassi più antichi della nostra Galassia. Il diametro lineare di M13 è di circa 145 anni luce, ma la stima è assai approssimativa, poiché è difficile stabilire con precisione quali siano i suoi confini. La stragrande maggioranza delle stelle si raccoglie nella parte centrale, che misura circa 100 anni luce, ma qualcuna si trova anche a 200 anni luce di distanza.

È persino difficile concepire quale sia la densità di stelle nei pressi del centro di questo ammasso compatto. Le immagini prese con i più grandi telescopi al mondo ci mostrano le stelle così vicine fra loro che quasi si toccano. Naturalmente, ciò è dovuto al fatto che stiamo guardando l'ammasso da grande distanza. Come si è già detto, la regione centrale di M13 ha un diametro di circa 100 anni luce, ossia un volume di circa 500mila anni luce cubici. Essendo riempito da un milione di stelle, la densità media è di una ogni mezzo anno luce cubico. Per confronto, nei dintorni del Sole la stima della densità stellare è di una ogni 360 anni luce cubici. Le stelle sono ancora più dense se consideriamo la regione centrale di M13 e tuttavia non si tratta dopotutto di un affollamento così straordinario come potrebbe sembrare a prima vista.

Un semplice modello ci può aiutare a figurarci la situazione dentro l'ammasso. Immaginiamo di avere un milione di granelli di sabbia che rappresentano il milione di stelle di M13. La dimensione di ciascun granello è di circa 0,5 mm e noi dobbiamo distribuirli all'interno di una sfera che, in proporzione, è di 340 km di diametro. Se li distribuiamo in maniera omogenea, la distanza media tra due granelli è di circa 2 km! Anche tenendo conto che nella parte centrale dell'ammasso la densità stellare è un po' maggiore, la distanza fra due granelli non scende al di sotto di qualche centinaio di metri. Tutto questo per dire che, secondo gli standard terrestri, e in confronto con le dimensioni delle stelle, anche l'ammasso globulare più denso in realtà risulta essere scarsamente affollato. È comunque una situazione inusuale secondo gli standard galattici. Per esempio, se costruiamo un analogo modello per i dintorni del Sole, alla stessa scala, la stella più vicina a noi, Proxima Centauri, disterebbe 15 km. Per inciso, la sabbia che utilizzeremmo per il nostro modello ha un volume minore di un decilitro e pesa 200 grammi.

Sarebbe decisamente interessante vivere su un pianeta in orbita attorno a una delle stelle al centro di M13. Il cielo notturno sarebbe pieno di stelle così brillanti da far impallidire Sirio, Antares o Vega. In quel cielo, alcune migliaia di stelle avrebbero una luminosità compresa tra quella di Venere e della Luna Piena e il nostro ipotetico pianeta probabilmente non conoscerebbe la notte, quanto meno la notte che noi sperimentiamo qui sulla Terra. Al più potremmo vivere in un buio paragonabile a quello del crepuscolo. Gli abitanti di quel pianeta quasi certamente non saprebbero nulla della nostra Galassia o dell'Universo, essendo il loro cielo troppo brillante per consentire di fare astronomia del cielo profondo. Per loro l'intero Universo sarebbe racchiuso, di fatto, nell'ammasso globulare che li ospita.

C'è un altro fatto interessante che riguarda questo ammasso. Nel 1974, M13 fu scelto

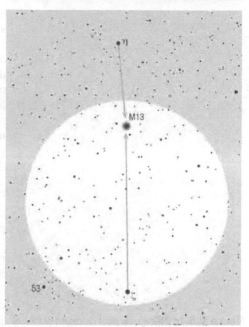

Figura 9.4. L'ammasso globulare M13 è facile da trovare. In condizioni osservative eccellenti lo si può intravedere già a occhio nudo. Al binocolo si mostra come una macchia luminosa molto estesa e relativamente brillante. Le stelle-guida che ci portano ad esso sono la *zeta* e la *eta*. L'ammasso si trova fra le due stelle, un po' più vicino alla *eta*.

Le costellazioni al binocolo

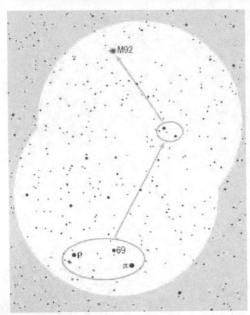

Figura 9.5. La stella-guida per l'ammasso globulare M92 è la *pi*, la stella nord-orientale dell'asterismo noto come Chiave di Volta. Se portiamo la stella al bordo meridionale del campo di vista, al bordo settentrionale comparirà una stella di magnitudine 5 assai più brillante di quelle che la circondano. Lì vicino, a sud-ovest, possiamo vedere anche una stella di magnitudine 6. Se portiamo entrambe al centro del campo visuale, al bordo di nord-est apparirà una macchia nebulosa: è l'ammasso globulare M92.

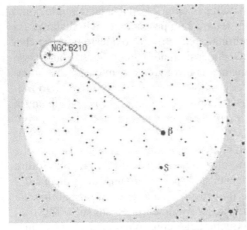

come obbiettivo di uno dei primi radiomessaggi inviati intenzionalmente a possibili civiltà intelligenti extraterrestri. Il segnale in codice venne spedito per il suo lungo viaggio dal grande radiotelescopio di Arecibo. Se qualcuno vive lassù ed è in grado di ricevere le onde radio, un giorno le intercetterà, ma non dobbiamo dimenticare che ciò eventualmente avverrà solo fra 25mila anni. Se poi gli alieni ricevessero il segnale e decidessero di rispondere immediatamente, la loro risposta ci raggiungerebbe fra circa 50mila anni. Questo è il problema di fondo delle comunicazioni interstellari. In effetti, non si può neppure parlare di comunicazione vera e propria.

(✪✪) In Ercole troviamo anche un altro ammasso globulare, **M92** (6,4; 14'). Pur essendo più piccolo e più debole di M13, è al limite della visibilità a occhio nudo. Sarebbe un oggetto anche cospicuo, ma ha la sfortuna di vivere nell'ombra del suo vicino, più grosso e brillante. Fosse ospitato da un'altra costellazione, sarebbe certamente uno degli oggetti più cospicui di quella.

Secondo le ultime stime, l'ammasso dista 26.700 anni luce e ha un diametro di circa 85 anni luce. Al binocolo lo si vede come una chiazza luminosa abbastanza brillante, con un diametro di soli pochi primi d'arco. Per cercarlo, si faccia uso della cartina dettagliata e delle istruzioni che vengono fornite (Fig. 9.5).

(✪) Per tutti gli amanti delle sfide, presentiamo ora la nebulosa planetaria **NGC 6210** (8,8; 48"×8"), che è visibile al binocolo, ma solo come un oggetto puntiforme. La stella-guida è la *beta*. Circa 4° a nord-est di essa si vedono un paio di stelle di magnitudine 7, ben evidenti al binocolo. Sopra di esse si possono notare due deboli stelline: quella a sud-ovest è in effetti la nebulosa planetaria, solo leggermente più brillante della stella a nord-est. Se non siete in grado di vedere le stelle per via diretta, provate con la visione distolta. Applicatevi all'osservazione di questi oggetti elusivi solo dopo che avrete accumulato una certa esperienza osservativa.

Si pensa che la nebulosa planetaria sia distante 4700 anni luce. La stella centrale, che ha dato origine alla nebulosa, è di magnitudine 12,5 e quindi è invisibile al binocolo.

HYDRA (Idra)

L'Idra è la costellazione più estesa del cielo da quando la vecchia costellazione della Nave di Argo è stata divisa in tre parti. La testa dell'Idra si trova sotto il Cancro e la sua coda è dalle parti della Bilancia. Nonostante le dimensioni, la costellazione ha una sola stella brillante, l'arancione *alfa* (2,0). Poiché intorno non si vedono altre stelle luminose, la *alfa* è stata soprannominata Alphard, che significa "la solitaria". Dopo la *alfa* vengono la *gamma* (3,0), la *zeta*, la *nu* (entrambe di magnitudine 3,1), la *pi* (3,2), la *epsilon* (3,4) e la *csi* (3,5).

È facile individuare la *alfa* perché i gemelli celesti (Castore e Polluce) puntano verso di essa. È la 48ma stella più brillante del cielo e dista 178 anni luce. È 360 volte più luminosa del Sole. Al binocolo il suo bel colore arancione diventa ancora più vivido.

La testa del serpente giace tra la *alfa* e la costellazione del Cancro: è disegnata dalle stelle *zeta, epsilon, delta* (4,1) *sigma, rho* (entrambe di magnitudine 4,4) ed *eta* (4,3). Le stelle compaiono tutte nello stesso campo visuale di un binocolo.

La *epsilon* è una splendida stella multipla, composta da quattro componenti visibili. Tuttavia, a giudicare dai moti propri, gli astronomi si dicono convinti che del sistema faccia parte un'altra stella ancora. Le due componenti più brillanti, di magnitudini 3,8 e 5,3, sono le più vicine fra loro. In media si ritrovano separate da soli 0",2 e hanno un periodo orbitale di 15 anni. In termini assoluti, la separazione è di 8,5 UA (per confronto, Saturno si trova a 9,5 UA dal Sole). La terza componente è di magnitudine 6,7 e dista angolarmente 2",8 (a.p. 303°; 2005) dalla

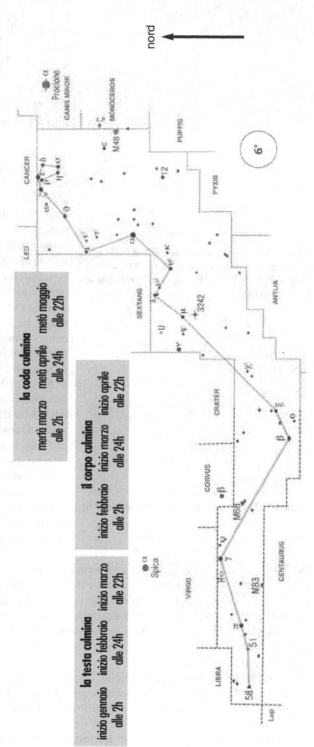

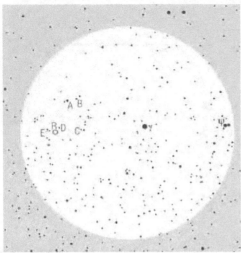

Figura 9.6. I dintorni della variabile R Hydrae, con le stelle di confronto: *gamma* (3,0), *psi* (5,0), A (7,3), B (8,0), C (8,5), D (9,0) ed E (9,5). La stella variabile sotto la R è la SS Hydrae.

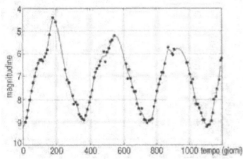

Figura 9.7. Curva di luce della variabile R Hydrae.

coppia stretta. La quarta componente è solo di magnitudine 12,5 e dista 18",1 (a.p. 200°; 2005). Queste stelle non possono essere risolte al binocolo: le vediamo come un astro singolo di magnitudine 3,5. L'intrigante sistema dista circa 135 anni luce da noi.

(❍❍❍) Stella variabile di lungo periodo di tipo Mira, la **R Hydrae** varia tra le magnitudini 3,5 e 10,9 in media ogni 389 giorni (Fig. 9.7). La si osserva a 2°,6 dalla brillante *gamma* nella parte orientale della costellazione e la si riconosce per la colorazione arancione, che diventa ancora più netta quando la stella comincia a diminuire di intensità. A un certo punto, però, diventa troppo debole perché si possa riconoscere il colore al binocolo.

La stella è particolarmente interessante per gli astronomi poiché, insieme con altre sole due variabili (la R Aquilae e la R Centauri), ha la peculiarità di un periodo che va costantemente diminuendo nel tempo. All'inizio del XVIII secolo il periodo era di 500 giorni; all'inizio del XX secolo era sceso a 425 e oggi è di 389 giorni. Alla scala umana, due secoli sono un tempo molto lungo, ma nella vita di una stella è un istante brevissimo. Questa gigante rossa si trova molto probabilmente in una fase nella quale il suo interno sta andando soggetto a repentine variazioni strutturali.

La distanza della stella non è del tutto nota: si pensa che sia di circa 325 anni luce. Quando è al massimo, la luminosità della R Hydrae supera quella del Sole di 250 volte.

(❍❍❍❍) Benché sia così estesa, l'Idra contiene un solo ammasso aperto brillante: **M48** (5,5; 54'), che sta nella parte occidentale della costellazione, al confine con l'Unicorno. Fu Charles Messier il primo a vedere questo ammasso nel 1771, ma ne rilevò la posizione in modo errato. In seguito, all'ammasso venne attribuita la sigla NGC 2548. Considerando la descrizione che ne aveva dato l'astronomo francese, insieme al fatto che non ci sono ammassi simili nelle vicinanze, gli astronomi conclusero che NGC 2548 e M48 erano e sono lo stesso oggetto.

In condizioni osservative eccellenti, l'ammasso può essere visto a occhio nudo, ma è piuttosto difficile trovarlo al binocolo perché giace in una regione spoglia di stelle, e ancora più difficile è inquadrarlo nel campo ristretto di un telescopio. Le stelle che portano a esso sono la *c*, la 1 e la 2 Hydrae. La stella *c* si vede bene a occhio nudo, essendo di magnitudine 3. La 1 e la 2 sono di magnitudine 6 e quindi si rendono visibili a occhio nudo solo sotto un buon cielo. Le tre stelle e M48 stanno nello stesso campo visivo del binocolo. L'ammasso viene visto come una grossa macchia luminosa relativamente brillante, con poche stelle che scintillano in mezzo all'apparente nebulosità. La visione distolta le farà vedere molto meglio. La stella più brillante dell'ammasso è di magnitudine 8,8 e ce ne sono almeno 100 più brillanti della magnitudine 11: ne conteremmo 180 se potessimo vedere le stelle fino alla magnitudine 13. In totale, l'area comprende più di un migliaio di stelle.

M48 dista 1500 anni luce e quindi il diametro lineare della sua parte più densa è di 23 anni luce.

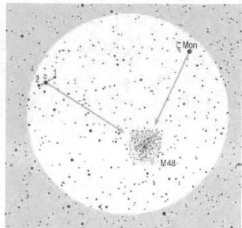

Figura 9.8. Per trovare l'ammasso aperto M48 si può partire dalla *zeta* Monocerotis, che è di magnitudine 4, oppure dal terzetto di stelle designate come 1, c e 2.

(**✪✪**) **M83** (7,6; 11'×10') è una delle galassie spirali più brillanti del cielo. Distante circa 15 milioni di anni luce, il suo diametro lineare è di 45mila anni luce, il che la colloca fra le galassie più piccole del suo tipo. Si trova al confine con il Centauro, circa 18° a sud di Spica e dunque sta nella parte primaverile della costellazione. Cercandola con il binocolo, conviene partire dalla stella *pi* (di magnitudine 3), ben visibile a occhio nudo. Da lì si segue una linea disegnata da tre stelle, la prima delle quali è di magnitudine 5 (e le altre sono di una magnitudine più deboli). Al binocolo, la galassia appare come una debole nube luminosa del diametro di pochi primi d'arco. Naturalmente, vediamo solo la parte centrale e più brillante della galassia, perché i bracci a spirale si rendono evidenti solo in immagini di lunga posa e possono essere visti in un telescopio amatoriale di buon diametro quando le condizioni del cielo sono eccellenti.

(**✪✪**) L'ammasso globulare **M68** (7,8; 11') si colloca a metà strada tra la *beta* e la *gamma*. Nelle sue vicinanze si trova una stella di magnitudine 5 che è doppia, anche

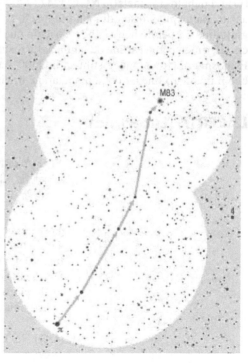

se al binocolo appare singola: è anche l'unica stella nei dintorni che sia visibile a occhio nudo. La stella-guida è la *beta* Corvi, che compare nello stesso campo visuale dell'ammasso. Quest'ultimo si rende visibile semplicemente come una nubecola debolmente luminosa. Alcune delle stelle sul bordo dell'ammasso possono essere risolte in un telescopio di almeno 15 cm, ma la bellezza dell'oggetto può essere apprezzata solo in telescopi di

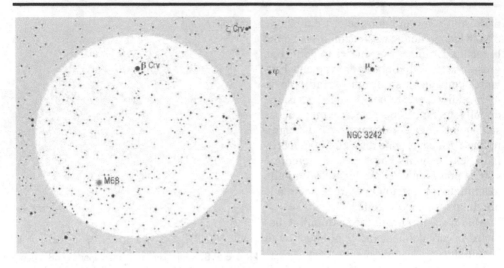

più grande diametro. Con le sue 100mila stelle, M68 è un ammasso molto ricco. Dista circa 33mila anni luce e il suo diametro lineare è di 106 anni luce.

(✪) La nebulosa planetaria **NGC 3242** (7,7; 45"×36") appare al binocolo come una stella azzurrina un po' sfocata di magnitudine 8. Si trova circa 2° a sud della *mu*, che è di magnitudine 4 e perciò ben visibile a occhio nudo. Per individuare la posizione esatta si faccia riferimento alla cartina dettagliata. La distanza della nebulosa, popolarmente chiamata Fantasma di Giove, viene stimata in 2500 anni luce. Un semplice calcolo ci dice allora che il diametro lineare della planetaria è di circa mezzo anno luce.

LACERTA (Lucertola)

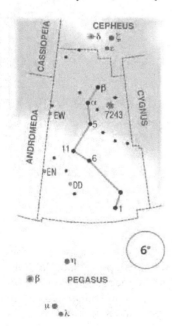

la costellazione culmina		
fine luglio	fine agosto	fine settembre
alle 2h	alle 24h	alle 22h

La Lucertola è una piccola costellazione, poco vistosa, che sta sotto il Cefeo, a est del Cigno e a nord del Pegaso. Le sue stelle più brillanti toccano solo la magnitudine 4 e rischiano di confondersi con le innumerevoli stelle di fondo della Via Lattea, qui particolarmente ricca. Si dovrà fare qualche sforzo per trovare questa costellazione. Il modo più semplice per riconoscerla è di utilizzare come stelle-guida la *mu* e la *eta* Pegasi.

(✪✪) Nella parte di Via Lattea che attraversa la costellazione troviamo alcuni ammassi aperti, il più brillante dei quali è **NGC 7243** (6,4; 21'), che contiene una quarantina di stelle. Solo le cinque più brillanti, di magnitudini tra la 8 e la 9, si rendono visibili al binocolo. In condizioni osservative perfette e con l'ammasso alla culminazione (che per gli osservatori delle medie latitudini settentrionali vuole dire quasi allo zenit), si possono vedere circa 15 componenti. La *alfa* e la *beta* sono le stelle-guida che ci portano all'ammasso. Ripetiamolo, però: lo si cerchi solo se la notte è perfetta. NGC 7243 dista circa 2600 anni luce.

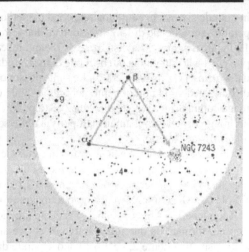

Figura 9.9. Le stelle-guida per riconoscere l'ammasso aperto NGC 7243 sono la *alfa* e la *beta*, che con l'ammasso formano un triangolo isoscele. Poiché questa parte della costellazione si proietta nella Via Lattea, l'intera area è ricca di stelle deboli. In condizioni osservative eccellenti è facile riconoscere l'ammasso, ma se la serata non è molto buona, le poche stelle luminose si confondono con le stelline della Via Lattea.

LEO (Leone)

Il Leone è una delle costellazioni più belle e appariscenti dello Zodiaco. Non è richiesta un'immaginazione straordinaria per riconoscere la figura del re della foresta in quel gruppo di stelle. Le più brillanti sono Regolo, che è la *alfa* (magnitudine 1,4), poi vengono la *gamma* (2,0), la *beta*, o Denebola (2,1), la *delta* (2,6), la *epsilon* (3,0), la *theta* (3,3), la *zeta* (3,4), la *eta* e la *omicron* (entrambe di 3,5). Le stelle *zeta*, *mu* (4,1), *epsilon* e *lambda* (4,3), insieme con diverse stelle più deboli, rappresentano la testa del Leone, mentre la *gamma* ne

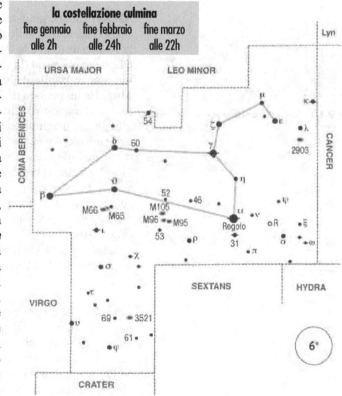

costituisce il busto e il resto della costellazione è disegnato dal vistoso triangolo comprendente la *beta*, la *delta* e la *theta*, che rappresentano il corpo e le zampe posteriori.

Regolo è la 21ma stella più brillante del cielo. Collocandosi nei pressi dell'eclittica, di quando in quando si trova in congiunzione con i pianeti o con la Luna. È una stella calda, con una temperatura superficiale di 13mila K, con un diametro cinque volte quello del Sole e una luminosità 120 volte maggiore. La distanza è di 78 anni luce. Regolo è un interessante sistema stellare triplo, che ha la compagna più brillante di magnitudine 8,2, di colore giallo-arancio, distante 176" dalla primaria (a.p. 308°; 2000). Le stelle possono essere separate al binocolo, anche se risulterà difficile vedere la componente debole, la quale è a sua volta una doppia, con componenti di magnitudini 8,1 e 13,1, separate da 2",5 (a.p. 86°; 1943). Si tratta di una coppia difficile persino nei maggiori telescopi amatoriali per via della scarsa luminosità delle stelle e della vicinanza alla brillante Regolo.

La *beta*, Denebola, è una nostra vicina cosmica, distante solo 36,2 anni luce. È la 62ma stella più brillante, ed è simile al Sole quanto a dimensioni, ma con una temperatura fotosferica più elevata (8500 K): per questo la luminosità è 13 volte maggiore. Se scambiassimo di posizione il Sole con Denebola, lo vedremmo di magnitudine 5.

La *gamma*, o Algieba, è la 49ma stella del cielo per brillantezza. È una delle più belle stelle doppie, formata da due giganti: una di colore arancione e l'altra gialla. Le loro magnitudini sono rispettivamente 2,4 e 3,6 e sono separate da 4",7 (a.p. 127°; 2006). Le stelle raggiungeranno la loro separazione massima (5") circa nell'anno 2100. Il loro periodo orbitale è di 620 anni. Non possono essere separate in un binocolo. La *gamma* si trova a 126 anni luce da noi.

La *delta* è la 97ma stella più brillante del cielo. Lontana 58 anni luce, la sua luminosità supera di 23 volte quella del Sole.

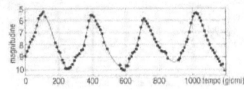

Figura 9.10. Curva di luce della variabile R Leonis.

(❸❸❸) Cinque gradi a ovest di Regolo possiamo vedere due stelle di sesta magnitudine: la 18 Leonis (5,6) e la 19 Leonis (6,3). Vicino alla stella più a sud (la 19), si trova la **R Leonis**, una variabile di lungo periodo di tipo Mira. Ha un periodo di 310 giorni; il suo colore è arancio-rossastro. Al massimo raggiunge la magnitudine 4,4 e può essere chiaramente vista anche a occhio nudo, mentre al minimo scende fino alla magnitudine 11,3. La stella ha raggiunto uno dei suoi massimi il 24 marzo 2012. A partire da tale data, conoscendo il periodo, si possono agevolmente calcolare le date dei prossimi massimi (Fig. 9.10).

La stella dista circa 600 anni luce da noi e la sua luminosità è pari a 250 volte quella del Sole.

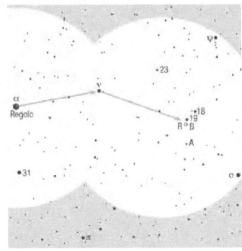

Figura 9.11. Campo stellare tra Regolo e la variabile R Leonis. Le stelle di confronto sono la 18 (5,6), la 19 (6,3), la A (7,5) e la B (9,0).

(❸❸) La costellazione comprende moltissime galassie, alcune delle quali possono essere viste anche con il binocolo. In condizioni osservative eccellenti, **M65** (9,3; 10'×3',3) e **M66** (9,0; 8',7×4',4) sono visibili come macchioline luminose. Si trovano nello stesso campo visuale del binocolo con la *theta* e la *iota* (Fig. 9.12), giusto a metà strada tra le due stelle. M66 è la più grande e luminosa, chiaramente elongata; appena a ovest compare una stella di magnitudine 8. La galassia è visibile solo in condizioni di cielo ottime. Anche M65 è elongata, ma è al limite della visibilità al binocolo. Per osservarla si deve scegliere una notte veramente limpida e scura. Osservando questa coppia di galassie al binocolo ci si può rendere conto di come lo spessore atmosferico attraversato dalla luce degli oggetti celesti influenzi la loro visibilità. Quando il Leone è alto sull'orizzonte è visibile M66, ma solo quando la costellazione è prossima alla culminazione si mostra anche la debole vicina M65, che sparisce non appena il Leone inizia a scendere verso ovest. È un dato di fatto che vale la pena di ricordare.

Entrambe le galassie sono spirali, ma naturalmente né la forma né la struttura possono essere distinte al binocolo: anzi, non bastano neppure i telescopi amatoriali di maggior diametro. Separate di 21", possono essere ben considerate vicine cosmiche: distanti da noi 35 milioni di anni luce, stanno a 200mila anni luce l'una dall'altra. Le dimensioni lineari di M65 sono di 100mila anni luce, mentre M66 è un po' più piccola, 90mila anni luce. Se osservasse il cielo da un pianeta di M66, un astrofilo alieno potrebbe ammirare la vicina galassia come un oggetto celeste assolutamente fantastico, esteso per ben 28°!

La luminosità e le dimensioni apparenti rendono queste galassie soggetti ideali per l'astrofotografia amatoriale (Fig. 9.13).

(☉) Quando le condizioni osservative sono eccellenti, tra le stelle 52 e 53 Leonis si possono scorgere due, forse persino tre deboli nubi luminose: sono la galassia ellittica **M105** (9,3; 4',5×4',0), la spirale barrata **M95** (9,7; 4',4×3',3) e la spirale **M96** (9,2; 7',1×5',1) (Fig. 9.14). Tutte e tre sono al limite di visibilità per un binocolo, di modo che riusciamo a osservarle solo quando si trovano attorno alla culminazione. La stella-guida che ci porta ad esse è la brillante *theta*, la stessa che ci aiuta a trovare M65 e M66. A partire dalla *theta* bisogna spostarsi di circa 7° verso ovest e un po' verso sud: ora nel campo di vista compare la stella di magnitudine 5 nota in sigla come 52 Leonis. È facile riconoscere l'area per la presenza di quattro

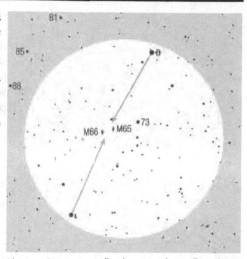

Figura 9.12. Le stelle che ci guidano alle galassie M66 e M65 sono la *theta* e la *iota* Leonis. Un buon punto di riferimento intermedio è rappresentato dalla 73 Leonis, di magnitudine 5.

Figura 9.13. Le galassie spirali M65 (a destra) e M66.

Figura 9.14. La galassia ellittica M105 (a destra), la lenticolare NGC 3384 (al centro) e la spirale NGC 3389. Le ultime due sono invisibili al binocolo.

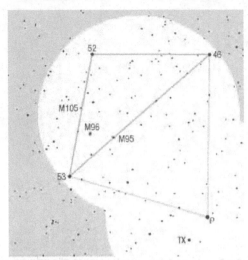

Figura 9.15. La figura trapezoidale disegnata dalle stelle 46, 52, 53 e *rho*. Tra la 52 e la 53 si potrà notare la galassia M105 e, condizioni osservative permettendo, sarà possibile scorgere come macchioline debolmente luminose anche M95 e M96.

stelle ai vertici di un trapezoide: sono la 52, la 53, la 46 e la *rho*, che si collocano ai bordi del campo di vista del binocolo. Le galassie si trovano fra le stelle 52 e 53; in ogni caso, per individuarne la posizione esatta si usi la cartina dettagliata (Fig. 9.15). È probabile che vengano individuate per prime le galassie M105 e M96. M95, che è mezza magnitudine più debole, non sempre si vede al binocolo e comunque solo quando le condizioni del cielo sono ideali, con l'occhio perfettamente adattato alla visione notturna e il più delle volte solo con la visione distolta. L'osservazione di queste galassie è demandata agli osservatori di maggiore esperienza.

Tutte e tre le galassie fanno parte di un piccolo gruppo denominato Leo I, distante circa 38 milioni di anni luce. Il diametro lineare sia di M95, sia di M96, è di circa 100mila anni luce. L'ellittica M105 è più piccola, con un diametro attorno a 60mila anni luce.

(**◐◑**) Poco più di 1° a sud della brillante *lambda*, troviamo la galassia spirale **NGC 2903** (8,9; 12'×6',6), che vediamo di faccia. La magnitudine integrata promette bene, ma, essendo la galassia di notevoli dimensioni, la luminosità superficiale è piuttosto bassa e quindi per riuscire a scorgerla dobbiamo attendere una nottata che offra condizioni osservative eccellenti. Anche in tal caso, però, non vedremo altro che una debole macchiolina luminosa, estesa pochi primi d'arco. Rilevare la sua posizione è abbastanza facile, poiché la galassia forma un triangolo rettangolo con due stelle di magnitudine 7, come si vede nella cartina di dettaglio (Fig. 9.16)

NGC 2903 dista 20,5 milioni d'anni luce e il suo diametro lineare misura circa 75mila anni luce (Fig. 9.17).

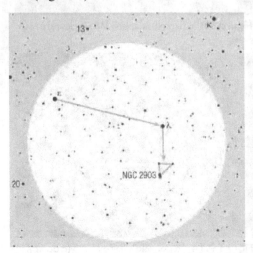

Figura 9.16. Il campo intorno alla spirale NGC 2903 con la stella guida *lambda*.

Figura 9.17. La bella galassia spirale NGC 2903.

(☉) Per gli osservatori che amano le sfide, parliamo ora di un'altra galassia, la debole spirale **NGC 3521** (8,9; 9',5×5',0), che è vista di taglio. Al binocolo appare come una tenue striscia luminosa lunga alcuni primi d'arco, che richiede condizioni osservative eccellenti per mostrarsi. Si raccomanda di cercarla e di osservarla solo quando la galassia si trova alla culminazione. La stella che porta ad essa e là *fi* che si trova nella parte estrema meridionale della costellazione. Per localizzarla esattamente si deve riconoscere la forma trapezoidale disegnata dalle stelle *fi*, 61, 62 e 69, chiaramente visibili al binocolo. La galassia si colloca fra la 62 (che ha una stella vicina di magnitudine 8) e una stellina di magnitudine 8 meno di 1° a est. Quando vi convincerete che al centro del campo visuale risiede l'area ove sta la galas-

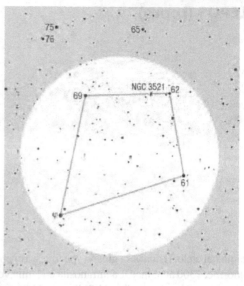

sia, usate tutti i trucchi e le tecniche osservative che la vostra esperienza vi ha insegnato per cercare di individuarla. Gli occhi devono essere adattati alla visione notturna ed è d'obbligo adottare la visione distolta. Nonostante il fatto che la galassia sia una mezza magnitudine più brillante della M65, è assai più difficile da vedere per il fatto che si colloca 13° più a sud di quella e quindi si mostra sempre attraverso uno strato atmosferico più spesso.

La distanza è di circa 35 milioni d'anni luce e il diametro è di quasi 100mila anni luce.

LEO MINOR (Leone Minore)

La costellazione è posta a sudovest dell'Orsa Maggiore e a nord del Leone ed è tanto piccola da far dubitare qualche astronomo che sia corretto considerarla una costellazione. Fu introdotta dall'astronomo polacco Jan Hevelius nella sua opera *Prodromus Astronomiae*, pubblicata nel 1690. Le stelle più brillanti sono la 46 (3,8) e la gialla *beta* (4,2), che è una doppia stretta, con le componenti separate di 0",4 e caratterizzate da un periodo orbitale di 38 anni.

la costellazione culmina		
fine gennaio	fine febbraio	fine marzo
alle 2h	alle 24h	alle 22h

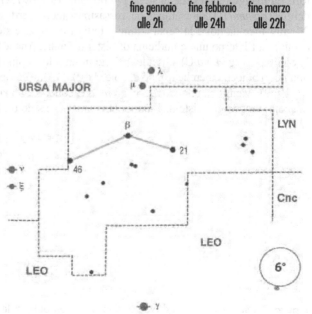

LEPUS (Lepre)

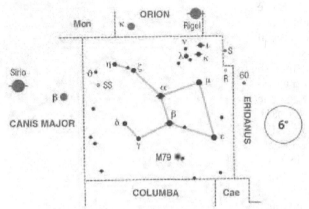

la costellazione culmina
metà novembre   metà dicembre   metà gennaio
alle 2h   alle 24h   alle 22h

La Lepre, posta sotto Orione, è una costellazione piccola ma interessante, benché in qualche misura venga messa in ombra dal resto del cielo invernale, così ricco di splendori celesti. Le stelle più brillanti sono la *alfa* (2,6), la *beta* (2,8), la *epsilon* (3,2), la *mu* (3,3) e la *zeta* (3,5).

La *alfa* è la 99ᵐᵃ stella più brillante del cielo. È una vera gigante: per questo ci appare così brillante nonostante che la distanza sia enorme, 1300 anni luce. La luminosità è 11mila volte quella del Sole. La stella ha due deboli compagne, una di magnitudine 11,2 distante 35",6 (a.p. 157°; 1999), mentre l'altra è di magnitudine 11,9 ed è separata di 91",2 (a.p. 186°; 1999). Né l'una né l'altra risultano visibili al binocolo.

La gialla *beta* è la 133ᵐᵃ stella più brillante del cielo. Distante 160 anni luce, la sua luminosità è pari a 140 volte quella del Sole.

La *epsilon* dista circa 200 anni luce, è 150 volte più luminosa del Sole e ha una spiccata colorazione giallo-arancio.

(✪✪✪) La *gamma* è una stella doppia caratterizzata da un fantastico contrasto cromatico. Le due stelle, di magnitudini 3,6 e 6,3, sono separate da 97" (a.p. 350°; 2002), di modo che sono facilmente risolvibili al binocolo. I loro colori vengono descritti in modi diversi dagli osservatori. La maggioranza vede la stella più brillante (*gamma* A) come bianca o giallastra e la più debole (*gamma* B) come arancione, rossastra o anche verdastra. Questa bella coppia dista solo 29 anni luce da noi e la separazione effettiva fra le due stelle è di 900 UA, sufficiente per ospitare all'interno una quindicina di Sistemi Solari. Anche la stella più debole è una doppia: la compagna (*gamma* C) si rende visibile in un telescopio amatoriale di medio diametro, ma non in un binocolo perché troppo debole (11,0). Le due componenti sono separate da 113" (a.p. 8°; 1999). Mentre la *gamma* A e la *gamma* B sono gravitazionalmente legate e dunque costituiscono un genuino sistema binario, la *gamma* C è solo una doppia prospettica.

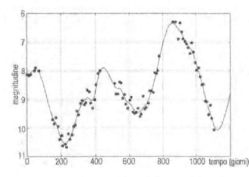

(✪✪✪✪) La **R Leporis** è una variabile di lungo periodo di tipo Mira che completa il ciclo in 427 giorni. La magnitudine è di 11,7, di modo che c'è un certo lasso di tempo a ogni ciclo di variazione nel quale la stella risulta invisibile al binocolo. Al massimo, splende di magnitudine 6,7, ma talvolta può raggiungere anche la 5,9 e in queste occasioni, in un cielo realmente buio, può essere vista persino a occhio nudo. È una gigante rossa, come sono generalmente le variabili di questo tipo. La stella

Figura 9.18. Curva di luce della variabile R Leporis.   è nota per la sua spiccata colorazione arancio-rossastra, che è facilmente apprezzabile al binocolo nei pressi del massimo di luce: da qui la denominazione di Stella Cremisi di Hind (dal nome dell'astronomo inglese J.R. Hind che fu il primo a studiarla nel 1845). Numerosi osservatori sostengono che questa è la stella più rossa tra tutte quelle che si rendono visibili nei telescopi amatoriali. Se avrete occasione, osservatela! Il colore è dovuto alla bassa temperatura superficiale, che è di soli 2500 K.

Figura 9.19. Queste due foto mostrano chiaramente che la R Leporis è una stella di colore rosso intenso. Le riprese sono state eseguite lo stesso giorno: quella a sinistra attraverso un filtro rosso, quella a destra attraverso un filtro blu. In quest'ultima, la stella di fatto scompare.

La stella si colloca in un'area celeste relativamente vuota di stelle: è tuttavia riconoscibile per la sua colorazione. Le sue stelle-guida sono la *mu* e la *kappa* Leporis, insieme alle stelle di magnitudine 5 denominate S e 60 Eridani.

(✪✪) L'ammasso globulare **M79** (7,7; 9',6) è ricco di stelle e molto compatto: colpisce dunque solo gli osservatori che lo guardano attraverso un grosso telescopio amatoriale, mentre invece è al limite della visibilità per chi usa il binocolo. Presentandosi come una debole macchia luminosa estesa pochi primi d'arco, è facile da trovare poiché si colloca nello stesso

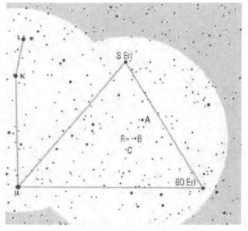

Figura 9.20. Il campo della variabile R Leporis con le stelle di confronto A (5,9), B (7,5) e C (9,1).

L'ammasso globulare M79 è molto compatto.

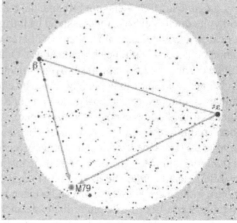

Il campo dell'ammasso globulare M79.

campo visuale della *beta*, a patto di portare la stella all'estremo bordo settentrionale. Per orientarci, potremmo aiutarci anche con la brillante *epsilon*. Poiché l'ammasso si presenta sempre abbastanza basso sull'orizzonte meridionale per gli osservatori delle medie latitudini boreali, si dovrà attendere una notte limpida e buia e condizioni osservative eccellenti per riuscire a individuarlo.

La distanza dal Sole è di 42mila anni luce e il diametro lineare è di 110 anni luce.

LIBRA (Bilancia)

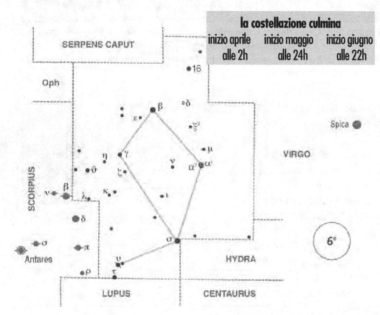

la costellazione culmina		
inizio aprile	inizio maggio	inizio giugno
alle 2h	alle 24h	alle 22h

La Bilancia sta sotto la testa del Serpente e a est della Vergine. Probabilmente è la costellazione meno vistosa dello Zodiaco. Non ci sono tesori celesti nei suoi confini che siano visibili anche dentro i più grossi telescopi amatoriali: la costellazione suscita qualche interesse solo per il fatto che i pianeti passano attraverso di essa.

Le stelle più brillanti sono la *beta* (2,6), la *alfa* (2,7) e la *sigma* (3,2) che è di colore arancione. L'antico nome di questa regione celeste era Chele dello Scorpione: le sue stelle venivano infatti considerate un asterismo associato alla costellazione dello Scorpione. Le stelle più brillanti portano ancora i nomi arabi di Zubenelshemali (Chela Settentrionale) e Zubenelgenubi (Chela Meridionale).

La *beta* è la 102ma stella più brillante del cielo, distante 160 anni luce e con una luminosità 560 volte quella del Sole. Questa stella ha intrigato gli astronomi sin dall'antichità. Eratostene la descrisse come l'astro più brillante nell'area celeste dello Scorpione e della Bilancia (a quel tempo considerate un'unica costellazione). Qualche secolo dopo, Tolomeo scrisse che la *beta* Librae e Antares (*alfa* Scorpii) sono ugualmente brillanti. In realtà, oggi Antares (1,1) sovrasta decisamente la *beta* Librae. Poiché si ritiene che i due grandi osservatori del passato non possano aver compiuto errori così grossolani, due sono le possibili spiegazioni: o la luminosità di Antares è andata crescendo nel tempo, oppure è diminuita quella della *beta*. Possibilità entrambe poco credibili: non è infatti verosimile che una variazione di tale portata si sia prodotta in un tempo così breve (nella scala astronomica). Si ricorderà che un analogo problema riguarda pure la *gamma* Canis Majoris. La *beta* è anche interessante per il suo colore: è infatti l'unica stella visibile a occhio nudo che la gran parte degli osservatori descrive di colore verde, benché lo spettro indichi che si tratta di una stella bianca. Provare per credere!

La *alfa* è la 122ma stella più brillante del cielo, con una luminosità 34 volte quella del Sole. Si tratta di una stella doppia distante 77 anni luce con le componenti di magnitudini 2,7 e 5,2 separate di 3',8 (a.p. 315°; 2002): si risolvono anche a occhio nudo, ma più distintamente al binocolo.

(**☼☼**) La *delta* è una variabile a eclisse dello stesso tipo di Algol, nel Perseo. La luminosità varia dalla magnitudine 4,8 alla 5,9 con un periodo di 2,3273543 giorni. La luminosità scende per circa 6 ore e per tutto questo tempo la stella più grande delle due, ma più debole, copre quella più brillante. Le stelle sono separate solo da 7 milioni di km (per confronto, la distanza di Mercurio dal Sole è di 58 milioni di km). La stella debole non lo è poi così tanto, visto che ha comunque una luminosità tre volte maggiore di quella del Sole; la più brillante supera il Sole di 46 volte. Le due stelle hanno quasi le stesse dimensioni (rispettivamente 3,4 e 3,7 volte il Sole), mentre le masse sono 2,7 e 1,2 in unità solari. La coppia dista da noi circa 200 anni luce.

Quando la *delta* scende verso il minimo la si dovrebbe osservare almeno una volta ogni poche ore, confrontando la sua luminosità con quella delle stelle nei suoi dintorni. Al minimo, la *delta* è poco più debole della *mu* (5,6), che si trova circa 6° a sud-sudovest di essa. La *csi*-2, che è posta fra le due stelle, è di magnitudine 5,5.

LUPUS (Lupo) e NORMA (Squadra)

La costellazione del Lupo si trova sul bordo della Via Lattea estiva, sotto la Bilancia e tra il Centauro e lo Scorpione. Gli osservatori delle medie latitudini settentrionali possono vederne solo la porzione più a nord, comunque sempre bassa sull'orizzonte meridionale e quindi con difficoltà. Le stelle più brillanti sono la *alfa* (2,3), la *beta* (2,7), la *gamma* (2,8) e la *delta* (3,2).

La *alfa* è la 78ma stella più brillante del cielo. Distante 548 anni luce, è una stella gigante, con un diametro dieci volte quello del Sole e 18mila volte più luminosa della nostra stella. È anche estremamente massiccia: tra 10 e 11 volte la massa del Sole. È una variabile del tipo *beta* Cephei, con un periodo di circa 6h 14m. La sua luminosità varia però solo di 0,03 magnitudini, quantità insufficiente per essere rilevata da una media strumentazione amatoriale.

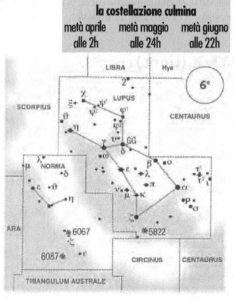

la costellazione culmina
metà aprile metà maggio metà giugno
alle 2h alle 24h alle 22h

La *beta* è la 110ma stella più brillante del cielo, dista 525 anni luce e ha una luminosità 1700 volte superiore a quella del Sole. Alle nostre latitudini si alza solo poco più di 1° alla culminazione; di conseguenza, la vediamo sempre attraverso uno spesso strato atmosferico che ne riduce la brillantezza. Questa è una stella per gli osservatori dell'emisfero meridionale.

La *gamma* è la 131ma stella più brillante del cielo. Questa doppia stretta si trova a 570 anni luce di distanza e la luminosità congiunta delle due componenti è 1750 volte maggiore di quella del Sole.

Anche la *delta* è una stella gigante, con una luminosità oltre 2000 volte maggiore di quella del Sole. La sua distanza è di circa 680 anni luce. Sempre piuttosto bassa sull'orizzonte sud, la stella si alza di soli 3° alla culminazione.

La costellazione ospita diverse doppie interessanti, che tuttavia possono essere osservate più agevolmente dall'emisfero meridionale, dove il Lupo è alto in cielo. Tra queste è da menzionare la *kappa* Lupi, costituita da stelle di magnitudini 3,8 e 5,5 separate da 26" (a.p. 143°; 2002). Quando è alla massima altezza in cielo, la coppia può essere risolta anche al binocolo.

Altro oggetto visibile al binocolo è l'ammasso aperto NGC 5822 (6,5; 40'), che si trova dentro la Via Lattea. È ricco di stelle, ma le più brillanti sono soltanto di magnitudine 9, di modo che l'ammasso è osservabile più agevolmente dagli osservatori meridionali.

Non c'è molto da dire riguardo alla costellazione della Squadra, che non ha né una stella *alfa*, né una *beta*. La stella più brillante è la *gamma*-2, che è solo di magnitudine 4. Insieme con la *gamma*-1 costituisce una facile doppia risolvibile già a occhio nudo. La Squadra è difficilmente osservabile dagli osservatori delle medie latitudini settentrionali, poiché alla culminazione la sua parte più a nord spunta solo di 4° sopra l'orizzonte.

Alle latitudini meridionali, chi osserva con il binocolo può ammirare due oggetti di un certo interesse. Può risolvere la *epsilon* nelle due componenti di magnitudini 4,5 e 6,1, separate di 22",8 (a.p. 335°; 2002) e può osservare il brillante ma piccolo ammasso aperto NGC 6087 (5,4; 12'), che dista 3500 anni luce e che è costituito da una quarantina di stelle di magnitudine compresa tra la 7 e la 11. Il suo membro più brillante è una famosa variabile Cefeide, la S Normae, che varia in magnitudine tra la 6,1 e la 6,8 con un periodo di 9,75411 giorni. La stella si trova proprio al centro dell'ammasso.

LYNX (Lince)

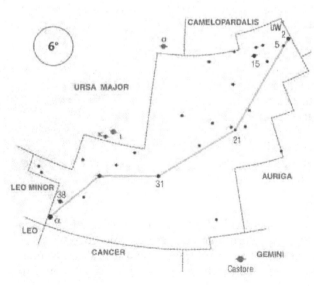

la costellazione culmina		
fine dicembre	fine gennaio	fine febbraioo
alle 2h	alle 24h	alle 22h

La grande, estesa, benché modesta, costellazione della Lince si colloca tra l'Orsa Maggiore, l'Auriga e i Gemelli. Le stelle più brillanti sono la *alfa* (3,1), di colore arancione, e la 38 Lyncis (3,8), che compaiono nello stesso campo visuale del binocolo; in aggiunta, è da menzionare la 31 Lyncis (4,2).

La *alfa* è facile da trovare poiché forma un grande triangolo equilatero con Regolo (*alfa* Leonis) e Polluce (*beta* Geminorum). La *alfa* Lyncis dista 155 anni luce ed è luminosa 110 volte il Sole.

Alla Lince appartiene il famoso ammasso globulare NGC 2419, che è soprannominato il Vagabondo Intergalattico. Si tratta di uno dei più remoti ammassi globulari presenti nell'alone della nostra Galassia: si trova a 182mila anni luce da noi e a oltre 210mila anni luce dal centro galattico. Questa distanza è comparabile con quelle delle Nubi di Magellano (le nostre galassie satelliti) e potrebbe indicare che l'ammasso è un oggetto intergalattico indipendente. Nonostante l'enorme distanza, se lo si osserva con un telescopio amatoriale lo si vede come una macchiolina debolmente luminosa di magnitudine 11. Naturalmente, non può essere visto al binocolo.

LYRA (Lira)

Nelle serate estive, la Lira compare quasi allo zenit per gli osservatori alle medie latitudini settentrionali. Questa costellazione, piccola ma prominente, ci affascina perché contiene oggetti davvero interessanti, anche se essi rivelano la loro bellezza solo a chi li osservi col telescopio.

la costellazione culmina		
inizio giugno	inizio luglio	inizio agosto
alle 2h	alle 24h	alle 22h

La costellazione è dominata da Vega, stella bianco-azzurra di magnitudine 0,03 che è la prima ad apparire nel cielo estivo. Il suo nome origina dall'arabo Al Vaki, che significa "l'aquila in picchiata". Vega è la quinta stella più brillante del cielo e la terza per gli osservatori dell'emisfero nord (Fig. 9.21). Solo Sirio e Arturo la superano. È un astro relativamente vicino a noi, distante solo 25,3 anni luce, quindi una vera vicina cosmica. La luminosità è 45 volte quella del Sole e la temperatura fotosferica è di circa 9200 K. Insieme con due altre stelle brillanti (Deneb e Altair, le *alfa* del Cigno e dell'Aquila) forma il famoso asterismo noto come Triangolo Estivo: impossibile non riconoscerlo.

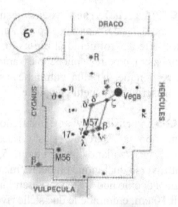

Il piccolo rettangolo di stelle a sud di Vega ha per vertici la *gamma* (3,2), la *zeta*, la *delta* (entrambe di magnitudine 4,3) e la variabile a eclisse *beta* (3,3-4,4).

(**OO**) Gli astrofisici considerano la *beta* **Lyrae** uno dei più interessanti oggetti celesti. Chi osserva a occhio nudo o col binocolo deve accontentarsi di registrarne solo le variazioni di luminosità, ma la singolarità di questo sistema binario è che le stelle sono così vicine fra loro che quasi si toccano: a causa dell'estrema vicinanza, i due corpi stellari non sono sferici, ma ellissoidali. Dalla Terra l'orbita è vista sotto un angolo tale per cui le due stelle si occultano vicendevolmente e questo è causa di eclissi e delle conseguenti variazioni di luminosità. Quando è al massimo di luce, la *beta* brilla di magnitudine 3,4, mentre al minimo scende alle

Figura 9.21. La costellazione della Lira con la brillante Vega.

magnitudini 3,8 o 4,6 a seconda di quale sia la stella che viene occultata. Queste variazioni di luce si susseguono con un periodo di 12,913834 giorni. La luminosità della *beta* può essere confrontata con quella della *gamma*, che compare nello stesso campo visuale.

(❸❸❸) La *delta* **Lyrae** è una coppia ampia che può essere risolta già a occhio nudo, essendo le componenti separate da 10',5. La *delta*-1 è una gigante rossa di magnitudine 5,5, di colore arancio, mentre la *delta*-2 è più brillante, di magnitudine 4,5 e di colore azzurro. In un binocolo a largo campo, la coppia compare insieme all'ammasso aperto Stephenson 1, costituito da una quindicina di stelle più brillanti della magnitudine 10, che si distribuiscono attorno alla brillante *delta*; il totale delle stelle dell'ammasso assomma però a oltre 100. Le due stelle *delta* sono le componenti più brillanti di un gruppo che dista circa 800 anni luce dalla Terra (si tratta di uno degli ammassi aperti più vicini a noi).

(❸❸) La *zeta* **Lyrae** si trova 2° a sud-est di Vega ed è una doppia costituita da stelle di magnitudini 4,3 e 5,6, con una separazione apparente di 43",6 (a.p. 150°; 2005), quanto basta per risolverle agevolmente al binocolo. Alcuni osservatori riportano che la stella più brillante è giallastra, mentre la più debole è arancione: il colore, tuttavia, non può essere distinto al binocolo e comunque, in realtà, entrambe le stelle dovrebbero apparire bianche, poiché questo ci dicono le osservazioni spettroscopiche.

(❸❸) La *epsilon* **Lyrae** è una famosa stella doppia-doppia (al binocolo è però semplicemente una doppia). Si trova 2° a est-nordest di Vega ed è relativamente facile da trovare. Le due stelle principali brillano di magnitudini 5,0 e 5,2, separate da 210" (a.p. 174°; 1998): sono risolvibili attraverso qualunque binocolo, ma chi ha una buona vista è in grado di vederle separate anche già a occhio nudo. Se poi si esamina la *epsilon* al telescopio, a patto che il diametro sia almeno di 10 cm, entrambe le due stelle rivelano di essere a loro volta doppie; in definitiva, la *epsilon* è un sistema stellare quadruplo. La stella più brillante ha una compagna di magnitudine 6,1 a 2",4 (a.p. 348°; 2006); la più debole ha una compagna di magnitudine 5,4 anch'essa a 2",4 (a.p. 80°; 2006). Tutte le stelle sono gravitazionalmente legate, ossia si muovono attorno a un comune centro di massa. È una disdetta che non ci siano contrasti di colore tra le stelle: tutte e quattro sono infatti bianche.

(❸❸) Circa a metà strada tra la *beta* e la *gamma* troviamo la nebulosa planetaria **M57** (8,8; 86"×62") nota come Ring Nebula, o Nebulosa Anello, uno degli oggetti più noti del cielo estivo.

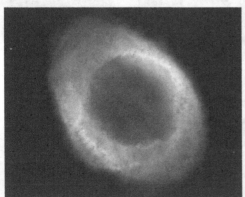 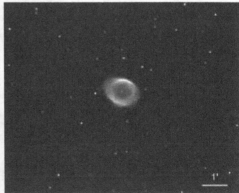

Figura 9.22. La nebulosa planetaria M57 ripresa da un telescopio professionale.

Figura 9.22A. M57 fotografata con un telescopio amatoriale.

Fu osservata per la prima volta dall'astronomo francese Antoine Darquier nel 1779. Sfortunatamente, chi osserva col binocolo dovrà accontentarsi di vedere la nebulosa come un oggetto di apparenza stellare, ossia puntiforme. Per trovarla in cielo ci si può aiutare con la Fig. 9.21. Per vedere M57 per quello che è, ossia una nebulosa, occorre disporre di un telescopio con un obbiettivo di almeno 10 cm di diametro e per essere certi di riuscire a distinguere la struttura ad anello occorrerà un obbiettivo di almeno 15 cm.

I gas nella nebulosa sono così rarefatti che, per gli standard terrestri, sono da considerarsi vuoto puro. Vediamo la nebulosa perché gli atomi dei suoi gas sono ionizzati (qualcosa di simile avviene nelle lampade al neon) dalla forte emissione ultravioletta della stella centrale, che è una caldissima nana bianca. In precedenza, abbiamo discusso il modo in cui gli atomi ionizzati emettono luce ricombinandosi con gli elettroni. Il colore della luce è determinato dalla composizione dei gas. M57 emette luce verde (dovuta ad atomi di ossigeno due volte ionizzato) e rossa (idrogeno ionizzato). Nei telescopi amatoriali, la nebulosa planetaria compare di colore bianco, o al più grigio, poiché noi, a causa della debole luminosità dell'oggetto, la vediamo grazie ai bastoncelli che sono ciechi al colore. Soltanto le nebulose più brillanti mostrano al telescopio una tinta verdastra o azzurrina. Colori vividi e fantastici emergono invece nelle immagini fotografiche di lunga posa.

Stando alle più recenti misure, la distanza della nebulosa è di circa 2300 anni luce. Ciò significa che il diametro lineare è di 0,8 anni luce. La stella centrale ha espulso la sua atmosfera in un evento esplosivo occorso 6000-8000 anni fa. Le ultime ricerche indicano che l'anello è molto probabilmente un vero e proprio anello gassoso e non un guscio sferico, come un tempo pensavano gli astronomi.

(**✪✪**) L'ammasso globulare **M56** (8,3; 8',8) si colloca alla periferia della costellazione (Fig. 9.23). Si trova a metà strada tra la *gamma* Lyrae e la *beta* Cygni ed è al limite della visibilità in un binocolo: dunque, si scelga una notte estiva limpida e scura per osservarlo. In alternativa, potreste cercarlo poco prima dell'alba in primavera o nelle serate autunnali, quando l'aria è più fredda, meno umida e il cielo più scuro. Nel campo visuale del binocolo, l'ammasso si presenta come una debole macchia luminosa con un diametro poco superiore a 1'. La stella-guida è la brillante *gamma*: portando la stella al bordo di nord-ovest del campo visuale, M56 compare al bordo sud-est. Si può anche seguire la linea che parte dalla *gamma* e che giunge alla 17 Lyrae, di magnitudine 5. Ora si scenda di 1° verso sud-est e si troverà la stella 19, di magnitudine 6; si prosegua di un altro grado nella stessa direzione e si troverà un'altra stella di magnitudine 6: questa

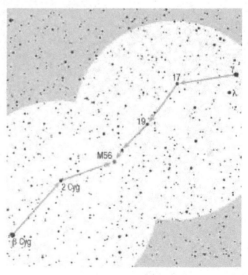

Figura 9.23. I dintorni dell'ammasso M56 con le stelle-guida *gamma* Lyrae e *beta* Cygni.

è appena mezzo grado a nord-ovest dell'ammasso. Un altro modo per trovare M56 è quello di partire dalla *beta* Cygni passando attraverso la 2 Cygni, di magnitudine 5.

M56 dista circa 33mila anni luce e il suo diametro lineare è di 70 anni luce.

10 Dal Microscopio alla Poppa

MICROSCOPIUM (Microscopio)

Il Microscopio è una piccola costellazione autunnale, assai modesta. La si trova sotto il Capricorno e non contiene stelle più brillanti della magnitudine 5: di fatto, risulta invisibile in un cielo inquinato dalle luci artificiali.

La stella più brillante della costellazione è la *gamma*, di magnitudine 4,7, che, alla culminazione, si alza di soli 12° sull'orizzonte alle medie latitudini settentrionali.

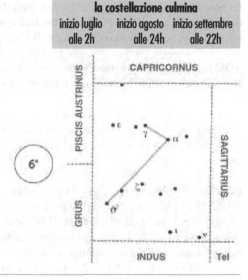

la costellazione culmina

inizio luglio	inizio agosto	inizio settembre
alle 2h	alle 24h	alle 22h

MONOCEROS (Unicorno)

L'Unicorno è una vasta costellazione invernale che non ha una forma ben definita. Riempie l'area che sta all'interno di quel grande triangolo disegnato da Betelgeuse, Sirio e Procione. La costellazione sta sull'equatore celeste e la sua stella più brillante è la *beta*, di magnitudine 3,7.

Sullo sfondo si staglia la Via Lattea invernale, cosicché l'intera area è ricca di stelle e di ammassi aperti e merita senz'altro un'osservazione panoramica con il binocolo.

La *beta* è un sistema stellare triplo molto bello che, sfor-

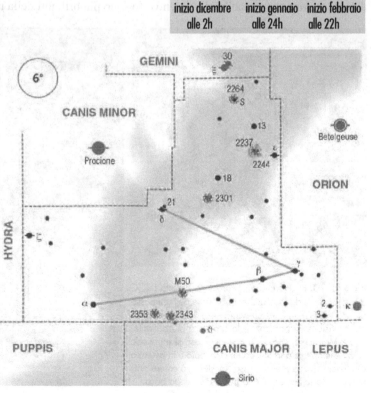

la costellazione culmina

inizio dicembre	inizio gennaio	inizio febbraio
alle 2h	alle 24h	alle 22h

tunatamente, può essere visto solo attraverso telescopi di medie dimensioni. È uno dei pochi sistemi nei quali tutte e tre le componenti hanno suppergiù la stessa brillantezza. Le stelle indicate come A e B sono di magnitudini 4,6 e 5,0, separate da 7",1 (a.p. 133°; 2006). La terza stella, la C, è di magnitudine 5,4; essa dista 3",0 dalla *beta* B (a.p. 108°; 2006) e 9",8 dalla *beta* A (a.p. 125°; 2006). Le tre stelle sono gravitazionalmente legate e si muovono attorno a un centro di massa comune. Il sistema triplo dista da noi 175 anni luce.

(**○○**) Anche la *zeta* **Monocerotis** è un interessante sistema triplo, ma solo due componenti si rendono visibili al binocolo, essendo la terza una stella di magnitudine 10,1. Le due stelle visibili sono di magnitudini 4,5 e 9,7, separate da 64",7 (a.p. 247°; 2002). Per la debolezza della stellina secondaria, la coppia può essere vista solo attraverso ottiche di qualità. La primaria è di colore giallo, mentre la secondaria è arancione. I colori della coppia, specialmente della stella più debole, possono essere meglio apprezzati in un telescopio di buon diametro.

(**○○○**) Probabilmente l'oggetto più interessante della costellazione è l'ammasso aperto **NGC 2244** (4,8; 24') che si distribuisce tutto attorno alla stella giallastra 12 Monocerotis (5,8) e che è facile da trovare con il binocolo. Se si inquadra la *epsilon* (4,3) che si trova poco più a sud della linea congiungente Betelgeuse con Procione, l'ammasso e la *epsilon* si troveranno nello stesso campo visuale (si veda la cartina a pag. 245). Sotto condizioni osservative eccellenti, NGC 2244 appare come una chiazza debolmente luminosa, visibile anche a occhio nudo, che circonda la 12 Mon. Nel campo del binocolo, la luminosità soffusa si scioglie nelle singole stelle. Ne sono presenti più di 1200 in questa regione! Un centinaio è alla portata di un binocolo se la notte è perfetta, mentre altre 35 solo quando le condizioni d'osservazione sono eccellenti. Almeno otto sono più brillanti della magnitudine 8.

Figura 10.1. La fantastica Nebulosa Rosetta (NGC 2337) si diffonde tutto attorno alle stelle dell'ammasso aperto NGC 2244. Al binocolo l'ammasso è chiaramente visibile, in particolare la sua stella più brillante, la 12 Monocerotis (5,8), ma la nebulosa si intravede solo nelle nottate perfette, con il cielo buio e in assenza di turbolenza. La meravigliosa Rosetta può essere ammirata solo su immagini fotografiche di lunga posa.

L'ammasso è bello, ma non è niente in confronto con quanto ci viene rivelato dalle immagini fotografiche. La gigantesca **Nebulosa Rosetta** si estende tutt'attorno alle stelle (Fig. 10.1). Su immagini di lunga posa, prese con grossi telescopi, la Rosetta è una delle nebulose più vivide e dinamiche. È così estesa che ciascuna delle sue parti più brillanti si è guadagnata una propria sigla nel catalogo NGC: così abbiamo NGC 2237, NGC 2238, NGC 2239 e NGC 2246. Il diametro apparente è di oltre 80', quasi tre volte il diametro della Luna Piena. La nebulosa è uno dei soggetti più amati dagli astrofotografi amatoriali. Al binocolo la si può vedere solo nelle nottate migliori, quando il cielo invernale è completamente buio e l'atmosfera è calma. Soltanto in queste condizioni siamo in grado di intravedere un delicato bagliore attorno alle stelle, dovuti ai gas nebulari.

Gli astronomi sono convinti che dentro la nebulosa, dal gas e dalle polveri, stiano nascendo numerose stelle. La distanza della Rosetta viene stimata in 5500 anni luce. La stella 12 Monocerotis è in realtà molto più vicina a noi e quindi non è un membro dell'ammasso.

(❍❍❍) L'ammasso aperto **NGC 2264** (3,9; 20') si trova 6° a nord e poco più a est della Nebulosa Rosetta. Se l'ammasso all'interno della Rosetta viene portato all'estremo bordo meridionale del campo di vista, allora NGC 2264 compare al bordo settentrionale. È però più facile sfruttare la *csi* Geminorum come stella-guida: NGC 2264 si trova 3° a sud-sudest di essa (si veda la cartina in alto a destra). Se le condizioni osservative sono eccellenti, l'ammasso viene completamente risolto al binocolo e allora possiamo vedere circa 35 stelle di magnitudini comprese tra la 7 e la 11, la gran parte bianche; solo tre sono giallastre. La componente più brillante è la variabile irregolare S Mon, che oscilla fra le magnitudini 4,5 e 5,0.

Leland S. Copeland ha chiamato questo ammasso Albero di Natale, poiché le dieci stelle più brillanti sembrano disegnare il contorno di un abete decorato, con la variabile S che rappresenta il tronco e le altre nove stelle

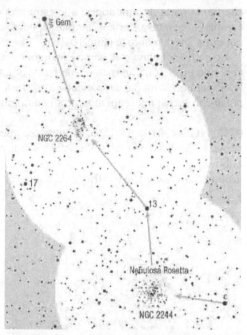

Figura 10.2. Solo su foto di lunga posa si possono apprezzare le spettacolari nebulosità che si sviluppano attorno all'ammasso aperto NGC 2264. La nube oscura, ricca di polveri, che si insinua nella parte meridionale della nebulosa è particolarmente popolare tra gli astrofotografi ed è nota come Nebulosa Cono. Sulla destra si scorge il grande, ma debole, ammasso aperto Collinder 95.

che fan la parte di lumi appesi alle estremità di invisibili rami. Visto al binocolo, l'albero compare a gambe all'aria. L'ammasso, che ha un diametro lineare di 15 anni luce, dista da noi circa 2400 anni luce (Fig. 10.2).

Le stelle sono avvolte da una leggera nebulosità che si connette con la Rosetta. Come abbiamo già detto, l'ammasso è un facile obiettivo per il binocolo, mentre la nebulosità che lo circonda, ancora più debole della Rosetta, viene evidenziata soltanto in foto di lunga posa prese con grossi telescopi amatoriali equipaggiati con filtri speciali.

(✪✪) **NGC 2301** (6,0; 12') è un ammasso aperto che giace proprio al centro della costellazione. Ci porta ad esso la stella *delta*: se muoviamo il binocolo in modo che la *delta* si trovi al bordo est del campo visuale, l'ammasso appare all'estremo bordo occidentale. Questo gruppo di deboli stelle è difficile da cogliere al binocolo anche quando le condizioni osservative sono eccellenti. Una mezza dozzina delle stelle più brillanti raggiunge a malapena la magnitudine 8. Ci sono circa 100 stelle raggruppate entro un'area di 15', ma al binocolo possiamo vederne solo una ventina quando le condizioni del cielo sono veramente eccellenti.

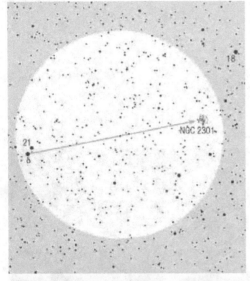

NGC 2301 dista circa 2800 anni luce e il suo diametro lineare è di circa 12 anni luce.

(✪✪✪) Nella parte meridionale della costellazione ci attendono tre ammassi aperti raggruppati nello stesso campo visuale. Sono il meraviglioso M50 e i più difficili NGC 2343 e NGC 2353. La stella-guida è la *theta* Canis Majoris (cartina a pag. 237). Se portiamo la stella al bordo sud-occidentale del campo visuale, **M50** (5,9; 16') compare al bordo nord-orientale. Questo ammasso è al limite della visibilità a occhio nudo e in totale contiene poco meno di 200 stelle, delle quali circa 60 sono visibili al binocolo se la notte è assolutamente perfetta e circa 30 quando le condizioni osservative si possono classificare solo come buone. Le stelle più brillanti sono di magnitudine 8 e il gruppo è piccolo e denso. Il binocolo consente di risolvere parzialmente l'ammasso in stelle; tuttavia, le più deboli si fondono in una tenue apparente nebulosità (Fig. 10.3).

M50 dista circa 3200 anni luce e ha un diametro di 18 anni luce.

(✪) Benché sia possibile scorgere M50 abbastanza agevolmente (però solo come una debole chiazza luminosa), per vedere anche i suoi vicini meridionali bisognerà scegliere

Figura 10.3. L'ammasso aperto M50.

una nottata veramente eccellente, sotto un cielo invernale calmo e buio. È consigliabile compiere l'osservazione quando avrete accumulato sufficiente esperienza. Entrambi gli ammassi sono tra gli oggetti più piccoli del loro tipo (Fig. 10.4). Dentro **NGC 2343** (6,7; 7') si raccolgono circa 60 stelle, per la gran parte piuttosto deboli. Se la notte è perfetta se ne potrà vedere una quindicina; se lo è un po' meno ci si dovrà accontentare di una mezza dozzina. A sud-ovest dell'ammasso si trova una stella di magnitudine 5: insieme ad alcune altre di magnitudine 6 può essere d'aiuto nella precisa localizzazione dell'oggetto.

Figura 10.4. La regione celeste attorno all'ammasso aperto M50 si trova nel mezzo della Via Lattea invernale, e perciò è ricca di stelle e di gruppi stellari, grossi e piccoli. Mentre M50 si rende visibile sempre, i suoi due vicini meridionali richiedono notti con un cielo davvero eccellente. Per cercare questi due oggetti si veda la cartina di dettaglio. Questa ripresa copre un campo di 4°,5×4°,5; il nord è in alto.

NGC 2343 dista circa 3400 anni luce e il suo diametro è di 7 anni luce.

(✪) **NGC 2353** (7,1; 20') è un po' più grande del precedente e però contiene solo una ventina di stelle. La più brillante, di magnitudine 6, è sempre chiaramente visibile, mentre le altre non brillano più intensamente della magnitudine 9. Al bordo settentrionale e sud-orientale dell'ammasso si trovano due stelle di magnitudine 6 che possono fungere da riferimento quando si voglia determinarne l'esatta posizione. È molto difficile vedere NGC 2353 al binocolo, di modo che non è il caso di restare particolarmente delusi se il tentativo dovesse fallire. L'ammasso dista 3650 anni luce dalla Terra e ha un diametro lineare di 21 anni luce.

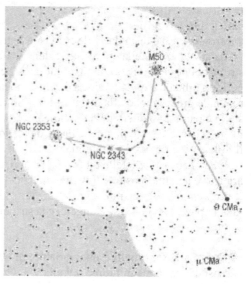

Le costellazioni al binocolo

OPHIUCHUS (Ofiuco)

L'Ofiuco è una costellazione parecchio estesa, disposta sotto quella di Ercole. La sua parte meridionale raggiunge l'eclittica e quindi viene attraversata ogni anno dal Sole per circa 20 giorni. Tuttavia, l'Ofiuco non viene annoverato tra le costellazioni zodiacali. Sull'eclittica, esso separa lo Scorpione dal Sagittario.

Non c'è stella dell'Ofiuco che sia più brillante della seconda magnitudine. Gli astri principali sono la *alfa*, Ras Alhague (2,1), la *eta* (2,4), la *zeta* (2,5), la *delta* (2,7) e la *beta* (2,8).

La *alfa* è la 59ᵐᵃ stella più brillante del cielo, dista 47 anni luce ed è luminosa 23 volte il Sole. Attente misure hanno dimostrato che ha una compagna invisibile che le orbita attorno in 8,5 anni. Le masse delle due stelle vengono stimate rispettivamente in 2,4 e in 0,6 masse solari. La massima separazione fra di esse è di 0",4, vale a dire 6 UA (per

la costellazione culmina		
metà maggio alle 2h	metà giugno alle 24h	metà luglio alle 22h

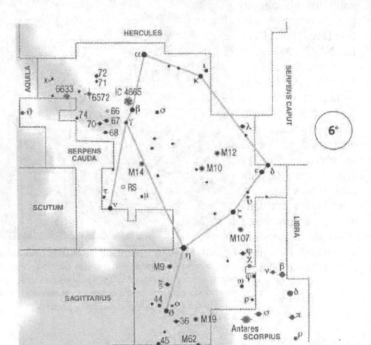

confronto, Giove dista dal Sole 5,2 UA e Saturno 9,5 UA).

La *eta* è l'86ᵐᵃ stella più brillante della volta celeste. Distante 84 anni luce, è una binaria stretta con le componenti di magnitudini 3,0 e 3,3 separate di soli 0",6 (a.p. 240°; 2008). Il periodo orbitale è di 84 anni. La distanza lineare fra le due stelle è di circa 20 UA, che corrisponde grosso modo alla distanza fra il Sole e Urano. La luminosità combinata delle due stelle è pari a 54 volte quella del Sole.

La *zeta* è la 93ᵐᵃ stella più brillante del cielo. È un astro gigantesco, luminoso 1500 volte il Sole e dista da noi 460 anni luce.

La *delta* è la 119ᵐᵃ stella tra le più brillanti, dista 170 anni luce, ha una colorazione giallo-arancio e una luminosità 170 volte quella del Sole.

La *beta*, di colore arancione, viene al n. 125 nella lista delle stelle più brillanti. La sua luce impiega 82 anni a raggiungerci e la sua luminosità supera di 38 volte quella della nostra stella.

(✪✪✪) La **X Ophiuchi** è una variabile di tipo Mira con un periodo medio di 329 giorni che oscilla dalla magnitudine 5,9 alla 9,2. Quando è al massimo di luce si rende visibile a occhio nudo e per l'intero ciclo di variazione può essere osservata con il binocolo. La stella si trova nella parte nordorientale della costellazione, in un'area sgombra di stelle brillanti. La migliore stella-guida è perciò la 72 Ophiuchi, di magnitudine 4, che, a sua volta, può essere riconosciuta grazie a due stelle che le sono relativamente vicine. La più prossima è di magnitudine 6 e l'al-

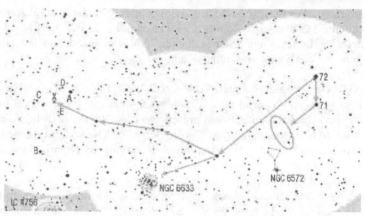

Figura 10.5. Non è facile trovare la variabile X Ophiuchi. Partendo dalla 72 Ophiuchi, ci condurrà ad essa una stella di magnitudine 7 relativamente brillante e riconoscibile per il colore arancione. Le stelle di confronto sono la A (5,4), la B (6,3), la C (7,2), la D (8,2) e la E (9,5). La stella 72 ci può servire da guida per individuare anche la nebulosa planetaria NGC 6572.

tra, 1° più a sud, è la 71 Ophiuchi, di magnitudine 5. La cartina dettagliata sarà di grande aiuto per condurci alla nostra variabile a partire da queste stelle. La X Oph viene facilmente riconosciuta per la colorazione spiccatamente arancione, che si fa via via sempre più cupa mano a mano che la luminosità cala.

Questa variabile ha giocato un ruolo importante nella storia dello studio delle giganti rosse. Per raccontarla, dobbiamo risalire fino all'anno 1900. A ogni ciclo, la stella attraversa una fase lunga 60 giorni di minimo "piatto", durante la quale si mantiene costantemente alla magnitudine 9. Gli astronomi sospettavano che la X fosse in realtà una stella doppia, e che, mentre la luminosità della variabile continuava a calare, il valore costante della magnitudine fosse dovuto al contributo della compagna, che, per l'appunto, sarebbe dovuta essere di magnitudine 9. In effetti, nel 1900, al rifrattore di 90 cm del Lick Observatory venne scoperta una stella compagna, separata dall'altra di solo 0",3. Nel corso di osservazioni sistematiche condotte nei successivi decenni, gli astronomi determinarono poi l'orbita e il periodo orbitale del sistema binario (560 anni). Da questi dati poterono alla fine calcolare la massa totale delle due stelle e il risultato –
solo 2 masse solari – rappresentò una grossa sorpresa per tutti. Fino allora si riteneva infatti che le giganti rosse fossero astri di dimensioni smisurate ed estremamente massicci. Grazie agli studi di dettaglio della X Oph e di altre variabili della stessa famiglia, alla fine si poté dimostrare che queste stelle hanno masse assai più modeste, comparabili con quella del Sole.

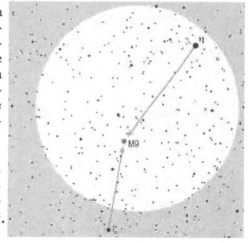

(**✪✪**) L'ammasso globulare **M9** (7,7; 12') si trova circa 3°,5 a sud-est della stella *eta*. Al binocolo si presenta come una macchiolina luminosa, estesa pochi primi d'arco, più con l'aspetto di una stella sfocata che quello di un ammasso. Per riuscire a vederlo si dovrà attendere che le condizioni osservative siano eccellenti. M9 dista circa 26mila anni luce da noi e si trova nella parte centrale e più affollata della Via Lattea, a una distanza di circa 7500 anni luce dal nucleo galattico. Il diametro dell'ammasso è di una sessantina di anni luce.

(✪✪) Gli ammassi globulari **M10** (6,6; 20') e **M12** (6,7; 16') sono molto vicini in cielo (Fig. 10.5). Essendo separati da soli 3°,4, possono essere inquadrati al binocolo nel medesimo campo visuale ed entrambi si presentano come macchie di luce del diametro di circa 7'. Anzi, M10 appare un po' più piccolo dell'altro. Dimensioni e aspetto dipendono però fortemente dalle condizioni osservative. In nottate eccellenti, si potrà notare che entrambi hanno un nucleo brillante. La stella-guida che ci porta agli ammassi è la *epsilon* (la stella sud-orientale della coppia che essa forma con la *delta*). Dalla *epsilon* si deve spostare il binocolo verso est di 8° passando dalla stella 12 Ophiuchi, di magnitudine 6, e finalmente M12 apparirà nel campo visuale. Si può anche trovare l'ammasso partendo dalla *lambda*. Se si porta questa stella all'estremo bordo nord-occidentale del campo, M12 appare al bordo sud-orientale. Tra M12 e la *lambda* c'è una coppia di stelle molto vicine (si veda la carta dettagliata), utilissime come riferimento.

È interessante osservare i due ammassi in un buon telescopio amatoriale, capace di risolvere le singole stelle delle regioni più esterne. Ciò consente di rilevare la diversa struttura dei due oggetti: M10 è ricco di stelle e ha una regione centrale ove queste sono fortemente addensate, mentre M12 è un po' più grande, ma anche più debole e disperso.

M10 dista circa 14mila anni luce e M12 duemila anni luce in più. Le dimensioni lineari sono per entrambi attorno a 70 anni luce.

Nel cielo di un ipotetico pianeta ospitato da uno degli ammassi, l'altro verrebbe visto come un brillante oggetto celeste con un diametro di circa 2° (quattro volte il diametro della Luna Piena), con una magnitudine integrata pari a 2. Sfortunatamente, non abbiamo niente di analogo da osservare alle medie latitudini settentrionali, mentre nell'emisfero sud questa sensazione potrebbe darla la Piccola Nube di Magellano (una galassia satellite della nostra). Per confronto, l'ammasso globulare più brillante del cielo è Omega Centauri, di magnitudine 4, che a occhio nudo ha un'apparenza stellare; dalle latitudine medie settentrionali, il più brillante è M22 (magnitudine 5), nel Sagittario, che è al limite della visibilità a occhio nudo.

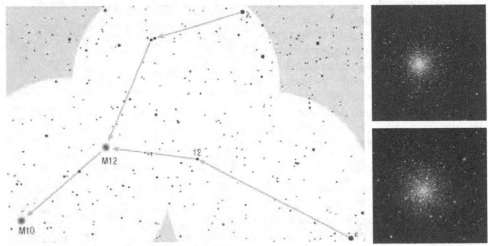

Figura 10.6. Gli ammassi aperti M10 (in alto) e M12.

(✪✪) L'ammasso globulare **M14** (7,6; 11') si trova in una regione celeste relativamente sgombra di stelle; così, è difficile da trovare anche guardando attraverso un binocolo con un campo di vista di 6°, e, a maggior ragione, attraverso un medio telescopio amatoriale. Quando poi finalmente lo troverete, è probabile che vi chiederete se valeva davvero la pena di cercarlo. Tutto quello che potete aspettarvi di vedere al binocolo da questo remoto ammasso globulare è un'evanescente macchiolina luminosa. In letteratura troviamo molte e differenti stime di distanza, tutte oscillanti attorno al valore di 30mila anni luce: si tratta di una stima non del tutto affidabile per il fatto che c'è una densa nube di gas e di polveri che si staglia proprio in quella direzione e gli astronomi non sanno dire con certezza quanta è la luce dell'ammasso che viene assorbita o diffusa. Se accettiamo questa stima di distanza, il diametro lineare di M14 risulta di circa 120 anni luce.

La *sigma* è la stella-guida che dovremo portare al bordo settentrionale del campo di vista, e allora compariranno due stelle di magnitudine 6 al bordo meridionale. L'ammasso si trova circa 3° ancora più a sud di queste (Fig. 10.7).

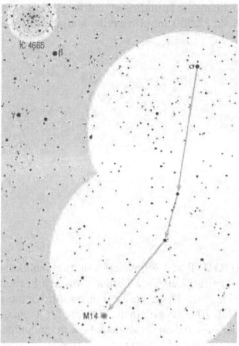

Figura 10.7. Per raggiungere l'elusivo ammasso globulare M14, si parte dalla *sigma* e si fa tappa presso due stelle di magnitudine 6. In cima alla cartina si vede l'ammasso aperto IC 4665, che si trova nei pressi della *beta*.

(✪✪) L'ammasso globulare **M19** (6,8; 17') è facilissimo da trovare. Ci portano ad esso la stella *theta* e il gruppo di stelle che la circonda. Se portiamo la *theta* al bordo orientale, a quello occidentale compare una grossa macchia luminosa estesa alcuni primi d'arco. Si tratta di M19, che però può essere visto solo in condizioni osservative eccellenti.

L'oggetto dista da noi 28mila anni luce e solo 3000 anni luce dal centro della Galassia. Si tratta di uno degli ammassi globulari più appiattiti che si conoscano. Molto probabilmente la causa della deformazione è la forte azione mareale esercitata dal centro galattico. La forma oblunga di M19 può essere apprezzata al telescopio, ma non al binocolo.

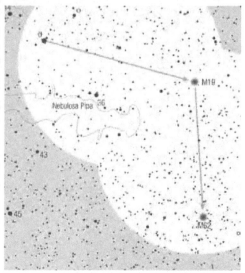

(✪✪) Poco meno di 4° a sud di M19 si trova un'altra debole macchiolina luminosa: è l'ammasso globulare **M62** (6,5; 15'), che, per essere osservato, richiede condizioni osservative eccellenti sotto un cielo che sia buio dallo zenit all'orizzonte. Per gli osservatori delle medie latitudini settentrionali, alla culminazione l'ammasso si alza solo di 14°. M62 dista 22.500 anni luce e il suo diametro lineare è di circa 100 anni luce.

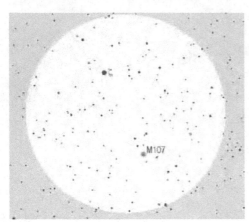

(✪✪) Vicino alla *zeta*, solo 2°,8 più a sud, troviamo un altro ammasso globulare, il piccolo e debole **NGC 6171** (7,9; 13'). Nei cataloghi moderni, questo ammasso è stato aggiunto alla lista originale di Messier con la sigla M107. L'oggetto è al limite della visibilità al binocolo, per cui lo si dovrà osservare solo in condizioni osservative eccellenti. Per determinare la sua posizione sarà di grande aiuto la cartina a fianco. L'ammasso dista 21mila anni luce e il suo diametro è di 100 anni luce.

(✪✪✪) E non sono ancora finiti gli ammassi stellari nell'Ofiuco, visto che uno dei bracci di spirale della Via Lattea attraversa la regione orientale della costellazione. Vicino alla *beta*, solo 1°,4 a nord-est di essa, troviamo il grosso e disperso ammasso aperto **IC 4665** (4,2; 70'), il cui diametro misura oltre 1°. In quest'area si trova raccolto un migliaio di stelle, perlopiù deboli, essendo solo di magnitudine 7 la più brillante di tutte. Al binocolo è facile risolvere l'ammasso in singole stelle. In condizioni osservative eccellenti, ne vediamo circa 75, ma se la notte è assolutamente perfetta questo numero può anche raddoppiare. Si tratta dunque di uno degli oggetti più affascinanti per chi osserva con un binocolo a grande campo. Per trovare in cielo IC 4665 si usi la stessa cartina che porta a M14. L'ammasso dista 1400 anni luce.

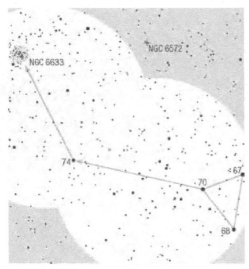

(✪✪✪) Al confine con il Serpente (più precisamente, con la parte che è detta la "coda", la Serpens Cauda) troviamo un altro meraviglioso ammasso aperto: **NGC 6633** (4,6; 27'). Ci guidano ad esso tre stelle di magnitudine 4, designate come 67, 68 e 70 Ophiuchi. Quando il binocolo inquadra al bordo sud-occidentale la 70 Ophiuchi (la stella più ad est del tripletto), al bordo nord-orientale già spuntano le prime stelle dell'ammasso. Per inciso, 70 Ophiuchi è uno splendido sistema binario per chi dispone di un telescopio di medie dimensioni, con le componenti di magnitudini 4,2 e 6,2 separate di 5",3 (a.p. 136°; 2006); la coppia è famosa per l'intenso contrasto di colori: la stella più brillante è gialla mentre la più debole è arancio-rossastra. Un altro modo per raggiungerlo è quello di partire dalla *theta* Serpentis e di oltrepassare, a nord-ovest, l'ammasso aperto IC 4756.

L'ammasso, che ha una forma chiaramente schiacciata, contiene circa 300 stelle, di cui le più brillanti sono di magnitudine 7. Godendo di condizioni osservative eccellenti si potranno vedere 60 stelle e se la notte è assolutamente perfetta il numero potrà salire a 110. NGC 6633 sta a 1040 anni luce da noi.

(❌❌❌) Nella parte meridionale della costellazione, dove la densità delle stelle della Via Lattea è massima, poiché stiamo guardando in direzione del rigonfiamento centrale della Galassia e del suo centro, si trova la famosa nube oscura denominata **Nebulosa Pipa**. Ci aiuterà a individuarla la stella

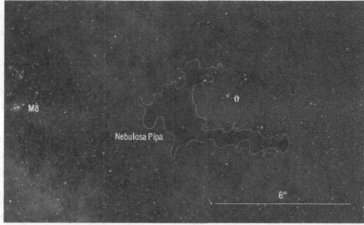

theta: l'area oscura, che appare praticamente vuota di stelle, si trova a est e a sud di essa. In condizioni osservative eccellenti, la nebulosa può essere vista anche a occhio nudo: a maggior ragione, la si può apprezzare al binocolo. Il suo bordo settentrionale è contornato da stelline che accrescono il contrasto con il nucleo oscuro sottostante: la più brillante di queste è designata come 36 Oph. Sfortunatamente, al binocolo la Nebulosa Pipa non appare contrastata rispetto al fondo stellare come invece risulta nelle immagini fotografiche.

(❌❌) Per ultimo, ad uso degli osservatori più tenaci, citiamo anche la nebulosa planetaria **NGC 6572** (8,1; 16"×13"). Ci guida ad essa la 72 Ophiuchi. Poiché al binocolo la planetaria ci appare puntiforme come una stellina di magnitudine 8, è facile confonderla con una delle numerose stelle che la circondano e dunque per ritrovarla dovremo assolutamente utilizzare la cartina di pag. 239. Una volta catturate entro il campo visuale le stelle 72 e 71, troveremo due stelle di magnitudine 7 a sud-est di queste, entrambe chiaramente visibili al binocolo. Ancora più a sud si noteranno cinque stelle di magnitudine 9 e proprio al di sotto di esse ecco la nebulosa planetaria, che è circa una magnitudine più brillante.

ORION (Orione)

Quella di Orione è la più vistosa fra tutte le costellazioni, contenendo al suo interno otto stelle che stanno tra le prime 150 in ordine di brillantezza. Costellazione invernale, può essere vista da ogni regione del mondo, essendo situata sull'equatore celeste. Le stelle più brillanti sono la *beta*, Rigel (0,18), la *alfa*, Betelgeuse (di magnitudine variabile tra 0,0, e 1,3), la *gamma*, Bellatrix (1,6), la *epsilon*, la *zeta* (entrambe di magnitudine 1,7), la *kappa* (2,1), la *delta*, Mintaka (2,2, leggermente variabile) e la *iota* (2,7). La costellazione ha la forma di una clessidra ed è impossibile non riconoscerla in cielo.

Le stelle più brillanti, Betelgeuse e Rigel, sono astri in stridente contrasto fra loro. Betelgeuse, di colore arancione, è una supergigante rossa così espansa che se la collocassimo al centro del Sistema Solare la sua atmosfera riempirebbe lo spazio fino alla Fascia Principale degli asteroidi, fra Marte e Giove. La bianca Rigel è un potentissimo faro cosmico, con una luminosità che supera di 36mila volte quella del Sole. La differenza di colore è evidente anche già a occhio nudo

Le costellazioni al binocolo

ORION (Orione)

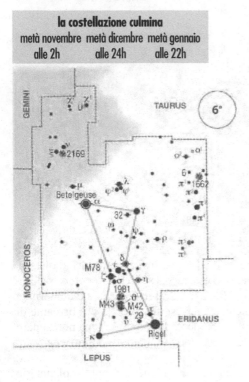

la costellazione culmina

metà novembre metà dicembre metà gennaio
alle 2h   alle 24h   alle 22h

e si manifesta maggiormente dentro uno strumento ottico. Tutte le altre stelle brillanti della costellazione sono calde e bianche.

Con una magnitudine media di 0,45, Betelgeuse è la nona stella più brillante del cielo ed è una variabile irregolare. La sua luminosità muta molto lentamente, con un periodo medio di 6,4 anni. Nel corso della pulsazione anche le dimensioni della stella cambiano. Quando raggiunge il valore massimo, il diametro eguaglia quello dell'orbita di Giove! La stella è così grande che, grazie ai moderni interferometri, si può misurare per via diretta il diametro del suo disco, che risulta esteso angolarmente fra 0",034 e 0",054. Betelgeuse non è gigantesca solo per le dimensioni: anche la luminosità è 8400 volte maggiore di quella del Sole. La temperatura fotosferica è però piuttosto bassa: in media si aggira sui 3100 K. La bassa temperatura spiega il motivo per cui soltanto il 13% dell'energia viene emessa nella banda ottica dello spettro elettromagnetico, mentre tutto il resto viene rilasciato a lunghezze d'onda infrarosse, tanto che, se avessimo occhi sensibili all'infrarosso, Betelgeuse ci apparirebbe come la stella più brillante dell'intera volta celeste.

La *alfa* Ori si ritrova anche in cima alle classifiche per quanto riguarda la massa, che viene stimata in circa 20 masse solari. Dalla massa e dalle dimensioni è facile calcolare la densità media della stella che, come nella Mira Ceti, è 10mila volte minore della densità dell'aria che respiriamo. Naturalmente, anche Betelgeuse ha un nocciolo molto denso, come tutte le stelle, ma i suoi strati atmosferici più esterni sono estremamente rarefatti, al punto che della stella si parla scherzosamente come di un "magnifico vuoto, rosso e caldo". Questa straordinaria supergigante dista 430 anni luce. A quella distanza il Sole splenderebbe come una stella di magnitudine 10 e avremmo problemi a osservarlo in un binocolo.

Rigel è la settima stella più brillante del cielo, anch'essa supergigante, ma molto più giovane di Betelgeuse, tanto è vero che si trova ancora sulla Sequenza Principale del diagramma H-R. La superficie è estremamente calda (12mila K), ciò che la fa apparire bianca. È distante da noi 770 anni luce. Se fosse più vicina, diciamo alla distanza di Sirio (8,6 anni luce), splenderebbe in cielo come una stella di magnitudine −10 e illuminerebbe la Terra come un quinto della Luna Piena. Per confronto, quando Venere è al massimo della sua luminosità ha una magnitudine di solo −4,8.

La *gamma* è la 26ma stella più brillante: distante 240 anni luce, la luminosità è 940 volte quella del Sole.

La *kappa* è la 54ma stella più brillante della volta celeste, è distante 720 anni luce ed è una vera gigante, con una luminosità 5500 volte maggiore di quella della nostra stella.

L'asterismo noto come Cintura d'Orione è costituito dalle stelle *delta*, *epsilon* e *zeta*, tutte e tre giganti. La *delta* è la 73ma stella in ordine di brillantezza, è distante 920 anni luce e supera di 7600 volte il Sole quanto a luminosità. A 53",3 è accompagnata da una stella di magnitudine 6,8 (a.p. 1°; 2004). Le stelle possono essere separate al binocolo e hanno praticamente lo stesso colore: probabilmente si avranno problemi di visibilità per quanto riguarda la componente debole, disturbati come si è dal chiarore della principale. Per separare bene questa coppia bisogna disporre di ottiche eccellenti.

La *epsilon* è la 29ma stella più brillante del cielo, eppure è lontanissima, 1350 anni luce da noi. La sua luminosità supera di 27mila volte quella del Sole.

La *zeta* è la 31ma stella più brillante, distante 820 anni luce e anch'essa di grande luminosità: 9700 volte quella del Sole. Nelle sue vicinanze troviamo la nebulosa a emissione NGC 2024, che però risulta invisibile al binocolo. Quando la notte è limpida, calma, buia, con la temperatura sotto lo zero e se le ottiche sono eccellenti, se ne può intravedere solo la parte più brillante, e solo come una debole stria luminosa non troppo discosta dalla stella.

Gli astri che stanno sotto la Cintura d'Orione costituiscono l'asterismo noto come Spada di Orione. Di questi il più brillante è la *iota*, che è la 124ma stella più brillante in cielo. Anch'essa è una gigante, 10mila volte più luminosa del Sole, che si presenta ai nostri occhi come una stella di magnitudine 3 nonostante il fatto che disti ben 1330 anni luce. La *iota* è la stella più meridionale fra quelle della Spada d'Orione ed è un interessante sistema stellare quadruplo con un mirabile contrasto di colori, benché al binocolo le componenti non possano essere separate, anzi neppure viste.

La *lambda* (3,4) marca la testa di Orione ed è una bella doppia adatta a piccoli telescopi. La coppia è composta di stelle bianche di magnitudini 3,5 e 5,4 separate da 4",3 (a.p. 44°; 2005). Al binocolo vengono viste come una stella singola. Insieme a due stelle vicine, la *lambda* forma un triangolo grande abbastanza da contenere al suo interno il disco della Luna Piena. Una volta individuato il triangolo, il lettore penserà di sicuro che abbiamo scritto una sciocchezza, ma non è così: è che le dimensioni apparenti della Luna vengono fortemente ingrandite dai processi che hanno luogo nel nostro cervello.

La *sigma* è un sistema multiplo di grande interesse, ma al binocolo si possono scorgere solo le componenti A (3,8) ed E (6,3), separate da 41",5 (a.p. 62°; 2003). Entrambe le stelle sono bianche.

(✪✪✪) La variabile di lungo periodo **U Orionis** oscilla tra le magnitudini 4,8 e 13 con un periodo medio di 368,3 giorni (Fig. 10.8). È facile da trovare perché si colloca nei pressi della brillante *chi*, nella parte settentrionale della costellazione. La si riconosce per il caratteristico colore arancione che si fa sempre più intenso quanto più cala la luminosità della stella. La U Orionis è una delle poche variabili del suo tipo che possa essere vista a occhio nudo quando è al massimo di luminosità, mentre al minimo è così debole da risultare invisibile persino al binocolo. La stella ha toccato uno dei suoi massimi il 12 gennaio 2012: conoscendo il periodo, è facile calcolare le date dei prossimi massimi.

(✪✪✪✪) Nel bel mezzo della Spada di Orione si trova la splendida **M42** (4,0; 85'×60'), la **Grande Nebulosa di Orione**. Si tratta della nebulosa più brillante e più vicina alla Terra, visibile già a occhio nudo e assolutamente

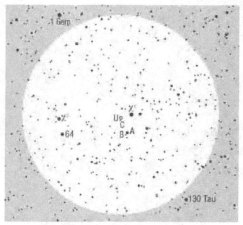

Figura 10.8. I dintorni della variabile di lungo periodo U Orionis. Le stelle di confronto sono state scelte tra le più vicine: *chi*-1 (4,4), A (5,9), B (8,3) e C (8,9).

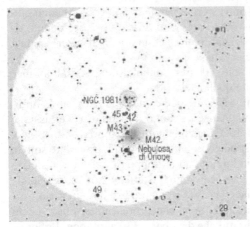

straordinaria in ogni strumento. Non c'è libro d'astronomia che non ne canti le lodi, e quasi mai gli autori esagerano. Se volete che un amico o un parente si appassioni all'osservazione astronomica amatoriale mostrategli al telescopio la Luna, Giove, Saturno e la Grande Nebulosa di Orione (Fig. 10.9).

Circa 4° a sud della *zeta*, proprio al centro della Spada di Orione, a occhio nudo si può vedere una tenue chiazza luminosa. Puntandola con il binocolo se ne rivelerà l'ineguagliabile bellezza. Sotto condizioni osservative eccellenti compare la vasta nebulosità di colore tra il bianco e il verdino: se la notte è perfetta, potremmo anche scorgere qualche tinta rossastra accanto a quelle verdi. In questo caso, la nebulosa ci apparirà anche molto più estesa. Quando le condizioni del cielo sono perfette, riusciamo a distinguere anche le regioni più deboli e marginali. Dentro la nebulosa scorgiamo una manciata di stelle brillanti, che sono responsabili dell'illuminazione delle nubi di polveri e di gas, che altrimenti sarebbero invisibili. Le più brillanti sono la *theta*-1 e la *theta*-2, l'una e l'altra di magnitudine 5, separate da 135" (a.p. 314°), quindi facilmente risolvibili al binocolo. Entrambe sono sistemi stellari multipli.

La *theta*-1 è probabilmente la più famosa delle stelle multiple e viene popolarmente chiamata il Trapezio d'Orione (Fig. 10.10). Le quattro stelle prin-

Figura 10.9. I dintorni della Grande Nebulosa d'Orione.

cipali di questo asterismo si rendono visibili in un piccolo telescopio amatoriale, ma sfortunatamente non al binocolo, forse con la sola eccezione della componente D, distante 21",2 dalla *theta*-1A. In totale, il sistema della *theta*-1 conta nove stelle.

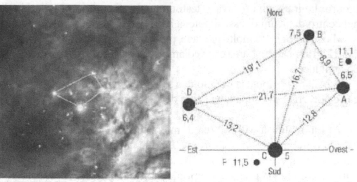

Figura 10.10. La *theta*-1 è probabilmente il più famoso sistema stellare multiplo del cielo. L'osservazione al binocolo è svantaggiata per via della scarsa risoluzione ottenibile e per la debolezza della gran parte delle stelle. L'immagine fotografica è stata presa in luce gialla per ridurre il disturbo della circostante nebulosa.

La *theta*-2 è un tripletto con stelle di magnitudini 5,0, 6,2 e 7,5. Le componenti A e B distano 52",8 (a.p. 93°; 2005). Le componenti A e C sono separate da 128",4 (a.p. 99°; 2004). Normalmente non dovrebbe essere difficile separare le tre stelle al binocolo, ma potremmo avere problemi con la componente C che è piuttosto debole e che potrebbe essere sopraffatta dal chiarore della nebulosa.

Ma cos'è in realtà questa spettacolare nebulosa? È una vasta nube fredda di gas e di polveri composta principalmente di idrogeno (91%), elio (9%), carbonio (0,05%), ossigeno (0,02%) e azoto (0,02%), con minime tracce di zolfo, neon, cloro, argon e fluoro. Il gas e le polveri della nebulosa si limitano a riflettere la luce delle stelle vicine. Tuttavia, negli immediati dintorni delle giovani stelle calde il gas viene anche eccitato dalla radiazione ultravioletta che queste emettono copiosamente e quindi a sua volta diventa sorgente di luce. Benché sembri tenue e quasi trasparente, la Nebulosa d'Orione è costituita da materia la cui massa assomma a 10mila volte quella del Sole.

La Nebulosa d'Orione non è lì in cielo solo per estasiare i nostri occhi. In realtà, è un oggetto celeste di grande interesse per gli astrofisici che, nel 1979, grazie a osservazioni nelle onde radio, ricavarono le prime evidenti prove che da quei gas e da quelle polveri stanno nascendo nuove stelle. Le onde radio possono penetrare in profondità anche nelle spesse nubi polverose che sono opache alla luce visibile. All'interno della nebulosa, i radioastronomi misero così in evidenza la presenza dapprima di sei, e in seguito di ventisei formazioni piccole e dense, la cui vera natura fu rivelata nel 1993. Le immagini prese nell'infrarosso vicino dal Telescopio Spaziale "Hubble" risultarono davvero sorprendenti: non solo gli astronomi rilevarono un numero quattro volte maggiore di quelle formazioni dense, ma soprattutto poterono rendersi conto che si trattava di embrioni stellari, circondati da dischi proto-planetari. A causa della ionizzazione e della ricombinazione, il lato dei dischi rivolto verso stelle brillanti emetteva luce, mentre l'altro lato rimaneva

Figura 10.11. Quattro giovani stelle ai bordi della Nebulosa d'Orione. Tre di queste sono circondate da dischi di polveri e gas. Sul lato destro, il disco di una delle stelle emette luce perché i suoi atomi sono ionizzati da una stella calda (che non compare in questa ripresa). Attraverso i gas e le polveri si intravede la fredda e rossastra protostella centrale.

oscuro. Le immagini recavano testimonianza di embrioni stellari in diversi stadi di sviluppo e nel centro di alcuni di essi si poteva intravedere la stella emergente.

M42 è un oggetto molto giovane, probabilmente non più vecchio di 100mila anni; la distanza è di 1270 anni luce e l'area che vediamo nella gran parte delle immagini fotografiche misura circa 25 anni luce.

In realtà, la Nebulosa di Orione è solo la parte più brillante di una vasta nube interstellare di gas e polveri che occupa tutta l'area della costellazione e che possiamo vedere nella Fig. 10.15.

(✪✪) La nebulosa **M43** (circa di magnitudine 7; 20'×20') fa parte della stessa nube di gas e polveri della Nebulosa d'Orione. Le due nebulosità sono separate da una banda di materia opaca alla luce. M43 è sempre presente in tutte le immagini di M42 e molti osservatori neppure sanno che ha una sua propria denominazione. Al binocolo viene vista solo come una specie di escrescenza che spunta dalla parte nord-orientale di M42. Anche M43 è visibile solo per il fatto che c'è una stella di magnitudine 8 che la illumina.

(✪✪) L'ammasso aperto **NGC 1981** (4,6; 25') si trova circa 1° a nord della Nebulosa d'Orione e quindi compare nello stesso campo visuale del binocolo. Si tratta di un ammasso molto disperso, composto da una quindicina di stelle di magnitudini comprese fra la 6 e la 10. La cartina a pag. 246 sarà d'aiuto per riconoscere le stelle all'interno dell'ammasso, che dista circa 1300 anni luce.

(✪✪) Quanto alle altre nebulose presenti nella costellazione, solo la nebulosa a riflessione **M78** (circa di magnitudine 8; 8'×6') è visibile al binocolo come una debole macchiolina luminosa tondeggiante, più simile a una stella sfocata. Se la compariamo alla Nebulosa d'Orione è un oggetto abbastanza insignificante e tuttavia è una delle poche nebulosità che si rendono apprezzabili al binocolo (molto spesso ciò che nello strumento si presenta come una "nebulosa" altro non è che un ammasso stellare per il quale non si possono risolvere le singole stelle). M78 è facile da trovare, collocandosi nello stesso campo visuale della brillante *zeta*: la nebulosa compare 2°,3 a nord-est della stella (Fig. 10.12).

(✪) Il **Barnard's Loop** (l'Anello di Barnard) è una nube gigantesca di gas e polveri che attraversa una vasta area della costellazione di Orione, un arco di circonferenza grosso modo centrato sulla Grande Nebulosa (Fig. 10.13). La parte occidentale contiene più polvere, la parte orientale più idrogeno ionizzato, che emette

Figura 10.12. Nella cartina si vede l'arco più brillante della parte orientale del Barnard's Loop. Difficilmente il Barnard's Loop può essere visto al binocolo: si può provare solo nelle notti invernali assolutamente perfette, sotto un cielo molto buio, ma si tratta di una vera sfida!

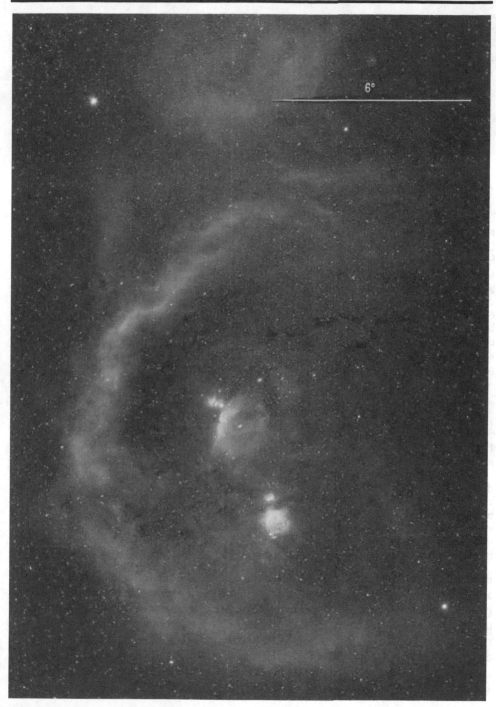

Figura 10.13. In questa immagine a grande campo della costellazione di Orione si vede la Grande Nebulosa (appena sotto il centro), le nebulose che avvolgono le stelle 45 e 42 appena sopra di essa e la nebulosità (al centro) che circonda la stella *zeta* (si tratta di NGC 2024 e di IC 434, con la famosa nebulosa oscura Testa di Cavallo). Si vede anche l'arco orientale del Barnard's Loop. L'immagine potrà aiutare nella difficile osservazione al binocolo di questa debole struttura nebulare.

Le costellazioni al binocolo

Figura 10.14. A parte quella della Grande Nebulosa, l'area più famosa e più fotografata in Orione è quella che contiene la nebulosa oscura Testa di Cavallo (in sigla B33), una nube opaca alla luce che si staglia sopra la nebulosa IC 434. Nei pressi della *zeta* si vede l'intensa nebulosa a emissione NGC 2024, divisa in due da una banda oscura di polveri. Sfortunatamente questi splendidi oggetti non possono essere visti al binocolo.

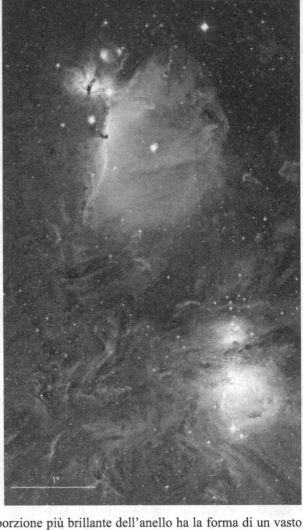

Figura 10.15. Questa fotografia mette in evidenza quanto belle, dinamiche ed estese siano le nubi interstellari di gas e polveri presenti nella costellazione di Orione. L'autore è l'astrofilo americano Robert Gendler che ha sovrapposto due immagini prese l'una nella banda visuale e l'altra nella riga H-alfa emessa dall'idrogeno ionizzato.

una caratteristica luce rossa. La porzione più brillante dell'anello ha la forma di un vasto arco, ma è difficilissima da vedere e rappresenta una vera sfida anche per gli osservatori di grande esperienza. Quando si guarda a occhio nudo o al binocolo, ci può aiutare a scorgerlo un filtro speciale (UHC, acronimo di *Ultra High Contrast*) che aumenta il contrasto e scurisce il fondo cielo. Si può provare a osservarlo solo qualora si abbia l'opportunità di operare da un sito veramente buio, diciamo della classe 1 o 2 sulla scala di Bortle. L'arco si vede abbastanza bene in immagini fotografiche, come nella Fig. 10.13. Questa nube interstellare si pensa che sia un antico resto di supernova.

(✪✪) Circa a metà dell'arco disegnato dalle stelle che vanno a dalla *pi*-4 alla *pi*-1 e che si completa con la *omicron*-2 e la *omicron*-1, troviamo l'ammasso aperto **NGC 1662** (6,4; 20'). Si tratta di un gruppo di stelle abbastanza brillanti avvertibili al binocolo come una debole nebulosità, che però può essere risolta in stelle se osservata con la visione distolta. È un ammasso la cui osservazione deve essere riservata a quegli astrofili che, ostinatamente, vogliono vedere proprio tutto quanto è teoricamente possibile dentro il loro binocolo.

L'ammasso dista 1400 anni luce e il suo diametro lineare è di soli 5 anni luce.

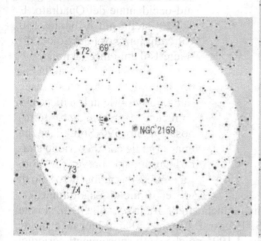
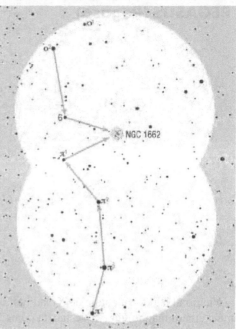

(**☯☯**) L'ammasso aperto **NGC 2169** (5,9; 7') è un gruppo di una ventina di stelle raccolte in una piccola area di cielo, apprezzabile soprattutto in grossi telescopi che lavorino a forti ingrandimenti. Al binocolo, si possono vedere solo le quattro stelle più brillanti, che sono di magnitudini dalla 7 alla 9. L'ammasso è facile da trovare, poiché è vicino alla brillante *csi*. Onestamente, non presenta niente di particolare: lo citiamo solo per i collezionisti di oggetti NGC.

L'ammasso dista 3600 anni luce e ha un diametro lineare di 6 anni luce.

PEGASUS (Pegaso)

Il Pegaso è la più rilevante costellazione autunnale visibile dalle latitudini settentrionali. Le stelle più brillanti sono la *epsilon* (2,4), la *beta*, Scheat (variabile 2,1-3,0), la *alfa*, Markab (2,5), la *gamma* (2,8) e la *eta* (2,9). Le stelle *alfa*, *beta* e *gamma* del Pegaso, insieme con la *alfa* Andromedae, disegnano un rettangolo (quasi un quadrato) di circa 15°×15° che non passa certo inosservato. L'asterismo è noto come Grande Quadrato del Pegaso. La stella più brillante del quadrato, la *alfa* Andromedae, un tempo veniva chiamata *delta* Pegasi e talvolta la si trova indicata ancora con questa denominazione in tabelle e cartine celesti.

La stella più brillante della costellazione è l'arancione *epsilon*, Enif, l'82ᵐᵃ stella più brillante del cielo. È piuttosto lontana dal Quadrato, e si trova nelle vicinanze della costellazione del Cavallino. Dista 670 anni luce ed è una gigante rossa 3600 volte più luminosa del Sole.

L'arancione *beta* costituisce l'angolo di nord-ovest del Quadrato. È la 62ᵐᵃ stella più brillante del cielo, ma solo quando è al massimo di luce, poiché si tratta di una variabile semiregolare che oscilla dalla 2,1 alla 3,0. Il periodo non è costante, ma vale in media 35 giorni. La stella è simile a Betelgeuse, con la differenza che è più piccola e meno luminosa. La temperatura fotosferica è di 3100 K, la massa è di 5 masse solari e ha un diametro 160 volte maggiore di quello del Sole. Distante 200 anni luce, la sua luminosità oscilla fra 240 e 500 volte quella del Sole.

PEGASUS (Pegaso)

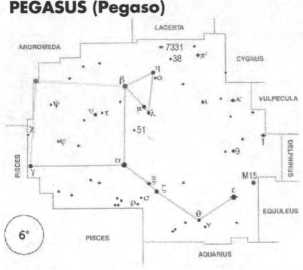

la costellazione culmina

inizio agosto	inizio settembre	inizio ottobre
alle 2h	alle 24h	alle 22h

La *alfa* costituisce l'angolo sud-occidentale del Quadrato. È la 92ᵐᵃ stella più brillante, 140 volte più luminosa del Sole e distante 140 anni luce da noi.

La *gamma* è la 137ᵐᵃ stella più brillante del cielo. Costituisce l'angolo sud-orientale e dista 334 anni luce. È una gigante, luminosa quanto 590 Soli. È anche una variabile con un periodo straordinariamente breve: 3h 38m. La luminosità cambia però solo di un centesimo di magnitudine.

Vicino al lato occidentale del Quadrato, circa a metà strada fra la *alfa* e la *beta*, si nota una stella di magnitudine 5 designata come 51 Pegasi. È distante 40 anni luce ed è simile al Sole. È entrata nella storia dell'astronomia nel 1995 poiché dagli spostamenti periodici delle righe d'assorbimento del suo spettro gli astronomi dedussero che la stella è accompagnata da almeno un pianeta della taglia di Giove. La scoperta del primo pianeta extrasolare ha incoraggiato intense ricerche di pianeti attorno a stelle vicine: attualmente conosciamo l'esistenza di ben oltre duemila pianeti alieni.

(✪✪) L'oggetto più interessante del Pegaso è l'ammasso globulare **M15** (6,0; 18'), al limite della visibilità a occhio nudo. Si trova sul prolungamento della linea che connette la *theta* con la *epsilon*. Inquadrando la *epsilon* e por-

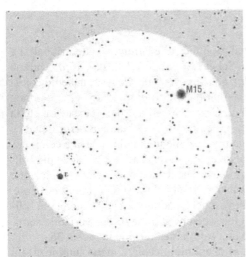

tandola al bordo sud-orientale del campo, M15 appare al bordo nord-occidentale. L'ammasso si presenta come una piccola, ma evidente, macchia nebulosa con una stella di magnitudine 6 nelle immediate vicinanze. Grossi telescopi amatoriali possono risolvere le stelle nelle parti periferiche dell'ammasso, ma quelle nella regione nucleare non vengono separate nemmeno dai più potenti telescopi al mondo (Fig. 10.16).

M15 è uno degli ammassi globulari più densi, noto per il suo nucleo estremamente brillante e denso il cui diametro apparente è di una ventina di secondi d'arco, mentre l'intero ammasso misura 18'. M15 è unico per il fatto di contenere al suo interno una piccola nebulosa planetaria, nota in sigla come K 648, di magnitudine 13,8 e con un diametro di 1". La planetaria si trova nella parte nord-

Figura 10.16. È facile da trovare l'ammasso globulare M15, poiché si trova nello stesso campo visuale della brillante *epsilon* Pegasi.

orientale dell'ammasso ed è un genuino membro dell'ammasso stesso. Sfortunatamente, non la si può vedere né in un binocolo e nemmeno in un grosso telescopio amatoriale.

L'ammasso globulare dista circa 34mila anni luce e ha un diametro lineare di 175 anni luce; contiene almeno mezzo milione di stelle. Conoscendo la distanza e le dimensioni apparenti del nucleo (20") è facile calcolare che il diametro lineare misura 3 anni luce: in questo volume spaziale, così straordinariamente piccolo, trovano spazio 50mila stelle. È persino difficile immaginare che nel cielo di un ipotetico pianeta di una stella della parte centrale dell'ammasso compaiano 50mila stelle che superano in brillantezza la nostra Sirio, accompagnate da altre diverse centinaia di migliaia di stelle relativamente luminose. Per confronto, si consideri che in un cielo limpido e buio le stelle che noi contiamo sulla volta celeste sono circa 4500.

Figura 10.17. Questo è il modo migliore per osservare oggetti elusivi come la galassia NGC 7331. Un panno nero che copra la testa e l'oculare del binocolo impedirà alla luce dell'ambiente di disturbare le osservazioni. L'occhio si adatterà perfettamente alla visione notturna solo se il buio è completo. Indispensabile per evitare la formazione di condensa sull'oculare è un tubicino con boccaglio come quello delle maschere da sub. Con questo dispositivo tutti gli oggetti celesti alla portata del binocolo saranno osservabili. Avvertite però i vicini di quello che state facendo: c'è il rischio che vi prendano per pazzi.

(**○**) La galassia spirale **NGC 7331** (9,5; 11'×4') rappresenta una vera sfida per chi vuole sfruttare il proprio binocolo fino al limite estremo (Figg. 10.17 e 10.18). Alcuni seri osservatori affermano che la galassia è visibile al binocolo quando le circostanze osservative sono perfette, con una notte senza Luna, un cielo limpido, assenza di turbolenza e con la galassia alla culminazione. Nonostante la bassa luminosità integrata, la galassia vanta un nucleo brillante. Un vantaggio per gli osservatori alle medie latitudini settentrionali è il fatto che alla culminazione la galassia passi a soli 10° dallo zenit. All'oculare del binocolo essa si presenterà come una tenue strisciolina luminosa lunga alcuni primi d'arco. È molto probabile che la si veda solo con la visione distolta e con il trucco di scuotere delicatamente il bino-

Figura 10.18. La debole galassia spirale NGC 7331 rappresenta una sfida per gli osservatori al binocolo. Nella parte bassa destra dell'immagine si scorge il gruppo di cinque galassie noto come Quintetto di Stephan, così elusivo da rappresentare una sfida per i telescopi amatoriali anche di grande diametro.

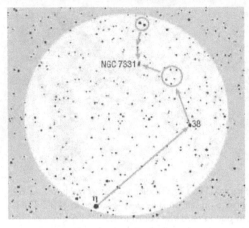

Figura 10.19. La stella-guida alla galassia NGC 7331 è la *eta*. Portandola al bordo meridionale del campo visuale, due stelle vicine di magnitudine 6 appariranno al bordo settentrionale. Ci si può anche aiutare con la stella 38, di magnitudine 5. La posizione esatta della galassia può essere individuata sfruttando la stellina di magnitudine 8 a sud della coppia brillante, oppure con il piccolo trapezio di stelle di magnitudine 8 a nord-est della stella 38. Se non riuscite a vedere le stelle del trapezio, rimandate a un altro momento l'osservazione della galassia.

colo, poiché l'occhio umano ha una maggiore sensibilità per gli oggetti in movimento. Se non si riesce a scovarla, si provi con un binocolo 20×50, oppure con un telescopio.

La galassia si vede quasi di taglio. Il suo piano equatoriale è inclinato di soli 15° rispetto alla linea visuale. Distante 46 milioni di anni luce, il diametro viene stimato in ben oltre centomila anni luce.

PERSEUS (Perseo)

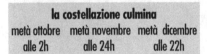

la costellazione culmina		
metà ottobre	metà novembre	metà dicembre
alle 2h	alle 24h	alle 22h

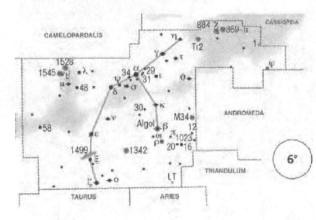

La grande costellazione del Perseo si trova tra Auriga e Andromeda ed è attraversata dalla Via Lattea, ciò che la rende particolarmente interessante per chi voglia osservare densi campi stellari. Le stelle più brillanti sono la *alfa*, Mirfak (1,8), la *beta*, Algol (variabile, magnitudine 2,1 al massimo), la *zeta* (2,8), la *epsilon* e la gialla *gamma* (entrambe di magnitudine 2,9), la *delta* (3,0) e la *rho* (variabile, magnitudine 3,2 al massimo).

La *zeta* è la 142ma stella più brillante del cielo. Posta alla distanza di 980 anni luce, è una gigante con una luminosità 5000 volte maggiore di quella del Sole.

È la componente più brillante di un ammasso aperto molto vasto e disperso conosciuto in sigla come II Perseus, costituito da stelle giovani, calde e luminose. Oltre alla *zeta*, componenti cospicue sono la *omicron*, la *csi*, la 40 e la 42. L'ammasso è circondato da una nebulosa di gas e polveri che può essere evidenziata solo da riprese fotografiche di lunga posa. La parte più brillante ed elongata corre solo 1° a nord della *csi* e, per via della forma, è detta Nebulosa California (NGC 1499; circa magnitudine 5; 160'×40'). La California è un oggetto celeste esteso e brillante, uno degli obiettivi preferiti dagli astrofotografi amatoriali (Fig. 10.20). In fotografia, si presenta di un colore rosso intenso, dovuto alla luce emessa dagli atomi di idrogeno ionizzato: l'idrogeno è infatti l'elemento predominante nella nebulosa.

La *alfa*, Mirfak, è la 35ma stella del cielo in ordine di brillantezza. È una gigante, lontana 590 anni luce e luminosa 4800 volte il Sole. Nel suo spettro gli astronomi rivelano uno sposta-

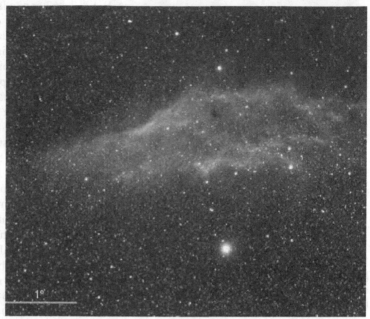

Figura 10.20. La Nebulosa California e, sotto, la brillante *csi.*

mento periodico delle righe d'assorbimento, ma ancora non è chiaro se questo effetto denuncia la sua natura di binaria stretta, oppure una pulsazione dei suoi strati atmosferici superficiali.

(❍❍❍) Mirfak è la stella centrale di un ammasso aperto piuttosto esteso, che può essere meglio apprezzato in un binocolo a largo campo. È conosciuto in sigla come **Melotte 20** (1,2; 2°,8). Oltre a Mirfak, componenti brillanti dell'ammasso sono la *psi*, la 30, la 34, la 29 e la 31; ci sono almeno trenta stelle più brillanti della magnitudine 9, che quindi si possono chiaramente vedere al binocolo. Il numero delle stelle osservabili cresce se le condizioni osservative sono eccellenti. L'ammasso è distante quanto Mirfak e le misure spettroscopiche mostrano che tutte le sue stelle si stanno allontanando da noi in direzione della *beta* Tauri con una velocità media di 16 km/s. Anche la *delta* e la *epsilon* Persei rivelano un analogo moto proprio, il che significa che anche queste due stelle sono probabilmente componenti dell'ammasso.

(❍❍❍) La *beta* Persei, **Algol** ("la Stella del Demonio"), è il prototipo delle stelle variabili a eclisse. La sua variabilità è nota da secoli. Oggi sappiamo che Algol è una binaria stretta, tanto che le due stelle non possono essere risolte nemmeno dai più grandi telescopi al mondo. Poiché vediamo il piano orbitale praticamente di taglio, a ogni periodo, della durata di 2,867 giorni, assistiamo alle eclissi alternate di entrambe le stelle. Una è piccola, calda e blu; l'altra è grande, fredda e arancione. Il massimo della luminosità (2,1) si ha quando le due stelle si presentano affiancate, ossia fuori eclisse. Il minimo principale (3,4) si verifica quando la stella più fredda eclissa quella più calda, mentre il minimo secondario (2,2) quando è la stella calda a transitare davanti alla fredda. L'eclisse principale dura circa 10h e vale assolutamente la pena di osservarla! Il sistema di Algol include anche una terza stella, Algol C, che è stata scoperta spettroscopicamente. Il suo periodo orbitale attorno alla coppia

Le costellazioni al binocolo

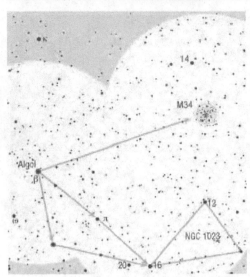

Figura 10.21. Algol è la stella-guida per trovare sia l'ammasso aperto M34, sia la galassia spirale barrata NGC 1023.

A-B è di 1,862 anni e la distanza media è di 80 milioni di km (per confronto, Mercurio dista 58 milioni di km dal Sole e Venere 108). Questo interessante sistema stellare triplo dista 93 anni luce da noi. Al massimo di luce, la *beta* è la 60ma stella più brillante del cielo. La luminosità congiunta di tutte e tre le stelle è pari a 90 volte quella del Sole.

(✪✪) Circa a metà strada fra Algol e la *gamma* Andromedae troviamo l'ammasso aperto **M34** (5,5; 35'). Puntando il binocolo verso Algol e portando la stella all'estremo bordo orientale del campo visuale, M34 apparirà al bordo occidentale.

L'ammasso è costituito da alcune centinaia di stelle, le più brillanti delle quali sono di magnitudine 8. Al binocolo sotto buone condizioni osservative ne vediamo circa una ventina, che diventano 40 in condizioni eccellenti e salgono a 100 se le condizioni sono assolutamente perfette. Naturalmente, sarà sempre d'aiuto ricorrere alla visione distolta.

M34 si trova a circa 1450 anni luce di distanza. La sua parte più densa ha un diametro di 9', corrispondenti a 4 anni luce, ma il membro più distante si trova a 15 anni luce dal centro. L'età dell'ammasso è stimata in solo 100 milioni di anni.

(✪) La galassia spirale barrata **NGC 1023** (9,4; 8',7×3',3) è al limite della visibilità al binocolo e quindi per intravederla occorre che le condizioni osservative siano eccellenti. La stella-guida è Algol (Fig. 10.21), dalla quale ci si sposta verso la *rho* o la *pi* per raggiungere la stella 16 Persei che costituisce l'angolo orientale di un triangolo il cui vertice settentrionale è costituito dalla 12 Persei (si veda la cartina). La galassia si trova all'interno del triangolo e per localizzarne esattamente la posizione si dovrà sfruttare le due stelline di magnitudine 9 che la contornano da vicino. Al binocolo, la galassia appare come una macchiolina debolmente luminosa di forma ovale.

NGC 1023 è il membro più brillante di un piccolo ammasso di galassie che dista da noi circa 21 milioni di anni luce.

(✪✪✪✪) Nel Perseo troviamo due ammassi aperti davvero notevoli: **NGC 869** (4,3; 30') e **NGC 884** (4,4; 30'). I due oggetti sono meglio conosciuti come l'**Ammasso Doppio del Perseo**, o anche come **h-*chi* Persei**. Gli ammassi compaiono nello stesso campo visuale di un binocolo (Fig. 10.22), e sono facili da trovare in cielo poiché stanno tra Mirfak e la costellazione di Cassiopea, tanto più che in una notte limpida risultano visibili anche a occhio nudo. In ogni caso, la stella-guida è l'arancione *eta* (3,8).

I due ammassi sono noti fin dall'antichità: vennero citati dagli astronomi greci Ipparco e Claudio Tolomeo. Naturalmente, a quell'epoca gli astronomi non sapevano cosa fossero gli ammassi stellari, di modo che li classificarono come nebulose, o meglio come "nubi". La vera natura di queste "nubi" fu rivelata solo nel XVII secolo, quando gli astronomi rivolsero ad esse i primi telescopi. I due ammassi sono stati fotografati per la prima volta verso il 1890 e da allora sono tra gli obiettivi più gettonati dagli astronomi amatoriali e professionali.

Figura 10.22. L'Ammasso Doppio del Perseo: a sinistra NGC 884 (*chi*), a destra NGC 869 (h).

Se avrete voglia di divertirvi a contare le stelle, dovreste essere in grado di rilevarne 120 fino alla magnitudine 11 in NGC 869 e 140 in NGC 884. Tuttavia, i due ammassi insieme sono formati da almeno 3000 stelle. Le due più brillanti sono di magnitudine 6, poi ce ne sono cinque di magnitudine 7 e tre di magnitudine 8. Tutte queste sono supergiganti, con una luminosità che supera di decine di migliaia di volte quella del Sole. È interessante rilevare quante sono le giganti rosse visibili al binocolo o su riprese fotografiche. Oggi sappiamo che le stelle massicce sono destinate a vita breve e che invecchiano assai velocemente; le giganti rosse sono stelle evo-

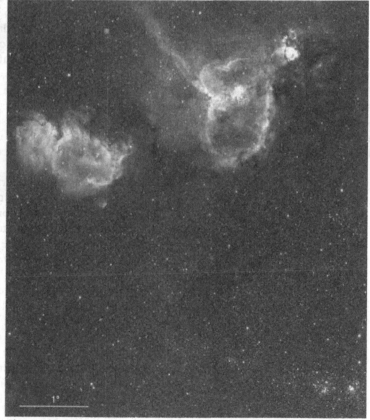

Figura 10.23. L'area nei dintorni dell'Ammasso Doppio è terra di caccia per gli astrofotografi. In questa foto, oltre all'Ammasso Doppio, nell'angolo in basso a destra, vediamo anche la nebulosa IC 1805 (in alto a destra), che circonda l'ammasso aperto Melotte 15, l'ammasso aperto NGC 1027 (poco sopra Melotte 15) e la nebulosa IC 1848 (a sinistra). Questi quattro oggetti appartengono alla costellazione di Cassiopea (si veda la Fig. 8.17).

Le costellazioni al binocolo

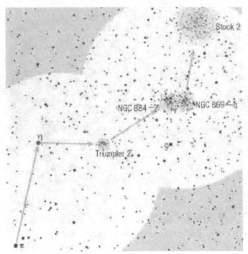

Figura 10.24. La posizione dell'Ammasso Doppio del Perseo. La stella-guida è l'arancione *eta*. A metà strada fra questa e l'Ammasso Doppio troviamo un altro ammasso aperto, Trumpler 2. L'ammasso aperto Stock 2, in alto, fa parte della costellazione di Cassiopea.

lute. Nonostante la presenza di giganti rosse, i due ammassi del Perseo sono tra i più giovani che si conoscano. L'età stimata di NGC 869 è di soli 5,6 milioni di anni, quella di NGC 884 di 8,8 milioni di anni. Altrettanto curioso è notare l'assenza di tracce di nebulosità, ossia dei resti della materia prima da cui si formarono le loro stelle, nonostante la giovane età dei due oggetti. Molto probabilmente il materiale residuo della formazione stellare è stato soffiato via lontano, nello spazio interstellare, dai potenti venti stellari di stelle giganti.

Le distanze degli ammassi sono di 7100 (NGC 869) e 7400 (NGC 884) anni luce: dunque i due ammassi sono vicini tra loro. I diametri lineari sono di circa 75 anni luce per entrambi. Se vivessimo su un pianeta di uno di questo ammassi, vedremmo l'altro esteso per ben 14° sulla volta celeste. Sarebbe davvero una visione mozzafiato!

(❍) L'ammasso aperto **Trumpler 2** (5,9; 23') si trova 2° a ovest della *eta*, la stella che ci è servita da guida per localizzare l'Ammasso Doppio (Fig. 10.24). Se le condizioni osservative sono buone, si potrà scorgere una dozzina di stelle. Se le condizioni sono eccellenti si può arrivare a 20, ma comunque Trumpler 2 non dà mai l'impressione di un ammasso stellare: le sue stelle sono poche e disperse. La sua distanza è di 2100 anni luce.

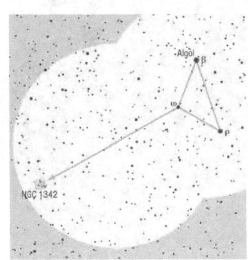

(❍❍) L'ammasso aperto **NGC 1342** (6,7; 14') si trova in un'area celeste relativamente vuota. Il modo migliore per trovarlo è di sfruttare la *beta* come stella-guida. Da questa ci si muova in direzione della *omega*. A metà strada fra questa e la *zeta*, 6°,5 a sud-est della *beta*, ci si imbatte nell'ammasso. In condizioni osservative buone, nel campo visuale del binocolo si vedrà solo una manciata di deboli stelle e attorno ad esse si scorgerà una soffusa luminosità: in realtà, si tratta delle altre stelline non risolte. In condizioni osservative perfette, il numero delle stelle visibili sale a 20, mentre 50 sono le componenti accertate dell'ammasso. La distanza è di 220 anni luce.

(❍❍) Nella parte nord-orientale della costellazione troviamo altri due ammassi aperti: **NGC 1528** (6,4; 24') e **NGC 1545** (6,2; 18'). Anche questi compaiono nello stesso campo visuale di un binocolo, ma certamente non hanno il fascino dell'Ammasso Doppio. La stella che ci porta ad essi è la *lambda*. NGC 1528 consiste di una sessantina di stelle, le più brillanti delle quali sono di magnitudine 8. Al binocolo riusciamo a vederne una trentina, deboli, che tendono a confondersi in un'indistinta nebulosità: riusciremo però a risolverle con il trucco della visione distolta. L'altro ammasso è più piccolo e più povero di stelle. Su un totale di 40 membri, al binocolo se ne vedrà una ventina, con le tre stelle più brillanti di colore arancione e giallo.

NGC 1528 dista da noi 2500 anni luce e NGC 1545 poco meno: 2300 anni luce.

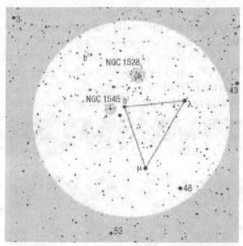

PISCES (Pesci)

La grande costellazione zodiacale dei Pesci si trova sotto Andromeda e ad est del Pegaso. Costituita da stelle piuttosto deboli, nelle antiche stampe la costellazione viene rappresentata da due pesci connessi per la coda: uno si estende dalla testa della Balena fino all'Acquario, mentre il secondo va in direzione di Andromeda.

Le stelle più brillanti della costellazione sono solamente di magnitudine 4: la *eta* (3,6), la *gamma* (3,7), la *alfa* (3,8) e l'*omega* (4,0). Anche solo per riconoscere in cielo la costellazione, si deve scegliere una notte limpida e senza Luna e un sito lontano dalle aree inquinate dalle luci cittadine; in caso contrario, si vedrà poco o nulla.

La *alfa* è il punto di connessione fra i due pesci. È una binaria stretta, ideale per mettere alla prova i telescopi amatoriali di medie dimensioni. Al binocolo, invece, è impossibile risolvere le due componenti, che sono separate di soli 1",8 (a.p. 269°;

la costellazione culmina		
inizio settembre alle 2h	inizio ottobre alle 24h	inizio novembre alle 22h

Le costellazioni al binocolo

2006). La *alfa* A è di magnitudine 4,1 e la *alfa* B è di 5,2. Il periodo orbitale viene stimato in 930 anni e le due stelle si troveranno al loro periastro (il punto di massima vicinanza) nel 2060, quando la separazione sarà solo di 1",1. Il sistema dista da noi 140 anni luce.

La *csi*-1 è una coppia di stelle di luminosità circa pari (5,3 e 5,4), con una separazione di 30",3 (a.p. 159°; 2006). Le due stelle vengono risolte dal binocolo e non si nota alcun contrasto di colore.

Alla costellazione appartiene anche la splendida galassia spirale M74 (9,4; 10',2×9',5) che però è troppo debole per rendersi visibile al binocolo (Fig. 10.25). La galassia è vista di faccia e su foto di lunga posa si presenta come una spirale simmetrica con nucleo di piccole dimensioni e bracci molto aperti. Chi volesse provare a trovarla al binocolo (impresa disperata!) si aiuti con la Fig. 10.26.

Figura 10.25. La galassia spirale M74.

(✪✪) La *zeta* è una stella doppia le cui componenti, di magnitudini 5,2 e 6,1, sono separate da 23",3 (a.p. 63°; 2006): al binocolo le due stelle appaiono molto vicine. Alcuni osservatori riportano un interessante contrasto cromatico fra le due; tuttavia, i colori vengono descritti in maniera differente. Alcuni vedono una stella gialla e l'altra violetta, altri le descrivono come bianca e grigia, o anche come gialla e rosa. Date voi stessi un'occhiata per verificare! I colori si mostrano più facilmente quando le stelle vengono leggermente sfocate.

Questa coppia si trova all'incirca a 140 anni luce da noi e la distanza effettiva tra le due componenti è di 1000 UA: tra di esse potremmo collocare in fila uno dopo l'altro ben 17 Sistemi Solari, il che ci fa capire quanto sia difficile vedere pianeti in orbita attorno ad altre stelle! E pensare che, per gli standard galattici, la coppia è una nostra vicina. La *zeta* si trova quasi perfettamente adagiata sull'eclittica, di modo che con una certa frequenza viene occultata dalla Luna e dai pianeti.

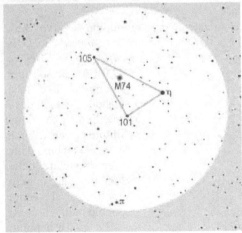

Figura 10.26. Cartina di dettaglio per chi vuole tentare la ricerca dell'elusiva galassia spirale M74. Sempre visibili al binocolo sono le stelle *eta*, 101 e 105 Piscium. La galassia apparirà solo in binocoli di elevata qualità e se le condizioni osservative sono perfette. Provi a scovarla solo chi ama le sfide difficili.

(✪✪✪) La variabile di colore arancione-rosso **TX Piscium**, o anche 19 Piscium, oscilla in modo irregolare dalla magnitudine 4,8 alla 5,2. Per trovarla, bisognerà per prima cosa puntare il cerchio di stelle che rappresenta la testa del pesce occidentale: sono la *gamma*, la *kappa*, la *lambda*, la *iota* e la *theta* (tutte di magnitudine 4). La variabile TX si trova fra la *iota* e la *lambda*. La stella è una gigante rossa caratterizzata da una temperatura fotosferica estremamente bassa (da qui il colore) e, contro il buio del cielo, sembra una favilla staccatasi da un carbone ardente. È impossibile non trovarla; altra cosa è rilevare le sue variazioni di luminosità: da un lato, perché l'ampiezza dell'escursione è molto bassa, solo 0,4 magnitudini, e dall'altro perché non ci sono stelle di confronto vicine. Gli astronomi hanno scoperto grandi quantità di carbonio nella sua atmosfera. La TX si trova a circa 400 anni luce di distanza.

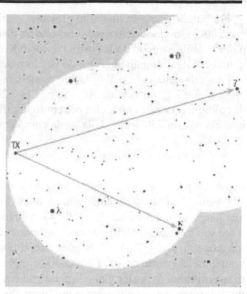

Figura 10.27. Il campo stellare attorno alla variabile TX Piscium con quasi tutte le stelle, a eccezione della *gamma*, che disegnano la testa del pesce occidentale. Stelle di confronto per stimare la magnitudine della TX sono la *kappa* (4,9) e la 7 Piscium (5,2), la prima per le fasi attorno al massimo e la seconda per quelle attorno al minimo. Non ci sono altre stelle di comparabile brillantezza nelle vicinanze.

PISCIS AUSTRINUS (Pesce Australe) e GRUS (Gru)

La costellazione autunnale del Pesce Australe si trova a sud dell'Acquario ed è sempre bassa sull'orizzonte meridionale. Contiene una sola stella brillante, la sua *alfa*, Fomalhaut (1,2); tutte le altre sono più deboli della magnitudine 4.

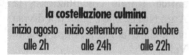

la costellazione culmina		
inizio agosto	inizio settembre	inizio ottobre
alle 2h	alle 24h	alle 22h

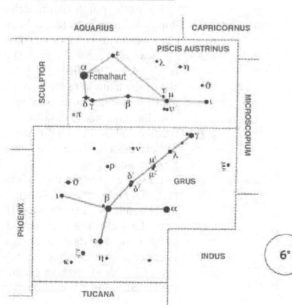

Fomalhaut, di colore bianco, è la 18ma stella più brillante del cielo, dista da noi solo 25,1 anni luce, è grande il doppio del Sole, ha una temperatura fotosferica di 9000 K ed è 15 volte più luminosa della nostra stella. Dalle nostre latitudini la vediamo sempre molto bassa sull'orizzonte, di modo che la sua brillantezza si riduce di almeno una mezza magnitudine. Se però la osserviamo in quelle rare notti in cui il cielo è limpido e scuro su tutta la volta celeste, potremmo restare sorpresi del fatto che normalmente non si riesca a vedere una stella così cospicua. Nei siti prossimi all'equatore, dove Fomalhaut culmina molto alta in cielo, la stella appare brillante come per noi è Deneb nel Cigno.

261

Fomalhaut è una stella molto giovane: si stima che sia nata solo 200 milioni di anni fa. Nel 2002, astronomi scozzesi scoprirono un disco di polveri attorno ad essa, con un diametro paragonabile a quello della nostra Fascia di Kuiper. Il disco è costituito da miliardi di nuclei cometari che si stanno aggregando per formare i primi protopianeti.

La stella *beta* appare al binocolo come una doppia stretta, con le componenti di magnitudini 4,3 e 7,1 separate da 30",6 (a.p. 173°; 2006). Non si conoscono particolari contrasti di colore in questa coppia che, oltretutto, è difficile da risolvere a causa della bassa altezza in cielo e della debolezza della stella compagna. Le due stelle sono entrambe bianche.

Sotto il Pesce Australe, troviamo le stelle più settentrionali della costellazione della Gru. Per gli osservatori delle medie latitudini settentrionali la gran parte della costellazione rimane sempre sotto l'orizzonte, e con esse le due stelle più significative: la *alfa* (1,7), la 30ᵐᵃ stella più brillante del cielo, e l'arancione *beta* (leggermente variabile, dalla 2,0 alla 2,3; alla magnitudine 2,1 è la 56ᵐᵃ stella più brillante del cielo). Osservatori dal sud dell'Europa o dal sud degli Stati Uniti possono osservare le due binarie *delta* e *mu*, entrambe separabili già a occhio nudo. La prima coppia è costituita da stelle di magnitudine 4, una gialla e una arancione, separate da 16'. La seconda coppia, la *mu*, è un po' più debole, con le due stelle di magnitudini 5 e color giallo separate da circa 20'. La costellazione non contiene altri oggetti di interesse per chi osserva col binocolo.

PUPPIS (Poppa)

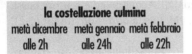

la costellazione culmina

metà dicembre	metà gennaio	metà febbraio
alle 2h	alle 24h	alle 22h

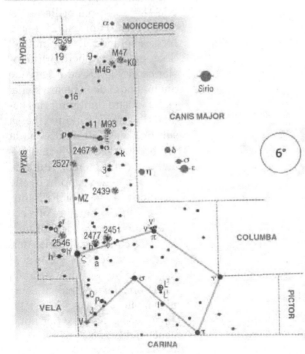

La costellazione invernale della Poppa si colloca a est e a sud del Cane Maggiore ed è parte di una antica grande costellazione, la Argo Navis, che è stata poi divisa nella Carena, nella Poppa e nelle Vele.

Le stelle più brillanti della Poppa sono la *zeta* (2,2), la *pi* (2,7), la *rho* (2,8), la *tau* (2,9), la *nu*, la *sigma* (entrambe di 3,2) e la *csi* (3,3). Per gli osservatori alle medie latitudini settentrionali risulta invisibile la parte sud della costellazione, ma se la nostra latitudine è al di sotto di 40° nord, l'intera costellazione sale sopra l'orizzonte.

La *zeta* è la 65ᵐᵃ stella più brillante del cielo ed è una supergigante luminosa 18mila volte il Sole. La stella è assai lontana, 1400 anni luce da noi, eppure brilla così intensamente nel nostro cielo. Per gli osservatori alle medie latitudini settentrionali è sempre piuttosto bassa sull'orizzonte (alla culminazione si alza di soli 4°), di modo che la sua luce viene indebolita dalle foschie dell'orizzonte e non risulta ai nostri occhi quell'oggetto cospicuo che è per gli astrofili dell'emisfero sud.

Il piccolo gruppo attorno alla *pi* è noto per il fantastico contrasto di colori. Le stelle v-1 (4,6) e v-2 (5,1) sono blu, mentre la *pi* è arancione, come tutte le giganti rosse. Visto dalle nostre latitudini, questo bel trio non mostra al meglio i suoi colori perché sempre troppo basso sull'orizzonte. Comunque, se le condizioni osservative sono perfette e se il sito da cui osserviamo non è troppo a nord, vale la pena di dare un'occhiata al gruppo. Le tre stelle possono essere facilmente risolte al binocolo. La *pi* è la 115ma stella più brillante del cielo, una gigante luminosa 7100 volte il Sole, distante 1100 anni luce.

La *rho* è la 138ma stella più brillante, luminosa 21 volte il Sole e distante 63 anni luce.

La *csi* è una supergigante gialla che dista 1200 anni luce e che supera di 6mila volte il Sole in luminosità.

(❸❸❸❸) La costellazione della Poppa è il regno degli ammassi aperti. Ce ne sono almeno 25 molto brillanti, alcuni visibili al binocolo.

Nella parte nord della costellazione ne incontriamo due nello stesso campo visuale del binocolo: M46 e M47 (Fig. 10.28). La stella-guida è la *alfa* Monocerotis che, portata al bordo nord del campo visuale, ci farà apparire gli ammassi al bordo sud. Probabilmente noteremo per primo **M46** (6,1; 27'). Al binocolo ci appare come una nebulosità tondeggiante e relativa-

mente brillante, dentro la quale alcune stelle di magnitudine 9 si rendono visibili se le condizioni osservative sono eccellenti; bisogna però dire che queste non sono membri effettivi dell'ammasso. Gli astronomi attribuiscono a M46 un centinaio di stelle, delle quali una settantina sono più brillanti della magnitudine 11 e possono essere viste al binocolo in condizioni osservative perfette.

Particolarmente interessante è una piccola nebulosa planetaria che però risulta invisibile al binocolo. Essa giace per caso in direzione dell'ammasso ma non appartiene a M46.

L'ammasso aperto dista 5400 anni luce, mentre la planetaria

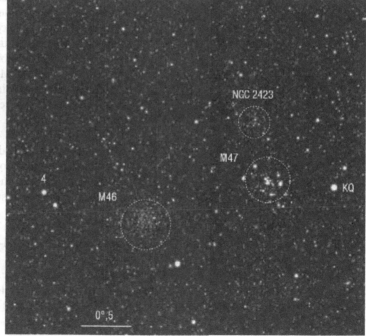

Figura 10.28. M46 e M47 sono due splendidi ammassi aperti, ma molto diversi fra loro. M46 è densamente popolato di stelle deboli che si fondono in un'indistinta nebulosità quando sono viste al binocolo, mentre M47 contiene una mezza dozzina di stelle brillanti (tre delle quali, di magnitudine 6, visibili a occhio nudo), insieme a numerose altre più deboli. Sopra M47 si nota l'ammasso aperto NGC 2423 (6,7; 19'), invisibile al binocolo.

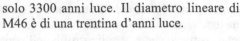

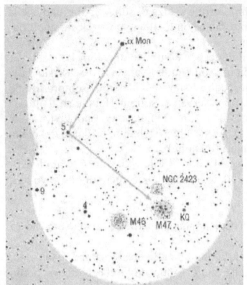

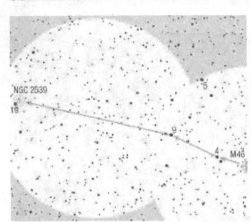

solo 3300 anni luce. Il diametro lineare di M46 è di una trentina d'anni luce.

(✪✪✪✪) Circa 1° a ovest di M46 troviamo l'ammasso aperto **M47** (5,2; 30') che, quando le condizioni osservative sono buone, si rende visibile anche a occhio nudo come una debole macchia luminosa che si staglia contro il fondo della Via Lattea (Fig. 10.28). M47 è differente dal suo vicino. Pur essendo più grande e con stelle più brillanti (tre di queste, di magnitudine 6, sono visibili a occhio nudo), non è altrettanto denso. Le misure fin qui fatte confermano l'esistenza di 500 membri, 120 dei quali più brillanti della magnitudine 11.

M47 dista 1600 anni luce e il suo diametro lineare è di 20 anni luce.

(✪✪) L'ammasso aperto **NGC 2539** (6,5; 22') si trova nei pressi di una stella di magnitudine 5 designata come 19 (in realtà si tratta di una stella quadrupla composta da una componente brillante e da tre deboli, invisibili al binocolo). È consigliabile iniziare la ricerca dall'ammasso aperto M46, passando poi per la stella 9, di magnitudine 5, per giungere infine a NGC 2539 (si veda la cartina). L'ammasso si colloca al di fuori della parte più densa della Via Lattea e al binocolo appare come una macchiolina debolmente luminosa. Si tratta di un ammasso ricco e denso, costituito da almeno 100 membri, i più brillanti dei quali sono di magnitudine 11. Alla distanza di 4450 anni luce, il suo diametro lineare è di 28 anni luce.

(✪✪✪) L'ammasso aperto **M93** (6,2; 12') si trova solo 1°,5 a nord-ovest della stella *csi* (Fig. 10.29). Piccolo, ma piuttosto brillante, conta circa 25 membri di magnitudine tra la 8 e la 11. Distante 3400 anni luce, ha un diametro di 12 anni luce. Al binocolo appare come una chiazza luminosa dentro la quale si scorgono poche stelle singole. Alcuni osservatori riportano che in condizioni osservative perfette più essere visto anche a occhio nudo.

(✪) A sud-est di M93, ci aspettano altri due ammassi aperti che tuttavia non sono troppo brillanti e che sono ulteriormente indeboliti dalla loro bassa altezza in cielo. Di fatto, possono essere osservati solo in nottate in cui le condizioni osservative sono eccellenti.

Circa 2° a sud-sudest della *csi* troviamo l'ammasso aperto **NGC 2467** (circa di magnitudine 7; 16'; l'ammasso è visibile in Fig. 10.29). Al binocolo si presenta come una macchiolina elongata con alcune stelle di magnitudine 8 e 9 che emergono dalla luminosità diffusa. Le stelle dell'ammasso sono avvolte da una nebulosità che si rende visibile solo in immagini fotografiche di lunga posa. NGC 2467 ha un diametro di 20 anni luce e dista 4400 anni luce.

(☉) Circa 3° a sud-est di NGC 2467, o anche 5° a sud-est dalla *csi* (entrambi compaiono nello stesso campo visuale) si incontra l'ammasso aperto **NGC 2527** (6,5; 22') che è al limite della visibilità al binocolo e lo si intravede come una debole nuvoletta luminosa. Se la notte presenta condizioni osservative d'assoluta eccellenza, e con la visione distolta, si possono scorgere alcune delle singole stelle più brillanti, benché non tutte siano membri effettivi dell'ammasso. In totale, NGC 2527 conta una trentina di stelle, ma solo le due più brillanti sono di magnitudine 9; le altre sono più deboli (Fig. 10.30).

NGC 2527 dista 2000 anni luce e ha un diametro di 13 anni luce.

(☉) Nello stesso campo visuale della *zeta* compare **NGC 2477** (5,8; 27'): precisamente si trova circa 3° a nord-ovest della stella. A detta di numerosi osservatori, questo oggetto è l'ammasso aperto più bello della costellazione, ma purtroppo per gli osservatori alle medie latitudini settentrionali è sempre troppo basso per rivelarsi in tutto il suo splendore. Possiamo infatti vederlo solo nelle notti in cui il cielo è limpido e buio giù fino all'orizzonte. Alla culminazione, l'ammasso si alza solo di 5°,5 sull'orizzonte

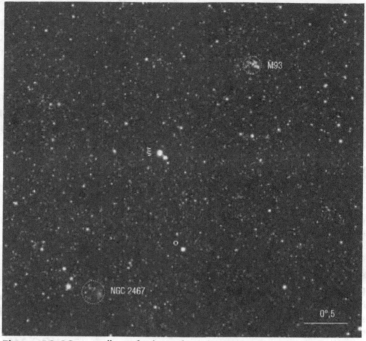

Figura 10.29. La stella *csi* fa da guida per tre ammassi aperti. M93, chiaramente visibile al binocolo, si trova 1°,5 a nord-ovest di essa. Circa 2° a sud-sudest troviamo NGC 2467, le cui stelle sono avvolte da una tenue nebulosità rilevabile solo in immagini fotografiche. Il terzo ammasso, NGC 2527, si trova 3° a sud-est di NGC 2467 e quindi esce dal campo di questa ripresa. La sua posizione è indicata nella Fig. 10.30.

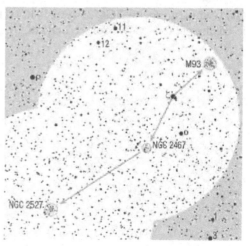

Figura 10.30. Partendo dalla stella *csi* si possono trovare tre ammassi. Quando la stella è al centro del campo, saranno inquadrati anche M93 e NGC 2467. Il terzo, NGC 2527, esce dal campo, ma non è difficile da ritrovare se le condizioni osservative lo permettono.

Figura 10.31. Questo bel gruppo stellare è l'ammasso aperto NGC 2477. Alle medie latitudini settentrionali, l'ammasso sorge solo 5°,5 sopra l'orizzonte alla culminazione, per cui appare più debole di quanto sia in realtà.

(Fig. 10.31). Per gli osservatori meridionali è un vero gioiello!

La parte centrale dell'ammasso è un po' più piccola di quella di M46, ma più ricca di stelle e più densa. Dell'ammasso fanno parte circa 120 membri, i più brillanti dei quali sono di magnitudine 10. Sotto l'ammasso c'è una stella di magnitudine 4, nota in sigla come b Puppis, che potremmo usare per trovare l'ammasso stesso.

NGC 2477 è distante 4200 anni luce e la sua parte più densa misura 33 anni luce.

(✪) Circa 2° a nord-ovest di NGC 2477 troviamo un gruppetto di stelle (la più brillante delle quali, designata con c Puppis, è di magnitudine 4) che forma un ammasso aperto piuttosto disperso, **NGC 2451** (2,8; 45'). Nelle migliori notti, queste stelle possono essere viste a occhio nudo anche dalle medie latitudini settentrionali, ma se le condizioni osservative non sono così buone esse compaiono solo al binocolo. L'ammasso è un bell'oggetto per gli osservatori dell'emisfero meridionale.

NGC 2451 dista circa 1000 anni luce e ha un diametro di 13 anni luce (Fig. 10.32).

(✪) L'ammasso aperto **NGC 2546** (6,3; 40') si trova circa 2°,5 a nord-est della *zeta*. Quando le condizioni osservative sono eccellenti, lo si vede come una chiazza luminosa con due stelle di magnitudine 6, una a nord e una a sud di esso: non sono però membri effettivi dell'ammasso. NGC 2546 contiene circa 100 stelle, le più brillanti delle quali sono di magnitudine 8.

Distante 3000 anni luce, il suo diametro lineare è di 35 anni luce.

(✪) L'ultimo ammasso nella Poppa lo troviamo sfruttando la *eta* Canis Majoris. Si tratta di **NGC 2439** (6,9; 10'), che si colloca al di fuori della striscia della Via Lattea, in un'area celeste relativamente vuota, circa 4°,5 a sud-est della *eta*. La stella e l'am-

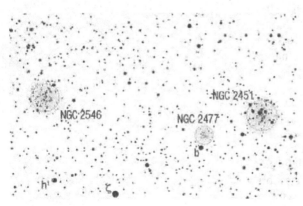

Figura 10.32. Appena 7° sopra l'orizzonte (alle medie latitudini settentrionali) possiamo vedere tre ammassi aperti che possono essere apprezzati in tutta la loro bellezza solo dagli astrofili dell'emisfero sud, e da noi solo nelle notti caratterizzate da un cielo limpido e molto buio.

masso compaiono perciò nello stesso campo visuale del binocolo. In condizioni osservative buone, probabilmente riusciremo a vedere solo il membro più brillante dell'ammasso, R Puppis, mentre un'apparente debole nebulosità comparirà attorno alla R stessa in un cielo molto buio e in condizioni osservative eccellenti. All'ammasso appartengono circa 50 stelle, le più brillanti delle quali sono di magnitudine 9.

Distante 12.500 anni luce, l'ammasso ha un diametro di 33 anni luce.

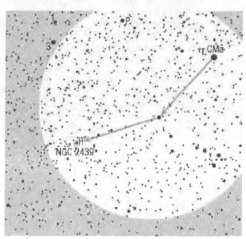

11 Dalla Freccia alla Volpetta

SAGITTA (Freccia)

La costellazione estiva della Freccia si trova a sud della Volpetta e a nord dell'Aquila. Piccola, ma di forma caratteristica, è abbastanza facile da riconoscere. Le stelle più brillanti sono la *gamma* (3,5), che ha un bel colore arancio, la *delta* (3,8), la *alfa* e la *beta* (entrambe di magnitudine 4,4).

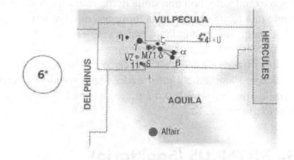

la costellazione culmina		
metà giugno alle 2h	metà luglio alle 24h	metà agosto alle 22h

(✪✪✪✪) Appartiene a questa costellazione una delle variabili a eclissi più interessante che si conosca, la **U Sagittae**. Nel corso dell'eclisse, la stella più brillante viene totalmente occultata dalla sua compagna, che è più grande oltre che più debole. Le variazioni di luminosità sono avvertibili anche al binocolo. Per la gran parte del tempo, la stella brilla di magnitudine 6,4: le eclissi si producono ogni 3,38061933 giorni (3g 9h 8m 5s) e allora per circa 1h 40m la luminosità cade fino alla magnitudine 9,3, portandosi perciò quasi al limite della visibilità al binocolo. La forte caduta di luce è dovuta al fatto che in questo sistema binario le eclissi sono totali (almeno per una delle componenti), a differenza di quanto avviene nel caso della più celebrata Algol (*beta* Persei), in cui si verificano solo eclissi parziali. Periodicamente, nella curva di luce compare anche un altro piccolo calo di luminosità, in coincidenza con l'eclisse secondaria, quando è la stella più calda che va a pararsi di fronte alla più fredda. Questo secondo calo, tuttavia, non può essere rilevato al binocolo, essendo solo dell'ordine di un decimo di magnitudine.

La componente più brillante della coppia è una stella normale di Sequenza Principale, luminosa 120 volte il Sole, mentre la compagna è una sub gigante, più grande e più fredda, luminosa soltanto 10 volte il Sole. Questa interessante binaria dista circa 750 anni luce.

A indicarci la posizione della U Sagittae non è una singola stella, ma un piccolo gruppo che circonda la 4 Vulpeculae (Fig. 11.1). Partendo dalla *alfa* Sagittae, se si porta questa stella al bordo sud-orientale del campo visuale, il gruppetto di stelle attorno alla 4 Vul comparirà al bordo nord-occidentale. Nella cartina, il gruppo viene indicato

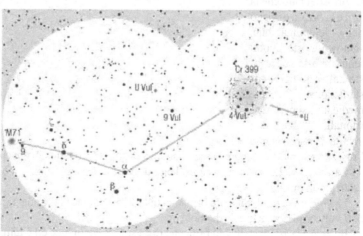

Figura 11.1. Le posizioni dell'ammasso globulare M71 e della variabile a eclisse U Sagittae.

come un ammasso aperto, noto in sigla come Cr 399 (un'immagine di questo ammasso è a pag. 319). Poco più di 1° a ovest di questo e un po' più a sud si trova la U Sagittae.

Se si è interessati a osservare un'eclisse, non bisognerà fare altro che puntare la stella frequentemente, fino a quando non si noterà il calo di luce.

(❂❂) A metà strada fra la *delta* e la *gamma*, e nello stesso campo visivo della *alfa*, si trova l'ammasso globulare **M71**, facile da individuare (Fig. 11.1). Si tratta di un ammasso molto ricco e compatto, con una stella di magnitudine 6 sul bordo occidentale. Al binocolo appare come una tenue macchiolina luminosa del diametro di pochi primi d'arco. Lo si vede chiaramente quando le condizioni osservative sono eccellenti, ma in un'afosa notte estiva appare più debole, più piccolo, o addirittura non lo si vede del tutto. È dunque consigliabile osservarlo prima dell'alba in primavera o in una sera d'autunno, quando la costellazione è alta in cielo e l'ambiente è più freddo, meno umido e il cielo più buio. L'ammasso dista circa 13mila anni luce e il suo diametro lineare è di circa 27 anni luce. Non è molto per un ammasso globulare.

SAGITTARIUS (Sagittario)

La costellazione più meridionale dello Zodiaco è il Sagittario, che si trova a sud dell'Aquila e dello Scudo, fra lo Scorpione e il Capricorno. Le sue stelle più brillanti sono la *epsilon* (1,8), la *sigma* (2,0), la *zeta* (2,6), la *delta* (2,7), la *lambda* (2,8), la *pi* e la *gamma* (entrambe 3,0). È curioso il fatto che la *alfa* e la *beta*, a dispetto della denominazione, siano piuttosto deboli (entrambe 4,0) e discoste dal resto della costellazione. Dalle medie latitudini settentrionali, la *beta* non spunta mai sopra

la costellazione culmina

inizio giugno	inizio luglio	inizio agosto
alle 2h	alle 24h	alle 22h

l'orizzonte e la *alfa*, sempre bassa, si solleva di soli 3°,5 quando è alla culminazione.

La *epsilon* è la 34ma stella più brillante del cielo, dista 145 anni luce e supera il Sole di 290 volte in luminosità.

La *sigma* è la 52ma stella più brillante, dista 225 anni luce ed è una gigante con una luminosità 550 volte superiore a quella del Sole.

La *zeta* è la 101ma stella più brillante, dista solo 89 anni luce ed è luminosa 52 volte il Sole.

La gialla *delta* è la 117ma stella più brillante del cielo. Luminosa 550 volte il Sole, la sua luce impiega 306 anni per raggiungerci e la sua colorazione è vivida, ancora di più quando la si guarda al binocolo.

La gialla *lambda* è la 136ma stella più brillante, dista 77 anni luce ed è luminosa quanto 32 Soli.

Le stelle *csi-*2 e *csi-*1 (5,1) costituiscono una coppia facilmente risolvibile già a occhio nudo. La *csi-*2 è più brillante (3,5) e gialla, mentre la *csi-*1, che troviamo mezzo grado più a nord, è azzurrina. I loro colori sono più evidenti quando osserviamo al binocolo.

La W Sgr è una variabile Cefeide che varia in luminosità tra la magnitudine 4,3 e la 5,1, con un periodo di 7,59503 giorni. La stella può essere osservata a occhio nudo per tutta la sua escursione luminosa.

Il Sagittario ospita più oggetti di Messier che ogni altra costellazione. È popolato da nebulose, ammassi aperti e globulari, molti dei quali visibili a occhio nudo e quasi tutti al binocolo.

(❂❂❂❂) La splendida nebulosa **M8** (4,6; 45'×30'), nota come **Nebulosa Laguna**, appare già a occhio nudo come una debole macchia luminosa. Si trova 5°,5 a ovest e un poco più a nord della *lambda* (cartina a pag. 273 e foto in Fig. 11.2), di modo che si trova nello stesso campo visuale della stella. Al binocolo abbiamo una visione stupenda, difficile da dimenticare. Le stelle dell'ammasso aperto **NGC 6530**, associato alla nebulosa, sono avvolte da una tenue nebulosità, una genuina nube interstellare di gas e polveri, e non la foschia che siamo soliti percepire quando il binocolo non riesce a risolvere le singole stelle di un ammasso. Il diametro della nebulosa è di almeno 10', ma naturalmente le dimensioni angolari dipendono soprattutto dalle condizioni osservative. L'intera bellezza della Laguna non più essere apprezzata a occhio nudo e nemmeno utilizzando un telescopio di grande diametro: la magica combinazione di nebulosità luminose e oscure si manifesta solo nelle riprese fotografiche di lunga posa.

Sul suo lato occidentale troviamo due stelle brillanti. Quella più a sud, la 9 Sgr, è di magnitudine 6 ed è probabilmente responsabile dell'illuminazione dei gas e delle polveri della Laguna. Oltre a questa,

Figura 11.2. La Nebulosa Laguna è un oggetto splendido anche in immagini amatoriali.

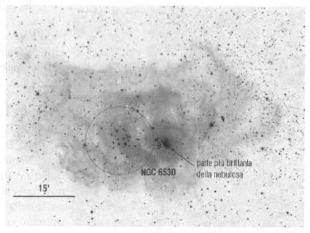

ci sono probabilmente molte altre stelle giovani e calde nascoste dalle dense nubi. La parte più brillante della nebulosa si trova 3' verso ovest-sudovest della stella 9 ed è anche sorgente delle onde radio che gli astronomi rilevano con i radiotelescopi.

La parte più compatta dell'ammasso aperto si trova nella porzione orientale della nebulosa. Nell'area che lo circonda ci sono diverse migliaia di stelle (siamo nel pieno della Via Lattea), ma queste sono perlopiù deboli e si vedono con difficoltà persino nei più grossi telescopi amatoriali. Quando le condizioni osservative sono eccellenti, al binocolo possiamo scorgere una trentina di stelle, che diventano una cinquantina nelle notti migliori. Le più brillanti sono di magnitudine 7.

Non è stata ancora stabilita con certezza la distanza della Nebulosa Laguna, poiché gli astronomi non sanno di quanto venga indebolita la luce stellare nell'attraversare le nubi di materia prima di giungere a noi. Le migliori stime parlano di una distanza di 5mila anni luce. Se fossero corrette, le dimensioni effettive della parte centrale della nebulosa sarebbero di 60×44 anni luce, ma considerando anche le regioni più deboli si arriva a una dimensione doppia. Con ogni probabilità la Nebulosa Laguna si connette a nord con la Trifida (M20), poiché entrambe si trovano alla stessa distanza da noi.

(✪✪) La nebulosa a emissione **M17** (6,0; 25'), che si dispiega attorno a un ammasso aperto, sta nella parte nord-orientale della costellazione, circa 3° a nord della Nube Stellare M24 e 1° a nord dell'ammasso aperto M18 (Fig. 11.4).

Al binocolo, la parte più luminosa della nebulosità si rende visibile solo quando le condizioni osservative sono eccellenti. La strana forma delle nubi di gas e polveri hanno guadagnato alla nebulosa un certo numero di denominazioni: Omega, Cigno, Ferro di Cavallo e Aragosta. La nube contiene 800 masse solari di materia. Diversamente da M8, in M17 non si scorgono stelle brillanti. L'ammasso aperto è costituito da circa 350 stelle, delle quali solo quindici più brillanti della magnitudine 11 e la più luminosa di tutte è di magnitudine 9.

M17 dista da noi circa 5mila anni luce. La regione più luminosa misura circa 12 anni luce, ma le parti più deboli, che si evidenziano solo su immagini fotografiche di lunga posa, coprono un'estensione di 40 anni luce di diametro. La nebulosa è una sorgente di onde radio relativamente intensa.

(✪✪) L'ammasso aperto **M18** (7,5; 9') si trova circa 2° a nord della Nube Stellare M24 e viene visto al binocolo come una macchiolina luminosa in cui si confondono le cento e più stelle che lo compongono. Al binocolo, nelle nottate migliori, se ne vedono venti, ma normalmente non se ne scorge più di una dozzina e anche queste solo con la visione distolta.

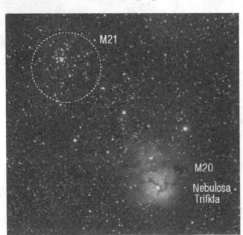

Le stelle più brillanti sono di magnitudine 9. Per osservare M18 si richiede una notte limpida e buia in cui le condizioni di osservazione siano eccellenti. La distanza dell'ammasso non è nota, ma viene generalmente stimata intorno ai 5mila anni luce.

(✪✪✪✪) La **Nebulosa Trifida**, **M20** (6,3; 28'×20') è uno degli oggetti celesti più spettacolari. La si trova 1°,5 a nord-nordovest della Nebulosa Laguna (M8), e quindi i due oggetti compaiono nello stesso campo binoculare. Probabilmente la Trifida è solo una parte della vasta nube di materia interstellare presente in quell'area. Sfortunatamente la sua straordinaria bellezza non è alla portata di chi la osservi solo al binocolo. In condizioni di cielo eccellenti si vedrà una nebulosità molto estesa e tenue: la qualità del cielo è particolarmente importante quando si osserva questa nebulosa, tanto è vero che se la notte non è completamente buia l'oggetto non è visibile per niente. Ora si può

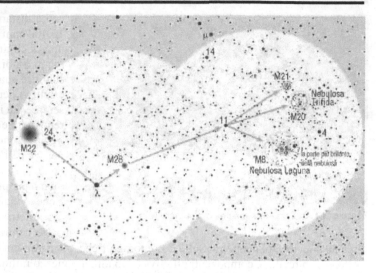

ben capire perché astronomi e astrofili sono tra gli oppositori più decisi dell'inquinamento luminoso. Se diventerete osservatori appassionati, non potrete non appoggiare le loro battaglie per difendere il buio della notte e la qualità del cielo.

Nelle foto a lunga posa, la nebulosa rivela tutta la sua bellezza. Il nucleo centrale di gas e polveri, brillante e denso, viene illuminato da un sestetto di stelle ed è avvolto da nubi oscure e da striature opache di materia interstellare. Ci sono quattro strie particolarmente oscure che escono dal centro della nebulosa e la dividono in quattro parti distinte.

L'ammasso aperto che sta all'interno della nebulosità è costituito da alcune centinaia di giovani stelle: una ventina di queste possono essere percepite quando le condizioni osservative sono eccellenti. Il numero sale a trenta in una notte perfetta, quando la nebulosa appare più grande e luminosa. In queste circostanze la visione è straordinaria!

Non è nota la precisa distanza della Nebulosa Trifida: le migliori stime la collocano a circa 5200 anni luce da noi. La nebulosa è anche una forte sorgente radio.

(**OO**) Nello stesso campo della Trifida, 0°,7 a nord-est di essa, è presente l'ammasso aperto **M21** (6,5; 13'), visibile al binocolo senza difficoltà. Al suo interno troviamo solo una stella di magnitudine 7 e una di magnitudine 8, ma in totale l'ammasso conta circa 400 membri. Solo nelle notti migliori possiamo vedere al binocolo una quarantina di questi fino alla magnitudine 11. L'ammasso sembra essere più vicino a noi della Trifida: la distanza – molto discussa – è di circa 3900 anni luce. Il diametro lineare dell'ammasso è allora di 16 anni luce.

(**OOOO**) L'ammasso globulare **M22** (5,1; 32') è facile da localizzare, trovandosi nello stesso campo binoculare della brillante *lambda*, circa 2° a nord-est della stella. L'ammasso è uno dei più belli e brillanti del suo tipo. Se fosse più alto in cielo, probabilmente offuscherebbe il celebrato M13 in Ercole. Nella graduatoria degli ammassi globulari più brillanti, M22 è terzo dopo Omega Centauri e 47 Tucanae, invisibili alle nostre latitudini. M13 occupa la quarta posizione.

Al binocolo, M22 appare come una grossa chiazza luminosa, del diametro di circa 10', con un nucleo centrale brillante. Le dimensioni dipendono fortemente dalle condizioni osservative, che generalmente non sono ideali nelle afose notti d'estate. Sarebbe molto meglio osservare l'ammasso nelle prime ore del mattino in aprile, o in maggio.

La distanza di M22 è di circa 10.400 anni luce, ciò che lo rende uno degli ammassi globulari più vicini a noi. È piuttosto difficile stabilire quale sia il suo diametro effettivo perché le stelle si fanno sempre più rarefatte verso i bordi, rendendone incerto il confine. Le misure sono ancora più difficili per via dell'affollamento di stelle della Via Lattea che si trovano lì vicino per puro effetto prospettico e che ovviamente non sono membri effettivi dell'ammasso. La parte centrale più densa misura

Figura 11.3. Il notevole ammasso globulare M22.

circa 50 anni luce in diametro. Sulle lastre fotografiche, gli astronomi hanno contato 75mila stelle, ma in realtà le componenti effettive sono almeno mezzo milione.

Trovandosi a meno di 1° dall'eclittica, capita che M20 venga avvicinato dai pianeti o dalla Luna. In quelle occasioni vale senz'altro la pena di osservarlo.

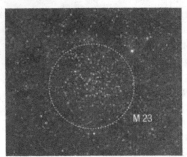

(✪✪✪) Nella porzione nord-occidentale della costellazione, troviamo il notevole ammasso aperto **M23** (5,5; 27'). Ci porta ad esso la *mu*, di magnitudine 4, o meglio ancora la Nube Stellare M24 che si trova circa 4°,5 a est. L'ammasso è chiaramente visibile al binocolo. Se le condizioni osservative sono buone appare come una grossa macchia luminosa uniforme del diametro di circa 15'. Se la notte è eccellente, la macchia si ingrossa e si scioglie in singole stelle. È consigliabile la visione distolta. L'ammasso contiene un centinaio di stelle e in una notte perfetta al binocolo se ne vedranno circa quaranta; le più brillanti sono però solo di magnitudine 9. La stella luminosa che si vede al bordo nord-occidentale dell'ammasso e alcune altre stelle di magnitudine 8 non sono membri effettivi del gruppo. M23 dista 2150 anni luce e il suo diametro lineare è di 15 anni luce.

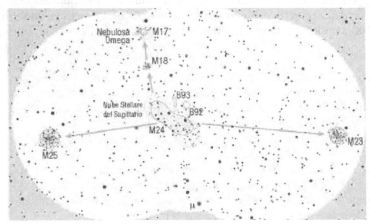

(✪✪✪✪) Una vasta nube di stelle presente nel bel mezzo della Via Lattea, che si distingue per essere parecchio più densa e brillante dei suoi dintorni, si è guadagnata un proprio numero nel Catalogo di Messier: è nota infatti come **M24** (4,6; 2°×0°,9). È anche nota come **Nube Stel-**

lare del Sagittario. La si trova circa 3° a nord della stella *mu*, di magnitudine 4. Ma, in effetti, non abbiamo bisogno della *mu* per localizzarla, perché la nube è già chiaramente visibile a occhio nudo. La sua parte più densa e brillante corre in direzione nordest-sudovest. Al suo interno troviamo due stelle di magnitudine 6. Provate a inquadrare la nube nel vostro binocolo: la visione è da mozzafiato! La Nube Stellare del Sagittario affascina chi guarda il cielo per la prima volta, così come l'astrofilo d'esperienza, indipendentemente dalle dimensioni e dalla qualità dello strumento usato. Le stelle della Via Lattea si addensano particolarmente in quest'area e sembrano fondersi in una nebulosità dentro la quale brillano innumerevoli stelle. Le due di magnitudine 6 di cui si è detto sono

Figura 11.4. La straordinaria ricchezza della regione del Sagittario, testimoniata da questa singola foto.

accompagnate da quattro stelle di magnitudine 7, cinque di ottava, una dozzina di nona e da un'infinità di stelline fino al limite di visibilità del binocolo e delle condizioni osservative.

Circa mezzo grado sopra il centro della Nube Stellare, troviamo due nebulose oscure, designate come B92 e B93, che contrastano meravigliosamente con il luminoso ambiente circostante. Sfortunatamente, al binocolo non si vedono in modo così netto come invece appaiono nelle immagini fotografiche. M24 dista circa 10mila anni luce e il diametro lineare è di circa 350 anni luce.

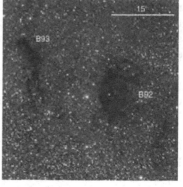

Le costellazioni al binocolo

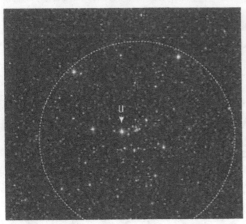

(❸❸❸) Circa 3°,5 a est di M24 si trova l'ammasso aperto **M25** (4,6; 32'), che è brillante anche se non particolarmente ricco di stelle. Ce n'è una cinquantina più brillanti della magnitudine 11 e alcune decine più deboli. La stella più luminosa dell'ammasso è di magnitudine 6 ed è una variabile Cefeide, la U Sagittarii, che varia fra le magnitudini 6,3 e 7,1 con un periodo di 6,744925 giorni. Al binocolo si scorgono tre stelle abbastanza brillanti e un gruppetto di altre più deboli raggruppate in un'area del diametro di 20'.

L'ammasso dista all'incirca 2000 anni luce e il suo diametro lineare è di 20 anni luce.

(❷❷) L'ammasso globulare **M28** (6,8; 11') si trova circa 1° a nord-est della *lambda*. Al binocolo è una piccola macchia uniformemente luminosa, del diametro di pochi primi d'arco. Lo si vede bene nelle notti con condizioni osservative eccellenti; nelle altre si confonde con il fondo cielo e quindi risulta invisibile.

Ciò che rende questo ammasso interessante (ma non per gli astrofili) è la presenza di una pulsar da millisecondo scoperta nel 1987. La pulsar ruota attorno al proprio asse una volta ogni 11 ms: significa che completa circa 90 rotazioni ogni secondo! Era la seconda pulsar da millisecondo che si scopriva in un ammasso globulare (la prima era stata trovata quello stesso anno nel globulare M4, nello Scorpione). Da allora gli astronomi hanno rivelato la presenza di altre sette pulsar da millisecondo in M28.

L'ammasso dista 18.300 anni luce e ha un diametro di circa 60 anni luce.

(❷) Nella parte sud della costellazione troviamo altri quattro ammassi globulari che si rendono visibili solo quando le condizioni osservative sono eccellenti. Si tratta di M54, M55, M69 e M70. Poiché alla culminazione si alzano di soli 12° sull'orizzonte degli osservatori alle medie latitudini settentrionali, bisognerà tentare di scovarli solo in quelle notti estive in cui il cielo è completamente buio giù fino all'orizzonte. Migliori probabilità di successo si hanno nelle prime ore del mattino in aprile e in maggio.

M54 (7,6; 12') si trova 1°,5 a ovest-sudovest della *zeta*. Non è particolarmente bello al binocolo, ove compare come una macchiolina luminosa uniforme. Ma attenzione! Le ultime ricerche dimostrano che molto probabilmente M54 è membro della galassia ellittica nana SagDEG, che è una nostra galassia satellite. Se ciò fosse confermato, l'ammasso si troverebbe a 87.400 anni luce da noi, e il suo diametro lineare sarebbe di oltre 230 anni luce: ciò lo renderebbe un oggetto più che notevole, oltre che l'unico ammasso globulare di un'altra galassia che si renda visibile al binocolo. Si raccomanda perciò vivamente di tentarne l'osservazione.

(❷) L'ammasso globulare **M69** (7,6; 9',8) è molto simile a M54 per come appare al binocolo. Compare nello stesso campo visuale della *epsilon*: si trova 3° a nord-est della stella. Distante 29.300 anni luce, il suo diametro lineare è di circa 60 anni luce.

(❷) **M70** (7,9; 8') è ancora un po' più debole dei precedenti e si colloca fra M54 e M69. Può essere visto, benché sia proprio al limite della visibilità al binocolo. Non dobbiamo aspettarci molto dall'osservazione binoculare, trattandosi di uno degli ammassi globulari più piccoli e deboli del catalogo di Messier. M70 dista 29.300 anni luce e il suo diametro lineare misura 68 anni luce.

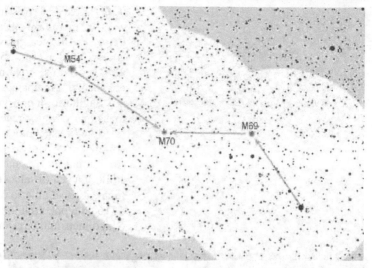

(**◐◑**) L'ammasso globulare **M55** (6,3; 19') è il più brillante dei quattro globulari menzionati ed è quello che si vede più chiaramente al binocolo. Se ha un difetto è che si trova in un'area piuttosto povera di stelle, all'esterno della parte più densa della Via Lattea, ragione per cui non ci sono nei dintorni stelle brillanti che ci facciano da guida ad esso. Le due stelle più vicine sono la *zeta* e la *tau*, che però stanno ben 8° a ovest (si veda la cartina a fianco). Quando le condizioni osservative sono eccellenti, l'ammasso

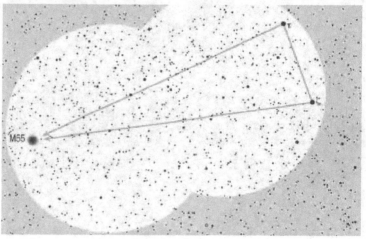

appare al binocolo come una macchiolina luminosa. Alla distanza di 17.300 anni luce, il suo diametro lineare è di circa 100 anni luce.

(**◑**) L'ammasso globulare **M75** (8,5; 6',8) è al limite della visibilità al binocolo e si trova nella parte estrema orientale della costellazione, al confine con il Capricorno. Possiamo sfruttare come stelle-guida la *beta* Capricorni, poi il terzetto costituito dalle *omicron*, *rho* e *pi* Cap, e infine la *sigma* Cap: si veda la cartina a fianco. M75 è uno dei globulari più compatti e più lontani che si conoscano. La sua luce deve viaggiare 67.500 anni per raggiungere la Terra. Il suo diametro lineare è di circa 130 anni luce.

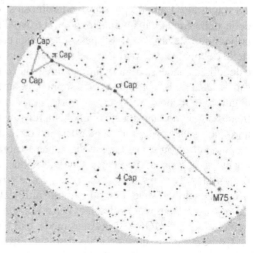

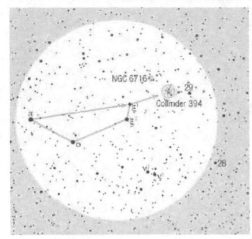

(✪✪) Circa 4° a ovest-nordovest della *pi* Sagittarii, in mezzo all'affollamento stellare della Via Lattea, troviamo due ammassi aperti: **NGC 6716** (7,5; 10') e **Cr 394** (6,3; 22'). Il primo si trova meno di 1° a nord-est del secondo. In una costellazione ricca come è il Sagittario, menzioniamo questi due ammassi per ultimi, anche se sono oggetti piuttosto belli, specialmente Cr 394. Quando le condizioni d'osservazione sono perfette, dentro l'ammasso possiamo scorgere circa 50 stelle. La sua distanza da noi è di 2200 anni luce e il suo diametro è di 15 anni luce. NGC 6716 è un poco più lontano (2600 anni luce) e ha dimensioni circa la metà (7,5 anni luce).

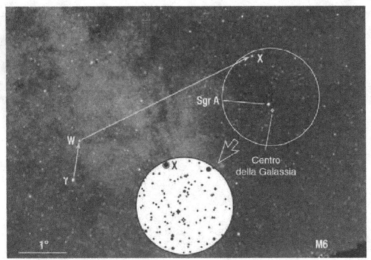

(✪✪✪✪) Per gli osservatori delle medie latitudini settentrionali, le aree più affascinanti della Via Lattea estiva appartengono al Cigno, allo Scudo, all'Aquila e all'Ofiuco. Quelle nel Sagittario si trovano un po' troppo a sud. Tuttavia, nelle poche notti in cui il cielo è veramente limpido e buio fino all'orizzonte, emerge la magnificenza della Via Lattea nel Sagittario. La parte più densa e luminosa si trova a 26mila anni luce da noi, nei dintorni della stella *gamma*: in quella direzione si trova il **centro della Galassia**. Qui le nubi di gas e di polveri interstellari sono così spesse che non ci consentono di ricevere la luce proveniente dalle stelle del nucleo galattico. Nonostante ciò, l'oculare del binocolo si riempie di stelle, brillanti e deboli, di condensazioni stellari, grandi e piccole, inframmezzate da nubi oscure. In una notte estiva, quando la Via Lattea corre sopra le nostre teste dal Perseo e da Cassiopea attraverso il Cigno e lo Scudo giù fino al Sagittario, non è difficile immaginarne la reale struttura. Con la mente possiamo fantasticare di allontanarci su una potente astronave per decine di migliaia di anni luce e infine di girarci a guardare la nostra Galassia. Una visione stupenda!

Anzitutto si può notare che la Via Lattea sembra essere divisa in due da un'ampia zona oscura posta fra il Cigno e il Sagittario. Questa regione, che altro non è se non una porzione più densa di nubi di polveri opache, è conosciuta come ***Great Rift*** ("la grande crepa"). Analoghe bande oscure equatoriali sono presenti in molte altre galassie spirali e, vedendole dall'esterno, le possiamo osservare più agevolmente: i casi più significativi sono quelli della Galassia Sombrero nella Vergine, di NGC 891 in Andromeda, e di NGC 4565 nella Chioma di Berenice.

Come si è detto, il centro della Galassia si trova all'incirca nella direzione della *gamma* Sgr.

Questa regione misteriosa, nascosta ai nostri occhi da dense nubi opache, può essere osservata in tutte le bande dello spettro elettromagnetico con l'eccezione di quella visuale. Quando puntiamo il binocolo verso il centro della Via Lattea soltanto l'immaginazione può aiutarci a capire ciò che vi si potrebbe trovare. L'immaginazione e il capitolo introduttivo di questo libro, nel quale descriviamo ciò che si verifica in quella parte di Galassia non più grande del nostro Sistema Solare. Proprio lì, dietro una spessa cortina che nasconde gli eventi agli osservatori visuali, ha luogo uno *show* che si ha difficoltà a concepire sulla base dell'esperienza terrestre. Nel centro si trova infatti un gigantesco buco nero, vale a dire una singolarità capace di una forza gravitazionale tale da risucchiare a sé e ingurgitare tutto ciò che le passa vicino. Gigantesche cascate di gas si riversano in questo pozzo senza fondo, vorticando tumultuosamente e rilasciando per l'ultima volta, prima di sparire per sempre dall'orizzonte osservativo, un urlo silenzioso, fatto di raggi X.

SCORPIUS (Scorpione)

La costellazione estiva dello Scorpione si trova a sud dell'Ofiuco ed è sempre piuttosto bassa sull'orizzonte. È una delle costellazioni più estese del cielo e certamente una delle più belle: solo Orione può competere con essa. È presente nelle mitologie di tutte le antiche civiltà mediterranee. Quello dello Scorpione è uno dei rari casi nei quali non occorre troppa immaginazione per riconoscere nella disposizione delle stelle l'aracnide che dà il nome alla costellazione. Viene attraversata dalla Via Lattea nella sua parte orientale, cosicché l'intera area è ricolma di stelle, ammassi e nebulose di ogni tipo.

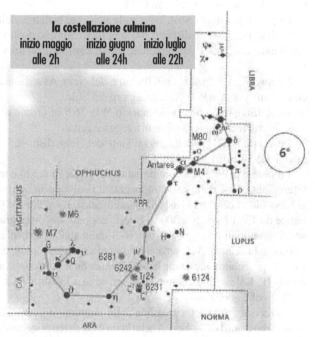

la costellazione culmina

inizio maggio	inizio giugno	inizio luglio
alle 2h	alle 24h	alle 22h

Lo Scorpione è sempre molto basso sull'orizzonte degli osservatori alle medie latitudini settentrionali. Se c'è una grande città a sud del sito in cui osservate, è probabile che l'inquinamento luminoso vi cancelli l'intera costellazione, ad eccezione di poche stelle tra le più brillanti. Se volete ammirare i tesori nascosti che questa costellazione può offrirvi dovrete trovare un sito osservativo sotto un cielo che sia buio fino all'orizzonte. Oppure, andate nell'emisfero sud del mondo, dove potrete ammirare lo Scorpione ben alto in cielo.

La stella più brillante dello Scorpione è Antares (1,1), una supergigante rossa 10mila volte più luminosa del Sole. È impossibile non notarla, per via della colorazione arancione-rossastra che ne chiarisce il nome: "colei che compete con Ares". Nella figura dello Scorpione, Antares rappresenta il cuore dell'animale. È la 16ma stella più brillante del cielo, dista 600 anni luce ed è una stella fra le più grandi che si conoscano, con un diametro di poco meno di 1 miliardo di km: se la ponessimo al centro del Sistema Solare, con le sue propaggini estreme raggiungerebbe la Fascia Principale degli asteroidi. Significa che le orbite di tutti i pianeti interni, Marte incluso, se ne starebbero al suo interno.

Antares è una stella doppia. Come nel caso di *alfa* Herculis, la sua compagna viene descritta di colore verde chiaro. In realtà, la sensazione di quel colore inusuale si deve molto probabilmente alla tinta arancione della principale e al modo in cui il nostro cervello interpreta i contrasti cromatici in situazioni estreme. Le stelle sono separate da 2",5 (a.p. 274°; 1997). La coppia non si risolve facilmente, benché la stella compagna sia di magnitudine 5,4. In uno strumento con un obbiettivo di 15 cm, ad alti ingrandimenti, la secondaria verdina viene vista a contatto con la primaria, ma solo quando le condizioni osservative sono davvero eccellenti.

Come la gran parte delle giganti rosse, anche Antares è una variabile, ma la sua luce muta solo di qualche decimo di magnitudine, troppo poco per poterlo rilevare visualmente.

La testa dello Scorpione è rappresentata dalle stelle *beta*, Akrab (2,6), *nu* (2,7) e *omega* (3,9), mentre la coda è disegnata dalle *lambda*, Shaula (1,6), *kappa* (2,4), *upsilon* (2,7), G (3,2) e Q (4,3). Alla costellazione appartengono molte altre stelle brillanti, come la *theta* (1,9), la *delta* (variabile), la *epsilon* (2,3) e la *tau* (2,8).

Dopo Antares (*alfa* Sco), la seconda stella più brillante della costellazione e la 25ma del cielo è la *lambda*, una gigante distante 700 anni luce e luminosa ottomila volte il Sole. Nella figura dello Scorpione, costituisce il pungiglione, come testimonia la traduzione del suo nome arabo Al Shaulah.

La *theta* è la 39ma stella più brillante del cielo. Alla distanza di 270 anni luce, questa gigante emette una potenza 960 volte maggiore del Sole.

La *epsilon*, di colore giallo-arancio, è la 76ma in ordine di brillantezza. Luminosa 37 volte il Sole, la sua luce impiega 66 anni a raggiungerci.

La *kappa* è la 83ma stella più brillante del cielo, dista 465 anni luce e la sua luminosità supera quella del Sole di 1700 volte.

La *beta* è la 96ma stella più brillante del cielo. In realtà è un sistema multiplo particolarmente interessante. Due delle sue componenti si risolvono in ogni telescopio, ma sfortunatamente non al binocolo (a causa del basso ingrandimento). Le stelle A e C sono di magnitudini 2,6 e 4,5, separate da 13",1 (a.p. 24°; 2005). Questa coppia è accompagnata dalla stella B, invisibile nei telescopi amatoriali poiché dista solo 0",3 dalla stella più brillante della coppia. E non è tutto. La stella più brillante del sistema è una binaria spettroscopica, con un periodo orbitale di 6,8 giorni, e molto probabilmente anche la *beta* C è una binaria stretta, con una separazione fra le componenti di solo 0",1. Il sistema quintuplo si trova circa a 530 anni luce da noi e la luminosità della primaria è 1900 volte quella del Sole.

La *nu* è la 114ma stella in ordine di brillantezza, distante 520 anni luce. Si trova circa 1°,5 a est e poco più a nord della *beta*. Anche la *nu* è un sistema stellare quintuplo, uno dei più belli in cielo. Al binocolo è possibile risolvere solo la coppia A-C, poiché le due stelle di magnitudini 4,2 e 6,6 sono separate da 41",3 (a.p. 338°; 2005). Un telescopio a più elevati ingrandimenti può separare la stella C nella coppia C-D, in cui le stelle sono separate da 2",4 (a.p. 54°; 2003), mentre le magnitudini sono 6,6 e 7,2. La coppia A-B è una binaria stretta risolvibile solo in grossi telescopi amatoriali: le due stelle di magnitudini 4,3 e 5,3 distano fra loro 1",3 (a.p. 2°; 2003). La quinta stella è membro della binaria spettroscopica *nu* A. Tutte e cinque le stelle sono bianche.

La stella *tau* è la 134ma stella più brillante del cielo. Anch'essa è una gigante, mille volte più luminosa del Sole e dista 430 anni luce.

Altra supergigante è la *iota*, che sopravanza di 60mila volte il Sole in luminosità. Brilla di magnitudine 3 nel nostro cielo, nonostante il fatto che disti la bellezza di 3400 anni luce.

(☻☻) La **delta** Sco è una stella veramente interessante. È una gigante 1400 volte più luminosa del Sole, e dista 400 anni luce. Da sempre, da quando si compiono osservazioni astronomiche, la stella si è mantenuta costantemente alla magnitudine 2,3 e come tale è la 75ma stella più brillante del cielo. Inaspettatamente, nel giugno 2000 si notò che la luminosità stava cambiando: la stella era più brillante di 0,1 magnitudini. Da allora la sua luminosità ha continuato a variare, restando sempre al di sopra dell'antico valore, portandosi occasionalmente fino alla magnitudine 1,6. Questo comportamento così inusuale ha catturato l'attenzione degli astronomi, i quali hanno così appurato che la stella sta emettendo gas nel corso di ripetute violente esplosioni.

(✪✪) La *zeta* Sco è una stella doppia apparente, già risolvibile a occhio nudo, essendo le due componenti separate da 6',8. Quella più orientale, la *zeta*-2, è di magnitudine 3,6, è la più brillante ed è una sub-gigante arancione distante 155 anni luce. Quella occidentale, la *zeta*-1, è assai più lontana (circa 5700 anni luce) ed è bianca come Rigel. Se la stima della distanza è corretta, questa è davvero una stella supergigante, che supera di oltre 100mila volte la luminosità del Sole. Il contrasto di colori, che viene risaltato ancora di più al binocolo, può essere apprezzato dagli osservatori alle medie latitudini settentrionali solo in quelle notti in cui il cielo è buio giù sino all'orizzonte. Infatti, la *zeta* si alza solo al più di 1°,5 sopra l'orizzonte meridionale: la si vede dalla Florida, ma non dall'Inghilterra.

(✪✪) La *mu* Sco è un'ampia coppia, chiaramente risolvibile a occhio nudo. La *mu*-1 è di magnitudine 3,1, mentre la *mu*-2 è un po' più debole (3,6). Le due stelle sono separate da 5',8. È molto probabile che siano gravitazionalmente legate, benché la distanza fra loro sia di ben 55mila UA, ovvero 0,5 anni luce. La coppia si trova a 520 anni luce da noi. In confronto al Sole, entrambe le stelle sono giganti, con la luminosità della *mu*-1 che supera quella del Sole di mille volte e quella della *mu*-2 di 700 volte. In aggiunta, la *mu*-1 è anche una binaria spettroscopica. Talvolta, viene da pensare che noi qui nel Sistema Solare stiamo vivendo nell'angolo più anonimo e monotono dell'Universo.

(✪) La *sigma* Sco è una stella doppia facile e splendida per i piccoli telescopi, ma difficile per chi osserva col binocolo. Le stelle di magnitudini 2,9 e 8,4 sono separate da 20" (a.p. 273°; 1999): all'oculare del binocolo vengono viste come una coppia stretta. Curioso il contrasto di colore: la più brillante è gialla, la più debole bianca. L'osservazione di questa coppia richiede ottiche perfette e, in ogni caso, è una bella sfida per chiunque.

(✪✪✪✪) L'ammasso globulare **M4** (5,6; 36') è facile da trovare poiché si colloca poco più di 1° a ovest di Antares. Si vede chiaramente al binocolo, ma solo come una chiazza luminosa di 15' con un nucleo leggermente più brillante. Il suo aspetto dipende dalle condizioni osservative, poiché l'ammasso è sempre basso sull'orizzonte per gli osservatori alle medie latitudini nord (18° alla culminazione). C'è chi dice che possa essere visto a occhio nudo, ma solo da siti più a sud, dove l'ammasso è più alto in cielo.

M4, uno degli ammassi globulari più vicini, dista solo 7200 anni luce. Se la stima è corretta, il suo diametro misura solo 54 anni luce (Fig. 11.6).

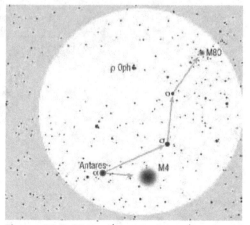

Figura 11.5. Vicino ad Antares ci sono due ammassi globulari ben diversi tra loro: M4 è grande e si vede facilmente, M80 è brillante ma piccolo, di modo che l'osservatore superficiale potrebbe confonderlo con una stella.

(✪✪) L'ammasso globulare **M80** (7,3; 10') si colloca a metà strada fra Antares e la *beta*

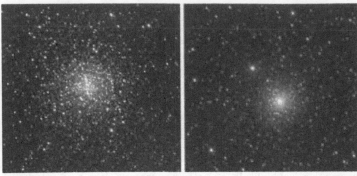

Figura 11.6. M4 (a sinistra) e M80 sono ammassi globulari molto differenti fra loro. M4 è tra i più dispersi che si conoscano, con la sua parte centrale che viene completamente risolta in stelle dai grandi telescopi professionali. Invece, le stelle di M80 si compattano così fittamente attorno al centro che non riusciremmo a separarle neppure se l'ammasso fosse più vicino a noi.

Sco. Brillante, ma piccolo, visto al binocolo assomiglia a una stella sfocata più che a un ammasso stellare. La sua visione è interessante per il fatto che compare nello stesso campo visuale di M4. Mentre M4 è un oggetto notevole e colpisce l'occhio, per riconoscere M80 e farlo emergere dal fondo di stelle che lo circondano sono necessarie condizioni osservative eccellenti, una cartina dettagliata (Fig. 11.5) e una certa esperienza. L'ammasso dista oltre 32.600 anni luce da noi e ha un diametro di 85 anni luce.

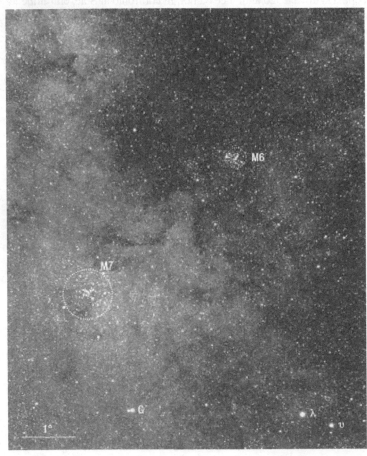

(✪✪✪✪) Quando le condizioni osservative sono buone, l'ammasso aperto **M6** (4,2; 25') è visibile anche a occhio nudo: per questo motivo compariva già sulle carte celesti prima dell'avvento del telescopio. Al binocolo è possibile risolverlo in stelle, le più brillanti delle quali sono di magnitudine 6, mentre le più deboli si confondono in una sorta di tenue luminosità diffusa. La dozzina di stelle più brillanti ha curiosamente la forma di una farfalla con le ali aperte: da qui la denominazione di Ammasso Farfalla. In condizioni osservative eccellenti si vedono almeno 50

stelle, mentre in una notte assolutamente perfetta il numero cresce fino a 70 e più. In totale, l'ammasso ospita 100 stelle. La
componente più brillante è arancione, mentre
tutte le altre visibili al binocolo sono bianche.

Anche se le condizioni del cielo non ci consentono di vedere l'ammasso a occhio nudo, non
è difficile trovarlo poiché sta solo 5° a nord-nord-
dest della brillante *lambda*, insieme alla quale
compare nello stesso campo visuale del binocolo.

Non è stata ancora pienamente determinata
la distanza dell'ammasso. Si pensa che sia di
1600 anni luce e allora il diametro lineare tocca
i 15 anni luce, mentre le stelle più brillanti si raccolgono in un'area che misura solo 9 anni luce.

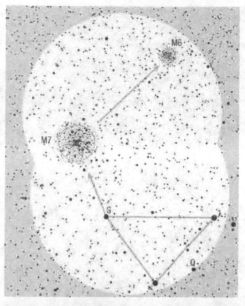

(✪✪✪✪) Se M6 è fantastico, allora il suo vicino **M7** (3,3; 80') è da mozzafiato. Anche
questo ammasso può essere trovato grazie
alla *lambda*, dalla quale è separato per meno
di 5°, di modo che i due oggetti compaiono
nello stesso campo visuale. In condizioni osservative buone, è facile da vedere già a occhio nudo; quando poi lo si guarda al
binocolo, M7 si scioglie in un gran numero
di stelle, più o meno brillanti: ce ne sono 130
più brillanti della magnitudine 10, ma se la
notte è perfetta il numero può salire a oltre
200. In totale, nell'area dell'ammasso si contano circa 400 stelle. M7 è più grande e disperso del suo vicino e le sue stelle sono un
poco più brillanti, perché giungono alla magnitudine 5,5. In un binocolo a grande campo

dà il massimo di sé, con la scena arricchita dalle numerose e deboli stelline della Via Lattea
estiva tutte attorno. M7 dista circa 800 anni luce e ha un diametro lineare di 20 anni luce.

Qual è l'oggetto celeste più strabiliante e spettacolare all'osservazione? Potrebbe essere
proprio M7. La prima volta che lo osservai fu diversi anni fa in una notte di tarda primavera.
A quel tempo, l'inquinamento non rappresentava un problema e io mi trovavo lontano dalle
città, in Bela Krajina, una regione della Slovenia. Era una notte senza Luna e il cielo era
completamente buio. La Via Lattea era così intensa che, alla sua luce, gli oggetti gettavano
l'ombra. John Bortle avrebbe detto che era un cielo di classe 1-2. I grilli cantavano e le luc-
ciole si rincorrevano nei prati. C'era qualcosa di primordiale in quell'ambiente. Trovai la
lambda al binocolo e poi mi spostai di poco a nord-est: quando nel campo apparve l'ammasso, ne restai incantato e rabbrividii. Ricordo che non seppi staccarmi dall'oculare per
almeno un'ora. Me ne stavo lì a fissare instancabilmente quell'angolo di Universo: fu la visione più straordinaria che abbia mai avuto.

(✪) Per gli amanti delle sfide, ecco l'invito a cercare gli ammassi aperti nella parte estrema
meridionale della costellazione. Gli ammassi si vedono molto bene da chi sta nell'emisfero

Le costellazioni al binocolo

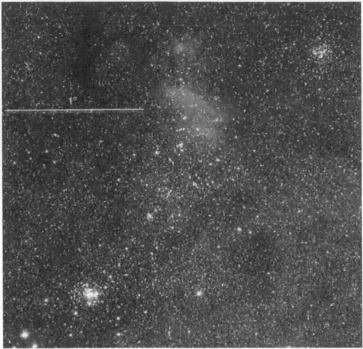

sud, ma per gli osservatori settentrionali sono sempre molto bassi e possono essere intravisti solo in quelle rare notti in cui il cielo è buio giù fino all'orizzonte. Gli oggetti più promettenti sono: **NGC 6281** (5,4; 8'; circa 40 stelle fino alla magnitudine 11), **NGC 6242** (6,4; 9'; circa 30 stelle fino alla magnitudine 11), **Trumpler 24** (magnitudine attorno alla 5; 60'; circa 190 stelle fino alla magnitudine 11), **NGC 6124** (5,8; 29'; circa 60 stelle fino alla magnitudine 11) (Fig. 11.7).

Figura 11.7. Un'area ricca di ammassi aperti, ma più adatta per gli osservatori dell'emisfero sud, si estende a nord della stella *zeta* (si noti che l'immagine è un poco ruotata: il nord è in direzione della diagonale; (si confronti la foto con la cartina qui sotto). In basso a sinistra, c'è NGC 6231; al centro, il grande e disperso Trumpler 24, avvolto da una tenue nebulosità; in alto a destra, NGC 6242.

Benché sia il più meridionale di tutti, **NGC 6231** (2,6; 15') è quello che si rende più chiaramente visibile. È composto da una stella di magnitudine 5, da sei di magnitudine 6, da otto di magnitudine 7 e da un centinaio di stelle deboli che si fondono in una nebulosità soffusa. L'ammasso si alza solo di 2° alla culminazione (ovviamente, per gli osservatori delle medie latitudini settentrionali) ragion per cui per vederlo si deve avere un orizzonte sgombro (per esem-

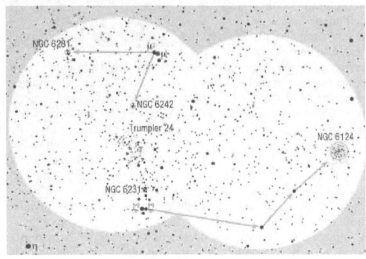

pio, al mare). Chi vuole accettare la sfida di vedere un oggetto così elusivo, tenti l'osservazione nelle mattinate di inizio primavera (marzo o aprile), quando le notti sono ancora fredde e poco umide.

SCULPTOR (Scultore) e PHOENIX (Fenice)

La costellazione dello Scultore, così poco appariscente è sempre bassa sull'orizzonte, si trova sotto la Balena. La sua stella più brillante, la *alfa*, è di magnitudine 4,3 e, alle medie latitudini settentrionali, non si alza mai più di 15° sull'orizzonte. È persino arduo scorgerla se il sito da cui osserviamo è inquinato dalle luci cittadine.

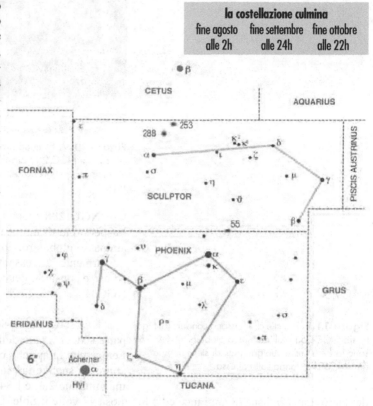

la costellazione culmina

fine agosto	fine settembre	fine ottobre
alle 2h	alle 24h	alle 22h

Lo Scultore comprende un certo numero di galassie grosse e brillanti, ma tutte troppo basse perché le si possa osservare al binocolo; tutte, a eccezione di NGC 253. In una notte perfetta, se ci si trova su un'altura, con il cielo buio dallo zenit all'orizzonte, si può cercare la NGC 55 (7,4; 32',4×5',6), una grossa galassia spirale vista di taglio. È la *alfa* Phoenicis la stella-guida che ci porta alla galassia: l'una e l'altra compaiono nello stesso campo visuale del binocolo. Purtroppo, per chi sta alle medie latitudini settentrionali la galassia sale solo di 5° sopra l'orizzonte e quindi è semmai un oggetto adatto agli astrofili dell'emisfero sud.

(✪✪✪) NGC 253 (7,1; 25'×7',4) è una delle galassie spirali più brillanti che si possano vedere al binocolo ed è sorprendente che Charles Messier non l'abbia inclusa nella sua famosa lista di oggetti non stellari. Era forse troppo a sud per i Parigini? La galassia si trova al confine con la costellazione della Balena ed è facile da trovare in cielo. La stella-guida è la *beta* Ceti: passando attraverso due gruppetti di stelle di magnitudini 5 e 6 si arriva ad essa (Fig. 11.8). La galassia si rende visibile senza difficoltà, ma solo come una striscia luminosa elongata, le cui dimensioni e la cui brillantezza dipendono soprattutto dalle condizioni osservative. La stria è elongata perché vediamo la galassia quasi perfettamente di taglio.

Membro dominante del piccolo ammasso di galassie dello Scultore, uno dei più vicini al Gruppo Locale, NGC 253 si stima che disti 10 milioni di anni luce e il suo diametro lineare è di circa 70mila anni luce (Fig. 11.9).

(✪) Quando le condizioni osservative sono eccellenti e se l'atmosfera è calma, tra NGC 253 e la stella *alfa* si potrà notare un'altra debole macchiolina luminosa: l'ammasso globu-

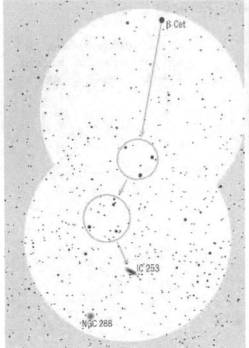

Figura 11.9. Essendo grande e brillante, la galassia spirale NGC 253 mostra notevoli dettagli anche in immagini fotografiche prese con strumenti amatoriali.

Figura 11.8. Le stelle che possono condurci alla galassia NGC 253 e all'ammasso globulare NGC 288 sono la *beta* Ceti e due gruppetti di stelle di magnitudini 5 e 6 che stanno sotto di essa.

lare **NGC 288** (8,1; 14'). Al binocolo, ha l'aspetto più di una stella sfocata che di un ammasso globulare: non è un ammasso particolarmente interessante e ne parliamo solo ad uso e consumo dei collezionisti di oggetti NGC.

Al di sotto dello Scultore, troviamo la parte settentrionale della costellazione della Fenice che fa appena capolino sopra l'orizzonte; la sua stella più brillante, la *alfa*, di magnitudine 2,4, è l'84ma stella più brillante del cielo. La *alfa* dista 78 anni luce ed è luminosa 47 volte il Sole. La stella è abbastanza cospicua per chi osserva da latitudini meridionali, ma nei nostri cieli si alza troppo poco sopra l'orizzonte e quindi dilapida gran parte del suo splendore negli spessi strati atmosferici che la sua luce deve attraversare. Alla costellazione non appartiene alcun oggetto interessante per gli osservatori al binocolo.

SCUTUM (Scudo)

la costellazione culmina		
inizio giugno	inizio luglio	inizio agosto
alle 2h	alle 24h	alle 22h

La costellazione estiva dello Scudo si trova a nord del Sagittario e a sud-ovest dell'Aquila, nei pressi della brillante *lambda* Aquilae.

La *alfa* Scuti (3,8) è la sola stella più brillante della magnitudine 4 presente nella costellazione. Lo Scudo è piccolo, e copre appena due campi visuali del binocolo. Merita comunque un'esplorazione a grande

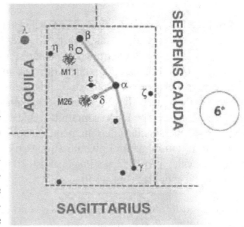

campo, perché si trova nella Via Lattea estiva: nessun altro strumento, nemmeno i più grandi telescopi, possono offrire visioni più affascinanti. Insomma, lo Scudo ospita nubi stellari tra le più dense e spettacolari, stelle brillanti, nebulose oscure e filamenti opachi alla luce. In condizioni osservative eccellenti, queste meraviglie possono essere percepite anche a occhio nudo.

(😊😊) La variabile **R Scuti** si trova 1° a sud della *beta* ed è una stella decisamente inusuale. Il suo periodo di variabilità è di 146 giorni. Tuttavia, la curva di luce è tutt'altro che regolare e neppure i massimi e i minimi toccano sempre gli stessi valori (Figg. 11.10 e 11.11). Al massimo di luce la stella giunge alla magnitudine 4,2 e perciò si rende visibile a occhio nudo. Ogni 146 giorni però sprofonda fino alla magnitudine 8,6. Nel corso dell'intero periodo essa oscilla abbastanza regolarmente ogni 33 giorni con variazioni di luminosità fra 4,2 e 6,0. Sembra che la stella

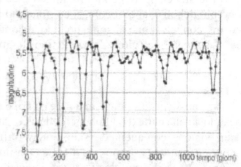

Figura 11.10. Curva di luce della variabile R Scuti.

sia una Cefeide e, al contempo, una variabile gigante rossa del tipo Mira; ecco perché la sua luminosità oscilla in modo apparentemente così irregolare: in realtà, sembra che si possano spiegare le sue variazioni combinando i due periodi. E forse questa è anche la ragione del fatto che talvolta il minimo più profondo non si presenta neppure. Nonostante che sia una gigante rossa, la stella non ha una colorazione ben definita. Ha una tinta arancione, ma non così decisa come la *alfa* o la giallo-arancione *beta*, anch'esse due giganti.

La stella può essere seguita al binocolo per l'intero ciclo della variazione luminosa. Dista circa 2750 anni luce e la sua luminosità, quando è al massimo, supera quella del Sole di ottomila volte.

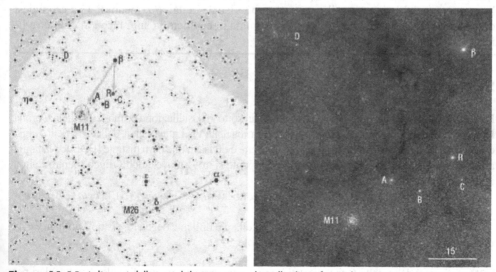

Figura 11.11. I dintorni della variabile R Scuti con le stelle di confronto *beta* (4,2), *eta* (5,0), A (6,1), B (6,7), C (7,1) e D (7,5). Si veda anche la foto.

(❂❂❂) Visto in un telescopio amatoriale di medie dimensioni, **M11** (6,3; 14') è uno dei più begli ammassi aperti del cielo (Fig. 11.11). Sfortunatamente, chi osserva al binocolo dovrà accontentarsi di una chiazza luminosa brillante e larga una dozzina di primi d'arco. Si possono notare due stelle di magnitudine 8 al bordo sud-orientale dell'ammasso: le due stelline però non ne fanno parte.

Tra le stelle appartenenti all'ammasso, ce n'è solo una di magnitudine 9; tutte le altre sono più deboli e, al binocolo, si confondono in un'indistinta nebbiolina. Solo qualcuna si mostra, con la visione distolta, quando le condizioni osservative sono eccellenti. Nell'ammasso sono presenti circa 500 stelle fino alla magnitudine 13, cinquanta delle quali più brillanti della magnitudine 11. Nell'area dell'ammasso si conta un totale di oltre duemila stelle. M11 si colloca nello stesso campo visuale della *beta*, di modo che lo si può trovare facilmente.

L'ammasso dista seimila anni luce da noi e il suo diametro lineare è di 45 anni luce. Collocandosi nella parte più luminosa della Via Lattea estiva, che è estremamente ricca di stelle, la sua visione, con quella dei suoi dintorni, affascinerà anche l'osservatore più esigente.

Per gli standard astronomici, M11 è un ammasso giovane, con un'età di soli 250 milioni di anni, ed è anche uno degli ammassi aperti più compatti che si conoscano. Nelle sue regioni centrali, racchiuse in 15 anni luce, la densità delle stelle giunge a 8 stelle per anno luce cubico: la distanza media tra due astri vicini è dell'ordine di un anno luce. La densità stellare in questo ammasso aperto non è poi troppo minore di quella che si ha in un medio ammasso globulare. Stando su un ipotetico pianeta di una stella della parte centrale dell'ammasso, un astrofilo che osservasse il cielo vedrebbe alcune centinaia di stelle di magnitudine 1 e almeno una quarantina di queste sarebbero fra 3 e 50 volte più brillanti di quanto sia Sirio nel nostro cielo!

(❂) L'ammasso aperto **M26** (8,0; 14') è più piccolo e più debole del suo vicino M11. Al binocolo ci appare come una macchia luminosa con un diametro di pochi primi d'arco. Per osservarlo bisognerà scegliere la notte giusta, buia e limpida, altrimenti non vedremo nulla. Anche utilizzando un telescopio amatoriale, si possono vedere soltanto venti stelle nell'area dell'ammasso e nessuna di queste più brillante della magnitudine 9. È facile da localizzare l'ammasso, poiché si trova nello stesso campo visuale della *alfa*, meno di 1° a est-sudest della *delta* (Fig. 11.11). La distanza viene stimata in cinquemila anni luce e il diametro lineare in 12 anni luce.

SERPENS (Serpente)

La costellazione del Serpente è molto estesa: inizia sotto la costellazione primaverile della Corona Boreale, a est del Bovaro, attraversa l'Ofiuco e termina nella Via Lattea estiva, dalle parti dell'Aquila e dello Scudo. Il Serpente è l'unica costellazione che è divisa in due parti distinte (l'Ofiuco la taglia a metà). La parte conosciuta come Testa del Serpente si trova a ovest dell'Ofiuco mentre l'altra, nota come Coda del Serpente, è ad est di esso.

Le stelle più brillanti della Testa del Serpente sono la *alfa* (2,6), la *mu* (3,5), la *beta* (3,6) e la *epsilon* (3,7).

La *alfa*, di colore giallo-arancione è la 103ma stella più brillante del cielo, dista 73 anni luce e ha una luminosità 34 volte maggiore di quella del Sole.

(❂❂) I dintorni della stella **beta** Serpentis sono particolarmente ricchi di stelle e spettacolari per chi osserva con il binocolo. Oltre alla *gamma* (3,8) e alla *kappa* (4,1), troviamo almeno una dozzina di stelle di magnitudine 6. La *beta* è un sistema binario, difficile da separare al binocolo poiché la secondaria è di magnitudine 10,0. Le due componenti sono separate da 31" (a.p. 264°; 1999), troppo poco perché possano essere risolte al binocolo. La secondaria è di colore giallo ed è una nana con una luminosità un sesto di quella del Sole. Chi volesse tentare di osservare la componente più debole dovrà compiere il suo tentativo quando le condizioni osservative sono eccellenti e con la costellazione alta in cielo.

la Testa del Serpente culmina

fine aprile	fine maggio	fine giugno
alle 2h	alle 24h	alle 22h

la Coda del Serpente culmina

fine maggio	fine giugno	fine luglio
alle 2h	alle 24h	alle 22h

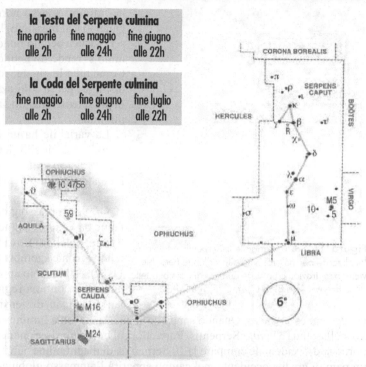

(☺☺) La stella variabile **R Serpentis** si trova nello stesso campo visuale della *beta* (Figg. 11.12 e 11.13). Si tratta di una gigante rossa, una tipica variabile di lungo periodo di tipo Mira che muta la sua luminosità passando dalla magnitudine 5,2 alla 14,4 in 356,41 giorni. I valori testé citati sono quelli estremi toccati dalla stella sole poche volte negli ultimi 180 anni in cui è stata regolarmente osservata: nella gran parte dei suoi massimi, la stella ha infatti raggiunto solo magnitudini comprese fra la 6 e la 7; e

Figura 11.12. La variabile a lungo periodo R Serpentis al massimo (sopra) e al minimo di luce. La stella brillante sulla destra è la *beta* Serpentis. La distanza angolare fra le due stelle è di circa 1°.

Le costellazioni al binocolo

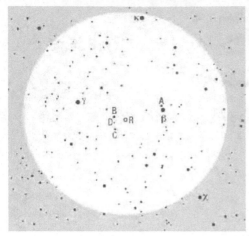

Figura 11.13. La variabile R Serpentis è facile da localizzare perché prossima alla brillante *beta*. Nelle vicinanze, troviamo un certo numero di possibili stelle di confronto: A (6,8), B (7,4), C (8,4) e D (9,2).

nei minimi spesso non è scesa sotto la 13. Quando è al massimo, la stella può anche essere vista a occhio nudo, ma quando è al minimo si rende invisibile persino al binocolo. Come tutte le giganti rosse, la R Serpentis si distingue per la colorazione arancione, che si fa più intensa quando la stella scende verso il minimo.

La variabile ha un diametro cento volte maggiore di quello del Sole. La luminosità supera di 250 volte quella della nostra stella. La distanza è di 600 anni luce.

(✪✪✪) L'ammasso globulare **M5** (5,6; 23') è facile da vedere, ma non altrettanto da localizzare, poiché si trova in una regione celeste relativamente sgombra di stelle brillanti (Fig. 11.14). Al binocolo appare come un batuffolo luminoso con una regione centrale più brillante. Le sue dimensioni dipendono dalle condizioni osservative. Quando sono eccellenti, la macchia luminosa si estende fino a 10'. La stella-guida è la *alfa* Serpentis. Portandola al bordo nord-orientale del campo visuale, al bordo sud-occidentale compare la 10 Serpentis, di magnitudine 5. Muovendo il binocolo di un paio di gradi a occidente, nel campo apparirà l'ammasso globulare. M5 è in realtà uno dei più begli oggetti del suo tipo e appare davvero splendido quando viene osservato in un grosso telescopio amatoriale. Più brillanti di M5 sono soltanto Omega Centauri, NGC 104 nel Tucano, M22 nel Sagittario e M13 in Ercole.

Come tutti gli ammassi globulari M5 è molto vecchio, con un'età stimata in oltre 10 mi-

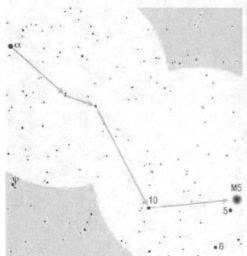

Figura 11.14. Per localizzare l'ammasso globulare M5 si deve partire dalla *alfa* Serpentis e muoversi fino alla 10 Ser attraverso un'area celeste relativamente povera di stelle.

Figura 11.15. L'ammasso globulare M5 e la stella 5 Serpentis (in basso).

liardi di anni: probabilmente, le sue origini risalgono al tempo in cui si formò la nostra Galassia.

M5 dista da noi circa 24.500 anni luce (che è poco meno della distanza di M13 in Ercole) e contiene almeno mezzo milione di stelle. Le più brillanti sono vere giganti, con una luminosità che supera di duemila volte quella del Sole. A quella distanza la nostra stella sarebbe difficile da scorgere persino attraverso il più grande dei telescopi: apparirebbe infatti di magnitudine 19.

A ovest dell'Aquila e a est dell'Ofiuco, nell'area del *Great Rift* (la zona ricca di nubi oscure che solca la Via Lattea dividendola in due parti), troviamo la seconda parte della costellazione, la Coda del Serpente. Le stelle più brillanti sono la *eta* (3,2) di colore giallo-arancione, la *csi* (3,5) e la *theta* (4,0).

(❋❋❋) La *theta* **Serpentis** si trova al confine nord-orientale della costellazione e segna l'estremità della coda del serpente. È una stella binaria, che al binocolo si vede come una coppia stretta. Le due stelle, di magnitudini 4,6 e 4,9, sono separate di 23" (a.p. 104°; 2006). Entrambe sono bianche. La distanza è di circa 130 anni luce e la distanza fra le due componenti è di 900 UA, abbastanza grande da contenere 15 Sistemi Solari.

(❋❋❋) Lo splendido ammasso aperto **IC 4756** (4,6; 52') si trova nella parte estrema settentrionale della costellazione. La stella-guida è la *theta*. Portando la stella al bordo orientale del campo visivo, l'ammasso apparirà al bordo occidentale. In una notte buia e limpida ci appariranno circa 80 stelle distribuite su un'area del diametro di 1°. Le più brillanti sono di magnitudine 7. Anche lo sfondo è molto ricco di stelle della Via Lattea. In condizioni osservative perfette il numero delle stelle salirà a 130. Osservare IC 4765 col binocolo, che offre un ampio campo visivo e bassi ingrandimenti, è la scelta migliore: in un grosso telescopio si perde del tutto la sensazione di osservare un ammasso stellare. Vicino a IC 4756 si può anche osservare un ammasso aperto più piccolo, NGC 6633, che sta nell'Ofiuco.

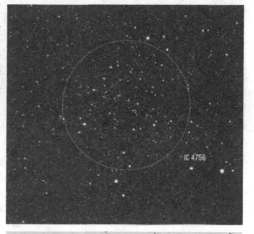

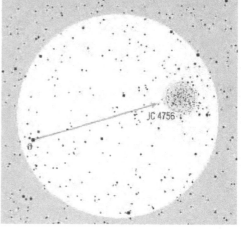

(❋❋❋) Nei pressi del confine che divide la Coda del Serpente dallo Scudo e dall'Ofiuco troviamo uno dei più spettacolari oggetti celesti, **M16**, l'ammasso aperto associato con la **Nebulosa Aquila** (6,0; 15') (Fig. 11.16). Le sue stelle si distribuiscono all'interno di una nube gigantesca di gas e polveri interstellari in un fantastico intreccio di stelle e di nebulose a emissione parzialmente coperte da aree opache, che sono nubi oscure di polveri. Oltre mille stelle costituiscono

Le costellazioni al binocolo

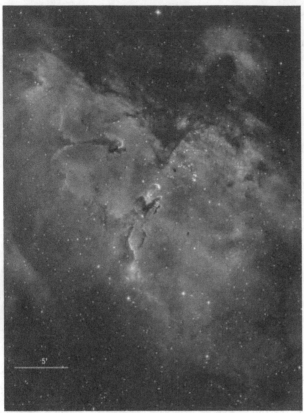

Figura 11.16. La Nebulosa Aquila con l'ammasso M16.

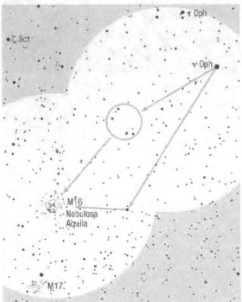

l'ammasso, ma sono soltanto una quarantina quelle che noi possiamo apprezzare al binocolo, le più brillanti delle quali sono solamente di magnitudine 8. Le nubi di materia interstellare possono essere intraviste al binocolo solo quando le condizioni osservative sono eccellenti. In una notte perfetta potremmo riuscire a vedere la parte più densa e brillante della nebulosa, quella che sta nell'area sud-orientale dell'ammasso. La straordinaria bellezza dell'intricata struttura delle nubi interstellari si fa apprezzare solo su immagini fotografiche di lunga posa, sia professionali, sia amatoriali. La nebulosa misura 30'×35', poco più del disco della Luna Piena.

L'ammasso è difficile da trovare, perché non ci sono stelle brillanti nelle sue vicinanze. Il miglior punto di partenza è la *nu* Ophiuchi (Fig. 11.17). Se si porta la stella al bordo nord-occidentale del campo visuale del binocolo, al bordo sud-orientale compare una stella di magnitudine 6. Questa stella si trova solo 2° a ovest dell'ammasso. Potremmo anche partire dalla Nube Stellare del Sagittario (M24), visibile anche a occhio nudo. Circa 2° sopra di essa troviamo M18, 1° ancora più a nord troviamo M17, e salendo ancora di altri 2° ecco finalmente M16. Nella nebulosa che avvolge M16 vi sono numerose stelle nascenti. Nell'ammasso aperto che si colloca nella parte nord-occidentale della nebulosa troviamo giovani stelle giganti con temperature fotosferiche elevate e notevoli luminosità. M16 dista circa 7mila anni luce da noi e le sue dimensioni lineari sono di una settantina di anni luce. La parte più brillante della nebulosa misura 25 anni luce.

Figura 11.17. Per localizzare l'ammasso aperto M16 nella Coda del Serpente bisogna partire dalla *nu* Ophiuchi, che si trova al confine fra le due costellazioni.

SEXTANS (Sestante)

Il Sestante è una debole costellazione prima-verile situata sotto il Leone. L'unica sua stella visibile a occhio nudo è la *alfa* (4,5). Tutte le altre, in condizioni osservative medie, sono al limite della visibilità e sono inosservabili se il cielo è inquinato dalle luci.

(❂) In eccellenti condizioni di visibilità, il binocolo consente di intravedere la galassia lenticolare **NGC 3115** (9,2; 8',3×3',2) (Fig. 11.18). Poiché la si vede di taglio, per l'aspetto che ha è stata soprannominata "Galassia Fuso". Le stelle-guida sono la *gamma* Sextantis, che è piuttosto debole, di magnitudine 5, oppure la *lambda* Hydrae, di magnitudine 4, che è facile da riconoscere poiché ha due stelle vicine di magnitudine 5 e 6. Partendo da una di queste ci si muova verso la coppia di stelle di magnitudine 6 denominate 17 e 18 Sextantis e la galassia si trova poco più di 1° a nord-ovest di queste. Sulla strada troveremo una coppia di stelle vicine di magnitudine 7. All'oculare del binocolo vedremo la galassia come un trattino luminoso esteso per alcuni primi d'arco.

Come si è già detto in precedenza, bisognerà cercare oggetti deboli come questo solo quando le condizioni osservative sono eccellenti e la costellazione è intorno alla culminazione. Dovrete anche preventivare un certo tempo per compiere le vostre osservazioni. Una volta riconosciute le stelle nelle vicinanze della galassia e quando penserete di avere l'oggetto nel centro del campo visuale, aspettate con calma che i vostri occhi si adattino perfettamente alla visione notturna e concentratevi a guardare la macchiolina luminosa nel punto in cui dovrebbe trovarsi. Se ancora non la vedrete, provate con la visione distolta, o scuotete leggermente il binocolo.

È interessante notare che, pur essendo la NGC 3115 un poco più brillante e più com-

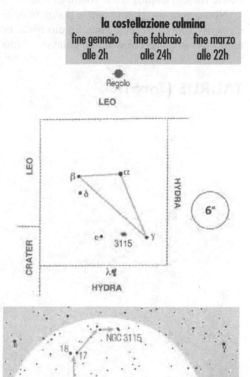

la costellazione culmina		
fine gennaio	fine febbraio	fine marzo
alle 2h	alle 24h	alle 22h

Figura 11.18. Nel campo visuale del binocolo le stelle che possono guidarci alla debole galassia NGC 3115 sono sempre chiaramente visibili. Sono: la stella-guida *lambda* Hydrae con le sue due vicine di magnitudine 5 e 6; la coppia 17 e 18 Sextantis, di magnitudine 6; infine, la coppia stretta di stelle di magnitudine 7 a est della galassia. Questa si mostrerà solo se le condizioni del cielo saranno eccellenti.

patta della galassia spirale M65 nel Leone, è più difficile da vedere poiché è una ventina di gradi più bassa in cielo, di modo che la sua luce deve attraversare strati atmosferici più spessi. Probabilmente, non la si vedrebbe neppure al binocolo se non avesse un nucleo relativamente compatto e brillante.

Non sarà molto piacevole osservare oggetti deboli come queste due galassie appena menzionate. E tuttavia, dovrebbe gratificarvi il fatto di poterle comunque vedere: in questi casi, sarete riusciti a spingere il vostro binocolo proprio al limite delle sue potenzialità.

Non è nota con precisione la distanza della NGC 3115. Le migliori stime la collocano a circa 30 milioni di anni luce. Se ciò fosse corretto, il diametro lineare sarebbe di 35mila anni luce: si tratterebbe di una galassia di media taglia.

TAURUS (Toro)

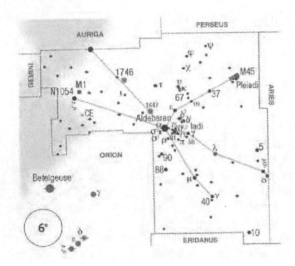

la costellazione culmina		
fine ottobre	fine novembre	fine dicembre
alle 2h	alle 24h	alle 22h

Il Toro è una delle più grandi e notevoli costellazioni invernali dello Zodiaco. Contiene almeno tre splendidi tesori celesti: due ammassi aperti spettacolari (le Iadi e le Pleiadi) e la Nebulosa Granchio (Crab Nebula), il resto di un'esplosione stellare. Oltre a ciò, la stella più brillante della costellazione (la *alfa*, Aldebaran, 0,9) esibisce un'impressionante colorazione arancione. Le altre stelle brillanti sono la *beta* (un tempo denominata *gamma* Aurigae; 1,6) la *eta* (2,8) e la *zeta* (3,0).

È impossibile non riconoscere la fulgida Aldebaran, che è una delle sei stelle costituenti l'asterismo noto come Esagono Invernale. La stella si trova prolungando la linea che connette le tre stelle della Cintura di Orione. Il suo colore è sfavillante quando la si osserva al binocolo. Aldebaran è la 14ma stella più brillante del cielo; è una gigante rossa distante 65 anni luce, con una luminosità 140 volte quella del Sole. Il suo diametro supera di 38 volte quello della nostra stella, ma la temperatura superficiale è di soli 3400 K. Come tutte le giganti rosse, anche Aldebaran è una variabile, benché con escursioni di luminosità di sole 0,2 magnitudini. La stella ha quattro deboli compagne apparenti, la più brillante delle quali è di magnitudine 11,3, separata da 133" (a.p. 31°; 1997): purtroppo, non è visibile al binocolo.

Aldebaran si trova nei pressi dell'eclittica ed è una delle poche stelle di prima grandezza che si trova sovente in congiunzione con la Luna. (Una *congiunzione* è la situazione in cui due o più oggetti celesti appaiono vicini in cielo. Se poi la Luna, o un pianeta, transitano davanti a un altro corpo celeste, come una stella o un pianeta, l'evento è detto *occultazione*.) C'è una storia molto interessante che si riferisce all'occultazione di Aldebaran da parte della Luna dell'anno 509. Secondo le registrazioni antiche, l'evento si rese visibile ad Atene. Più di mille anni dopo, la registrazione venne ripresa e studiata da Edmond Halley, il quale scoprì che l'occultazione non sarebbe potuta avvenire, a meno che Aldebaran non avesse avuto nel passato una posizione in cielo diversa da quella del suo tempo. Questa discrepanza portò Halley a comparare le posizioni di alcune delle stelle più brillanti con quelle annotate in opere e registrazioni dell'antichità. In tal modo, egli scoprì che effettivamente Aldebaran,

Sirio e Arturo avevano mutato sensibilmente le loro posizioni in cielo: Halley aveva scoperto il *moto proprio* delle stelle. Le misure moderne indicano che negli ultimi duemila anni la posizione di Aldebaran è cambiata di almeno 7', ossia di circa un quarto del diametro apparente della Luna.

La *beta* è la 27ma stella più brillante del cielo; dista 130 anni luce ed è luminosa 270 volte il Sole.

La *lambda* è una binaria a eclisse che muta di luminosità dalla magnitudine 3,4 alla 3,9 con un periodo di 3,9529478 giorni. Una stella di confronto adeguata, ma piuttosto discosta, è la *gamma* (3,7), che si trova a nord-est.

(❂❂❂❂) L'ammasso aperto delle **Iadi** (0,5; 5°,5) è racchiuso tra Aldebaran, la *gamma* e la *epsilon* (Fig. 11.19). Le sue stelle più brillanti sono disposte a "V". Sulle vecchie rappresentazioni della costellazione, le Iadi disegnano il contorno della testa del toro, il cui occhio è la stessa Aldebaran.

In circa 6° si racchiude la parte più densa dell'ammasso, che in un cielo buio può essere ammirato senza difficoltà a occhio nudo, ma che diventa fantastico se esplorato con un binocolo a grande campo e a bassi ingrandimenti. L'ammasso è uno dei più vicini a noi, distando solo 150 anni luce, il che ci fa capire che Aldebaran non ne fa parte. Nell'area delle Iadi ci sono circa 28 stelle visibili a occhio nudo, mentre almeno 160 sono più brillanti della magnitudine 9 e si rendono visibili al binocolo in buone condizioni osservative; ma

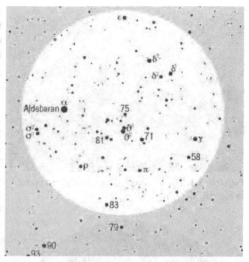

Figura 11.19. Le Iadi.

in una notte invernale perfetta, quando la magnitudine limite dello strumento giunge alla 11, possiamo riconoscere più di 400 stelle. Il loro numero cresce quanto più si sale in magnitudine e in totale si contano mille stelle. Però, meno della metà sono membri effettivi dell'ammasso.

In un tale affollamento stellare troviamo sempre numerose stelle doppie con le componenti sufficientemente separate per l'osservazione binoculare. È il caso della *theta* (la stella più brillante dell'ammasso), o della *sigma*, che è ancora più interessante essendo una doppia apparente: le due stelle di magnitudini 4,7 e 5,1 sono separate di oltre 7' d'arco (a.p. 195°; 2002) e certamente non sono gravitazionalmente legate poiché troppo elevata è la distanza che le divide; le vediamo vicine solo per effetto prospettico. La *sigma*-2, la più brillante della coppia, è membro delle Iadi.

La *theta* è una doppia costituita da stelle di magnitudini 3,4 e 3,9, separate da 337" (a.p. 348°; 1998). La primaria è bianca e la secondaria giallo-arancio.

Tra le stelle più brillanti non possiamo dimenticarci di menzionare la *epsilon* (3,5) e la *delta*-1 (3,8), entrambe di colore giallo-arancio, oltre che la *gamma* che è di colore giallo.

Il diametro lineare del gruppo centrale di stelle è di circa 10 anni luce, mentre quello dell'intero ammasso misura 75 anni luce.

Nelle Iadi non si notano nubi di gas e di polveri fra le stelle, il che significa che l'ammasso è piuttosto vecchio: le migliori stime parlano di un'età di 800 milioni di anni. Le stelle delle Iadi si muovono nello spazio con una velocità di circa 40 km/s in direzione di

Betelgeuse. Erano più vicine a noi 800mila anni e fra 50 milioni di anni saranno così lontane che al binocolo vedremo solo un debole gruppo di stelle racchiuso in un diametro di 20'.

Figura 11.20. Le tenui nebulosità che circondano le Pleiadi.

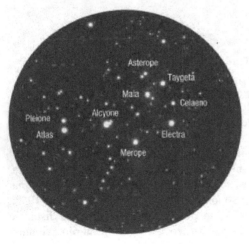

(✪✪✪✪) Benché già di per sé notevoli, le Iadi impallidiscono in confronto con le **Pleiadi** (1,2; 2°), **M45**, l'altro bell'ammasso aperto della costellazione del Toro. Questo gruppetto di stelle è così evidente nel cielo notturno che lo riconoscono tutti, anche coloro che non sono appassionati d'astronomia. A occhio nudo vediamo chiaramente almeno 6 o 7 stelle raccolte in una regione poco più grande di 1°. L'ammasso era già ben noto nell'antichità e la sua bellezza è stata cantata da poeti di ogni cultura e di ogni tempo. Nel catalogo di Messier, l'ammasso è indicato con il numero 45.

Se le Pleiadi sono affascinanti a occhio nudo, tolgono letteralmente il respiro se osservate al binocolo. Le nove stelle più brillanti sono accompagnate da numerose più deboli che riempiono l'intero campo dell'ammasso. Se in altre occasioni chi osserva col binocolo potrebbe lamentarsi del basso ingrandimento offerto dallo strumento, quando si osservano le Pleiadi questo limite è in realtà un vantaggio. Il grande campo del binocolo offre una visione panoramica unica di questo splendido gruppo (Fig. 11.20).

Utilizzando telescopi amatoriali di più grosso diametro e sotto condizioni osservative eccellenti si perde la sensazione d'essere in presenza di un ammasso, ma si può notare che le stelle sono avvolte da una debole nebulosità. Curiosamente, queste nubi non sono i resti della materia da cui presero origine le stelle dell'ammasso, ma sono gas e polveri attraverso i quali le stelle stanno transitando nel loro moto nello spazio interstellare. La nebulosità, illuminata dalle stelle, si rende chiaramente visibile su foto di lunga posa, anche su quelle prese con strumentazione amatoriale.

Studi sull'ammasso mostrano che esso contiene circa 500 stelle, le più brillanti delle quali sono tutte calde e bianche: *eta*, o Alcyone (2,8), Atlas (3,6), Electra (3,7), Maia (3,9), Merope (4,2), Taygeta (4,3), Pleione (5,1), Celaeno (5,4) e Asterope (5,6). Alcyone è la 145ma stella più brillante del cielo e ha una luminosità 700 volte quella del Sole.

Le Pleiadi distano 370 anni luce da noi e perciò sono uno degli ammassi aperti più vicini. Il diametro lineare dell'ammasso è di 20 anni luce, ma le nove stelle più brillanti si raccolgono in un volume sferico di soli 7 anni luce di diametro. Per gli standard cosmici questo

Figura 11.21. Cartina dettagliata della porzione orientale delle Pleiadi. Vengono indicate (senza puntino decimale) le magnitudini delle stelle fino alla 13.

gruppo è giovanissimo, come si comprende considerando che in esso non si trovano giganti rosse: si stima che l'ammasso sia vecchio solo di 20 milioni di anni.

Sin dai tempi più antichi, le Pleiadi sono state sfruttate come test per l'acuità visiva. In condizioni osservative buone, una persona dalla vista media può vedere sei o sette stelle. E chi ha una vista d'aquila? M. Maestlin, maestro di Keplero, vedeva 14 stelle e ne ha disegnate 11 su una carta celeste prima che il telescopio fosse rivolto al cielo. Anche il famoso osservatore inglese W.F. Denning vedeva 14 stelle e la moglie di G. B. Airy, Astronomo Reale inglese del XIX secolo, ne vedeva 12, mentre l'astrofilo inglese W. Dawes, che era noto ai suoi tempi per avere una vista eccezionale, ne individuava 13. L'astronomo austriaco Carl von Littrow sosteneva di riuscire a vederne addirittura 16. Nel 2001, l'MBK Team, un gruppo di osservatori di meteore sloveno, si recò in Arizona (USA) per osservare lo sciame meteorico delle Leonidi. Al ritorno, gli astrofili raccon-

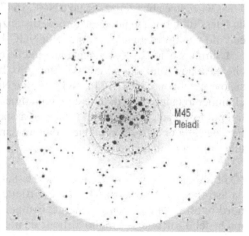

M45
Pleiadi

tarono di cieli eccezionalmente bui nei quali potevano vedere la bellezza di 23 Pleiadi! È mai possibile? Come dicevamo nella prima parte del libro, parlando della magnitudine limite, l'occhio umano potrebbe arrivare alla magnitudine 8. E dunque, in teoria, potremmo essere in grado di vedere fino a 36 stelle nelle Pleiadi.

Possiamo utilizzare le Pleiadi anche per un altro esercizio molto interessante e utile: verificare la magnitudine limite del nostro binocolo o telescopio. Nella Fig. 11.21 si mostra la parte dell'ammasso attorno ad Atlas, Pleione e Alcyone, e sono riportate le stelle fino alla magnitudine 13; quest'immagine è ideale per mettere alla prova binocoli e telescopi di piccolo diametro. Procedendo al test delle ottiche, siate però sicuri che le condizioni osservative siano perfette o almeno eccellenti, poiché altrimenti mettereste alla prova non lo strumento, bensì le condizioni del cielo.

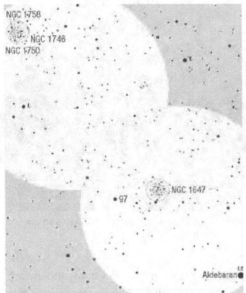

(✪✪ L'ammasso aperto **NGC 1647** (6,4; 45') è facile da individuare perché si trova nello stesso campo visuale di Aldebaran, circa 3° a nord-est di questa. Se portiamo Aldebaran al bordo sud-occidentale del campo del binocolo, avremo l'ammasso proprio al centro. NGC 1647 contiene circa 160 stelle, tutte deboli. La più brillante nell'area è di magnitudine 6,6, ma non appartiene all'ammasso. In nottate buone possiamo vedere circa 15 stelle, che diventano 25 in condizioni eccellenti e salgono a 40 in condizioni osservative perfette. L'ammasso viene totalmente risolto al binocolo: dista 1800 anni luce e il suo diametro lineare è di 21 anni luce.

(✪✪) L'ammasso aperto **NGC 1746** (6,0; 42') è una grossa, ma dispersa, associazione di deboli stelle. Al binocolo ne vediamo una ventina, forse qualcuna di più in una notte perfetta. Le stelle più brillanti sono solo di magnitudine 8 e l'ammasso è completamente risolvibile al binocolo.

NGC 1746 è abbastanza vicino a NGC 1647, di cui abbiamo appena parlato. Spostandoci da quest'ultimo verso nord-est per una distanza pari al diametro del campo visuale, cominceremo a intravedere le prime stelle di NGC 1746.

L'ammasso non è propriamente un gioiello celeste, ma ha comunque i suoi tesori nascosti che però non sono alla portata del binocolo. In quella stessa area ci sono tre ammassi che si sovrappongono: NGC 1746, NGC 1750 e NGC 1758. Le stelle più brillanti che vediamo al binocolo fanno parte di tutte e tre gli ammassi. NGC 1746 e NGC 1758 sono gruppi stellari piuttosto radi, mentre NGC 1750 è un'associazione stellare un poco più ricca e compatta, benché fatta di astri deboli. Questo interessante gruppo è più adatto per osservazioni con telescopi di buon diametro.

(✪) La famosa **Nebulosa Granchio**, **M1** (8,4; 6'×4') è il resto di una supernova osservata da astronomi cinesi nel 1054. Non è difficile da trovare, poiché si trova poco più di 1° a nord-ovest della *zeta* Tauri. Insieme, compaiono nello stesso campo visuale del binocolo, ma la debole nebulosa è molto difficile da notare. La tenue macchia luminosa, del diametro di uno o forse due primi d'arco, si mostra solo in condizioni osservative eccellenti, in una notte invernale limpida e buia quando la temperatura scende sotto lo zero e l'aria è secca. Benché difficilmente visibile, la nebulosa è un oggetto celeste eccezionale, al quale vogliamo qui dedicare una certa attenzione.

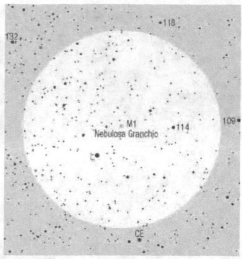

In uno dei capitoli precedenti, discutendo della vita delle stelle, si diceva che le stelle massicce non incontrano una fine tranquilla. Invece, terminano i loro giorni in una violenta esplosione, nel corso della quale l'atmosfera esterna della stella viene soffiata via nello spazio interstellare, mentre il nocciolo si contrae in una piccola e densa stella di neutroni, oppure in un buco nero. Questo raro evento è detto esplosione di *supernova*. Nel 1054, una tale esplosione stellare fu osservata nella costellazione del Toro. La stella incredibilmente brillante che all'improvviso fece la sua comparsa in cielo fu classificata come una "stella ospite" dai cronachisti cinesi. Nei primi tempi, quando la stella era al massimo del fulgore, poteva essere vista anche in pieno giorno, ma dopo tre settimane la sua luminosità lentamente cominciò a calare e dopo circa un anno scese al di sotto della visibilità a occhio nudo.

La nebulosa nei pressi della *zeta* Tauri fu vista per la prima volta dal fisico e astrofilo inglese John Bevis, nel 1731. Venne poi scoperta indipendentemente dal famoso cacciatore di comete francese Charles Messier, nel 1758, mentre cercava la cometa di Halley, che sarebbe dovuta tornare al perielio proprio quell'anno. Poiché in un primo tempo la nebulosa lo aveva tratto in inganno (l'aveva confusa con la cometa), M1 divenne il primo oggetto della sua famosa lista di sorgenti non-stellari che avrebbero potuto confondere i cacciatori di comete.

Dall'epoca della sua scoperta, la Nebulosa Granchio è stata regolarmente osservata dagli astronomi. Nel 1844, venne notata la sua struttura filamentosa (Fig. 11.22). Quasi ottant'anni dopo (1921), gli astronomi scoprirono che i gas della nebulosa si stavano espandendo ad alta velocità in tutte le direzioni, il che li convinse che la Nebulosa Granchio poteva essere stata prodotta da una tremenda esplosione. Nel 1942, fu Walter Baade a stimare che l'esplosione poteva essere avvenuta 760 anni prima. In quello stesso anno, l'astronomo Jan Oort e un docente di lingue asiatiche, J. Duyvendak, compresero il legame tra la Nebulosa Granchio e la registrazione cinese della "stella ospite".

Misure successive hanno dimostrato che le diverse parti della nebulosa si muovono con velocità differenti. Assumendo che la Nebulosa Granchio disti 6300 anni luce, per i gas delle regioni esterne si misura una velocità angolare che corrisponde a 960 km/s di velocità lineare, ossia 83 milioni di km al giorno. Ciò significa che in circa quattro mesi i gas della nebulosa si espandono per un diametro pari a quello del nostro Sistema Solare.

Già nel 1948, si scoprì che la Nebulosa Granchio è anche una forte sorgente di onde radio, la quarta sorgente più intensa del cielo. Le onde radio che essa ci invia sono polarizzate.

Per molto tempo, gli astronomi andarono alla ricerca della stella che illuminava la nebulosa, ma sempre senza fortuna. Negli anni in cui si scoprì l'emissione radio da M1, Walter Baade stava studiando due stelle presenti nella parte centrale della nebulosa. Erano entrambe

Le costellazioni al binocolo

buone candidate a quel ruolo. Immagini spettroscopiche hanno poi dimostrato che la stella posta a sud-ovest è molto probabilmente il resto di una nova: si tratta di una nana blu calda, di magnitudine 16. Gli astronomi si domandavano increduli se fosse possibile che una stella così debole potesse illuminare l'intera nebulosa, specie considerando che questa emette un flusso di radiazione mille volte più intenso. Calcoli alla mano, la temperatura fotosferica della stella avrebbe dovuto essere almeno di 500mila gradi e la luminosità almeno 100 volte quella del Sole! A temperature così elevate, la stella avrebbe dovuto emettere la gran parte della sua radiazione nella banda ultravioletta dello spettro. Se ciò fosse vero, si spiegherebbe la debolezza della stella nel visuale e la sua influenza sui gas che la circondano. In seguito, vennero alla luce nuovi fatti, ancora più sorprendenti, che convinsero gli astronomi della falsità di questa ipotesi.

Figura 11.22. In questa foto della Nebulosa Granchio vediamo tutti e tre i componenti principali del resto di supernova: la pulsar (indicata dal trattino), la luce di sincrotrone quasi uniforme emessa dalle particelle cariche intrappolate nel forte campo magnetico ("nebulosa di sincrotrone"), e la ragnatela di filamenti brillanti nella luce dell'idrogeno e dell'ossigeno.

Agli inizi degli Anni Cinquanta, venne appurato che anche la luce visibile emessa dalla nebulosa era fortemente polarizzata. Cosa significa? Se la guardiamo attraverso un filtro polarizzatore, che lascia passare solo la luce orientata su un singolo piano, mano a mano che ruotiamo il filtro l'aspetto della nebulosa cambia sensibilmente. Invece, l'immagine di una sorgente che emette luce non polarizzata è sempre la stessa, indipendentemente dalla rotazione del filtro. La polarizzazione della luce della Nebulosa Granchio prova che la nebulosa è sede di un campo magnetico estremamente intenso.

Questi nuovi dati portarono al modello proposto nel 1953 dall'astronomo russo I.S. Shklovsky e, indipendentemente, dagli olandesi J. Oort e T. Walraven: la radiazione della nebulosa proverrebbe dall'accelerazione e dalla decelerazione di elettroni che si muovono a grandi velocità all'interno di un forte campo magnetico. Per questo, la parte centrale e più brillante della Nebulosa Granchio, che emette luce blu e che si rende visibile sia ai binocoli, sia ai telescopi amatoriali, da allora viene detta "nebulosa di sincrotrone": qui sulla Terra, infatti, riveliamo un'analoga radiazione negli acceleratori di particelle che sono detti sincrotroni, e anche qui all'origine troviamo elettroni immersi in forti campi magnetici. A quel punto, gli astronomi cominciarono a chiedersi donde nascesse un così intenso campo magnetico, ma prima ancora che potessero darsi una risposta emersero altri fatti nuovi e significativi: nel 1968, si appurò quale fosse la vera natura di quella stellina che Walter Baade riteneva essere il resto di una nova. Quell'anno, infatti, i radioastronomi scoprirono che questo piccolo astro emetteva impulsi radio 30 volte ogni secondo, con una regolarità estrema, da fare invidia a un cronometro.

L'anno prima, i radioastronomi avevano registrato analoghi segnali radio pulsati provenienti da una trentina di sorgenti, ma la Nebulosa Granchio le batteva tutte esibendo il periodo di gran lunga più breve. Oggi sappiamo per certo che questi oggetti sono *stelle di neutroni*, ossia nuclei di stelle collassate che hanno all'incirca la massa del Sole e diametri tipici di una ventina di km. Nel 1934, Walter Baade e Fritz Zwicky avevano previsto che oggetti così esotici sarebbero potuti nascere dall'esplosione di una stella di grande massa, quando il nocciolo collassa su se stesso e diventa così denso che elettroni e protoni fondono fra loro dando vita a neutroni. Secondo i principi della meccanica quantistica, si viene così a formare un fluido di fermioni degeneri la cui pressione può bloccare l'ulteriore collasso del nocciolo (Fig. 11.23).

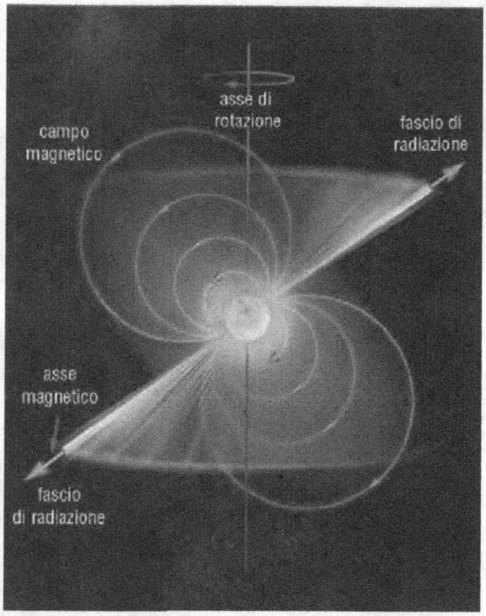

Nel 1967, Thomas Gold avanzò l'ipotesi che i segnali radio a impulsi regolari provenienti da queste stelle non erano conseguenti a una pulsazione radiale, ma semmai a una rotazione estremamente veloce della stella attorno al proprio asse. Immediatamente fu

Figura 11.23. Come tutte le stelle, anche le stelle di neutroni ruotano attorno al proprio asse; l'asse magnetico è però disallineato rispetto all'asse di rotazione. Interagendo con il campo magnetico, che è più intenso nei pressi dei poli magnetici, le particelle cariche emettono radiazione in fasci collimati diretti come l'asse magnetico: la pulsar si rende visibile ogni volta che il suo fascio punta la Terra.

chiaro che solo una stella di neutroni avrebbe potuto resistere alle sollecitazioni estreme della forza centrifuga conseguente a rotazioni così veloci: una stella normale non avrebbe potuto sopportare lo *stress* e si sarebbe ben presto smembrata. Una stella di neutroni rotante che produce impulsi radio regolari è detta *pulsar*.

Una pulsar è un oggetto davvero interessante. La radiazione che emette è conseguenza dell'interazione tra il campo magnetico (mille miliardi di volte più intenso di quello terrestre) e le particelle cariche dell'ambiente circostante. Il campo magnetico accelera gli elettroni quasi alla velocità della luce e questi emettono radiazione elettromagnetica all'interno di un fascio sottile, allineato con la direzione del loro moto. In tal modo, la radiazione emana dalla pulsar lungo due fasci diretti come le linee di forza magnetiche e, poiché la pulsar ruota su se stessa, anche il fascio luminoso ruota, comportandosi in un certo senso come un faro marino: lo vediamo solo quando ci investe. Il fascio emesso dalla pulsar della Nebulosa Granchio colpisce la Terra ad ogni rotazione e lo fa 30 volte al secondo.

Le lunghezze d'onda tipiche della radiazione di sincrotrone sono quelle radio: ecco perché quasi tutte le pulsar sono state scoperte dai radioastronomi. La pulsar della Nebulosa Granchio è interessante anche perché è una delle pochissime che emette radiazione elettromagnetica sull'intero spettro e quindi può essere vista anche dai telescopi ottici.

Per anni, gli astronomi hanno cercato di ricostruire la struttura e la composizione della nebulosa. Le immagini d'alta risoluzione raccolte dal Telescopio Spaziale "Hubble" (HST) rivelano la presenza di numerosi filamenti di materia surriscaldati dalla forte radiazione

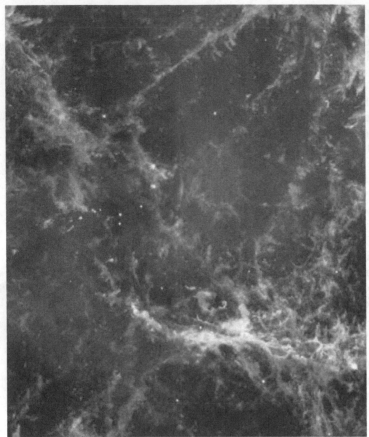

Figura 11.24. Questa ripresa dettagliata della struttura filamentosa della Nebulosa Granchio è opera del Telescopio Spaziale "Hubble". I gas dei filamenti emettono luce a lunghezze d'onda discrete, a seguito della ionizzazione e della successiva ricombinazione. La radiazione più intensa è dovuta agli atomi di idrogeno, di azoto, di zolfo e di ossigeno.

ultravioletta della "nebulosa di sincrotrone". Sulle immagini dell'HST si può rilevare che la struttura filamentosa è assai più complessa di quanto si pensasse in precedenza. I singoli filamenti gassosi differiscono l'un l'altro non solo nella forma, ma anche nella temperatura. Questa ragnatela di gas contiene anche molta più polvere di quanto si ritenesse possibile. Fino ad anni recenti, gli astronomi pensavano che l'ambiente della nebulosa non potesse consentire la formazione di molecole complesse. Restarono perciò assai sorpresi quando gli spettri infrarossi e le osservazioni ottiche dal suolo dimostrarono che in qualche modo nella Nebulosa Granchio le particelle di polvere erano riuscite a sopravvivere a tutti i disastri. La polvere è presente dappertutto nella nebulosa e si addensa particolarmente nelle sue regioni più fredde.

La composizione chimica dei filamenti ha rappresentato un mistero per decenni. Poiché la stella che diede origine alla nebulosa doveva avere una massa almeno 11 volte maggiore di quella del Sole, nel suo nocciolo sarebbero dovute avvenire fusioni nucleari attraverso il cosiddetto ciclo CNO e, quando una stella così massiccia conclude la sua esistenza, i suoi resti dovrebbero essere molto ricchi di azoto. Invece, nella Nebulosa Granchio non ne troviamo, quantomeno nelle abbondanze attese. In aggiunta all'inusuale composizione chimica, dobbiamo anche menzionare la recente scoperta di un gruppo di noduli gassosi più densi che sono quasi perfettamente allineati con i poli della pulsar: in essi, gli astronomi hanno rilevato forti righe di atomi di argon ionizzati: il flusso in queste righe è assai più intenso che in ogni altro resto di supernova che si conosca.

Il gas nella nebulosa di sincrotrone è mille miliardi di volte meno denso dell'aria che respiriamo: sulla Terra sarebbe considerato un vuoto quasi perfetto. La massa del gas nella parte visibile della Nebulosa Granchio viene stimata in circa 3 masse solari. La massa restante è invisibile, nascosta nel fragile ed esteso alone che avvolge la struttura filamentosa della nebulosa e che emette luce nella riga H-alfa dell'idrogeno.

Gli astronomi stanno studiando questa nebulosa con grande interesse perché la sua notevole luminosità e le sue origini recenti la rendono il miglior resto di supernova da studiare, pure se lontano 6300 anni luce. Lo studio degli eventi che hanno luogo nella Nebulosa Granchio ha dato enormi contributi alla comprensione delle fasi finali della vita delle stelle. La conoscenza che abbiamo di queste fasi sta crescendo di anno in anno, eppure abbiamo ancora idee abbastanza confuse al riguardo. A ogni nuova osservazione corrispondono nuove domande alle quali non sempre si riesce a dare risposta con le tecniche osservative di cui disponiamo.

Stelle di neutroni

Se volessimo trasformare il Sole in una tipica stella di neutroni, dovremmo comprimerlo in una sfera del diametro di circa 30 km. Con un analogo trattamento, il diametro della Terra sarebbe invece solo di 300 m!

La densità media di una stella di neutroni è straordinariamente elevata, raggiungendo i 10^{18} kg/m³. Un volume pari a quello di una zolletta di zucchero pieno di materia di una tipica stella di neutroni peserebbe, qui sulla Terra, quanto un miliardo di tonnellate. Se mettessimo questa zolletta sul piatto di una bilancia, dovremmo porre l'intera razza umana sull'altro piatto per raggiungere l'equilibrio.

La pulsar più veloce che si conosca è la PSR J1748−2446ad. Il suo periodo di rotazione è di 1,4 ms, ossia ruota su se stessa 716 volte ogni secondo!

TRIANGULUM (Triangolo)

la costellazione culmina		
metà settembre	metà ottobre	metà novembre
alle 2h	alle 24h	alle 22h

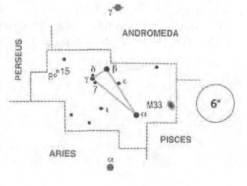

La piccola costellazione del Triangolo si trova sotto quella di Andromeda. Le sue tre stelle più brillanti, la *beta* (3,0), la *alfa* (3,4) e la *gamma* (4,0) rappresentano i vertici di un triangolo che si trova a metà strada tra la *alfa* Arietis e la *gamma* Andromedae.

La *alfa*, poco più grande e brillante del Sole, dista 65 anni luce e la sua luminosità è pari a 13 volte quella della nostra stella.

La *iota* è una splendida stella doppia, con le componenti di magnitudini 5,3 e 6,7 separate di 4" (a.p. 69°; 2006). I loro colori offrono un bel contrasto: la più brillante è di un giallo acceso, mentre la più debole è blu. Entrambe le stelle sono anche binarie spettroscopiche. Il sistema dista da noi 200 anni luce. Purtroppo, le due componenti non possono essere separate al binocolo.

Le costellazioni al binocolo

Figura 11.25. La galassia spirale M33.

(✪✪✪✪) La costellazione è impreziosita dalla galassia spirale **M33** (5,7; 68',7×41',6) che fu osservata per la prima volta da Charles Messier, nel 1764 (Fig. 11.25). Nel suo diario delle osservazioni, Messier la descrive come una pallida macchia uniformemente luminosa, leggermente più brillante al centro, senza stelle. Questo è ciò che appare anche nei moderni binocoli. Naturalmente, il suo aspetto dipende dalle condizioni del cielo. In situazioni medie, la galassia è del tutto invisibile: al più, si nota il suo nucleo. Ma in una notte veramente buia, lontano da luci artificiali, si mostrerà come un grande ovale luminoso, piuttosto debole, con un eccesso di luce al centro e allora nella nostra mente potremmo anche figurarci di intravedere la struttura a spirale. Vale senz'altro la pena di insistere nelle osservazioni.

La galassia si trova facilmente al binocolo, poiché compare nello stesso campo visuale della *alfa*: precisamente 4° a ovest e un poco più a nord di questa. Nelle notti veramente buie, la galassia può essere vista anche a occhio nudo: M33 è un oggetto che ci consente di guardare lontano nello spazio (e indietro nel tempo) anche senza alcun ausilio ottico.

Gli astronomi non furono in grado di risolvere le singole stelle della galassia sino all'inizio del XX secolo. A quel punto, compresero che non si trattava di una nebulosa della Via Lattea,

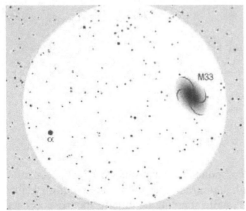

Figura 11.26. M33 è facile da trovare poiché sta nello stesso campo visuale della *alfa*.

ma di una galassia spirale del tipo Sc vista di faccia, con un piccolo nucleo centrale e con bracci ben sviluppati. Oggi sappiamo che M33 appartiene al nostro Gruppo Locale di galassie: è il terzo membro più grande, dopo la Galassia di Andromeda e la nostra. La sua massa, stimata in diverse decine di miliardi di masse solari, è solo un sesto di quella della Via Lattea. M33 dista da noi 3 milioni di anni luce e il suo diametro apparente è poco maggiore di mezzo grado. Benché la luminosità integrata sia abbastanza alta, la luminosità superficiale è bassa. In immagini fotografiche di lunga posa, M33 si estende per più di 1° ed è perciò uno dei soggetti più popolari tra gli astrofotografi amatoriali. Il suo diametro lineare è di 50mila anni luce.

(❂❂) Variabile pulsante del tipo Mira di colore giallo-arancio, la **R Trianguli** varia tra le magnitudini 5,4 e 12,6 con un periodo di 267 giorni. La stella ha toccato uno dei suoi massimi il 27 novembre 2011: a partire da questa data, conoscendo il periodo, si può facilmente calcolare quando si avranno i prossimi. Quando è al massimo di luce, la stella è visibile a occhio nudo, ma al minimo risulta invisibile anche al binocolo. Mano a mano che la brillantezza va calando, il colore si fa sempre più intenso, ma purtroppo la stella è troppo debole perché si possa apprezzare questo effetto al binocolo. Bisogna stare attenti a non confondere questa variabile con la stella 15 Trianguli, anch'essa arancione e leggermente variabile, che si trova a meno di 1° verso nord-ovest (Fig. 11.27).

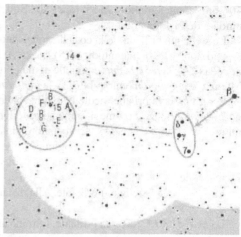

Figura 11.27. I dintorni della variabile R Trianguli con alcune stelle di confronto: A (5,8), B (6,7), C (7,4), D (8,0), E (8,4), F (9,2) e G (9,5).

URSA MAJOR (Orsa Maggiore)

L'Orsa Maggiore è certamente la più famosa costellazione del cielo settentrionale, anche se al suo interno non troviamo stelle di prima grandezza. L'asterismo principale è noto come Grande Carro ed è costituito da sette stelle: la sua forma è nota a chiunque. Chi è digiuno di astronomia pensa che il Grande Carro sia di per sé una costellazione, ma non è così. L'Orsa Maggiore è ben più estesa del suo famoso asterismo.

Nelle serate di aprile, le stelle dell'Orsa Maggiore pos-

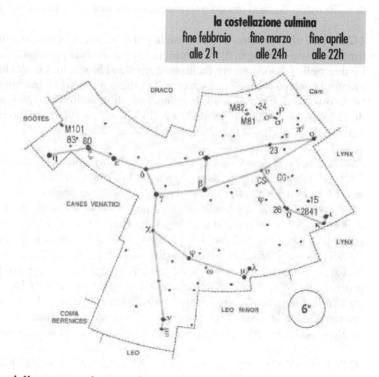

la costellazione culmina		
fine febbraio alle 2 h	fine marzo alle 24h	fine aprile alle 22h

sono essere ammirate dalla stragrande maggioranza dei popoli della Terra. L'intera costellazione può essere vista dal Polo Nord giù fino al Tropico del Capricorno, a 23°,5 di latitudine sud. Le sue sette stelle risultano inosservabili soltanto dalle località poste sotto i

40° sud, come le regioni meridionali del Sud Africa, o le isole meridionali della Nuova Zelanda e della Tasmania.

Le stelle più brillanti della costellazione sono: la *epsilon*, o Alioth; la *alfa*, o Dubhe; la *eta*, o Alkaid (tutte e tre di magnitudine 1,8); la *zeta*, o Mizar (2,2); la *beta*, o Merak (2,3); la *gamma*, o Phecda (2,4); la *psi* e la *mu* (entrambe di magnitudine 3,0); la *iota* (3,1); la *theta* (3,2); la *delta*, o Megrez, e la *omicron* (entrambe 3,3); la *lambda* (3,4); la *nu* (3,5); la *kappa* (3,6) e la *csi* (3,7).

Per gli osservatori alle medie latitudini settentrionali la costellazione è circumpolare e viene normalmente utilizzata come riferimento per orientarsi in cielo o per riconoscere altre costellazioni. Oltre a ciò, la *alfa* e la *beta* sono i ben noti puntatori del polo celeste nord: se infatti estendiamo di cinque volte il segmento che congiunge la *beta* con la *alfa* arriviamo alla Stella Polare.

La *epsilon* è la 33ma stella del cielo per brillantezza, è distante 81 anni luce ed è luminosa 93 volte il Sole.

La *eta* è la 38ma stella più brillante. Alla distanza di 100 anni luce, è 130 volte più potente del Sole.

La *beta* è l'80ma stella più brillante. Luminosa 52 volte il Sole, la sua luce impiega 80 anni per raggiungerci.

La *gamma* è la stella n. 85 della lista. Luminosa 55 volte il Sole, dista 84 anni luce.

La *mu* (3,1) e la *lambda* offrono un bel contrasto cromatico: la prima è arancione, la seconda è bianca. Le due stelle distano fra loro 1°,5, di modo che compaiono nello stesso campo visuale del binocolo.

La *csi* è una doppia stretta con le componenti, di magnitudini 4,3 e 4,8, separate di solo 1',7 (a.p. 238°; 2006). Sono entrambe gialle e sono una coppia interessante da osservare in telescopi di taglia media. Viste al binocolo si presentano sovrapposte, come se fossero una stella sola.

(☺☺☺) La *alfa*, **Dubhe**, è la 36ma stella più brillante del cielo ed è un interessante sistema triplo, con una compagna di magnitudine 7 separata dalla principale di 6',3 (a.p. 204°; 1991). Le due stelle possono essere facilmente risolte al binocolo. La *alfa* ha un colore giallo oro, mentre la debole compagna è azzurra. La *alfa* è a sua volta una binaria stretta, con un periodo orbitale di circa 45 anni: la compagna, di magnitudine 4,9, è separata dalla primaria di 0",4 (a.p. 89°; 2004), di modo che è difficile da risolvere persino in un grosso telescopio amatoriale. Il sistema triplo dista da noi 124 anni luce.

(☺☺☺) **Mizar**, la *zeta* UMa, è la 70ma stella più brillante del cielo, distante 78 anni luce. Si tratta probabilmente della stella doppia più famosa di tutto il cielo. La compagna è **Alcor**, la **80 UMa**, una stella di magnitudine 4. La distanza apparente fra le due è di 11',8 (a.p. 71°; 1991), di modo che possiamo risolvere le due stelle anche già a occhio nudo. Se guardiamo Mizar con un piccolo telescopio, notiamo che è anch'essa doppia, con le due componenti di magnitudini 2,2 e 3,9, Mizar A e Mizar B, separate da 14",3 (a.p. 153°; 2005), quindi non risolvibili al binocolo. La distanza lineare fra le due stelle è così grande che l'orbita attorno al centro di massa comune viene completata in un paio di millenni. Mizar fu la prima stella doppia visuale scoperta al telescopio (Riccioli, 1650). Ma c'è dell'altro! Entrambe le componenti sono binarie spettroscopiche, come gli astronomi scoprirono dagli spostamenti delle righe d'assorbimento nei loro spettri. E poiché anche Alcor è una binaria spettroscopica, in totale il sistema di Mizar e Alcor conta sei componenti.

(☺☺☺) Nell'Orsa Maggiore troviamo due galassie interessanti: M81 e M82. Si tratta dei membri più brillanti di un piccolo gruppo distante 12 milioni di anni luce. Il gruppo è molto probabilmente il più vicino al nostro Gruppo Locale (Fig. 11.28).

M81 (6,9; 21'×10') è così brillante che la si scorge al binocolo anche se le condizioni osservative sono appena buone. Nell'oculare vediamo una macchia luminosa larga circa 10', notevolmente più brillante nel suo centro. Dimensioni e dettagli dipendono dalle condizioni in cui si osserva: tanto migliori sono, e tanto più alta è la galassia in cielo, tanto più particolari saremo in grado di osservare. Su immagini fotografiche di lunga posa, prese con grossi telescopi professionali, M81 è una delle galassie spirali più belle, straordinariamente

Figura 11.28. Le galassie M81, M82 e NGC 3077, quest'ultima invisibile al binocolo.

ricca e perfettamente simmetrica (Fig. 11.30). I bracci di spirale, che si rendono ben evidenti, composti di milioni di deboli stelle e di innumerevoli nubi di gas e polveri, si avvolgono strettamente attorno al piccolo nucleo brillante. Il diametro lineare di M81 è di 75mila anni luce, circa la metà di quello della nostra Galassia.

(✪✪) In condizioni osservative eccellenti, 38' a nord di M81, possiamo scorgere una macchiolina luminosa elongata che misura pochi primi d'arco: si tratta di **M82** (8,4; 9'×4'), una delle galassie più inusuali che sia possibile osservare con strumentazione amatoriale. Nelle immagini di lunga posa ci appare come un fuso luminoso attraversato da strie scure che suggeriscono la presenza di fenomeni dinamici straordinariamente intensi. Poiché la vediamo quasi perfettamente di taglio, neppure i più grossi telescopi sono in grado di rivelare la struttura a spirale o le singole stelle dentro la galassia; perciò viene classificata come galassia irregolare. In effetti, le ricerche più recenti hanno dimostrato che M82 si trova avvolta dai gas e dalle polveri risucchiate dal campo gravitazionale

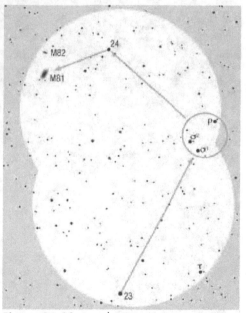

Figura 11.29. Le galassie M81 e M82 si trovano circa 10° a nord-ovest della *alfa* UMa. Per prima cosa si trovi la 23 UMa (3,7), già ben visibile a occhio nudo, presente nello stesso campo visuale del trio *sigma*-1, *sigma*-2 e *rho* (tutte di magnitudine 5). Nel campo di queste ultime, si trova la stella 24 (4,6): entrambe le galassie si situano 2° a est e poco più a sud di essa.

Figura 11.30. La splendida spirale M81.   **Figura 11.31.** La spirale irregolare M82.

della sua vicina M81, più grande e massiccia, che dista da essa solo 150mila anni luce. All'interno di queste dense nubi gassose si nasconde una galassia attiva, sorgente di raggi X, di onde radio e di un getto bipolare. M82 è tra le più piccole spirali che si conoscano, con un diametro di soli 28mila anni luce (Fig. 11.31).

(✪✪) La fantastica galassia spirale **M101** (7,9; 22') si trova 5°,5 a est di Mizar: le due appaiono dunque nello stesso campo visuale del binocolo (Fig. 11.32). La sua magni-

Figura 11.32. La galassia spirale M101.

tudine integrata è di 7,9. Se però consideriamo anche il dato relativo al diametro apparente (la galassia è grande quasi come la Luna Piena), ci possiamo rendere conto che la luminosità superficiale è estremamente bassa. Se vogliamo osservare M101 dovremo scegliere una notte buia, senza Luna, con la galassia prossima alla culminazione. All'oculare del binocolo vedremo allora una chiazza luminosa molto debole ed estesa, con una regione centrale appena un poco più brillante. Le dimensioni della macchia luminosa e la quantità dei dettagli rilevabili dipendono dalle condizioni osservative oltre che, naturalmente, dalla qualità ottica del binocolo.

La galassia dista circa 27 milioni di anni luce e il suo diametro lineare è di quasi 170mila anni luce, ciò che la colloca ai primi posti tra le galassie spirali più grandi.

M101 viene vista di faccia e perciò è un obiettivo fra i più inseguiti dagli astrofotografi amatoriali. La sua struttura a spirale si mostra già chiaramente su immagini di lunga posa prese anche solo con un obbiettivo di 200 mm di diametro.

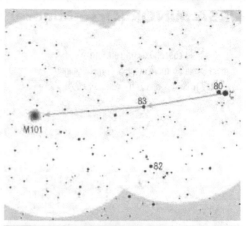

Figura 11.33. La galassia spirale NGC 2841.

(✪✪✪) Per gli osservatori più esperti c'è ancora un'altra debole galassia da visitare, la **NGC 2841** (9,3; 8',1×3',8), posta meno di 2° a sud-ovest della *theta* UMa (Fig. 11.33). La galassia va osservata solo quando è molto alta in cielo e in condizioni osservative eccellenti. Nelle vicinanze di una stella di magnitudine 8, si potrà vedere una macchiolina luminosa debole, estesa pochi primi d'arco. Gli occhi dovranno essere perfettamente adattati alla visione notturna, dovremo conoscere l'esatta posizione della galassia ed è senz'altro consigliabile che si adotti la visione distolta. Al binocolo si vede solo la regione centrale della galassia, con il suo nucleo brillante, mentre i suoi bracci di spirale si rendono visibili solo su immagini fotografiche di lunga posa.

La galassia dista circa 31 milioni di anni luce e il suo diametro lineare è di 130mila anni luce.

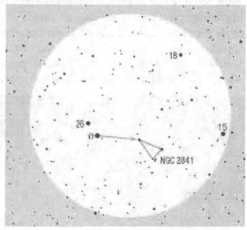

Figura 11.34. La stella-guida per individuare la debole galassia NGC 2841 è la *theta* UMa. Ci possono aiutare anche le due stelle di magnitudine 6 che stanno sopra la galassia, e quella di magnitudine 8 nelle sue vicinanze. La galassia si mostra come una strisciolina debolmente luminosa solo quando le condizioni osservative sono eccellenti.

Le costellazioni al binocolo

URSA MINOR (Orsa Minore)

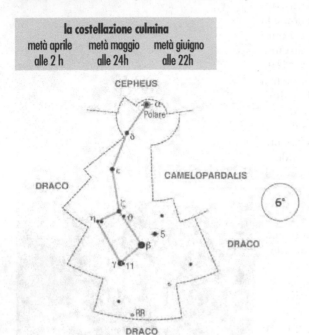

L'Orsa Minore è una delle poche costellazioni che quasi tutti conoscono. La stella più brillante è la Polare (2,0), fondamentale punto di riferimento per viaggiatori e naviganti.

Il gruppo di stelle che parte dalla Stella Polare e va in direzione di Mizar, nell' Orsa Maggiore, ha la forma simile, ma più piccola, del Grande Carro, ben noto asterismo dell'Orsa Maggiore. Le altre stelle brillanti della costellazione sono la *beta*, Kochab (2,1) e la *gamma* (3,0), ribattezzate "Guardiane del Polo". Le altre sono di magnitudine 4 o ancora più deboli.

La *beta*, di colore giallo-arancio è la 58ma stella più brillante del cielo. Dista 127 anni luce ed è luminosa 170 volte il Sole.

(**◐◑**) Vista dalle medie latitudini settentrionali, la **Stella Polare**, la *alfa* UMi, si alza di circa 45° sopra il punto cardinale nord dell'orizzonte. Possiamo anche trovarla sfruttando il lato posteriore del Grande Carro, estendendo la linea che connette la *beta* con la *alfa* Ursae Majoris per circa cinque volte. È impossibile mancarla, poiché è l'unica stella relativamente brillante che si trovi in quella landa celeste. È una stella importante per il fatto che si situa a meno di 2° dal polo celeste nord, quel punto fisso attorno al quale le stelle e l'intera sfera celeste sembrano ruotare. Mentre tutte le stelle, nel loro moto diurno apparente, percorrono cerchi più o meno grandi attorno al polo celeste, la Polare sembra essere la sola che resta ferma sempre nello stesso punto: in realtà, anch'essa percorre un cerchio, ma il suo raggio è così piccolo che non lo si può apprezzare a occhio nudo (Fig. 11.35).

Figura 11.35. Il moto apparente delle stelle attorno al polo nord celeste.

Agli astronomi, però, piace essere precisi e già dall'antichità ci si rese conto che neppure il polo celeste è del tutto immobile: infatti, muta la sua posizione in cielo per effetto della precessione dell'asse terrestre. La precessione si verifica perché l'asse terrestre è inclinato di circa 23°,4 rispetto alla normale al piano dell'eclittica ed è causata dall'interazione gravitazionale con il Sole e con la Luna (Fig. 11.36). Un effetto analogo lo si osserva quando una trottola ruota attorno a un asse che non sia perfettamente perpendicolare al terreno.

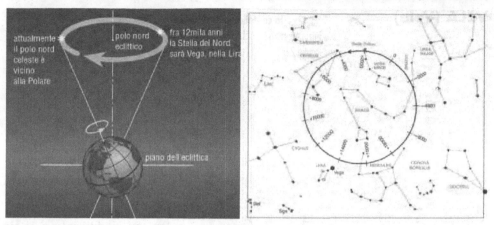

Figura 11.36. (A sinistra) Il moto precessionale dell'asse terrestre. (A destra) La posizione che viene a occupare il polo nord celeste nel corso degli anni, a seguito della precessione: 5000 anni fa, la Stella del Nord era Thuban.

Dunque, i poli celesti si muovono fra le stelle e compiono un giro completo (con un diametro di 47°) in circa 25.800 anni. Attualmente, il polo nord celeste si trova nelle vicinanze della Stella Polare, ma circa cinquemila anni fa, all'epoca in cui vennero costruite le grandi piramidi egizie, il ruolo di "Stella del Nord" venne assunto da Thuban (*alfa* Draconis), che a quel tempo si trovava discosta solo di 2° dal polo celeste. A cavallo del primo millennio a.C., la Stella del Nord divenne poi la *beta* Ursae Minoris, che si discostava dal polo di circa 7°. La nostra *alfa* UMi subentrò molti secoli dopo.

Attualmente la Polare si trova a meno di 1° dal polo e la distanza va ancor più diminuendo: sarà di soli 28' nel 2102. Dopo di allora, la distanza riprenderà a crescere e, attorno all'anno 3000, la Polare cederà la sua posizione di preminenza a un'altra stella, la *delta* Cephei.

La Polare è la 46ma stella più brillante del cielo. È una variabile Cefeide, con un'escursione luminosa di solo un decimo di magnitudine, non avvertibile con strumentazione amatoriale media. Dista 430 anni luce e supera in luminosità il Sole di 2200 volte. In effetti, è un sistema triplo, non risolvibile al binocolo. Basta però un piccolo telescopio amatoriale per mostrare una compagna di magnitudine 9,1, separata dalla primaria di 18",6 (a.p. 233°; 2005). Il periodo orbitale è superiore ai 72mila anni e la distanza lineare tra le due stelle è di 2000 UA (fra le due potremmo disporre 33 Sistemi Solari uno di fianco all'altro). La Polare è anche una binaria spettroscopica, con la compagna stretta che completa l'orbita in 30,5 anni.

(**✪✪✪**) Un'ampia coppia che può essere vista anche a occhio nudo è quella costituita dalla *gamma* e dalla **11 UMi** (5,0). Le stelle non sono gravitazionalmente legate e sono vicine in cielo solo per un effetto prospettico. Sono separate da 11' (a.p. 270°). Al binocolo le due stelle offrono un bel contrasto di colori, con la *gamma* bianca e la 11 UMi giallo-arancione.

VELA (Vele)

La costellazione delle Vele si trova ancora più a sud della Macchina Pneumatica: dalle medie latitudini nord si può dunque intravedere soltanto la sua parte più settentrionale. Se però il nostro punto d'osservazione si trova al di sotto dei 32° N di latitudine, allora vedremo la costellazione per intero. Ed è veramente bella! Le Vele facevano parte di una

Le costellazioni al binocolo

VELA (Vele)

la costellazione culmina		
inizio gennaio alle 2 h	inizio febbraio alle 24h	inizio marzo alle 22h

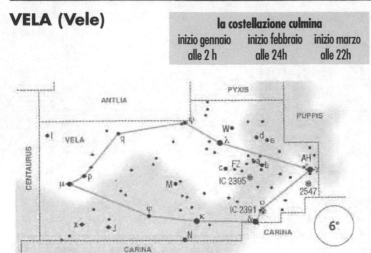

grande costellazione antica denominata Nave di Argo. Siccome era eccezionalmente estesa, gli astronomi moderni hanno pensato bene di dividerla in tre: Carena, Poppa e Vele. La Poppa è, fra le tre, quella più a nord e può essere osservata dalle nostre latitudini. La Carena è la più meridionale e ci risulta invisibile. Anche gli osservatori del sud Europa o del sud degli Stati Uniti devono accontentarsi di vederne solo la parte estrema settentrionale, con la brillante Canopo, che però non si alza mai più di 7° sopra l'orizzonte. Questo è il motivo per cui in questo libro non descriveremo la Carena.

Smembrata la Nave di Argo, sono rimasti gli antichi nomi delle stelle. Ciò significa che c'è una sola *alfa*, una *beta*, una *gamma* e così via nelle tre nuove costellazioni; così, la stella più brillante delle Vele non è una *alfa*, come dovrebbe essere, ma la *gamma* (1,7). In ordine di brillantezza, la *gamma* è seguita dalla *delta* (1,9), dalla *lambda* (2,2), dalla *kappa* (2,5) e dalla *mu* (2,7). Con l'eccezione della *lambda*, tutte le altre sono sempre sotto l'orizzonte dell'osservatore alle medie latitudini nord.

La *gamma* è la 32ma stella più brillante del cielo ed è un sistema multiplo assai interessante. Le due componenti più brillanti (*gamma* A e *gamma* B) sono di magnitudini 1,8 e 4,1, separate da 41" (a.p. 219°; 2002) e possono essere risolte al binocolo. La *gamma* A è, a sua volta, una binaria stretta: la primaria è famosa per essere la stella di Wolf-Rayet più brillante che si conosca, mentre la secondaria è una stella calda e massiccia. Anche altre due componenti – la *gamma* C e la *gamma* D – in linea di principio potrebbero essere risolte al binocolo, distando dalla *gamma* A più di 1', ma avremo sicuramente difficoltà a vedere le due stelline di magnitudini 7,3 e 9,4 nelle vicinanze della brillante primaria. Invisibile sarà invece la componente *gamma* E, di magnitudine 13. Il sistema dista da noi 840 anni luce e la luminosità congiunta delle sei stelle supera quella del Sole di 10mila volte: il contributo di gran lunga maggiore è però quello della stella di Wolf-Rayet.

La *delta* è la 43ma stella più brillante del cielo. È distante 80 anni luce ed è luminosa 77 volte il Sole.

La *lambda* è la 68ma stella più brillante. Di colore giallo-arancio è una gigante oltre 3000 volte più luminosa del Sole e dista 570 anni luce. Nelle località dell'emisfero meridionale, dove la *lambda* è alta in cielo alla culminazione, è brillante quanto Mizar nell'Orsa Maggiore.

La *kappa* è la 90ma stella in ordine di brillantezza. Distante 540 anni luce, è una sub-gigante azzurra con una luminosità 2100 volte superiore a quella del Sole. C'è un fatto curioso che riguarda questa stella: si trova discosta pochi gradi dal polo celeste sud di Marte. Così, le future spedizioni umane sul Pianeta Rosso avranno un buon punto di riferimento per orientarsi, nel caso dovessero guastarsi i loro dispositivi elettronici.

La *mu*, di colore giallo, viene al 111mo posto. Luminosa 80 volte il Sole, è distante 116 anni luce.

(✪✪) L'intera regione delle Vele è attraversata dalla Via Lattea ed è estremamente ricca di stelle. Vi sono tre brillanti ammassi aperti che possono essere osservati al binocolo dalle latitudini meridionali, ove la costellazione è alta in cielo. Sono NGC 2547 (4,7; 74'), IC 2391 (2,5; 50') e IC 2395 (4,6; 20'). Dal sud dell'Europa o degli Stati Uniti li si potrà cercare in una notte invernale limpida e scura: dei tre, l'oggetto più facile è **IC 2391**. Si tratta di un gruppo di stelle relativamente brillanti, ben visibili a occhio nudo dai siti meridionali, che si raccolgono attorno alla variabile *omicron* Velorum (3,5-3,7). Delle circa 300 stelle che si trovano nell'area, ce ne sono 60 più brillanti della magnitudine 11, e 25 di queste sono più brillanti della magnitudine 9. Sette stelle sono visibili a occhio nudo. Sì, è un vero gioiello meridionale! La stella-guida per l'ammasso è la *delta*: la stella e l'ammasso compaiono nello stesso campo visivo del binocolo.

VIRGO (Vergine)

La Vergine è una costellazione primaverile dello Zodiaco ed è una delle più grandi sulla volta celeste. La sua stella più brillante è Spica (la *alfa*, 1,0). Il suo nome significa "spiga" in latino.

In luminosità, Spica è seguita dalla *gamma* (2,7), dalla *epsilon* (2,8), dalla *zeta*, dalla *delta* (entrambe 3,4) e dalla *beta* (3,6).

Spica è la 15ma stella più brillante del cielo, è di colore bianco azzurrino e ha un'elevata temperatura fotosferica, circa

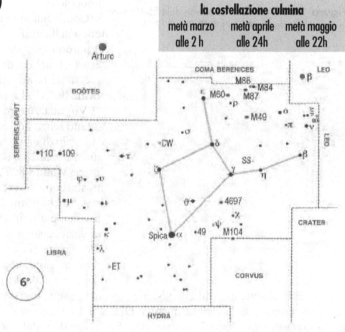

la costellazione culmina		
metà marzo alle 2 h	metà aprile alle 24h	metà maggio alle 22h

20mila gradi. Luminosa quanto 2000 Soli, dista da noi 263 anni luce.

La *gamma*, Porrima, è la 120ma stella più brillante del cielo. È una splendida binaria (le stelle sono gravitazionalmente legate) con un periodo orbitale di 169 anni. Le due componenti, entrambe di magnitudine 3,5, erano alla loro massima vicinanza apparente nel 2005, quando erano separate di soli 0",3. Fino al 2090 la separazione andrà sempre aumentando, ma comunque Porrima non potrà essere risolta in un telescopio amatoriale prima del 2020. Il sistema dista da noi solo 38,7 anni luce e la luminosità congiunta delle due stelle è otto volte maggiore di quella del Sole.

La *epsilon* è la 144ma stella più brillante del cielo, dista 102 anni luce ed è luminosa 54 volte il Sole.

Le costellazioni al binocolo

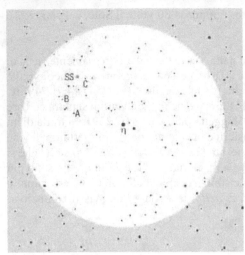

Figura 11.37. I dintorni della variabile SS Vir con le stelle di confronto A (7,7), B (8,9) e C (9,5).

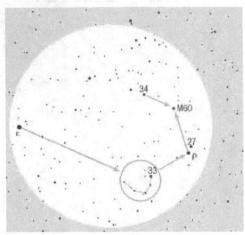

(✪✪) La **SS Virginis** è una delle numerose stelle variabili presenti in questa costellazione (Fig. 11.37). Ne parliamo soprattutto per il bel colore arancione-rossastro. La stella oscilla fra le magnitudini 6 e 9,6 e si rende visibile al binocolo per l'intero periodo (364 giorni) della sua variazione luminosa. Si colloca meno di 2° a nord-est della *eta* Vir.

(✪✪) Al confine tra la Vergine e la Chioma di Berenice, si trova il più grosso ammasso di galassie visibile in telescopi amatoriali, conosciuto come **Ammasso della Vergine**. Distante circa 60 milioni di anni luce, l'ammasso comprende circa duemila sistemi, alcuni dei quali si rendono visibili anche al binocolo.

Cominciamo la ricerca delle galassie partendo dalla *epsilon*: se portiamo questa stella al bordo orientale dell'oculare, la nostra attenzione sarà catturata da un gruppetto di cinque stelle relativamente brillanti disposte a forma di "V". La più brillante di queste è la 33 Virginis. A nord-ovest di questo gruppo si notano senza difficoltà la *rho* e la 27 Virginis e un paio di gradi più a nord e a est, la 34 Virginis. Tra la 27 e la 34 si trova la galassia ellittica **M60** (8,8; 7',2×6',2). Il binocolo ce la mostra come una tenue macchiolina luminosa larga pochi primi d'arco, ma solo quando la galassia è alta in cielo e le condizioni d'osservazione sono eccellenti. Quando si riterrà che la parte di cielo nella quale dovrebbe trovarsi la galassia sia proprio al centro dell'oculare, si dovrà attendere che i nostri occhi siano perfettamente adattati alla visione notturna e, se non vedremo la galassia per via diretta, tenteremo con la visione distolta. Dimensioni e aspetto della galassia dipendono soprattutto dalle condizioni osservative. Se la qualità del cielo è scarsa, si rimandi l'osservazione a un altro momento.

M60 è una delle galassie ellittiche più grandi che si conoscano. Di massa confrontabile con M49 (si veda più avanti), è un po' più piccola di questa: il diametro si stima sia di 120mila anni luce, mentre la massa è di mille miliardi di masse solari.

(✪✪) Scegliendo come guida le stelle che ormai ci sono famigliari 34, 27 e *rho*, circa 4° a ovest di queste troveremo un gruppetto di stelle di magnitudini 8 e 9 che disegnano una figura caratteristica (si veda la cartina). Appena sopra di esse, e subito sotto una stella isolata di magnitudine 8, noteremo una grossa macchia luminosa, più o meno uniforme: è la galassia ellittica **M87** (8,6; 7',2×6',8), la galassia dominante dell'ammasso, con un diametro superiore a 120mila anni luce. Può essere deludente la visione al binocolo, ma tenete presente che la luce che raggiunge in questo momento il vostro occhio è partita dalla galassia 60 milioni di anni fa, all'era dell'estinzione dei dinosauri.

Questa galassia è nota per due caratteristiche inusuali, che si rendono visibili su riprese di lunga posa. La prima è che è circondata da migliaia di ammassi globulari, addirittura da una decina di migliaia, secondo le stime più recenti. Per confronto, intorno alla nostra ne conosciamo solo 150. La seconda caratteristica è la presenza di un sottile getto di elettroni relativistici che la galassia sta emettendo dal suo nucleo. Il getto è lungo circa 5000 anni luce, è largo 400 anni luce ed è una forte sorgente di raggi X. Natura e origine non sono ancora ben note. Molto probabilmente M87 è una cosiddetta galassia attiva, che nasconde nel suo centro un gigantesco buco nero di taglia galattico.

(☉) In condizioni osservative eccellenti potremmo intravedere altri due deboli ovali circa 1°,5 a ovest di M87: sono le galassie ellittiche **M84** (9,1; 5') e **M86** (8,9; 7',5×5',5). Si adotti in ogni caso la visione distolta e, per maggiori dettagli, si consulti la foto relativa a M87 (Fig. 11.38).

Si stima che il diametro di M84 sia di 90mila anni luce. Ancora gli astronomi non sono del tutto certi che M86 faccia parte dell'ammasso della Vergine: potrebbe essere più vicina a noi e trovarsi lì per puro effetto prospettico. Addirittura, certe misure suggeriscono che la distanza sia di soli 20 milioni di anni luce.

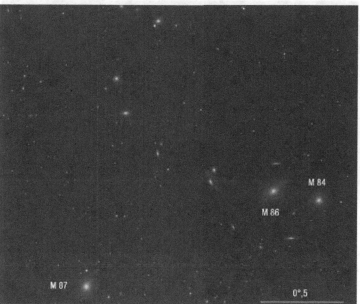

Figura 11.38. La regione centrale dell'Ammasso della Vergine con la galassia ellittica gigante M87, ben visibile al binocolo, e altre due ellittiche, M84 e M86, che sono al limite della visibilità. Le altre galassie che si riconoscono in questa immagine sono invisibili al binocolo, ma possono essere osservate in un telescopio amatoriale.

(☉☉) **M49** è una delle più grandi ellittiche che si conoscano. In condizioni osservative eccellenti, si rende chiaramente visibile al binocolo e la forma appare decisamente ovale. Per

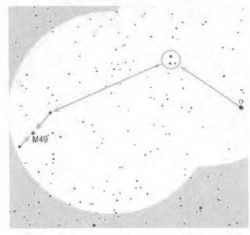

trovarla, si può partire dalla *rho*, oppure dalla *omicron*, di magnitudine 4. Se si porta quest'ultima al bordo estremo occidentale del campo visuale, M49 comparirà al bordo orientale. Per vederla, comunque, va portata al centro dell'oculare, per cui inquadrate le due stelle di magnitudine 6, indicate nella cartina, e sempre chiaramente visibili: la galassia si trova fra queste due, un poco più vicina alla stella meridionale.

M49 appartiene all'Ammasso della Vergine ed è discosta di 5° dal suo centro. La massa viene stimata in mille miliardi di masse solari, il diametro in 160mila anni luce.

Figura 11.39. La Galassia Sombrero.

(✪✪) Al confine con la costellazione del Corvo troviamo la galassia spirale **M104** (8,3; (8',9×4',1), detta anche **Sombrero**. La galassia è vista di taglio ed è divisa in due da un filamento scuro costituito da nubi di polveri opache. La Sombrero, così bella in fotografia, al binocolo si rende visibile solo come una strisciolina luminosa lunga pochi primi d'arco. La magnitudine (8,3) promette molto, ma la galassia si presenta sempre piuttosto bassa sull'orizzonte alle nostre latitudini, di modo che si ha bisogno di condizioni osservative eccellenti per riuscire a vederla.

M104 si colloca in una regione celeste piuttosto sgombra di stelle. Perciò la stella-guida migliore è Spica (cartina a fianco). Se

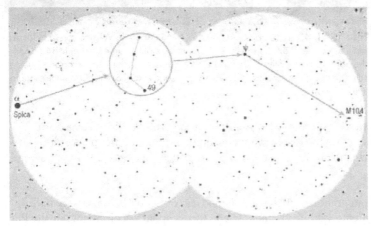

portiamo la stella al bordo orientale dell'oculare, sul bordo occidentale noteremo un caratteristico gruppo di quattro stelle abbastanza brillanti: tre di queste sono di magnitudine 6 e la quarta, la più bassa, la 49 Virginis, è di magnitudine 5. Portiamo la 49 Vir al bordo orientale del campo visuale e a occidente noteremo un'altra stella di magnitudine 5, la *psi*. Un ultimo spostamento verso ovest e la Sombrero entrerà nell'oculare. I suoi dintorni stellari sono pittoreschi e facili da riconoscere. La struttura più curiosa è una catena di tre stelle vicine, separate di soli 3',5; la più luminosa è la più occidentale ed è di magnitudine 8.

La Sombrero è una galassia gigantesca, con un diametro di 130mila anni luce. La sua luce viaggia 50 milioni di anni prima di raggiungerci. La massa della galassia viene stimata in 1300 miliardi di masse solari. Sbalorditivo al solo pensarci!

(✪) In chiusura, e solo per gli osservatori che amano le sfide, vogliamo parlare di un'altra galassia ellittica che è al limite della visibilità al binocolo: **NGC 4697** (9,3; 6',×3',8), che si colloca circa 5° a ovest della stella *theta*. Un altro modo per individuare la galassia è partire dalla *psi* e seguire il tragitto indicato dalla cartina, che passa attraverso stelle di magnitudini 7 e 6. In ogni caso, non aspettatevi molto, poiché la galassia viene vista solo come una lineetta debolmente luminosa lunga 1'. Per trovare questo oggetto dovrete scegliere la notte ideale, con la galassia prossima alla culminazione. Gli occhi siano adattati alla visione notturna e sfruttate la 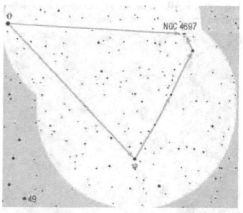 tecnica della visione distolta. Infine scuotete leggermente il binocolo per evidenziare al meglio quel batuffolo di luce. E se ancora non vedete niente, riprovate un'altra volta: forse le condizioni non sono perfette come pensate o forse i vostri occhi sono stanchi.

VULPECULA (Volpetta)

La Volpetta è una costellazione estiva, piccola e irrilevante, posta tra il Cigno, la Lira e la Freccia. Il modo migliore per trovarla è di individuare le stelle *beta* Cygni e *gamma* Sagittae fra le quali essa si insinua. La sua stella più brillante è la *alfa*, che è solo di magnitudine 4,4.

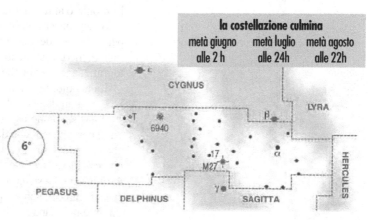

la costellazione culmina		
metà giugno alle 2 h	metà luglio alle 24h	metà agosto alle 22h

(✪✪✪✪) In questa costellazione troviamo **M27** (7,4; 8',0×5',7), nota anche come **Nebulosa Manubrio** (*Dummbell Nebula*), una nebulosa planetaria fra le più grandi e le più vi-

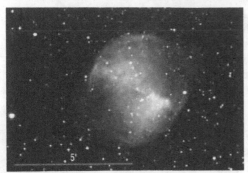

Figura 11.40. La nebulosa planetaria M27 fotografata con strumentazione amatoriale.

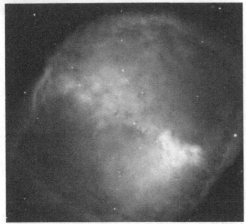

Figura 11.41. Ripresa professionale di M27. Il campo inquadrato misura 5' per lato.

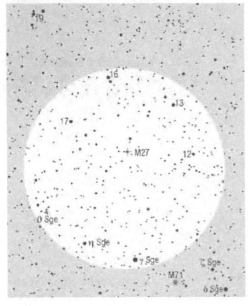

cine (Figg. 11.40 e 11.41). È chiaramente visibile al binocolo, come una debole macchia luminosa del diametro di circa 6'. Le sue dimensioni variano notevolmente a seconda delle condizioni in cui la si osserva: nelle notti perfette, si possono persino intravedere certi particolari che rompono l'uniformità quasi perfetta della sua struttura. Quello di M27 è un caso da manuale che testimonia come il grado d'adattamento dell'occhio alla visione notturna influenza la visibilità degli oggetti celesti e la percezione delle loro dimensioni. Provate a puntare la nebulosa planetaria con il vostro binocolo; ora accendete la luce, oppure spostatevi in una stanza illuminata; aspettate che i vostri occhi si adattino alla luce intensa dell'ambiente e poi ritornate al binocolo e osservate dentro l'oculare per almeno mezz'ora. Quello che scoprirete vi convincerà sicuramente che non abbiamo esagerato in questo libro quando ripetevamo che gli occhi devono essere perfettamente adattati alla visione notturna. Noterete infatti che occorrerà una buona mezz'ora affinché inizino a comparire dettagli là dove prima non vedevate assolutamente nulla. È una mezz'ora ben spesa!

La stella che ci guida alla nebulosa è la *gamma* Sagittae, che si trova circa 3° più a sud e quindi compare nello stesso campo visivo del binocolo. La Nebulosa Manubrio ha preso il suo nomignolo dalla somiglianza con la forma dell'omonimo attrezzo ginnico; purtroppo, il binocolo non consente di rilevare la similitudine, che però è ben evidente già in un telescopio amatoriale di medie dimensioni e soprattutto nelle fotografie, anche in quelle amatoriali.

La nebulosa planetaria dista circa 1250 anni luce e ha un diametro lineare di 2,5 anni luce. I suoi gas si stanno espandendo in tutte le direzioni con una velocità di 30 km/s. Supponendo che la velocità sia rimasta sempre la stessa, è facile calcolare che l'età della nebulosa è di circa 48mila anni. La stella centrale di M27 è una subgigante blu con una temperatura di circa 85mila gradi: è una nana bianca tra le più calde che si conoscano. Tuttavia, essendo estremamente piccola, la sua luminosità è solo la metà di quella del Sole. Brillando di magnitudine 13,5, risulta invisibile al binocolo. Con la sua intensa radiazione ultravioletta, la stellina eccita i gas della nebulosa circostante, che altrimenti sarebbero freddi e oscuri. I gas emettono luce vividamente colorata che rivela la loro natura chimica. Il rosso e il verde sono i colori prevalenti: il primo viene emesso soprattutto dall'idrogeno ionizzato, il secondo dall'ossigeno due volte ionizzato.

(✪✪✪✪) L'ammasso aperto **Collinder 399** (3,6; 60'), conosciuto anche come Ammasso di Brocchi, è così grande e brillante che era stato notato già in epoca pre-telescopica. L'astronomo arabo Al Sufi lo menziona nei suoi testi (X sec.). L'ammasso contiene all'incirca 40 stelle brillanti, che si distribuiscono su un'area celeste molto vasta: ecco perché non venne classificato da Messier, né porta una sigla del catalogo NGC. Per lo stesso motivo, il modo migliore d'osservarlo è attraverso il binocolo. È stato anche battezzato "Ammasso Attaccapanni", perché qualcuno, nella disposizione delle sue stelle, riconosce la forma di una gruccia rovesciata.

Non è del tutto certo che le stelle di Collinder 399 costituiscano un vero e proprio ammasso: potrebbero infatti essere vicine fra loro solo per un effetto prospettico. I dati acquisiti dal satellite europeo Hipparcos non offrono evidenze di qualche connessione fisica fra le stelle, e quindi sembrerebbero escludere un'origine comune. Il modo migliore per scovare l'ammasso con il binocolo è di seguire le istruzioni riportate nella cartina relativa alla stella U Sagittae (Fig. 11.1).

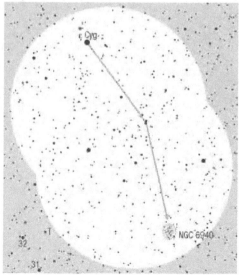

(✪✪) La Volpetta è attraversata dalla Via Lattea estiva, di modo che l'intera area abbonda di stelle, gruppi e ammassi aperti. In condizioni osservative eccellenti, possiamo scorgere l'ammasso aperto **NGC 6940** (6,3; 25') che si trova nella parte nord-orientale della costellazione e si presenta all'oculare come una grossa chiazza luminosa larga 20', dentro la quale si scorgono alcune stelle di magnitudine 9. In totale, l'ammasso conta 140 membri, 50 dei quali sono più brillanti della magnitudine 11 e possono essere rivelati da un binocolo quando le condizioni osservative sono perfette. Una comoda stella-guida è la *epsilon* Cygni. Portando questa stella al bordo nord-orientale del campo visivo, l'ammasso apparirà al bordo sud-occidentale. Tra la stella e l'ammasso, da sfruttare come riferimento e verifica, troviamo una coppia stretta di stelle di magnitudine 6. NGC 6940 dista 2500 anni luce e il suo diametro lineare è di 18 anni luce.

Crediti delle immagini

La gran parte delle immagini che corredano il testo, in particolare tutte le cartine, sono opera dell'autore. Per le altre, qui di seguito segnalate con la numerazione adottata nel testo, oppure con il numero della pagina in cui compaiono, si ringraziano:

AAVSO (The American Association of Variable Star Observers) 3.8, 8.21, 9.7, 9.10, 9.18, 11.10; **Aleš Arnšek** 24-25, 3.10; **Matt BenDaniel** 6.1; **S. Binnewies et al./Capella Observatory** 282 (basso); **Steve Crouch** 11.7; **DSS (Digitized Sky Survey)** 11.21; **Dave Erickson/www.hbastro.com** 10.23; **ESA** 8.39 (sopra); **ESO (European Southern Observatory)** 4.25, 5.9, 259, 11.41; **H. Fukushima et al. (NAO, Giappone)** 134; **Robert Gendler** 4.11 (in basso a destra), 4.29, 8.19, 10.15; **Andrea Ghez (UCLA)** 4.26; **Stephane Guisard** 8.19; **Boštjan Guštin** 155, 11.2, 11.4; **Josch Hambsch** 4.29; **David A. Hardy (www.astroart.org/STFC)** 3.27; **HHT (AURA/STScI/NASA)** 9.22, 11.24; **Javor Kac** 132 (al centro e in basso); **Primož Kalan** 1.3, 1.4, 8, 1.5, 1.12, 5.1, 5.4, 10.17; **Alain Klotz** 3.1 (in basso), 180; **David A. Kodama** 10.32; **Simon Krulec** 4.13; **Srečko Lavbič** 4.2, 4.3, 4.4, 4.10 (al centro), 8.8, 8.29, 9.22A, 11.28, 11.32, 11.38, 11.40; **Herman Mikuž/Črni Vrh Observatory** 4.2, 4.8, 4.28, 8.5, 243, 10.14, 11.22; **NASA, ESA, HEIC, HHT** 8.40; **NASA, H.E. Bond et. al.** 171 (in alto); **NASA, M. Clampin et.al** 5.10; **NASA/A. Fruchter/ERO Team** 4.5; **NASA/C.R. O'Dell et al.** 10.10, 10.11; **NASA/ESA/Felix Mirabel** 3.26; **NASA/ESA/HHT** 197 (in alto), 3.24, 4.12, 4.30; **NASA/ESA/STScI/J. Hester, P. Scowen** 3.21; **NASA/J. Hester** 3.25; **NASA/JPL/Infrared Astrophysics Team** 4.24; **NASA/JPL-Caltech** 4.20, 4.21; **NASA/M. McCaughrean et al.** 3.20; **NASA/UMass/D. Wang et al.** 4.23; **NASA/WMAP Science Team** 5.7; **Naval Research Laboratory** 4.22; **Ernst Paunzen/Univ. of Vienna** 3.29; **Tomaž Perme** 2; **Richard Powell (adattato da *An Atlas of The Universe*)** 3.31, 106 (in alto); **Bill Saxton, NRAO/AUI/NSF** 11.23; **SDSS (Sloan Digital Sky Survey)** 4.11 (in basso a sinistra); **SOHO/EIT; ESA/NASA** 3.16, 8.23, 71 (in alto), 71 (in basso), 73, 3.30; **Tone Špenko** 3.19, 3.22, 4.6, 5.2, 5.8, 7.1, 7,6, 7.11, 8.20, 8.24, 8.38, 8.39 (sotto), 9.19, 225 (in basso a sinistra), 10.1 (in basso a destra), 10.4, 10.6, 10.28, 10.30, 272, 274 (al centro), 275 (in basso), 278, 11.12, 291, 296 (in basso), 11.33, 319; **Jurij Stare** 2.1, 2.11, 3.1 (sopra), 3.18, 3.29, 4.1, 4.7, 4.7A, 4.9, 4.10 (a sinistra), 4.10 (a destra), 4.11 (le tre in alto), 4.11 (in basso al centro), 5.5, 7.3, 7.5, 7.8, 7.10, 7.13, 7.14, 8.1, 8.1A, 8.2, 8.3, 8.6, 8.10, 8.12, 8.14, 8.16, 8.18, 8.27, 8.31, 8.35, 8.37, 9.1, 9.3, 9.13, 9.14, 9.17, 9.21, 10.1 (a sinistra), 10.2, 10.3, 10.9, 10.13, 10.18, 10.20, 10.22, 10.25, 11.2, 276, 11.6, 11.9, 11.15, 11.16, 11.20, 11.25, 11.30, 11.31, 11.38; **Eddie Trimarchi (Tin Shed Observatory)** 4.18; **Brane Vasiljević** 2.6, 11.35; **Volker Springel** 5.6; **Igor Žiberna** 1.6, 1.7; *Zvezdni atlas za epoho 2000* 2.3.

Indice delle stelle e degli oggetti non stellari

Per ragioni di spazio, il lettore qui non troverà le stelle che nel testo vengono citate con la classica denominazione di Bayer (*beta* Persei, *gamma* Andromedae ecc.). Le informazioni su tali stelle possono essere facilmente reperite nelle pagine dedicate alle rispettive costellazioni.

323

Collana Le Stelle

Martin Mobberley
L'astrofilo moderno

Patrick Moore
Un anno intero sotto il cielo
Guida a 366 notti di osservazioni

Amedeo Balbi
La musica del Big Bang
Come la radiazione cosmica di fondo ci ha svelato i segreti dell'Universo

Martin Mobberley
Imaging **planetario**
Guida all'uso della *webcam*

Gerry A. Good
L'osservazione delle stelle variabili

Mike Inglis
L'astrofisica è facile!

Michael Gainer
Fare astronomia con piccoli telescopi

George V. Coyne, Michael Heller
Un Universo comprensibile
Interazione tra Scienza e Teologia

Alessandro Boselli
Alla scoperta delle galassie

Alain Mazure, Stéphane Basa
Superstelle in esplosione

Jamey L. Jenkins
Come si osserva il Sole
Metodi e tecniche per l'astronomo non professionista

Govert Schilling
Caccia al Pianeta X
Nuovi mondi e il destino di Plutone

Corrado Lamberti
Capire l'Universo
L'appassionante avventura della cosmologia

Daniele Gasparri
L'Universo in 25 cm

Marco Bastoni
Eclissi!
Quando Sole e Luna danno spettacolo in cielo

Bojan Kambič
Le costellazioni al binocolo
Trecento oggetti celesti da riconoscere ed esplorare

Finito di stampare nel mese di ottobre 2012

Printed in the United States
By Bookmasters